农业病虫害防治与育种技术研究

赵亚茹 王瑞清 严宗山 著

吉林科学技术出版社

图书在版编目（CIP）数据

农业病虫害防治与育种技术研究 / 赵亚茹，王瑞清，严宗山著．—— 长春：吉林科学技术出版社，2024.3
ISBN 978-7-5744-1203-3

Ⅰ.①农… Ⅱ.①赵… ②王… ③严… Ⅲ.①作物—病虫害防治—研究②作物育种—研究 Ⅳ.① S435 ② S33

中国国家版本馆 CIP 数据核字 (2024) 第 067424 号

农业病虫害防治与育种技术研究

著	赵亚茹　王瑞清　严宗山
出版人	宛　霞
责任编辑	高千卉
封面设计	道长矣
制　版	道长矣
幅面尺寸	185mm×260mm
开　本	16
字　数	310 千字
印　张	22.25
印　数	1~1500 册
版　次	2024 年 3 月第 1 版
印　次	2024 年 10 月第 1 次印刷

出　版	吉林科学技术出版社
发　行	吉林科学技术出版社
地　址	长春市福祉大路5788号出版大厦A座
邮　编	130118
发行部电话/传真	0431-81629529 81629530 81629531
	81629532 81629533 81629534
储运部电话	0431-86059116
编辑部电话	0431-81629510
印　刷	廊坊市印艺阁数字科技有限公司

书　号	ISBN 978-7-5744-1203-3
定　价	90.00元

版权所有　翻印必究　举报电话：0431-81629508

前 言
PREFACE

农作物的产量和品质理应得到有效的保障，要想达到这一目的，需切实做好病虫害的防治工作。现如今，国内的植物保护技术呈现出快速发展的趋势，科研工作者们先后研制出一系列新的农作物病虫害防治技术，并辅以适宜的配套措施来增强防治效果。这些技术在病虫害防治中的运用，能够最大限度地减少化学药剂的使用成本，有效加快农业绿色化的发展进程。进入新时代以后，植物保护这一学科迎来了新的发展契机，这里笔者将从两个方面进行阐述。从宏观视角来讲，病虫害防治的技术和理念持续更新，并在现代化农业生产领域中得到了普遍的应用。与此同时，科学家们依据系统工程学和生态学等相关学科的理论知识设计出了一些适用于农作物病虫害防治的监控和决策系统，以此来提高病虫害防治的科学化水平。从微观视角来讲，对农作物病虫害防治技术的研发先后融合了最先进的基因工程学理念和分子生物学方法，使目前的病虫害机理分析水平在以往的基础上得到了显著的提升。时至今日，国内农作物病虫害的防治逐渐趋于科学化发展，多种先进的物理防治和生物防治技术在农业发展领域被广泛地应用，并且纷纷取得了重大的技术性突破。这些新技术可以有效增强农作物的抗病性，既能降低化学药剂的使用成本，还能切实维护生态安全，对于我国生态文明的长效建设与稳定发展有积极的影响。

我国人口规模和基数的持续扩张，加剧了社会大众对食品的迫切需求，也在某种程度上推动了现代农业生产的发展。就目前而言，农业已然演变为与人类生存和发展息息相关的核心产业。育种技术的更新换代，有助于扩大农作物的产量规模，可优化改善农产品的品质，并在增强农作物抗逆性等其他方面发挥重要的作用。科研工作者们可以通过最新的育种技术筛选出抗逆性更强的新品种，以此作为增加农作物生产产量的方法，为人类提供高品质的农产品，确保社会大众的食品需求得到满足。不仅如此，随着新育种技术在农业生产中的运用，农产品的口感、香味和色泽等都得到了有效的改善，社会大众对食品安全和品质的满意度不断提升。在当前技术环境背景下，科研工作者们利用先进的育种技术培育出了一些新的作物品种。这些作物可以在恶劣的环境中茁壮成长，同时在产量和品质上切实满足社会发展对食品的需求。在研发出优良品种以后，科研工作者们采用生物杂交技术对这些新品种进行改良，从而获得适应能力更强、具有良好抗逆性的新品种，然后在国内农业生产区中推广。此外，随着现代分子生物学技术的兴起与发展，农作物的基因可以被进一步地改造，在作物原有抗逆性和适应性的基础上进行拔高和提升。育种技术的应用有助于作物种质资源的整合和分配，对于那些珍稀遗传资源的保护和利用有着积极的意义，可以长期维持生物遗传的多样性。

本书由赵亚茹（平凉市植物保护中心）、王瑞清（塔里木大学）、严宗山（甘肃省农业工程技术研究院）、曹友文（彰武县农业发展服务中心）、张崎峰（黑龙江省农业科学院黑河分院）、王慧玲（鄂尔多斯市东胜区乡村振兴统筹发展中心）、胡钰（嘉兴市秀洲区农业农村和水利局）、刘承国（聊城市江北水城旅游度假区朱老庄镇人民政府农林水服务中心）共同撰写。

本书围绕"农业病虫害防治与育种技术"这一主题，由浅入深地阐述了植物病虫害基本知识、大宗作物病虫害防治、小宗作物病虫害防治、经济作物病虫害防治，系统地论述了作物遗传育种基础知识、作物种质资源和引种、作物育种方法、种子生产，深入探究了设施蔬菜与食用菌栽培技术，以期为读者理解与践行农业病虫害防治与育种技术提供有价值的参考和借鉴。本书内容翔实、条理清晰、科学实用、科技含量高、操作性强，是一部可供从事农业的技术人员参考的指导类书籍。

目 录
CONTENTS

第一章 植物病虫害基本知识 ... 1
第一节 植物病害的概念与类型 ... 1
第二节 植物侵染性病害的病原生物 ... 6
第三节 植物侵染性病害的发生与发展 ... 30
第四节 植物病虫害综合治理的主要技术 ... 44
第五节 地下害虫识别与防治技术 ... 55

第二章 大宗作物病虫害防治 ... 65
第一节 小麦病虫害防治 ... 65
第二节 玉米病虫害防治 ... 69
第三节 马铃薯病虫害防治 ... 75
第四节 大豆病虫害防治 ... 79
第五节 油菜病虫害防治 ... 83

第三章 小宗作物病虫害防治 ... 90
第一节 高粱病虫害防治 ... 90
第二节 荞麦病虫害防治 ... 93
第三节 燕麦病虫害防治 ... 97
第四节 大麦病虫害防治 ... 99
第五节 青稞病虫害防治 ... 105
第六节 绿豆、蚕豆、豇豆、芸豆病虫害防治 ... 111

第四章 经济作物病虫害防治 ... 123
第一节 棉花病虫害防治 ... 123

—1—

第二节　芝麻病虫害防治 ………………………………………… 128

　　第三节　花生病虫害防治 ………………………………………… 130

　　第四节　西（甜）瓜病虫害防治 ………………………………… 135

　　第五节　设施黄瓜病虫害防治 …………………………………… 137

　　第六节　甘蓝病虫害防治 ………………………………………… 140

　　第七节　花椰菜病虫害防治 ……………………………………… 145

　　第八节　山药病虫害防治 ………………………………………… 148

第五章　作物遗传育种基础知识 ……………………………………… 150

　　第一节　遗传的细胞学及分子基础 ……………………………… 150

　　第二节　遗传的基本规律 ………………………………………… 160

　　第三节　遗传物质的变异 ………………………………………… 166

第六章　作物种质资源和引种 ………………………………………… 178

　　第一节　作物种质资源 …………………………………………… 178

　　第二节　作物引种 ………………………………………………… 184

第七章　作物育种方法 ………………………………………………… 195

　　第一节　作物选择育种 …………………………………………… 195

　　第二节　作物杂交育种 …………………………………………… 201

　　第三节　作物诱变育种 …………………………………………… 215

　　第四节　生物技术育种 …………………………………………… 223

第八章　种子生产 ……………………………………………………… 229

　　第一节　品种的混杂及其防止办法 ……………………………… 229

　　第二节　种子生产的基本程序及方法 …………………………… 231

　　第三节　种子质量检验 …………………………………………… 240

　　第四节　种子管理 ………………………………………………… 245

第九章　设施蔬菜及其栽培基本技术 ………………………………… 252

　　第一节　蔬菜概述 ………………………………………………… 252

　　第二节　国内设施蔬菜发展现状 ………………………………… 253

第三节　甘肃省设施蔬菜发展现状 …………………………………… 254

第四节　无土栽培技术 …………………………………………………… 256

第十章　茄果类蔬菜设施栽培 …………………………………………… 261

第一节　番茄栽培 ………………………………………………………… 261

第二节　辣椒栽培 ………………………………………………………… 271

第三节　茄子栽培 ………………………………………………………… 277

第四节　黄瓜栽培 ………………………………………………………… 286

第十一章　食用菌及其发展意义 ………………………………………… 290

第一节　食用菌概述 ……………………………………………………… 290

第二节　食用菌发展现状 ………………………………………………… 293

第三节　发展食用菌产业的意义 ………………………………………… 300

第十二章　食用菌的栽培与管理 ………………………………………… 304

第一节　大球盖菇栽培 …………………………………………………… 304

第二节　金耳栽培 ………………………………………………………… 307

第三节　平菇栽培 ………………………………………………………… 313

第四节　香菇栽培 ………………………………………………………… 325

第五节　黑木耳栽培 ……………………………………………………… 330

第六节　羊肚菌栽培 ……………………………………………………… 335

参考文献 ……………………………………………………………………… 343

第一章 植物病虫害基本知识

第一节 植物病害的概念与类型

一、植物病害的基本概念

关于植物病害这一概念的定义，这里作简要的介绍和阐释。大自然中的一些病原生物会对植物的生长和发育造成负面的影响，加之其他非生物因素的干预，导致植物的正常生长和发育出现各种各样的病害问题。植物的组织结构和成分在这些因素的综合影响下，会呈现出明显的病理变化，时间一长就会转变为清晰可见的病态，使得植物的产量持续下降，产品的品质也得不到有效的保障。

植物病害的发生往往具有较强的动态性，是一个持续的过程。植物病害和其他由自然灾害导致的伤害有一定的区别，这点需要重点关注。

以韭黄或葱白等作物为例，它们对光照等环境因素有特殊的要求，只有在弱光环境中才能栽培成功。即便这些过程非常规，但只要与人类的栽培目的和种植意图保持高度的统一，也能获得更高的经济价值，而且不会对作物本身的生长和发育造成负面影响。因此，这些生物过程应排除在植物病害的范畴以外。

二、植物病害的类型

由于导致植物病害的病原比较复杂，进而衍生出丰富的病害类型，而且所导致的植物病害严重程度也各不相同。关于植物病害的分类如下。

（一）按照寄主植物类型划分

根据寄主植物的类型对植物病害进行分类，主要包括五大类。最为常见的植物病害有大田作物病害和果树病害等类型。除此之外，还包含蔬菜病害、茶树病害等其他病害类型。对大田作物病害类型进行细分，包含小麦病害、水稻病害以及高粱病害等子类。植物病害类型的划分可以帮助农民依据病害对象采取有效的病害防治手段。

（二）按照病原类别划分

根据病原的类别对植物病害进行分类，主要包括两大类：一类是侵染性的植物病害，另一类是非侵染性的植物病害。针对侵染性的植物病害，又能细分出一些子病害类型，如由真菌引起的植物病害、由病毒导致的植物病害等。其中，真菌病害又包含着锈病、白粉病或霜霉病等子病害。这一分类方法可以帮助农业专家准确地查找出病害的病原，进而总结出相同或类似病害的机制和原理，从而提出针对性更强的防治策略。

根据传播媒介和方式对植物病害进行分类，包括通过气体传播的气传病害、由育种传播的种传病害以及以土壤为传播载体的土传病害等。根据病发部位来划分植物病害，包括发生在叶片部位的叶部病害、出现在植株根部的根部病害以及果实病害等。根据植物病害的外显症状进行分类，具体涵盖腐烂型病害等其他病害。

(三) 非侵染性病害和侵染性病害的识别

影响植物病害发生的因素非常复杂，最终呈现出的病害结果源于各因素的共同作用。依据病原的种类对植物病害进行分类，主要包括非侵染性病害和侵染性病害两类。

1. 非侵染性病害

非侵染性病害指的是不存在任何病原生物参与其中，仅因环境因素变化而引起的植物病害。非侵染性病害不具备植株间传播的能力，在专业领域还叫作非传染性病害。非侵染性病害的类型多种多样，有白化苗等因植物遗传因子变异导致的病害、有因环境条件变化导致的冷害，还有因土壤养分缺失而诱发的缺素症等病害。

随着农业生产技术的不断创新和发展，农作物对农药和化肥等的依赖程度也不断提高，导致植物所处的生长环境被严重破坏，影响了植物的营养供需平衡。就目前而言，大量的工业废水肆无忌惮地排入农田周边的河流中，引起了不同程度的灌溉水污染问题，加之大气的污染，使得植物赖以生存的生态环境持续恶化，进而增加了非侵染性病害的病原数量和病害类型，对农作物的生产造成了严重影响。

2. 侵染性病害

导致植物病害的病原错综复杂，常见的病原种类有真菌、病毒或细菌等，此外还包含线虫或寄生性种子植物等其他的病原种类。侵染性病害普遍发生在植株间，形成了完整的病原侵染过程，在专业领域叫作传染性病害。目前比较普遍的侵染性病害有稻瘟病、花生青枯病等。

3. 非侵染性病害和侵染性病害之间的关系

需要明确的一点是，非侵染性病害与侵染性病害并非毫无关联，二者之间存在密切的关系，在某些情况下还会相互作用，进而导致更为严重的病害。就非侵染性病害而言，其能够负面影响植物原本的抗病性，为侵染性病原的入侵和传播创造有利的条件。比如甘薯一旦遭遇冻害，诱发软腐病的概率就会大幅提升。此外，非侵染性病害在某种程度上会抑制植物的抗病性。面对以上问题，农业专家需要采取措施来优化植物的生长环境，重视植物的科学栽培和统一管理，在发现病害后应尽快进行治理，避免侵染性病害和非侵染性病害相互作用，进而加剧病害程度。

三、植物病害的症状

植物病害的症状指的是植物发生病害后，随着环境的改变而呈现出的异常情况。我们在探讨植物病害的症状时，可从病状和病征两个方面进行论述。其中，病状一般可理解为植物及植株本身的形态变化，而病征则指的是病原物入侵后导致的植物特征性结构的改变。大多数情况下，病征和病状同时存在，但部分特殊植物只有病状而没有病征。由于非侵染性病害主要因病原生物导致发病，因此这种植物在病发后观察不到相关的病征。症状在某种意义上反映着植物病害的严重程度。

（一）植物病害的病状

目前总结出的植物病害病状，包括以下五类。

1. 变色

病原入侵植物后，植物诱发病害。此时叶片中存储的叶绿素无法继续合成和分解，导致植物的某些部位或全株的颜色发生改变，由绿色变成其他颜色。如水稻在患上黄矮病以后，稻叶原本的绿色部分受到影响而发生变色，通常呈现黄化特征。再以烟草花叶病为例，植株叶片中存储的叶绿素无法继续合成，导致叶片呈现黄绿相间的现象，在专业领域被称为花叶病。

2. 坏死

植物病害发生后，由于植物内部的组织和细胞死亡，导致在外观形态上可见清晰的斑点、溃疡等病状，这种病状叫作坏死。坏死通常以斑点的形式分布在植物上，有时出现在植物的根茎上，有时发生在植物的叶、果中。以稻白叶枯病为例，其病斑可见清晰的条状坏死；以茶轮斑病为例，植物的叶部可观察到形态各异的病斑。

3. 腐烂

在病原入侵植物内部组织和细胞后，这些组织的结构被不同程度破坏，进而分解成若干个处于分离状态的组织体，即为腐烂。腐烂有干腐、软腐或湿腐之分。

（1）干腐

由于细胞的分解速度相对缓慢，导致已经腐烂的植物组织中的水分无法快速蒸干，常见的干腐病状为玉米干腐病等。

(2) 湿腐

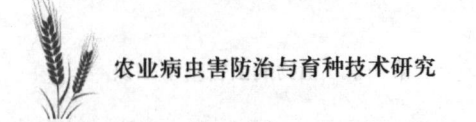

由于细胞在短时间内快速消解，使得已经发生腐烂的植物组织中的水分无法充分散失。以绵腐病等湿腐病症最为普遍。

(3) 软腐

植物发生腐烂后，某些病部表皮尚未完全破裂，有柔软或弹性等触感。大白菜软腐病在农业病害防治中比较常见。

猝倒指的是由于幼苗的根或茎已经发生腐烂而导致植株的地上部分失去支撑而倒伏，严重时植物完全死亡。

4. 萎蔫

萎蔫指的是由于植物维管束被破坏，使得植株内部组织中的水分输导被影响，进而发生枝叶凋萎或下垂症状的病害类型。一旦病原物入侵植物组织并造成植株萎蔫，就很难依靠植物的自愈能力来恢复，严重时植株完全死亡。萎蔫有青枯、枯萎或黄萎之分，因萎蔫的程度不同而呈现不一样的病状。如果因蒸腾作用受到阻碍而导致植物出现生理性萎蔫，这种情况可通过补充水分来恢复。

5. 畸形

畸形指的是植株受到病原物侵染后，内部组织和细胞增殖与分化被抑制而发生非常规生长的病症。畸形的类型主要有以下四种。

(1) 增生型

植物组织被破坏后，薄壁细胞的分裂速度持续加快，分解出的细胞在数量上不断累积，进而导致植株的局部组织发生肿瘤等异常病状。具体病理和过程可参考十字花科植物根肿病。

(2) 增大型

植物组织被破坏后，局部细胞的体积相较以往有明显的增大，但细胞数量保持不变。以根结、徒长等较为常见。

(3) 减生型

植物病发后，处于病部的细胞无法继续快速分裂，细胞正常的生长发育受到抑制，导致植株出现矮缩、小叶等病状。减生型畸形以小麦黄矮病等较为常见。

(4) 变态 (变形)

以花变叶、叶变花等病状较为常见。

(二) 植物病害的病征

常见的植物病害病征包括以下四种类型。

1. 霉状物

霉状物指的是因病原真菌中所包含的菌丝、孢子梗等引起的特征性变化。真菌种类不同，因而霉状物的质地和颜色等也会呈现不一样的特点。霉状物的类型主要有以下三种。

（1）霜霉

霜霉指的是因霜霉菌引起的病害特征，通常出现在植物病叶的背面，以油菜霜霉病等比较常见。

（2）绵霉

绵霉指的是因水霉、腐霉等引起的特殊病害特征，由肉眼可观察到棉絮状的霉状物而得名，以稻苗绵腐病等最为普遍。

（3）霉层

霉层指的是因半知菌引起的病害特征，不包含霜霉和绵霉。按照霉层颜色的差别对霉层进行分类，包括黑霉、青霉等类型。霉层霉状物以大棚蔬菜灰霉病等比较常见。

2. 粉状物

植物组织被病原真菌侵染后，在不同受害部位会出现颜色各异的粉状物，有时分布在植物表面，有时发生在表皮下。粉状物以锈粉、白粉黑粉、白锈最为常见。

（1）锈粉

锈粉也叫作锈状物，在锈病中比较常见。锈粉指的是植物病害发生后，分布在病部表皮下的病斑粉末，以小麦条锈病等最为普遍。

（2）白粉

白粉主要和白粉病有关，指的是病株叶片上分布的粉末状物，以白色居多。其病理和过程可参见小麦白粉病。

（3）黑粉

黑粉指的是因黑粉菌侵染引起的病征。黑色粉末状物在菌瘿内不断堆积，其病理和发病机制可参见黑粉病。

（4）白锈

白锈指的是因白锈菌侵染引起的病征，在叶片背面比较常见。可清楚地观察到白色疱状斑。其病理和发病机制可参见蔬菜白锈病。

3. 颗粒状物

颗粒状物的颜色以暗褐色至褐色居多，呈不规则排列状态，形状、大小差异明显。颗粒状物的病理和发病机制可见棉花炭疽病等。有些颗粒状物呈鼠粪状或菜籽形，比如油菜菌核病。

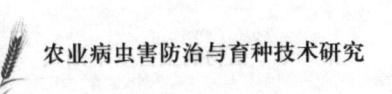

4. 脓状物

在细菌病害的病征类型中十分常见。细菌病害发生后，随着空气湿度的增加，植物病部可见脓状黏液，多呈黄褐色或污白色。如果空气足够干燥，植物病部可观察到黄褐色的胶粒，在某些情况下形成菌膜。其病理和发病机制可参见水稻白叶枯病等。

由此可见，不同植物病害在症状上差别明显，但也存在特定的规律和机制，可作为诊断和分析病害的参考依据。

第二节　植物侵染性病害的病原生物

能够引起植物病害的生物，统称为病原生物，主要类型有真菌、原核生物、病毒、线虫和寄生性种子植物。除此之外，一些放线菌和藻类植物等也能引发植物病害。

本节主要介绍引起植物病害的病原生物，如真菌、原核生物、病毒、线虫和寄生性种子植物的形态、生活习性、分类、主要类群和代表属的形态特征，以及这些病原物引起病害的诊断技术与防治方法。

一、植物病原真菌

(一) 真菌的特征

真菌是一个庞大的生物类群，在自然界中分布广、种类多，已记载和描述的有1万多属，12万余种。真菌也是引起植物病害种类最多、造成损失最大的病原生物。每种作物上都有十几种甚至几十种真菌病害，其中有许多是重要病害，如锈病、白粉病、霜霉病、黑粉病等。

真菌的主要特征有：①有真正的细胞核，为真核生物；②异养生物，主要从外界吸收营养物质；③营养体多为菌丝体；④细胞壁的主要成分为几丁质或纤维素；⑤繁殖时产生各种类型的孢子。

(二) 真菌的营养体和繁殖体

1. 营养体

真菌经过营养生长阶段后产生孢子和有性生殖。真菌营养生长阶段产生的结构称为营养体。典型的营养体为丝状体，称为菌丝体（mycelium），单根丝状体称为菌丝（hypha）。真菌的菌丝细胞由细胞壁、细胞质膜、细胞质和细胞核组成。低等的真菌菌丝没有隔膜（septum），称为无隔菌丝（aseptate hyphe）；高等真菌的菌丝具有隔膜，将菌丝分为多个细胞，称为有隔菌丝（septate hyphe）。还有一些真菌的营养体不是丝状体，而是原质团（plasmodium）或单细胞等。

有些真菌的菌丝形态发生变化，形成一些具有特殊功能的结构，如吸器（haustorium）、假根（rhizoid）、附着胞（appressorium）、菌环（constricting ring）、菌网（network loop）等，称为菌丝的变态。吸器是菌丝侵入寄主细胞内吸收养料的器官，形状有掌状、指状、球状等。假根是真菌形成的根状菌丝，主要起附着和支撑的作用。附着胞是真菌在侵入寄主前形成的，有助于真菌附着和侵入的特殊侵染结构。菌环和菌网是捕食性真菌捕食线虫时由菌丝分枝形成的环状或网状捕食结构，从环上或网上长出菌丝侵入线虫体内吸收养料。

真菌的菌丝体可以紧密地纠结在一起形成菌组织。菌组织有两种：一种是菌丝体纠结得比较疏松，能够看到长形细胞，菌丝细胞大致呈平行排列，称为疏丝组织（prosenchyma）；另一种是菌丝体纠结得比较紧密，组织中的菌丝细胞接近圆形、椭圆形或多角形，与高等植物的薄壁细胞相似，称为拟薄壁组织（pseudoparenchyma）。有些真菌的菌组织可以紧密地纠结在一起形成一定的结构，如子座（stroma）、菌索（rhizomorph）和菌核（sclerotium）等。子座是由菌组织和寄主植物组织结合形成的一种垫状结构，子座成熟后在其表面或内部形成产孢机构。菌索外形与高等植物的根相似，是一种绳索状结构，有利于真菌在基质上的蔓延和抵抗不良的环境条件。菌核是由菌丝紧密纠结而形成的休眠结构，其内部为疏丝组织，外部为拟薄壁组织，其形状、大小、颜色各异，功能主要是抵抗不良环境。

2. 繁殖体

（1）无性繁殖

无性繁殖是指不经过性细胞结合，营养体以断裂、裂殖、芽殖和原生质割裂的方式直接产生孢子的繁殖过程。无性繁殖产生的孢子称为无性孢子。常见的无性孢子主要有以下四种。

a. 游动孢子（zoospore）。游动孢子产生于由菌丝或孢囊梗顶端膨大而形成的游动孢子囊内。游动孢子囊成熟后破裂释放出具有1~2根鞭毛的游动孢子，游动孢子可在水中游动。

b. 孢囊孢子（sporangiospore）。孢囊孢子产生于由孢囊梗顶端膨大而形成的孢子囊内。孢子囊成熟后释放出无鞭毛的孢囊孢子。

c. 分生孢子（conidium）。分生孢子产生于由菌丝体分化而来的分生孢子梗上，分生孢子的形状、大小、颜色以及细胞数目多种多样。成熟后分生孢子从孢子梗上脱落。分生孢子是真菌最常见的无性孢子。有些真菌的分生孢子和分生孢子梗还产生在产孢结构中，如分生孢子器、分生孢子盘、分生孢子座。

d. 厚垣孢子（chlamydospore）。厚垣孢子产生于因菌丝体中某些细胞膨大、原生质浓缩、细胞壁加厚而形成的孢子。它是一种休眠孢子，能抵抗不良环境，当条件适宜时再萌发形成新的菌丝体。

(2) 有性生殖

真菌生长到一定阶段，一般是在作物生长季节的后期，进行有性生殖。有性生殖可分为质配、核配和减数分裂三个阶段。质配是指经过两个性细胞或性器官的融合，两者的细胞质和细胞核合并在一个细胞中。核配是在融合的细胞内两个单倍体的细胞核结合成一个二倍体的细胞核。减数分裂即二倍体细胞核经过两次分裂，使染色体数目减为单倍。有性生殖产生的孢子称为有性孢子。有性孢子主要有以下四种。

a. 卵孢子（oospore）。卵孢子是由雄器和藏卵器两个异型配子囊结合后，雄器的细胞质和细胞核经受精管进入藏卵器，与卵球核配，受精的卵球发育成双倍体厚壁的卵孢子。

b. 接合孢子（zygospore）。接合孢子是由两个形态基本相同的配子囊结合后，经质配和核配而形成的双倍体孢子，萌发时进行减数分裂。

c. 子囊孢子（ascospore）。子囊孢子是由雄器和产囊体两个异型配子囊结合后，经质配、核配和减数分裂而形成的单倍体孢子。子囊孢子着生在子囊内，每个子囊中一般有8个子囊孢子。子囊通常产生在具有包被的子囊果内。子囊果有四种类型：无固定孔口的闭囊壳；有真正壳壁和固定孔口的子囊壳；由子座溶解而成、无真正壳壁和固定孔口的子囊腔；盘状或杯状的子囊盘。

d. 担孢子（basidiospore）。担孢子是直接由菌丝结合形成双核菌丝，双核菌丝的顶端细胞膨大成担子，担子内的双核经过核配和减数分裂，最后在担子上产生4个外生的单倍体的担孢子。

(3) 准性生殖

在真菌的子囊菌、担子菌和半知菌中还发现了准性生殖。准性生殖是指细胞中存在两个遗传物质不同的细胞核，这两个细胞核结合后形成一个杂合的二倍体细胞核，该细胞核通过有丝分裂形成遗传物质重组的单倍体细胞核。准性生殖对一些真菌来说是产生遗传变异的有效方式。

(三) 真菌的生活史

真菌生活史（life cycle）是指真菌从一种孢子开始，经过萌发、生长和发育，最后产生同一种孢子的过程。典型的生活史包括无性和有性两个阶段。无性阶段发生在植物的生长季节，可以多次重复循环，可连续产生大量的无性孢子，对植物病害的传播、蔓延和流行起着重要作用。有性阶段一般发生在植物生长的后期、植物休闲期或缺乏养分和条件不适宜的情况下，在生活史中往往只出现一次，产生的有性孢子除了繁衍后代外，主要是为了适应不良环境，成为病害翌年的初侵染来源。

很多真菌的生活史中可以产生2种以上类型的孢子，称为多型现象，如引起小麦锈病的禾柄锈菌可以产生5种类型的孢子：性孢子、锈孢子、夏孢子、冬孢子和担孢子。大多数病原真菌在一种寄主上即可完成其生活史，称为单主寄生；有些真菌需要在两种亲缘关系较远的寄主上生活才能完成其生活史，称为转主寄生，如小麦秆锈病菌性孢子和锈孢子产生在小檗上，夏孢子和冬孢子产生在小麦上。

（四）真菌的主要类群

在最早的生物分类系统中，生物被分为动物界和植物界。真菌属于植物界。1969年惠特克（Whittaker）提出生物五界分类系统，即原核生物界、原生生物界、植物界、真菌界和动物界，真菌被独立出来成为真菌界。1981年卡弗利尔－史密斯（Cavalier-Smith）提出生物八界分类系统。1995年出版的《真菌辞典》第8版接受了卡弗利尔－史密斯的八界分类系统，将原来归属于真菌界的生物划分至3个界，即原生动物界、假菌界和真菌界。其中，无细胞壁的黏菌和根肿菌划归为原生动物界，细胞壁主要成分为纤维素、营养体为2n的卵菌归入假菌界，其他真菌仍保留在真菌界。

真菌界的分类，曾先后出现过不同的分类系统，本书采用的依据生物分类的五界系统提出的真菌分类系统，为大多数人所接受。根据真菌营养体的特征可将真菌界分为两个门，即营养体为变形体或原生质团的黏菌门（Myxocota）和营养体主要是菌丝体的真菌门（Eumycota）。植物病原真菌几乎都属于真菌门。根据营养体、无性繁殖和有性生殖的特征，又将真菌门分为5个亚门，即鞭毛菌亚门（Mastigomycotina）、接合菌亚门（Zygomycotina）、子囊菌亚门（Ascomycotina）、担子菌亚门（Basidiomycotina）和半知菌亚门（Deuteromycotina）。《真菌辞典》第8版将真菌界分为4个门：壶菌门、接合菌门、子囊菌门和担子菌门，将只发现无性繁殖阶段的半知菌称为有丝分裂孢子真菌或无性态真菌。

1. 鞭毛菌亚门

鞭毛菌亚门真菌的共同特征是无性繁殖产生具鞭毛的游动孢子。该亚门真菌的营养体多数为无隔菌丝体，少数为原生质团或单细胞。有性生殖产生休眠孢子（囊）或卵孢子。鞭毛菌大多是水生的。

鞭毛有茸鞭和尾鞭两种。茸鞭呈羽毛状，尾鞭有长且坚实的基部，前端具有弹性且较短。根据游动孢子鞭毛的数目、类型及着生位置，可将鞭毛菌亚门分为四个纲，其中与植物病害有关的有三个纲，即根肿菌纲（Plasmodiophoromycetes）：游动孢子前端生有两根长短不等的尾鞭；壶菌纲（Chytridiomycetes）：游动孢子后端有一根尾鞭；卵菌纲（Oomycetes）：游动孢子有一根尾鞭和一根茸鞭。

(1) 根肿菌纲

目营养体为原生质团。无性繁殖由原生质团形成游动孢子囊；有性生殖由两个游动配子或孢子配合形成合子后发育成二倍体原生质团，再由后者产生厚壁的休眠孢子(囊)。

根肿菌纲只有一个根肿菌目（Plasmodiophorales），已知有10个属，35个种，均为专性寄生菌，寄生于高等植物的根或茎细胞，可引起细胞膨大和组织增生。其中最重要的植物病原菌是根肿菌属（Plasmodiophora），其主要特征是：休眠孢子散生在寄主细胞内，不形成休眠孢子堆；危害植物根部，引起指状肿大，如引起十字花科植物根肿病的芸薹根肿菌（P.brassicae）。另外，值得提出的是多黏菌属（Polymyxa）的禾谷多黏菌（P.graminis），它虽不是重要的植物病原物，但它是小麦土传花叶病毒的传播介体。

(2) 壶菌纲

营养体形态变化很大，较低等的壶菌是多核的单细胞，较高等的壶菌可以形成假根或较发达的无隔菌丝体，无性繁殖时从游动孢子囊内释放出多个游动孢子；有性生殖时产生多个休眠孢子囊。

壶菌纲多数营水生、腐生生活，少数营寄生生活。壶菌纲分为4目，有500多个种，壶菌目（Chytridiales）中只有少数真菌可寄生植物，其中重要的有节壶菌属（Physoderma）：休眠孢子囊呈扁球形，黄褐色，有囊盖，萌发时释放出多个游动孢子。侵染寄主后常引起病斑稍隆起，如引起玉米褐斑病的玉米节壶菌（P.maydis）。

(3) 卵菌纲

目营养体多为发达的无隔菌丝体，细胞壁多含纤维素。无性繁殖时由游动孢子囊内产生梨形或肾形的游动孢子；有性生殖时藏卵器中形成1个或多个卵孢子。卵菌是从水生到陆生进化比较明显的一类真菌，多数营腐生，高等的卵菌为植物的专性寄生菌。

卵菌纲分为4个目，有500多个种，最重要的是水霉目（Saprolegniales）和霜霉目（Peronosporales），两者的主要区别是游动孢子是否具有两游现象（diplanetism）和藏卵器内的卵孢子数目。两游现象是指从孢子囊内释放出的梨形游动孢子经过一定时期的游动，其鞭毛收缩，形成具细胞壁的休止孢以后，休止孢萌发形成肾形的游动孢子，鞭毛侧生在凹陷处，可再游动一个时期，然后休止，萌发长出芽管。多数水霉目真菌具有两游现象，藏卵器内有一个至多个卵孢子；而霜霉目真菌游动孢子没有两游现象，藏卵器中只有一个卵孢子。

卵菌纲与植物病害相关的主要属如下。

①绵霉属（Achlya），属于水霉目。孢子囊呈棍棒形，着生在菌丝顶端，有层出现象，游动孢子具有两游现象，孢子释放时聚集在囊口休止。藏卵器内有多个卵孢子。绵霉是一种弱寄生菌，如引起水稻烂秧的稻绵霉（A.oryzae）。

②腐霉属（Pythium），属于霜霉目。孢囊梗呈菌丝状，孢子囊呈球状或裂瓣状，萌发时产生泡囊，原生质转入泡囊内，形成游动孢子，藏卵器内有一个卵孢子。腐霉主要引起多种作物幼苗的根腐、猝倒及瓜果腐烂，如瓜果腐霉（P.aphanidermatum）。

③疫霉属（Phytophthora），属于霜霉目。孢囊梗同菌丝区别不大，孢子囊近球形、卵形或梨形；游动孢子在孢子囊内形成，不形成泡囊；藏卵器内有一个卵孢子；寄生性较强，可引起多种作物的疫病，如引起马铃薯晚疫病的致病疫霉（P.infestans）。

④霜霉属（Peronospora），属于霜霉目霜霉科。孢囊梗有限生长，形成二叉状锐角分枝，末端尖细；孢子囊呈卵圆形，无乳突，成熟后易脱落，可随风传播，萌发时一般直接产生芽管，不形成游动孢子；藏卵器内仅一个卵孢子。霜霉科真菌是鞭毛菌亚门中最高级的类群，大都是陆生的专性寄生物。该科中包括多个重要的属，科下分属的依据是孢囊梗的分枝方式及末端的形态学特征等。此类真菌可引起多种植物的霜霉病，如引起十字花科植物霜霉病的寄生霜霉（P.parasitica）。

⑤假霜霉属（Pseudoperonospora），属于霜霉目。孢囊梗主干单轴分枝，而后作2回或3回不完全对称的二叉状锐角分枝，末端尖细。孢子囊萌发产生游动孢子，孢子囊顶端具乳状凸起。该类真菌可引起瓜类霜霉病，如引起黄瓜霜霉病的古巴假霜霉（P.cubensis）。

⑥白锈属（Albugo），属于霜霉目。孢囊梗平行排列在寄主表皮下，呈短棍棒形；孢子囊串生；藏卵器内仅一个卵孢子，卵孢子壁有纹饰。白锈属真菌均是专性寄生物，可引起植物白锈病，如引起十字花科植物白锈病的白锈菌（A.candida）。

2. 接合菌亚门

接合菌亚门真菌的共同特征是有性生殖产生接合孢子，无性繁殖形成孢囊孢子。其营养体为无隔菌丝体。此类真菌多数为腐生菌，有些可寄生昆虫，有些可与高等植物共生形成菌根，少数可寄生植物，引起果、薯的软腐和瓜类花腐病等。接合菌亚门分为接合菌纲（Zygomycetes）和毛菌纲（Trichomycetes）两个纲，七个目，610

种。毛菌纲主要寄生昆虫,与植物病害关系不大。接合菌纲中最重要的是毛霉目（Mucorales）的根霉属（Rhizopus）。其主要特征为：菌丝发达,有分枝,菌丝分化出匍匐丝和假根；孢囊梗单生或丛生,与假根对生,孢囊梗顶端着生球状的孢子囊；孢子囊成熟后释放孢囊孢子；接合孢子近球形,黑色,有瘤状凸起。根霉可造成植物花、果实、块根和块茎的腐烂,如匍枝根霉（R.stolonifer）引起甘薯软腐病。

3. 子囊菌亚门

子囊菌亚门真菌的共同特征是有性生殖产生子囊和子囊孢子,无性繁殖产生各种类型的分生孢子。其营养体为有隔菌丝体,少数为单细胞（如酵母菌）。子囊菌的无性繁殖能力很强,在自然界常见的是它的无性阶段。子囊菌亚门真菌大都是陆生的,营养方式有腐生、寄生及共生三种。该亚门包括许多重要的植物病原物,侵染植物常引起叶斑、枝枯、根腐、果腐等症状。子囊菌亚门的分类依据为是否产生子囊果、子囊果的类型以及子囊的特征,由此可将其分为6个纲：半子囊菌纲（Hemiascomycetes）、不整囊菌纲（Plectomycetes）、核菌纲（Pyrenomycetes）、腔菌纲（Loculoascomycetes）、盘菌纲（Discomycetes）和虫囊菌纲（Laboulbeniomycetes）。其中除了虫囊菌纲,其余5个纲均与植物病害有关。

（1）半子囊菌纲

半子囊菌纲属于低等的子囊菌,其特征是子囊外面没有包被,裸生,且没有子囊果。营养体为单细胞或不发达的菌丝体。无性繁殖主要是裂殖或芽殖,有性生殖是两个性细胞结合后直接形成子囊,不形成特殊的配子囊和产囊丝。

半子囊菌纲分为3个目,与植物病害有关的是外囊菌目。外囊菌目只有一个外囊菌属（Taphrina）,其特征为：子囊平行排列在寄主表面,呈长圆筒形,不形成子囊果；子囊孢子以芽殖方式产生芽孢子。外囊菌侵染植物后常引起叶片皱缩、枝梢丛生和果实畸形等症状,如畸形外囊菌（T.deformans）引起桃缩叶病。

（2）不整囊菌纲

不整囊菌纲的特征为子囊果是闭囊壳,子囊呈球形至梨形,壁薄,易消解,散生在闭囊壳内。子囊由产囊丝形成,子囊间没有侧丝。子囊孢子为单细胞,多为8个,呈圆形。

不整囊菌纲只有一个散囊菌目（Euratiales）,含100多个种。不整囊菌主要是影响动物与人的病原菌、抗生素和菌物毒素生产菌及食品发酵菌等,因此与人类的生产和生活有着密切的关系。其中与植物病害关系较大的有曲霉属（Aspergillus）和青霉属（Penicillium）,特征将在半知菌亚门中介绍。主要与果蔬采后的病害有关,如指状青霉（P.digitatum）和意大利青霉（P.italicum）引起柑橘腐烂。

(3) 核菌纲

核菌纲主要特征为子囊果是子囊壳，子囊为单层壁；有些为闭囊壳（如白粉菌），与不整囊菌的区别是子囊整齐地排列在闭囊壳的基部，子囊壁不易消解。核菌纲典型的特征是子囊壳下部呈球形或近球形，上部有一个长短不一的喙部，子囊呈卵形至圆筒形，子囊孢子为单胞或多胞，形状多种多样。

核菌纲分为4个目：小煤复目（Melioales）、白粉菌目（Erysiphales）、球壳菌目（Sphaeriales）和冠囊菌目（Coronophorales），其中与植物病害相关的主要是白粉菌目和球壳菌目。白粉菌目真菌是高等植物的专性寄生物，侵染植物后引起白粉病。该目分属的主要依据是闭囊壳内的子囊数目及附属丝的形态。球壳菌目的子囊果为子囊壳，子囊有规律地排列在子囊壳基部形成子实层，许多子囊间存在侧丝。

核菌纲与植物病害相关的主要属如下。

①白粉菌属（Erysiphe），属于白粉菌目。闭囊壳内有多个子囊，子囊有规则地排列在闭囊壳的基部，附属丝呈菌丝状。无性繁殖产生的分生孢子串生，覆盖在寄主表面呈现白粉状。如引起烟草、芝麻、向日葵及瓜类白粉病的二胞白粉菌（E.cichoracearum）。

②单丝壳属（Sphaerotheca），属于白粉菌目。闭囊壳内有一个子囊，附属丝呈菌丝状。如引起瓜类、豆类等植物白粉病的单丝壳（S.fuliginea）。

③布氏白粉属（Blumeria），属于白粉菌目。闭囊壳内有多个子囊，附属丝呈短菌丝状，不发达，分生孢子梗基部膨大呈近球形。如引起小麦等禾本科作物白粉病的禾布氏白粉菌（B.graminis）。

④球针壳属（Phyllactinia），属于白粉菌目。闭囊壳内有多个子囊，附属丝呈长针状，刚直，基部膨大呈球形。如引起桑、梨等白粉病的桑里白粉菌（P.corylea）。

⑤钩丝壳属（Uncinula），属于白粉菌目。闭囊壳内有多个子囊，附属丝刚直，顶端卷曲呈钩状。如引起葡萄白粉病的葡萄钩丝壳（U.necator）。

⑥长喙壳属（Ceratocystis），属于球壳菌目。子囊壳有长颈，子囊散生在子囊壳内，子囊之间无侧丝，子囊壁早期溶解。典型的种如引起甘薯黑斑病的甘薯长喙壳（C.fimbriata）。

⑦赤霉属（Gibberella），属于球壳菌目。子囊壳单生或群生于子座上，子囊壳壁蓝色或紫色。子囊呈棍棒状，有8个子囊孢子，子囊孢子呈梭形，有2~4个隔膜。本属有许多重要的植物病原物，如引起小麦、玉米赤霉病的玉蜀黍赤霉（G.zeae）。

⑧黑腐皮壳属（Valsa），属于球壳菌目。子囊壳有长颈，呈球形或近球形，子囊呈棍棒形、圆形或梭形，子囊之间无侧丝，内有8个子囊孢子，子囊孢子为单细胞，呈香蕉形，无色或稍带褐色。典型的种如引起苹果腐烂病的苹果黑腐皮壳（V.mali）。

⑨顶囊壳属（Gaeumanmomyces），属于球壳菌目。子囊壳埋生于基质内，顶端有短的喙状突起，子囊呈棍棒状，有8个子囊孢子，壁易消解，子囊孢子呈细线状，多细胞。典型的种如引起小麦全蚀病的禾顶囊壳（G.graminis）。

(4) 腔菌纲

腔菌纲的主要特征是子囊散生在子座消解形成的子囊腔内，子囊为双层壁。这种内生子囊的子座称作子囊座。子座消解形成子囊间的丝状残余物，称为拟侧丝。子囊腔没有真正的腔壁，有些子囊腔周围菌组织被挤压在一起像子囊壳的壳壁，称之为假囊壳（pseudoperithecium）。腔菌纲分为5个目，其中有3个目与植物病害关系较大：多腔菌目（Myriangiales），子囊座中有多个子囊腔，每个腔室中仅有1个子囊；座囊菌目（Dothideales），子囊座中有多个或单个子囊腔，每个腔室中有多个子囊，子囊呈扇形排列在子囊腔内；格孢腔菌目（Pleosporales），子囊座中仅有1个子囊腔，子囊多个平行排列在子囊腔内，子囊孢子常是多隔或砖隔状。

本纲与植物病害相关的主要属如下。

①痂囊腔菌属（Elsinoe），属于多腔菌目。子囊呈球形，不规则地单个散生在子座内。子囊孢子多为长圆筒形，有3个横隔。此属多数侵染植物的表皮组织，引起细胞增生和组织木栓化，使病斑表面粗糙或凸起，因而此病害常被称为疮痂病。如引起葡萄黑痘病的痂囊腔菌（E.ampelina），常见的是其无性阶段即葡萄痂圆孢（Sphaceloma ampelinum），而有性阶段在我国尚未发现。

②黑星菌属（Venturia），属于格孢腔菌目。假囊壳埋生于寄主表皮下，孔口处有少数黑色、多隔的刚毛。子囊长圆筒形，平行排列，有拟侧丝。内有8个子囊孢子，椭圆形，双细胞大小不等。典型种如引起梨黑星病的梨黑星菌（V.pyrina）。

③旋孢腔菌属（Cochliobolus），属于格孢腔菌目。假囊壳近球形，子囊呈圆筒形。子囊孢子多细胞，呈线形，无色至淡黄色，呈螺旋状排列在子囊中。典型的种如引起玉米小斑病的异旋孢腔菌（C.heterostrophus）和引起水稻胡麻斑病的宫部旋孢腔菌（C.miyabeanus）。

(5) 盘菌纲

盘菌纲的主要特征是子囊果为子囊盘。子囊盘呈盘状、垫状或杯状，有柄或无柄，子囊盘成熟后形成裸露的子实层，子实层由排列整齐的子囊和侧丝组成。盘菌多数为腐生菌，有些为食用菌，少数为植物寄生物。

盘菌纲有7个目，其中柔膜菌目（Helotiales）与植物病害关系较大，与植物病害有关的属为核盘菌属（Sclerotinia）。菌丝体可形成鼠粪状的菌核，菌核萌发产生子囊盘，子囊盘具长柄。子囊呈圆筒形或棍棒状，子囊孢子呈椭圆形或纺锤形，单细胞。典型的种如引起油菜菌核病的核盘菌（S.sclerotiorum）。

4. 担子菌亚门

担子菌亚门是真菌中最高等的类群，其共同特征为有性生殖产生担孢子。担子菌的营养体为发达的有隔菌丝体。常见的有两种类型的菌丝体：①初生菌丝（primary mycelium），由担孢子萌发产生，初期无隔多核，不久便产生隔膜而成为单核有隔菌丝。②次生菌丝（secondary mycelium），由两根可亲和的初生菌丝发生细胞融合形成单倍体双核次生菌丝，担子菌有很长的双核单倍体阶段。这种次生菌丝与子囊菌的产囊丝相似，占据其生活史的大部分时期，可形成菌核、担子果和菌索等结构。担子菌一般没有无性繁殖，不产生无性孢子。

担子菌亚门根据担子果的有无及其发育类型可分为3个纲：冬孢菌纲（Teliomycetes）、层菌纲（Hymenomycetes）和腹菌纲（Gasteromycetes），已知有20个目，16000多种。层菌纲和腹菌纲多是一些食用菌和药用菌，如木耳、银耳、蘑菇、灵芝等，与植物病害关系不大。冬孢菌纲中与植物病害关系密切的有两个目：黑粉菌目（Ustilaginales）和锈菌目（Uredinales），由它们引起的病害分别被称为黑粉病和锈病。

（1）黑粉菌目

黑粉菌主要以双核菌丝体在寄主的细胞间寄生，后期在寄主组织内产生大量黑色粉末状的冬孢子。黑粉菌多数是高等植物的寄生菌，并且多半引起全株性侵染，少数为局部侵染。双核的冬孢子萌发时进行核配和减数分裂，产生担子，担子上没有小梗，担子侧面或顶端着生担孢子。不同性别的担孢子结合后形成侵染丝再侵入寄主。黑粉菌虽是活体营养的，但不是专性寄生物。

黑粉菌的种类较多，有48属，约980种。其中与植物病害关系较大的主要属如下。

①黑粉菌属（Ustilago）。冬孢子堆呈黑褐色，成熟时呈粉末状。冬孢子散生，近球形，单胞，壁光滑或有纹饰，萌发产生有隔担子，担孢子顶生或侧生，有些种的冬孢子可直接产生芽管而不是先菌丝，因而不产生担孢子。典型种如引起小麦散黑穗病的小麦散黑粉菌（U.tritici）和玉米瘤黑粉病的玉蜀黍黑粉菌（U.maydis）等。

②轴黑粉菌属（Sphacelotheca）。冬孢子堆中间有由寄主维管束残余组织形成的中轴，孢子堆由菌丝体组成的包被包围着。其余特征与黑粉菌属相似。典型种如引起玉米丝黑穗病的丝轴黑粉菌（S.reiliana）。

③腥黑粉菌属（Tilletia）。冬孢子堆通常产生在植物的子房内，有腥味。孢子萌发产生无隔的先菌丝，顶生成束的担孢子。引起小麦腥黑穗病的通常有3个种，即小麦网腥黑粉菌（T.caries）、小麦光腥黑粉菌（T.foetida）和小麦矮腥黑粉菌（T.contraversa）。

④条黑粉菌属（Urocystis）。冬孢子结合成外有不孕细胞的孢子球，冬孢子呈褐色，不孕细胞无色。典型种如引起小麦秆黑粉病的小麦条黑粉菌（U.tritici）。

(2) 锈菌目

锈菌的营养体有单核和双核两种菌丝体。锈菌的冬孢子是由双核菌丝体的顶端细胞形成的，而不是中间细胞，担孢子着生在先菌丝产生的小梗上，释放时可以强力弹射（黑粉菌的担孢子直接产生在无小梗的先菌丝上，不能弹出），这是锈菌与黑粉菌的主要区别。锈菌多为局部侵染。

多数锈菌存在多性现象，典型的锈菌可产生5种类型的孢子：性孢子、锈孢子、夏孢子、冬孢子和担孢子。以禾柄锈菌为例，在有些地区，担孢子萌发形成的单核菌丝体侵染小檗后，在寄主表皮下形成性孢子器、内生单核的性孢子和受精丝。性孢子与受精丝交配后形成双核菌丝体，并在叶片的下表皮形成锈孢子器，内生双核的锈孢子。锈孢子只能侵染小麦，不能再侵染小檗。锈孢子萌发成芽管从气孔侵入小麦，并在寄主体内形成双核菌丝体，后在表皮下形成双核的夏孢子，聚集成夏孢子堆。在生长季节中，夏孢子可连续多次产生，不断传播危害。在小麦生长后期，双核菌丝体形成休眠的双核冬孢子，聚集成冬孢子堆。冬孢子萌发形成先菌丝，先菌丝的4个细胞上侧生小梗，上面着生单核担孢子。以后担孢子再侵染小檗。

锈菌的分类主要是根据冬孢子的形态、排列和萌发的方式。已知的锈菌有150属，约6000种。其中与植物病害有关的主要属如下。

①柄锈菌属（Puccinia）。冬孢子双细胞，深褐色，有短柄，呈椭圆形；性孢子器呈球形；锈孢子器呈杯状或筒状，锈孢子单细胞呈球形或椭圆形；夏孢子，单细胞，黄褐色，近球形，壁上有微刺，单生，有柄。该属可引起多种植物锈病，如小麦秆锈病（P.graminis f.sp.tritici）、条锈病（P.striiformis f.sp.tritici）和叶锈病（P.recondita f.sp.tritici）等。

②胶锈菌属（Gymnosporangium）。冬孢子双细胞，浅黄色至暗褐色，有可以胶化的长柄；锈孢子器呈长管状，锈孢子近球形，黄褐色，串生，表面有小的瘤状凸起；没有夏孢子阶段。典型种如引起梨锈病的亚洲胶锈菌（G.asiaticum）。

③单胞锈菌属（Uromyces）。冬孢子单细胞，深褐色，有柄，顶壁较厚；锈孢子器呈杯状；夏孢子呈堆粉状，褐色，夏孢子单细胞，黄褐色，单生于柄上，椭圆形或倒卵形，有刺或瘤状凸起。典型种如引起菜豆锈病的瘤顶单胞锈菌（U.appendiculatus）。

④层锈菌属（Phakopsora）。冬孢子单细胞，无柄，不整齐地排列成数层。夏孢子表面有刺。典型种如引起枣树锈病的枣层锈菌（P.ziziphivulgaris）。

5. 半知菌亚门

半知菌，因其有性生殖阶段在自然条件下很少见，或有些已经丧失了有性生殖能力，或有些有性生殖已被准性生殖代替，我们只能看到无性阶段，即只了解生活史的一半——有丝分裂阶段或无性阶段，所以称它们为有丝分裂孢子真菌、无性菌类真菌或半知菌。半知菌的营养体多数是有隔菌丝体，菌丝可以形成菌核、子座等结构，也可以分化产生分生孢子梗。无性繁殖产生各种类型的分生孢子，分生孢子的形态、颜色、细胞数目多种多样。有性生殖没有或还没有发现，随着研究的不断深入，许多半知菌的有性阶段已经被发现，经证明大多数半知菌的有性阶段为子囊菌，少数为担子菌。

着生分生孢子的结构称为载孢体（conidiomata）。半知菌的载孢体主要有5种类型：①分生孢子梗（conidiophore），由菌丝特化而成，其上，着生分生孢子的一种丝状结构。②孢梗束（synnema），是与分生孢子梗基部联结成束状，顶端分离，且常具分支的一种分生孢子梗联合体。③分生孢子座（sporodochidium），由菌丝组织形成的垫状结构，其表面形成分生孢子梗。④分生孢子器（pycnidium），是由菌丝形成近球形的结构，其内壁上产生分生孢子梗，顶端着生分生孢子。⑤分生孢子盘（acervulus），是由菌丝特化成的盘状结构，上面着生成排的分生孢子梗及分生孢子，有些分生孢子盘的四周或中央有深褐色的刚毛。

半知菌分生孢子的产生方式通常有两种：体生式（thallic）和芽生式（blastic）。体生式，是指营养菌丝的整个细胞作为产孢细胞，以断裂的方式形成分生孢子，分生孢子由整个产孢细胞转化而来，这种孢子被称为菌丝型分生孢子或节孢子（arthrospore）；芽生式，是指产孢细胞以芽殖的方式产生分生孢子，产孢细胞的一部分参与分生孢子的产生，分生孢子由产孢细胞的一部分发育而来，这种孢子称为芽殖型分生孢子。根据分生孢子的形成涉及的是产孢细胞的内壁还是全壁（内、外壁），以上分生孢子生成的两种方式可进一步分为全壁体生式（holothallic）、内壁体生式（enterothallic）和全壁芽生式（holoblastic）、内壁芽生式（enteroblastic）。大多数分生孢子的形成是芽生式的。依据产孢方式的特征，芽生式还可分为合轴式、环痕式、瓶梗式、孔生式等多种类型。

对于半知菌的分类，真菌学家们的意见有较大差异。本书采用 Ainsworth（1973）的分类系统，根据载孢体的类型、分生孢子的产生方式和分生孢子的特征，将半知菌亚门分为3个纲：芽孢纲（Blastomycetes）、丝孢纲（Hyphomycetes）和腔孢纲（Coelomycetes）。其中与植物病害有关的是丝孢纲和腔孢纲。芽孢纲包括酵母菌和类似酵母的真菌。

①丝孢纲

丝孢纲是半知菌亚门中最大的一个纲，本纲真菌分生孢子不产生在分生孢子盘或分生孢子器内，分生孢子梗散生、束生或着生在分生孢子座上，梗上产生分生孢子。丝孢纲分为4个目，分目依据为是否形成分生孢子和载孢体。无孢目（Agonomycetales）：不产生分生孢子。丝孢目（Moniliales）：分生孢子梗散生或丛生。束梗孢目（Stilbellales）：分生孢子梗聚生形成孢梗束。瘤座菌目（Tuberculariales）：分生孢子梗着生在分生孢子座上。丝孢纲真菌与植物病害有关的主要属如下。

a. 丝核菌属（Rhizoctonia），属于无孢目。菌丝纠结形成菌核，菌核褐色或黑色，内外颜色一致，表面粗糙。菌丝褐色，多为直角分枝，靠近分枝处有隔膜，分枝处有缢缩。典型种如引起多种植物立枯病的立枯丝核菌（R.solani）。

b. 轮枝孢属（Verticillium），属于丝孢目。分生孢子梗无色，呈轮状分枝，分生孢子单细胞，呈卵圆形，无色或淡色，常聚集成孢子球。典型种如引起棉黄萎病的大丽轮枝孢（V.dahliae）和黄萎轮枝孢（V.alboatrum）。

c. 曲霉属（Aspergillus），属于丝孢目。分生孢子梗顶端膨大呈球形，其上着生放射状排列的瓶状小梗，分生孢子串生在小梗上，单细胞，无色或淡色，圆形。多为腐生菌，可引起种子的腐烂霉变、烂果、烂铃和茎腐等。

d. 青霉属（Penicillium），属于丝孢目。分生孢子梗有一次至数次的扫帚状分枝，顶端产生产孢瓶体，其上着生成串的分生孢子。分生孢子呈圆形或卵圆形，无色，单胞。多数腐生。典型种如引起柑橘青霉病的意大利青霉（P.italicum）。

e. 梨孢属（Pyricularia），属于丝孢目。分生孢子梗细长，淡褐色，有屈膝状弯曲，合轴式延伸。分生孢子无色或淡橄榄色，呈梨形，多有2个隔膜，单生。典型种如引起稻瘟病的灰梨孢（P.grisea）。

f. 尾孢属（Cercospora），属于丝孢目。分生孢子梗褐色，合轴式延伸，分生孢子脱落后留下的孢子痕明显。分生孢子多细胞，呈鼠尾状，无色或淡褐色。典型种如引起花生褐斑病的落花生尾孢（C.arachidicola）。

g. 蠕孢菌，属于丝孢目。主要有3个属，共同点是分生孢子梗呈褐色，合轴式延伸，有屈膝状弯曲，分生孢子单生，多细胞，淡色至暗色。不同点是：内脐蠕孢属（Drechslera），分生孢子脐点凹陷在基细胞内，典型种如引起大麦条纹病的大麦条纹病菌（D.graminea）；平脐蠕孢属（Bipolaris），分生孢子呈梭形，脐点与基细胞平截，典型种如引起玉米小斑病的玉蜀黍平脐蠕孢（B.maydis）；突脐蠕孢属（Exserohilum），分生孢子呈梭形、圆筒形，脐点明显突出于基细胞外，典型种如引起玉米大斑病的玉米大斑病菌（E.turcicum）。

h. 弯孢属（Curvularia），属于丝孢目。分生孢子梗呈褐色，合轴式延伸，有屈膝状弯曲，孢子痕明显。分生孢子呈淡褐色至深褐色，具有3个隔膜，中间1个或2个细胞常膨大，使分生孢子略弯。典型种如引起玉米弯孢霉叶斑病的新月弯孢（C.lunata）。

i.黑星孢属（Fusicladium），属于丝孢目。分生孢子梗呈褐色，合轴式延伸，孢子痕明显。分生孢子呈淡褐色，广梭形，单细胞。典型种如引起梨黑星病的梨黑星孢（F.pyrinum），其有性态是黑星菌属。

j.镰孢属（Fusarium），又称镰孢菌属或镰刀菌属，属于瘤座菌目。分生孢子梗无色。分生孢子有两类：大型分生孢子，呈镰刀形，多细胞，无色，两端稍尖，略弯曲，基部常有明显突起的足细胞；小型分生孢子，呈卵圆形至椭圆形，无色，单胞至双胞，单生或串生。有些种可形成厚垣孢子，厚垣孢子无色或有色。典型种如引起多种植物枯萎病的尖孢镰孢（F.oxysporum）。

②腔孢纲

腔孢纲真菌的特点是分生孢子产生在分生孢子盘或分生孢子器内。本纲可分为2个目：黑盘孢目（Melanconiales），分生孢子产生于分生孢子盘内；球壳孢目（Sphaeropsidales），分生孢子产生于分生孢子器内。

腔孢纲中有许多重要的植物病原菌，侵染植物后可在病部看到小黑点，即病菌的分生孢子盘或分生孢子器。腔孢纲真菌与植物病害有关的主要如下。

a.炭疽菌属（Colletotrichum）属于黑盘孢目。分生孢子盘生于寄主表皮下，有些生有黑褐色有隔的刚毛。分生孢子梗无色至褐色。分生孢子单细胞，无色，呈长椭圆形或新月形。炭疽菌属的寄主范围很广，可侵染多种植物引起炭疽病。

b.壳囊孢属（Cytospora）属于球壳孢目。分生孢子器产生在子座组织中，分生孢子器腔不规则地分为数室。分生孢子呈香蕉形。典型种如引起苹果、梨腐烂病的梨壳囊孢菌（C.carphosperma），其有性态属于黑腐皮壳属。

c.壳针孢属（Septoria）属于球壳孢目。分生孢子器呈球形，褐色。分生孢子无色，线形，多细胞。典型种如引起芹菜斑枯病的芹菜小壳针孢（S.apii）。

二、植物病原原核生物

原核生物（Prokaryote），是指没有真正的细胞核，DNA分散在细胞质内的一类细胞生物。它们的细胞核没有核膜包围，细胞质中没有内质网、线粒体和叶绿体等细胞器。能够引起植物病害的原核生物包括细菌、菌原体等。

（一）原核生物的形态

细菌的形态有球状、杆状和螺旋状，植物病原细菌多为短杆状。细菌多为单生，少数串生或聚生，菌体大小一般为（0.5~0.8）μm×（1~3）μm。细菌的细胞壁由肽聚糖、脂类和甲壳质组成，细胞壁外有薄厚不等的黏质层，比较厚而固定的黏质层称为荚膜。细胞壁内是质膜，细菌的鞭毛（flagellum）是从细菌质膜下粒状鞭毛基体上产生的，穿过细胞壁和黏质层延伸到体外。细菌鞭毛的数目和着生位置是分属的重要依据，着生在菌体一端或两端的鞭毛称为极鞭，着生在菌体四周的鞭毛称为周鞭。质膜内是含有液泡、气泡、异粒体、中心体、核糖体等内含物的细胞质，细胞质的中央是细菌的核区。有些细菌，还有独立于核质之外的环状DNA，称为质粒（plasmid）。根据细菌细胞壁的差异，通过革兰染色可将其分为革兰阴性菌（G—）和革兰阳性菌（G+），革兰阴性菌（G—）细胞壁薄，有脂多糖和脂蛋白，经革兰染色后呈红色；革兰阳性菌（G+）细胞壁厚，以肽聚糖为主，经革兰染色后呈紫色。而植物病原细菌多为革兰阴性菌。

菌原体包括支原体（Phytoplasma）和螺旋体（Spiroplasma），是一类不具有细胞核的原核生物。支原体的形态多种多样，如圆形、哑铃形、椭圆形、梨形等，大小为80~1000nm。细胞内有颗粒状的核糖体和丝状的核酸物质。螺旋体菌体呈线条状、螺旋形，一般长度为2~4μm，直径为100~200nm。

原核生物常见的繁殖方式是裂殖。单个细菌非常小，只能在高倍光学显微镜下才能观察到，但细菌经大量繁殖后聚集成群体，人们的肉眼就可看见。细菌在固体培养基上大量繁殖形成菌落，菌落的性状如颜色、形状、边缘的形态、隆起情况、流动性等可作为初步鉴别细菌的重要依据。在液体培养基上培养时细菌还能形成菌膜、菌环及一些沉淀物等。支原体不能人工培养；螺旋体在含有甾醇的固体培养基上才能生长，形成煎蛋状菌落。

（二）原核生物的危害及症状特点

原核生物病害的种类和危害性在侵染性病原物中不如真菌和病毒，居于第三。但其中也存在很多生产上重要的植物病害，如水稻白叶枯病、茄科植物青枯病、十字花科植物软腐病、泡桐丛枝病等。

植物病原原核生物引起植物细胞和组织的内部病变，可造成各种症状，其中最常见的有坏死、腐烂、萎蔫和畸形等。

原核生物引起的坏死症状主要是叶斑和叶枯，叶斑常常呈现水渍状，如黄单胞杆菌属（Xanthomonas）引起的水稻白叶枯病；腐烂则主要产生在果实、根部、茎部，表现为软腐，如欧文菌属（Erwinia）引起的十字花科蔬菜软腐病；萎蔫主要是由于维管束组织发生病变引起的，如棒状杆菌属（Clavibacter）引起的马铃薯环斑病；畸形症状主要由螺旋体和支原体引起，如支原体引起的泡桐丛枝病。

(三)原核生物的主要类群

1. 薄壁菌门

《伯杰氏细菌系统分类学手册》第二版第二卷中属于普罗特斯菌门。该门的主要特征为细胞壁薄，厚度为7~8nm，细胞壁中肽聚糖含量少，属于革兰阴性菌。与植物病害有关的主要属如下。

(1) 假单胞菌属 (Pseudomonas)

菌体短杆状，直或略弯，大小为 (0.5~1.0) μm × (1.5~5.0) μm，一根至数根鞭毛，极生，G—，好气性，代谢为呼吸型，无芽孢。菌落圆形、隆起、灰白色，有些有荧光反应的为白色或褐色。DNA中G+C含量为58%~70%。近年来，一些成员如噬酸菌属 (Aeidovorar)、布克菌属 (Burkholderia) 和劳尔菌属 (Ralstonia) 等陆续从本属中独立出去成立新属。典型种如引起桑疫病的丁香假单胞菌桑树致病变种 (P.syringae pv.mori)。

(2) 黄单胞菌属 (Xanthomonas)

菌体短杆状，单鞭毛，极生，G—，大小为 (0.4~0.6) μm × (1.0~2.9) μm，好气性，代谢为呼吸型。菌落圆形、隆起、蜜黄色，产生黄单胞菌色素。氧化酶阴性，过氧化氢酶阳性，DNA中G+C含量为63%~70%。典型种如引起水稻白叶枯病的稻黄单胞菌水稻致病变种 (X.oryzae pv.oryzae) 和水稻细菌性条斑病的稻黄单胞菌稻生致病变种 (X.oryzae pv.oryzieola)。

(3) 土壤杆菌属 (Agrobacterium)

菌体短杆状，大小为 (0.6~1.0) μm × (1.5~3.0) μm，鞭毛1~4根，周生或侧生，好气性，G—，无芽孢。菌落为圆形、光滑、隆起、灰白色至白色，不产生色素。氧化酶反应阴性，过氧化氢酶反应阳性。DNA中G+C含量为57%~63%。该属细菌都是土壤习居菌。该属植物病原细菌都含有质粒，它控制着细菌的致病性和抗药性等。如侵染寄主引起肿瘤症状的质粒称为"致瘤质粒"(tumor inducing plasmid，即Ti质粒)。典型种如引起桃根癌病的根癌土壤杆菌 (A.tumefaciens)。

(4) 欧文氏菌属 (Erwinia)

菌体短杆状，大小为 (0.5~1.0) μm × (0~3) μm，G+，多根鞭毛周生，兼性好气性，无芽孢。菌落圆形、隆起、灰白色。氧化酶反应阴性，过氧化氢酶反应阳性，DNA中G+C含量为50%~58%。典型种如引起梨火疫病的梨火疫病菌 (E.amylovora)。

(5) 木质菌属 (Xylella)

菌体短杆状，大小为 (0.25~0.35) μm× (0.9~3.5) μm，G+，无鞭毛，好气性，氧化酶反应阴性，过氧化氢酶反应阳性。需要特殊的培养基才能生长。菌落较小，边缘平滑或成波纹状。DNA 中 G+C 含量为 49.5%~53.1%。典型种如引起葡萄皮尔病的葡萄皮尔菌 (X.fastidiosa)，造成叶片边缘焦枯、生长缓慢、植株萎蔫等症状。

2. 厚壁菌门

《伯杰氏细菌系统分类学手册》第二版第二卷中属于放线菌门。该门的主要特征是细胞壁肽聚糖含量高，G+。与植物病害有关的主要属如下。

(1) 棒状杆菌属 (Clavibacter)

菌体短杆状，直或微弯，大小为 (0.4~0.75) μm× (0.8~2.5) μm，无鞭毛，G+，好气性。菌落圆形、隆起、不透明、多为灰白色。典型种如引起马铃薯环腐病的密执安棒形杆菌环腐致病亚种 (C.michiganensis subsp.sepedonicus)，主要危害马铃薯的维管束组织，引起环状维管束组织坏死。

(2) 链霉菌属 (Streptomyces)

菌体分枝如细丝状，G+，无鞭毛，菌落圆形、紧密、多为灰白色。链霉菌多为土壤习居菌，个别为植物病原菌，典型种如引起马铃薯疮痂病的疮痂链霉菌 (S.scabies)。

3. 软壁菌门

《伯杰氏细菌系统分类学手册》第二版第二卷中属于厚壁菌门。本门的主要特征是菌体无细胞壁，只有一种称为单位膜的原生质膜包围在菌体周围，厚 8~10nm，没有肽聚糖成分，无鞭毛，多数不能运动，营养要求苛刻，对四环素类敏感，而对青霉素不敏感。与植物病害有关的主要属如下。

(1) 支原体属 (Phytoplasma)

菌体没有细胞壁，形态多为圆形、椭圆形、哑铃形，大小为 80~1000nm。支原体最早归于病毒，后来又被称为类菌原体 (Mycoplasma-like organism, MLO) 或植原体，很难进行人工培养，对四环素族抗生素敏感。常见的支原体病害有桑萎缩病、泡桐丛枝病、枣疯病等。

(2) 螺原体属 (Spiroplasma)

菌体螺旋形，繁殖时可产生分枝，分枝亦呈螺旋形。生长繁殖时需要提供固醇，菌落很小，呈煎蛋状。菌体无鞭毛，在液体培养基中可旋转，属兼性厌氧菌。基因组大小约 $5×10^8$ μm，DNA 中 G+C 含量为 24%~31%。典型种如僵化病的柑橘螺原体 (S.citri)，造成枝条直立、节间缩短、叶变小、丛生枝或丛芽、树皮增厚、植株矮化，且全年可开花，但结果小而少、多畸形、易脱落。

(四) 植物病原原核生物的防治原则

对于植物病原原核生物的防治应加强植物检疫，避免发病地区扩大；种植抗病品种；选用无病种苗、种子及消毒种子；减少初侵染源，清除病残体，注意田间卫生；实行轮作，加强栽培管理，及时地进行化学防治。

三、植物病原病毒

病毒（Virus）是由核酸和蛋白质或脂蛋白外壳组成的，只能在特定的寄主细胞内完成自身复制的一种非细胞生物。病毒根据寄主的不同可分为植物病毒（plant virus）、动物病毒（animal virus）和细菌病毒等，细菌病毒又称为噬菌体（Bacteriophage）。植物病毒的危害仅次于真菌，居第二位。生产上有许多重要的病毒病害，如小麦黄矮病、小麦土传花叶病、水稻条纹叶枯病、烟草花叶病等。

(一) 植物病毒的形态结构

1. 植物病毒的形态

植物病毒的基本形态为粒体，病毒粒体多为球状、杆状和线状，少数为弹状、杆菌状和双联体状等。球状病毒并不是光滑的球形，而是由许多正三角形组成的二十面体或多面体，直径多为 20～35nm，少数为 70～80nm。杆状病毒粒体刚直，不易弯曲，大小多为 (20～80)nm×(100～250)nm。线状病毒粒体有不同程度的弯曲，大小多为 (11～13)nm×(700～750)nm，个别短的为 480nm，长的可超过 2000nm。

2. 植物病毒的结构

植物病毒粒体是由核酸分子包被在蛋白质衣壳里构成的。只有核酸而没有蛋白质衣壳的称为类病毒（Viroid）。球状、杆状和线状植物病毒的表面由许多蛋白质亚基构成。

3. 植物病毒的组成

植物病毒的主要成分是蛋白质和核酸。植物病毒的蛋白质主要有构成病毒粒体必需的结构蛋白、病毒复制需要的酶及参与传播、运动需要的运动蛋白等。病毒的核酸有 RNA 和 DNA 两种类型。除蛋白质和核酸外，植物病毒含量最多的是水分，如芜菁黄花叶病毒的结晶体中，水分的含量为 58%。有些病毒如植物弹状病毒科还有少量的脂类和糖蛋白存在于囊膜中；有些病毒粒体还含有精胺和亚精胺等多胺，它们与核酸上的磷酸基团相互作用，以稳定折叠的核酸分子。此外，钙离子、钠离子和镁离子等金属离子也是许多病毒所必需的，有着稳定外壳蛋白与核酸结合的作用。

4. 植物病毒理化性质

不同的病毒具有不同的理化性质，这些性质可以作为区分不同病毒的依据之一。

(1) 稀释限点

稀释限点是指含有病毒的植物汁液保持侵染力的最高稀释倍数。

(2) 钝化温度

钝化温度指含有病毒的植物汁液恒温处理10min后，失去侵染力的最低温度。多数植物病毒的钝化温度为55~70℃。

(3) 体外存活期

体外存活期是指在室温（20~22℃）下，含有病毒的植物汁液能保存其侵染力的最长时间。例如烟草花叶病毒的体外存活期为几个月以上。

(二) 植物病毒病的症状

植物病毒病的症状主要表现为变色、坏死和畸形，腐烂和萎蔫则很少见。

变色是植物病毒病最常见的症状，主要表现为花叶的黄化，所以很多病毒病都被称为花叶病。例如烟草花叶病毒病、黄瓜花叶病毒病等。

植物病毒引起的坏死主要是叶片上的各种枯斑、枝条的坏死和茎秆上的条状坏死。如烟草病毒病可造成烟草叶片上产生环斑，番茄病毒病可在果实和茎秆上发现条形坏死斑。

植物病毒病可表现出各种各样的畸形症状。如小麦黄矮病引起的植株矮化，小麦丛矮病引起的植株矮化丛生、番茄病毒病引起的蕨叶等。

(三) 植物病毒的主要类群

1. 烟草花叶病毒（Tobacco mosaic virus，TMV）

病毒粒体为直杆状，直径18nm，长300nm；核酸为一条+ssRNA，衣壳蛋白为一条多肽。烟草花叶病毒的寄主范围较广，主要通过汁液摩擦传播。对外界环境的抵抗力强，其体外存活期一般在几个月以上，在干燥的叶片中可以存活50多年，钝化温度为90℃左右。其可引起烟草、辣椒、番茄等作物的花叶病。

2. 黄瓜花叶病毒（Cucumber mosaic virus，CMV）

病毒粒体为球状，直径28nm。三分体病毒，由三条正单链RNA1、RNA2、RNA3组成。CMV中存在卫星RNA。其钝化温度为55~70℃，体外存活期为1~10d。CMV寄主范围很广，可侵染1000多种植物。在自然界中主要由蚜虫传播，也可经汁液接触传播。

3. 马铃薯 Y 病毒（Potato virus Y，PVY）

马铃薯 Y 病毒属（Potyvirus）是植物病毒中最大的一个属，包含 200 多个种。粒体形态为线状，大小为（11～15）nm×750nm，可在寄主细胞内形成风轮状内含体，也有的产生核内含体或不定型内含体。核酸为一条 +ssRNA。其钝化温度为 50～62℃，体外存活期为 2～6d。PVY 寄主范围较广，可侵染茄科、豆科等的 60 多种植物。主要由蚜虫进行传播，也可由种子、无性繁殖材料或机械摩擦传播。

4. 大麦黄矮病毒（Barley yellow dwarf virus，BYDV）

病毒粒体为球形，直径 20～30nm，核酸为一条 +ssRNA，全长 5500～6000 个核苷酸。BYDV 寄主范围很广，可侵染大麦、小麦、燕麦、黑麦等 100 多种禾本科植物。大麦黄矮病毒由蚜虫传播。

（四）植物病毒病的防治原则

植物病毒病很难防治。防治的原则是以预防为主，综合防治。

（1）培育、种植抗（耐）病的品种。抗病品种的选用是防治病毒病最经济、有效的方法。

（2）消灭初侵染来源。对土壤、种子、切刀等进行消毒，选用无毒的繁殖材料如薯块、接穗和砧木等。

（3）防治生物介体。由昆虫、线虫、菟丝子等生物介体传播的病毒，应尽早防治生物介体。

（4）其他防治方法。如 TMV 可利用弱毒株系的交叉保护作用防治病害。

四、植物病原线虫

线虫（Nematode）是一种低等的无脊椎动物，可以寄生于人、动物和植物，寄生于植物的线虫被称为植物病原线虫。目前，已报道的植物病原线虫有 6000 多种，几乎每一种作物上都有线虫为害，其中有许多重要的植物病害，如大豆胞囊线虫病、花生根结线虫病、甘薯茎线虫病和水稻干尖线虫病等。此外，有些线虫还能传播真菌、细菌和病毒，从而加重对植物的危害。线虫为害后植物表现的症状与一般的病害症状相似，而线虫对植物的破坏又主要是通过分泌有毒物质和夺取营养的方式，与昆虫对植物的取食大不相同，所以通常把植物寄生线虫作为病原物来研究。

（一）形态

植物病原线虫的虫体细长，多为线形，两端略细，长 0.2～12mm，少数种类的雌虫膨大成梨形、柠檬形、肾形或囊状。

线虫的虫体结构比较简单，可分为体壁和体腔。线虫的体壁几乎是透明的，体壁的最外面是一层平滑而有横纹、纵纹或凸起不透水的表皮层，被称为角质层。里面是下皮层，接着是线虫运动的肌肉层。线虫体腔内有消化系统、生殖系统、神经系统和排泄系统等器官。线虫的消化系统是由口孔、口针、食道、肠、直肠和肛门连成的一条不规则直通管道。口孔是线虫取食时口针的进出口，口针是植物寄生线虫从寄主体内获取营养和侵入寄主体内的工具。口孔的后面是口腔。食道紧接在口腔之后，植物寄生线虫的食道类型主要有以下三种。

(1) 垫刃型食道（tylenchoidoesophagi）。其结构包括前体部、中食道球、狭部和食道腺四部分。背食道腺开口位于口针基球后，而腹食道腺则开口于中食道球腔内。多数植物病原线虫的食道属于此类。

(2) 滑刃型食道（aphelenchoidoesophagi）。整个食道构造与垫刃型食道相似，但中食道球较大，背、腹食道腺均开口于中食道球腔内。

(3) 矛线型食道（dorylaimoidoesophagi）。口针强大，食道分两部分，食道管的前部较细而薄，后部呈瓶状，没有中食道球。

线虫的食道类型是线虫分类鉴定的重要依据。

线虫的生殖系统非常发达。雌虫由1条或2条生殖管组成。每条生殖管包括卵巢、输卵管、受精囊、子宫、阴道和阴门，双生殖管的雌虫两条生殖管拥有同一阴道和阴门。雄虫由1条或2条生殖管和一些附属的交配器官组成。单生殖管包括睾丸、精囊、输精管和泄殖腔等；双生殖管的雄虫则有两个睾丸，附属交配器官有交合刺（spicule）、引带和交合伞等。

(二) 生活史

线虫的生活史包括卵、幼虫和成虫3个时期。幼虫一般有4个龄期，第1龄幼虫多在卵内发育，因此从卵孵化出来的幼虫是2龄幼虫，每蜕皮1次，就增加1个龄期。经最后一次蜕皮发育为成虫，两性交配后雌虫产卵，雄虫一般随后死亡。2龄幼虫是许多植物病原线虫侵染寄主的虫态，所以也被称为侵染性幼虫。在环境条件适宜的情况下，线虫一般3~4周繁殖1代，1个生长季节可繁殖多代。

植物病原线虫大都是专性寄生。它们大多生活在土壤的耕作层中，从地面到15cm深的土层中线虫较多，特别是在根围土壤中更多，主要是由于有些线虫只有在根部寄生后才能大量繁殖，同时根部的分泌物对线虫有一定的吸引力，或者能刺激线虫卵孵化。不同的线虫对土壤条件的要求不同。一般温度在20~30℃有利于线虫孵化和发育。多数线虫的生长发育喜好较干旱的条件，而有些线虫则在淹水条件下有利于生长繁殖。一般线虫病多发生在沙壤土中，而有些线虫病则在黏重土中发生严重。线虫在土壤中的活动性不大，在整个生长季节内，线虫在土壤中移动的范围很少在30~100cm。但是植物病原线虫可通过人为的传带、种苗的调运、风和灌溉水以及耕作农具的携带等，进行远距离的传播。

不同的线虫寄生方式也不相同。多数线虫在寄主体外以口针穿刺进寄主组织内吸取营养，称为外寄生；有些线虫则进入寄主组织吸取营养，称为内寄生；还有一些线虫先进行外寄生而后进行内寄生。

(三) 主要属及其特征

传统的分类系统把线虫放在线形动物门（Nemathelminthes），被称为线虫纲。20世纪80年代后，线虫成为一个单独的门——线虫门（Nematoda）。在线虫门以下，根据侧尾腺的有无，分为侧尾腺纲（Secernentea）和无侧尾腺纲（Adenophorea）。植物病原线虫主要属于侧尾腺纲中的垫刃目（Tylenchida）和滑刃目（Aphelenchida）。其中比较重要的属如下所述。

（1）粒线虫属（Anguina），属于垫刃目的成员。雌虫和雄虫均为蠕虫形，虫体肥大较长，雌虫稍粗长，通常大于1mm。垫刃型食道，口针较小。雌虫往往两端向腹面卷曲，单卵巢；雄虫稍弯，但不卷曲，交合伞长，但不包到尾尖，交合刺粗而宽。多寄生在禾本科植物的地上部，在茎、叶上形成虫瘿（gall），或者危害子房形成虫瘿。典型种如引起小麦粒线虫病的小麦粒线虫（A.tritici）。

（2）茎线虫属（Ditylenchus）垫刃目的成员。雌虫和雄虫均为蠕虫形，虫体纤细；垫刃型食道，口针细小。雌虫前生单卵巢，卵母细胞1~2行排列，阴门在虫体后部；雄虫交合伞达尾长的3/4处，不包至尾尖。雌虫和雄虫尾为长锥状，末端尖锐，侧线4~6条。茎线虫属全部为迁徙性内寄生线虫，可以危害地上部的茎叶和地下的根、鳞茎和块根等，引起寄主组织的坏死和腐烂。典型种如引起甘薯茎线虫病的腐烂茎线虫（D.destructor）。

（3）根结线虫属（Meloidogyne），属于垫刃目的成员。雌雄异形，雄虫蠕虫形，尾短，无交合伞，交合刺粗壮；雌虫成熟后呈梨形，双卵巢，阴门和肛门在虫体后部，阴门周围的角质膜形成特征性的花纹即会阴花纹，是鉴定种的重要依据。根结线虫属与胞囊线虫属的主要区别是前者使受害植物的根部肿大，形成瘤状根结，雌虫的卵全部排出体外进入卵囊，成熟雌虫的虫体不形成胞囊；后者危害寄主不形成肿瘤，雌虫成熟后卵部分排出体外，成熟雌虫体皮褐化成为胞囊。

根结线虫属是目前世界上危害最严重的植物病原线虫，可为害单子叶和双子叶植物，广泛分布于世界各地，已报道的至少有80个种，其中分布最广泛的有4个种，即南方根结线虫（M.incognita）、北方根结线虫（M.hapla）、花生根结线虫（M.arenaria）

和爪哇根结线虫（M.javanica）。

（4）胞囊线虫属（Heterodera），属于又称为异皮线虫属，垫刃目的成员。雌雄异形，成熟雌虫膨大呈柠檬状、梨形，前生双卵巢，发达，阴门和肛门位于尾端，有突出的阴门锥，阴门裂两侧为双半膜孔，雌虫成熟后卵一部分排出体外胶质的卵囊中，另一部分保存在体内，体壁角质层变厚、褐化，这种内部具有卵的雌虫称作胞囊（cyst）；雄虫虫体蠕虫形，尾短，末端钝圆，无交合伞。典型种为引起大豆胞囊线虫病的大豆胞囊线虫（H.glycines）。

（5）滑刃线虫属（Aphelenchoides），属于滑刃目的成员。雌虫和雄虫均为蠕虫形，滑刃型食道，口针较长。雄虫尾端弯曲呈镰刀形，尾尖有4个凸起，交合刺强大，呈玫瑰刺状，无交合伞；雌虫尾端不弯曲，从阴门后渐细，单卵巢。滑刃线虫属已报道至少有180种，典型种为引起水稻干尖线虫病的贝西滑刃线虫（A.besseyi）。

（四）线虫病的防治原则

（1）严格检疫制度。严禁从病区调运种子、种苗等。

（2）种植抗病品种。不同的地区可因地制宜地选用抗、耐病的品种，可减少线虫病的危害。

（3）实行轮作。与非寄主作物轮作，特别是水旱轮作，可有效减轻线虫病的发生。

（4）药剂防治。用熏蒸剂熏杀土壤内的线虫，或用克百威对土壤进行消毒处理，都有不同程度的防治效果。

五、寄生性种子植物

大多数植物是自养生物，但也有少数植物由于缺乏足够的叶绿素或根系、叶片退化而营寄生生活，它们必须从其他植物上获取营养物质以维持其生长和繁殖，被称为寄生性植物。除了少数低等的藻类植物可以寄生植物外，大多数寄生性植物是高等的双子叶植物，所以又被称为寄生性种子植物。寄生性种子植物在热带和亚热带分布较多，如桑寄生、独脚金等。部分分布在温带地区，如菟丝子。寄生性种子植物的寄主多为野生木本植物，少数为农作物。

（一）寄生性种子植物的一般性状

不同的寄生性种子植物从寄主植物上获得营养物质的方式和成分也不同。根据其对寄主的依赖程度，可将寄生性种子植物分为全寄生和半寄生两类。全寄生，是指寄生性种子植物从寄主植物上夺取自身所需的全部营养物质，如菟丝子（Cuscuta

和列当（Orobanche）等，它们的叶片已经退化或叶片缺乏足够的叶绿素，根系也退变为吸根，吸根中的导管和筛管分别与寄主植物的导管和筛管相连。半寄生，是指寄生性种子植物具有叶绿素，能进行光合作用，但根系退化，以吸根的导管与寄主维管束的导管相连，从寄主植物中吸取水分和无机盐，如桑寄生（Loranthus）和槲寄生（Viscum）等。由于它们对寄主的寄生主要是水分，所以也称被为水寄生。此外，根据寄生部位不同，寄生性种子植物可分为茎寄生和根寄生。寄生在植物茎秆上的被称为茎寄生，如菟丝子、桑寄生等；寄生在植物根部的被称为根寄生，如列当等。

寄生性种子植物的致病作用主要表现为对营养物质的争夺上，因此全寄生类的致病力比半寄生类的致病力要强。寄生性种子植物除了本身的为害外，还是一些病害的传播介体，如菟丝子可传播病毒病。草本植物受害主要表现为植株矮小、黄化，严重时全株枯死。木本植物受害通常出现落叶、落果、开花延迟或不开花、顶枝枯死、不结实，最终导致死亡。

（二）寄生性种子植物的主要类群

寄生性种子植物属于被子植物门，有12个科，约2500种。其中最重要的是桑寄生科（Loranthaceae）、旋花科（Convolculaceae）和列当科（Orobanchaceae）。重要的属如下。

（1）菟丝子属（Cuscuta）。菟丝子又被称为金钱草，是攀缘寄主的一年生草本植物，没有根和叶，或叶片退化成鳞片状，无叶绿素，为全寄生。茎为黄色丝状，与寄主接触处长出吸盘（haustorium），侵入寄主体内。花小，白色至淡黄色，头状花序。蒴果球状，有2~4枚种子。种子小，卵圆形，黄褐色至黑褐色，表面粗糙。成熟后的种子落入土中或脱粒时混在作物种子内，成为来年病害的主要侵染源。翌年，菟丝子种子发芽，生出旋卷的幼茎，接触到寄主就缠绕到上面，长出吸盘侵入寄主维管束中寄生。下部的茎逐渐萎缩，与土壤分离。以后上部的茎不断缠绕寄主，并向四周蔓延危害。菟丝子的种类很多，可为害大豆、花生、马铃薯、苜蓿、胡麻等多种作物。典型种如引起大豆菟丝子病害的中国菟丝子（C.chinensis）。

（2）列当属（Orobanche）。列当是一年生草本植物。茎单生或少有分枝，直立，高度不等，黄色至紫褐色，叶片退化为鳞片状，没有叶绿素，根退化成吸根（radicle），以吸器与寄主植物根部的维管束相连，为全寄生，穗状花序，花冠筒状，多为白色或紫红色，也有米黄色和蓝紫色等。球状蒴果，有500~2000枚种子。种子极小，卵圆形，深褐色。种子落在土中后经过休眠，在适宜的温、湿度条件下萌发成线状的幼芽。当幼芽遇到寄主植物的根，就以吸根侵入寄主根内吸取养分。在吸根生长的同时，根外形成的瘤状膨大组织向上长出花茎。寄主植物因养分和水分被列当吸取，生长不良、产量减少。典型种如侵染瓜类、番茄等的埃及列当（O.aegyptica）。

（3）槲寄生属（Viscum）。槲寄生为绿色小灌木，营半寄生生活。叶片对生、革质、无柄或全部退化，茎圆柱形叉状分枝、节间明显，花极小、雌雄异株，果实为浆果、黄色。主要寄生于桑、杨、板栗、梨、桃、李、枣等多种林木和果树等木本植物的茎枝上。典型种如槲寄生（V.album）和东方槲寄生（V.orientale）等。

第三节 植物侵染性病害的发生与发展

一、病原物的寄生性和致病性

(一) 寄生性

病原物的寄生性，是指病原物从寄主活的细胞和组织中夺取养分和水分的能力。引起植物病害的病原生物大多数都是寄生物，但寄生程度对于不同的病原物来讲存在很大的差异。有的只能从活的植物细胞和组织中获得所需要的营养物质，而有的除营寄生生活外，还可在死的植物组织上生活，或者以死的有机质作为其生活所需要的营养物质。按照它们从寄主获得活体营养能力的大小，可以把病原物分为3种类型。

1. 活养寄生物（严格寄生物、专性寄生物）

活养寄生物的寄生能力最强，在自然界中它们只能从活的寄主细胞和组织中获得所需要的营养物质，被称为活养寄生物，其营养方式为活体营养型。当寄主植物的细胞和组织死亡后，它们也停止了生长和发育。它们对营养的要求比较复杂，一般不能在普通的人工培养基上培养。如所有的植物病毒，寄生性种子植物，真菌中的霜霉菌、白锈菌、白粉菌和锈菌均属此类型。近年来，虽有的专性寄生物如锈菌，已能在特殊的人工培养基上培养，但生长缓慢。

2. 半活养寄生物

这类寄生物既可以在活的寄主细胞和组织中寄生生活，又可以在死的植物组织中生活，或者以死的有机质作为生活所需要的营养物质。但它们的寄生能力有强弱之分，根据半活养寄生物寄生能力的强弱，又可分为两类。

（1）强寄生物（兼性腐生物）

强寄生物一般以寄生生活为主，寄生性很强，但在某种条件下，也有一定的腐生能力，可以营腐生生活。多数病原物属于强寄生物，如引起叶斑病的许多真菌

—30—

和叶斑性病原细菌。

(2) 弱寄生物 (兼性寄生物)

弱寄生物一般以腐生生活为主，寄生性较弱，它们只能侵染生活力弱的活体寄主植物或处于休眠状态的植物组织或器官。在一定的条件下，它们可在块根、块茎和果实等贮藏器官上营寄生生活，其寄生方式大都是先分泌一些酶或其他能破坏或杀死寄主细胞和组织的物质，然后从死亡的细胞和组织中获得所需要的养分。这类寄生物包括腐烂病菌、白绢病菌和软腐病菌等。弱寄生物可以在人工培养基上完成生活史，易于进行人工培养。

3. 死养生物 (严格腐生物、专性腐生物)

死养生物只能从已死亡的有机体上获得营养，不能侵害活的有机体。常见的有食品上的霉菌，木材上的木耳、蘑菇等腐朽菌。

4. 病原物的寄主范围与寄生专化性

由于病原物对营养条件的要求不同而对寄主植物具有选择性，因此，病原物的寄主范围是指一种病原物能寄生的寄主植物种类的多少，有的病原物只能寄生在一种或几种植物上，如稻瘟病菌；有的却能寄生在几十种或上百种植物上，如灰霉病菌。了解病原物的寄主范围，对于设计轮作防病和铲除野生寄主具有重要的指导意义。

寄生物对寄主植物的种和品种的寄生选择性，被称为寄生专化性。寄生专化性最强的表现是专化型和生理小种。专化型是指病原物的种内对寄主植物的科、属具有不同致病力的专化类群。生理小种是指病原菌种内形态相同，根据其对寄主植物的品种的致病力不同而划分的分类单位。在严格寄生物和强寄生物中，寄生专化性是非常普遍的现象。例如，禾谷秆锈菌 (形态种) 的寄主范围包括 300 多种植物，依据对寄主属的专化性分为十几个专化型；同一专化型内又根据对寄主种或品种的专化性分为若干生理小种。用于鉴别病原菌生理小种的寄主植物品种叫作鉴别寄主。在植物病害防治中，了解当地存在的具体植物病原物的生理小种，对选育和推广抗病品种，分析病害流行规律和预测、预报具有重要的实践意义。例如，在抗病育种工作中，大多是针对寄生性较强的严格寄生物和强寄生物引起的病害，对于许多弱寄生物引起的病害，一般难以得到较为理想的抗病品种。

(二) 致病性

致病性是病原物所具有的破坏寄主植物并导致植物发生病害的能力，即决定寄主植物能否发病和发病程度的特性。一种病原物的致病性并不能完全通过寄生关系来说明，它的致病作用是多方面的。

病原物的致病性机制主要表现在4个方面。

1. 营养掠夺

吸取寄主的营养物质和水分使寄主生长不良。如寄生性种子植物和根结线虫，靠吸收寄主的营养物质和水分使寄主生长衰弱。

2. 酶类破坏

酶类破坏侵入寄主，分泌果胶质酶、脂肪酶、纤维素酶等各种酶，消解和破坏寄主细胞和组织，并引起病害。例如软腐病菌分泌的果胶酶，分解消化寄主细胞间的果胶物质，使寄主组织软化，细胞彼此分离，而呈水渍状腐烂。

3. 毒素毒害

分泌各种毒素、毒害并杀死寄主的细胞和组织，引起褪绿、坏死、萎蔫等不同症状。毒素是植物病原真菌和细菌代谢过程中产生的，能在非常低的浓度范围内干扰植物正常生理功能，如对植物有毒害的非酶类化合物。依据对毒素敏感的植物范围和毒素对寄主的种或品种有无选择作用，可将植物病原菌产生的毒素划分为寄主选择性毒素与非寄主选择性毒素两大类。现在已发现的寄主选择性毒素有十余种，例如玉米小斑病菌T小种产生的玉米长蠕孢毒素（HMT毒素）对T型雄性不育细胞质的玉米品系致病性很强。非寄主选择性毒素很多，已发现的有120多种，如镰刀菌酸、烟草野火毒素等。

4. 激素干扰

分泌与植物生长调节物质相同或类似的物质，或干扰植物的正常激素代谢，严重扰乱寄主植物正常的生理过程，从而导致植物产生徒长、矮化、畸形等多种形态病变。如线虫侵染植物形成的巨型细胞，根癌细菌侵染植物刺激根系细胞过度分裂和增大而形成的肿瘤等。不同的病原物往往有不同的致病方式，有的病原物同时具有上述两种或多种致病方式，也有的病原物在不同的阶段具有不同的致病方式。

二、寄主植物的抗病性

寄主植物对病原物的侵害会产生各种抵抗反应，在植物病害的形成和发展过程中，病原物要侵入、扩散，寄主则要做出反应，进行抵抗。植物的抗病性是指植物避免、阻滞或中止病原物的侵入和扩散，抑制发病和减轻损失程度的能力。抗病性是植物的一种属性，具有一定的遗传稳定性，但也可能发生变异。抗病性和感病性并非对立相斥的，而是两者共居于一体，植物的抗病性是相对的，在寄主和病原物相互作用中抗病性表现的程度有阶梯性差异，抗病性强便是感病性弱，抗病性弱便是感病性强。

（一）寄主植物的抗病性表现

当病原物侵染寄主植物时，不同的寄主植物会有不同的反应。一般而言，寄主植物的抗病性表现可分为以下五大类。

（1）感病。植物容易遭受病原物的侵染而发生病害的特性，称为感病。根据感病能力的差异，其中发病很重的称为高度感病，发病较重的称为中度感病。感病的植物与病原物之间是亲和的，表现为感病的植物受到病原物的极大破坏作用。

（2）抗病。寄主植物对病原生物具有组织结构或生化抗性的性能，以阻止病原物的侵染，使病害局限在很小的范围内，称为抗病。根据抗病能力的差异，其中寄主植物受病原物侵染后发病较轻的称为中度抗病，发病很轻的称为高度抗病。抗病的植物与病原物之间亲和性较差。

（3）免疫。在有利于病害发生的条件下，植物完全不发病，称为免疫。植物对病原物的免疫反应表示抗病的最高程度，代表绝对抗病。具免疫性的植物与病原物之间是完全不亲和的。

（4）耐病。植物忍受病害的能力称为耐病。在外观上，植物表现感病，但由于植物体的恢复、补偿能力比较强，因而病害对植物的产量和品质的影响较小，即植物对病害的高忍耐程度。例如，与常规稻相比，杂交水稻对纹枯病菌的侵染具有较强的忍耐性。

（5）避病。寄主植物因接触病原物机会较少或不能接触病原物，而在时间或空间上避开病原物，表现不发病或发病减轻的现象称为避病。例如，适当迟播小麦，在入冬前，可避开纹枯病菌的侵染，最后发病较轻。必须指出，避病并非植物本身具有的抗病能力，但是它在防治病害中很有应用价值。

（二）小种专化抗性和非小种专化抗性

南非科学家 Van der Plank 于 1963—1978 年提出了小种专化抗性和非小种专化抗性。

1. 小种专化抗性

小种专化抗性，是指寄主植物品种的抗病力和病原物小种的致病力之间有特异相互作用，即植物品种仅对病原物的某些小种具有抗性，而对另一些小种则缺乏抵抗力。小种专化抗性又称垂直抗性。小种专化抗性一般表现为高度抗病或免疫，但其抗病性常不稳定和不持久，表现为因病原物的小种不同，一个高抗品种在此地表现高抗，但在彼地则可能表现为高感；或者抗病品种推广不了几年，容易因为田间病原物出现了致病力不同的小种，就会表现为高度感病。在遗传学上，小种专化抗性是由单基因或寡基因控制的，表现为质量遗传。例如，水稻品种汕优2号对稻瘟病菌生理小种 ZG 群表现的小种专化抗性。

2. 非小种专化抗性

非小种专化抗性与小种专化抗性相对应，是指寄主植物品种的抗病力和病原物小种的致病力之间没有特异相互作用，具有非小种专化抗性的植物品种对病原物的所有小种的反应基本一致，即植物的某个品种能抵抗病原物的多个生理小种，因而不易因某一生理小种的变化而在短期内变为感病。非小种专化抗性又叫作水平抗性。这种抗病性比较稳定而且持久。在遗传学上，非小种专化抗性是由多基因控制的，表现为数量遗传，其可以阻止病原物的繁殖和扩展，使寄主植物发病程度比较轻。例如重庆市巫山县马铃薯地方品种白石板对晚疫病表现的非小种专化抗性。育种学家往往致力于培育具有水平抗性的植物品种。

三、植物侵染性病害的发生、发展过程

(一) 病原物的侵染过程 (病程)

病原物的侵染过程，是指病原物与寄主植物可被侵染部位接触，并侵入寄主植物，在植物体内扩展致病，使寄主表现病害症状的全过程，也是植物个体受到病原物侵染后的发病过程。病原物侵染是一个连续的过程，大体包括侵入前期、侵入期、潜育期和发病期 4 个阶段。

1. 侵入前期

侵入前期，是指病原物侵入前与寄主植物存在相互关系并直接影响病原物侵入的时期。病原物在侵入寄主之前与寄主植物的可侵染部位初次直接接触，或达到能够受到寄主外渗物质影响的根围或叶围后，开始向侵入的部位生长或运动，并形成某种侵入机构。此时，病原物处于寄主体外的复杂环境中，受到物理、化学和生物因素的影响，病原物必须克服这些对其不利的因素才能进一步侵入。这个时期是决定病原物能否侵入寄主的关键，也是病害生物防治的重要时期。只有尽量避免或减少病原物与寄主植物接触，才能有效地预防病原物的侵染。如在植物病害生物防治中，把具有拮抗作用的微生物施入土壤，从而使病原物不能在植物根系生长繁殖，可防治土传病害。

2. 侵入期

病原物接触植物后，从开始侵入植物到侵入后与植物建立寄生关系为止的一段时间，称为侵入期。

(1) 侵入途径

第一，直接侵入。直接侵入，是指病原物直接穿透寄主表面保护层的侵入，一

部分真菌可以从植物幼嫩的部分及健全的寄主表皮直接侵入。寄生性种子植物可以产生吸盘突破寄主表皮组织。植物寄生线虫可以通过锋利的吻针刺破寄主的表皮而直接侵入细胞和组织。

第二，自然孔口侵入。植物的许多自然孔口都可以是病原物侵入的通道，这些自然孔口有气孔、水孔、皮孔、柱头、蜜腺等，其中最为普遍和重要的是气孔侵入。如许多真菌孢子落在植物叶面，可萌发形成芽管，然后芽管直接通过气孔和水孔等侵入植物。多数细菌也能从气孔侵入植物。有的细菌如稻白叶枯病菌通过植物叶片的水孔侵入。

第三，伤口侵入。植物表面的各种损伤，如虫伤、碰伤、冻伤、风雨的损伤、机械损伤和叶痕等，都是病原物侵入的通道。许多细菌和寄生性弱的真菌，往往通过伤口侵入。如甘薯软腐病菌由伤口侵入。植物病毒也是伤口侵入，但它侵入细胞所需的伤口，必须是使受伤细胞不死亡的微伤。

必须指出，各种病原物的侵入途径和方式是有所不同的。寄生性强的真菌以直接侵入或自然孔口侵入为主，寄生性弱的真菌主要经伤口或衰亡的组织侵入；一般细菌主要经自然孔口或伤口侵入，有的只能经伤口侵入；植物病毒一般经各种方式造成的微伤口侵入，这些微伤口包括机械微伤口和介体传播时造成的伤口。病原线虫一般是以穿刺方式直接侵入寄主，有时也可经自然孔口侵入。寄生性种子植物通过产生吸根直接侵入寄主。

(2) 环境条件对侵入的影响

病原物的侵入受环境条件的影响，其中以湿度和温度的影响最大。

第一，湿度。湿度是病原物侵入的必要条件。对于真菌和细菌引起的病害，湿度越高，对侵入越有利。这是因为，一方面大多数气传真菌孢子的萌发和细菌的繁殖，需要有水滴或水膜的存在；另一方面湿度太大可使植物的抗病性降低。因此，在栽培措施上，通过及时开沟排水，合理密植，改善田间通风透光条件，以降低湿度，从而减轻植物病害。

第二，温度。温度主要影响病原菌孢子萌发与侵入的速度。各种病原菌孢子的萌发都有其最高、最低、最适宜的温度，各种病原物在其适宜的温度范围内，侵入的速度快，侵入率高。芽管侵入以后菌丝的发育需要比较高的温度。一般是适于高温生长的作物在低温条件下易受侵染发病，而适于低温生长的植物在高温条件下易受侵害发病。

此外，光照和酸碱度与侵入也有一定关系。如在光照下，稻瘟菌孢子萌发受抑制。病毒的侵入方式比较特殊，受湿度的影响较小。

3. 潜育期

潜育期，是指从病原物侵入寄主后与寄主建立寄生关系开始，直到寄主表现明显症状为止的这一时期。潜育期是病原物从寄主体内吸收水分和养分，不断扩展、蔓延的时期，也是植物体对病原物的扩展产生一系列抵抗反应的时期。

（1）病原物的扩展

病原物利用寄主所提供的营养物质作为能源，不断生长发育，并进行繁殖、扩大其危害的全过程，被称为病原物的扩展。病原物在植物体内繁殖和蔓延时，消耗了植物的养分和水分，同时由于病原物分泌酶、毒素、生长激素或其他物质，从而改变了植物的新陈代谢，破坏了植物的细胞和组织，使植物表现症状，潜育期也到此结束。

寄生关系建立以后，病原物在寄主体内扩展的范围因种类不同而异，基本上可以归纳为两类。一类是病原物侵入后在寄主体内扩展蔓延的范围，局限于侵染点附近的细胞组织，形成局部的或点发性的感染，称为局部性侵染。大多数植物病害属于局部性病害，如水稻胡麻斑病和棉花细菌性角斑病。另一类是病原物在寄主体内可以经侵染点向植物各个部位扩展，甚至扩展到全株，即引起全株性的感染，称为系统性侵染。如枯萎病类、细菌性青枯病、大部分病毒病和类病毒病都是系统性侵染病害。

（2）寄主植物抗扩展

植物对于病原物的侵染并不完全是被动的，也会发生一系列的保护反应，以抵抗病原物的扩展。因此，潜育期实际上是病原物与寄主植物相互斗争的过程。有些植物在病原物侵入以后，可以产生一系列生理、生化反应，阻止病原物进一步扩展。

（3）潜育期的长短

植物病害潜育期的长短不一，其长短主要取决于病原物的生物学特性，局部性病害的潜育期较短，而系统性病害的潜育期较长。如一般局部性病害的潜育期为3~10d；而小麦散黑穗病潜育期将近1年。此外，环境条件和寄主的抗病性对潜育期的长短也有一定的影响。在潜育期中，寄主体就是病原物的生活环境，其水分、养分都是充足的。在环境条件中，气温对潜育期的影响最大，在一定温度范围内，温度越高，病原物在寄主体内的扩展越快，潜育期越短。例如，稻瘟病在温度9~11℃时，潜育期为13~18d；17~18℃时，潜育期为8d；24~25℃时，潜育期为5.5d；在最适宜温度26~28℃时，潜育期为4.5d。

4. 发病期

经过潜育期后，寄主植物就开始出现症状，即表示发病期开始。植物病害从症状开始出现到病害进一步发展加重的时期，被称为发病期。症状出现以后，如环境条件适宜，病害的严重程度就会不断加深。许多真菌和细菌病害随着症状的发展，往往在受害部位产生病征,如孢子和菌脓等,这一阶段病原物由营养生长转向生殖生长,为进行下一个侵染活动准备接种体,病原物新产生的繁殖体可成为再侵染或下一次侵染的来源。发病期即从出现症状直到寄主生长期结束,甚至植物死亡为止的一段时期。

环境条件,特别是湿度、温度,对发病都有一定的影响。马铃薯晚疫病、烟草黑胫病在潮湿条件下病斑迅速扩大并产生大量孢子。在气候干燥时,产生孢子少,病斑则停止发展。多数病原真菌产生孢子的最适宜温度为25℃左右,温度低于10℃时孢子则难以形成。

(二) 植物病害的病害循环

病害循环,是指一种病害从寄主的植物前一生长季节开始发病,到后一生长季节再度延续发病的过程。它主要涉及以下三个环节:①病害的初侵染和再侵染;②病原物的越冬和越夏;③病原物的传播。例如,稻瘟病菌以分生孢子和菌丝体在稻草和种子上越冬。病稻草是次年发病的主要初侵染来源,春季气温回升到15℃左右,又遇降雨,空气湿度大,露天堆放的病草就会陆续产生分生孢子,分生孢子借气流传播到稻田。水稻叶片受初侵染发病后,在条件适宜的情况下,病斑上可产生大量的分生孢子,借气流传播进行多次再侵染。种子上的病菌容易引起水稻苗瘟,较大的风力更有助于扩大传播范围。水稻成熟收割,病菌在病组织内外越冬,越冬后的病菌,经传播引起水稻下一生长季节的发病。不同的病害,其循环的特点各异。了解各种病害循环的特点有助于认识病害发生、发展的规律,也有助于对病害进行预测、预报及制定防治对策。

1.病害的初侵染和再侵染

由越冬或越夏的病原物在植物新的生长季节中引起的初次侵染称为初侵染。在初侵染已发病的植株上产生的病原物,通过传播扩散后,又侵染植物的健康部位称为再侵染。在同一生长季节,再侵染往往发生许多次,病害的侵染循环可按再侵染的有无分为以下两种。

(1)单病程。病害在植物的一个生长季节只有一次侵染过程,即只有初侵染,没有再侵染的病害,称为单病程病害。如小麦黑穗病、水稻干尖线虫病等属于这类病害。这类病害多为系统性病害,潜育期一般较长。

(2)多病程。病害在植物的一个生长季节中除了初侵染过程外,还有多次再侵染过程,称为多病程病害。如稻瘟病、水稻白叶枯病、小麦条锈病和玉米大、小斑病等属于这类病害。这类病害多为局部性病害,潜育期一般较短。对此类病害的防治难度往往较大。

单病程病害每年的发病程度取决于初侵染的多少,只要集中消灭初侵染来源或防止初侵染，就可以达到防治病害的目的。对于多病程病害，情况则比较复杂，除防治初侵染外，还要解决再侵染问题。对此类病害的防治，一般要通过种植抗病品种、改善栽培措施和药剂防治来降低病害的发展速度。

2. 病原物越冬和越夏

病原物越冬和越夏，是指病原物以一定的存活方式在特定存活场所度过不利于其生存和生长的冬天及夏天的过程。例如，在我国大多数纬度较高（温带）地区或纬度低而海拔较高的地区，许多植物到冬季都进入落叶休眠或停止生长状态，甚至入冬前被收获。寄生在植物上的病原物如何度过这段时间，并继续下一生长季节的侵染，越冬问题就显得更为突出。病原物越冬和越夏是病害循环中的一个薄弱环节，病原物越冬和越夏的场所，一般是初次侵染的来源。因此，抓住这个环节对某些病害进行防治极为重要，病原物越冬和越夏的场所如下所述。

(1) 田间病株

各种病原物都能以不同的方式在田间正在生长的病株的体内或体外越冬或越夏。寄主体内的病原物因有寄主组织的保护，不会受到外界环境的影响而能够安全越冬，成为次年初侵染来源。有些活体营养病原物必须在活的寄主之上寄生才能存活。例如，黄瓜花叶病毒可以在多年生野生植物上越冬；小麦条锈菌不耐高温，只能在夏季冷凉的高山或高原春麦上越夏。

(2) 病株残体

绝大部分非专性寄生的真菌、细菌，一般都在病株残体中潜伏存活，或以腐生方式在残体上生活。病原物在病株残体中存活的时期较长，主要原因就是受到植物组织的保护，对环境不利因子的抵抗能力较强，尤其是受到土壤中腐生菌的拮抗作用影响较小。例如玉米大、小斑病菌，水稻白叶枯病菌等，都是以病株残体为主要的越冬场所。因此，彻底清除病株残体有利于消灭和减少初侵染来源。

(3) 种子苗木和其他繁殖材料

种苗和其他繁殖材料携带的病原物，常常是下一年初侵染最有效的来源。病原物在种苗萌发生长时，无须经过传播接触而引起侵染。由种苗和无性繁殖材料带菌而引起感染的病株，不但本身发病，而且往往成为田间的发病中心，通过再侵染向四周不断扩展。种子苗木和其他繁殖材料也是病菌远距离传播的主要来源。例如小麦粒线虫的虫瘿、油菜菌核病菌的菌核等病原物以各种休眠状态混杂于种子之中，小麦腥黑穗病菌的冬孢子附着于种子表面，小麦散黑穗病菌可潜伏在种胚内。

(4) 土壤

土壤是许多病原物重要的越夏、越冬场所，侵染植物根部的病原物尤其如此。病原物的休眠体可以在土壤中长期存活，有的可存活数年之久。另外，病原物还可以腐生的方式在土壤中存活。如黑粉菌的冬孢子先存在于病株残体内，当残体分解腐烂后，再散落于土壤之中。以土壤作为越冬、越夏场所的病原真菌和细菌，大体可分为土壤寄居菌和土壤习居菌两类。土壤寄居菌必须在土壤中的病株残体上腐生或休眠越冬，一旦寄主残体分解腐烂后，就不能在土壤中存活。土壤习居菌对土壤适应性强，当寄主残体分解后可在土壤中长期营腐生生活，并且能够繁殖，例如丝核菌和镰孢菌等真菌都是土壤习居菌。

(5) 粪肥

病原物可以随着病株的残体作为积肥而使病原物混入肥料内，少数病菌的休眠体也能随病残体通过牲畜排泄物单独散落于肥料之中。如果粪肥未充分腐熟而施到田间，其中的病原物接种体就可以长期存活而引起感染。例如谷子白发病菌卵孢子和小麦腥黑穗病菌冬孢子，经牲畜肠胃后仍具有生活力。

(6) 昆虫或其他介体

昆虫是多种病毒、细菌、线虫的传播介体，一些由昆虫传播的病毒可以在昆虫体内增殖并越冬或越夏，使昆虫终生具有传毒能力。例如，水稻黄矮病病毒和普通矮缩病病毒就可以在传毒的黑尾叶蝉体内越冬，小麦土传花叶病毒可以在禾谷多黏菌休眠孢子中越夏。

(7) 温室内或贮藏窖内

有些病原物可以在温室内生长的植物上或贮藏窖内储存的农产品中越冬。例如灰霉病以菌核在温室内土壤或病残体上越冬、越夏。

总之，病原物的越冬或越夏阶段是病害循环中的薄弱环节，查明病原物越冬场所，控制或消灭越冬、越夏病原物的数量，是防治植物病害的有效方法。通过检疫、烧毁、铲除转主寄主以及对种子和土壤进行消毒等各种措施可以控制病害的发生。

3. 病原物的传播

在植物体外越冬、越夏的病原物，必须传播到植物体上才能发生初侵染，在植株之间传播则能引起再侵染。因此，病原物的传播是病害循环联系的纽带。有些病原物如带鞭毛的细菌、真菌游动孢子和线虫等可以由本身的活动进行有限范围的主动传播。但是，这种主动传播的距离极为有限，不是传播的主要方式。病原物的传播主要依靠自然因素或人为因素等外界因素进行被动传播，其主要传播方式如下。

(1) 风力传播（气流传播）

真菌繁殖的主要方式是产生各种类型的孢子。真菌的孢子很多是借风力传播的，真菌产生的孢子数量很多，体积很小且质量轻，犹如空气中的尘埃微粒一样，可以随气流进行远距离或近距离传播。例如，小麦锈菌、稻瘟病菌以及玉米大、小斑病菌等都是通过气流进行传播的。气流可将真菌孢子或其他病原物的休眠体或病组织吹到空中，再传到较远的地方。一般情况下，真菌孢子的气流传播，多属近程传播（传播范围为几米至几十米）和中程传播（传播范围为百米以上至几千米）。远程传播比较典型的是小麦秆锈菌和条锈菌。例如条锈菌在夏孢子很多、风力很大时，强大的气流可将孢子携带到1500~4300m高空，进而吹送到几百千米以外的地方。

对于借助气流传播的病害，在防治方法上，除注意消灭当地的病原物外，还要防止外地病原物的传入。例如，根据小麦秆锈菌和条锈菌远程传播的特点，我国采取控制菌源基地的侵染和在不同区域布局不同抗原的抗性品种的措施，收到了明显成效。确定病原物的传播距离，在防病上很重要，转主寄主的砍除和无病苗圃的隔离距离都是由病害传播距离决定的。又如，梨锈病的孢子只能通过风力传播，其飞散距离最远不超过5km，为了防治梨锈病，中断转主寄主，要求在梨园5km内不能种植桧柏。

（2）雨水和流水的传播

植物病原细菌和真菌中的黑盘孢目、球壳孢目的分生孢子多半是借助雨水或流水传播的。多数细菌病害能产生菌脓，一些真菌能形成胶质黏结的子实体（如分生孢子器、分生孢子盘）。其在干燥的环境下是不能传播的，必须靠雨水把胶体膨胀和溶化后，病原物才能散出，而后随雨水的飞溅和地面的流水而传播。例如，水稻白叶枯病菌是经雨水传播的，一方面暴风雨会使叶片擦伤，有利于细菌传染和侵入；另一方面病田水中的细菌，又可通过田水排灌向无病田传播。因此，流水也是重要的传播途径。此外，喷灌常使许多叶部病害加重。

（3）昆虫等生物介体传播

有许多昆虫在植物上取食和活动，同时成为传播病原物的介体，除传播病毒外还能传播病原细菌和真菌，同时在取食和产卵时，给植物造成伤口，为病原物的侵染创造了有利条件。昆虫传播与病毒和菌原体病害的关系最大，例如，蚜虫、飞虱和叶蝉在植物上取食和活动，传播了植物病毒；玉米啮叶甲可以传播玉米细菌性萎蔫病；松材线虫病是由松褐天牛携带线虫传播的。另外，线虫、鸟类等动物也可传带病菌。

（4）人为传播

人们在育苗、栽培管理及运输等各种活动中，常常无意识地传播病原物。因此，各种病原物都能以多种方式由人为的因素传播。在人为的传播因素中，以带病的种子、苗木和其他繁殖材料的流动最重要。农产品和包装材料的流动与病原生物传播的关系也很大。人为的传播往往都是远距离的，且不受自然条件和地理条件的限制，并且是经常发生的，因此，人为的传播就更容易造成病区的扩大和形成新病区。故针对人为传播的植物检疫对象，要通过植物检疫措施来限制这种人为的传播，从而避免将危险性的病害带到无病的地区。在人为的因素中，也不能忽视一般农事操作与病害传播的关系。例如，烟草花叶病毒是因接触传染的，所以在烟草移苗和打顶去芽时就可能传播病毒。

(三) 植物病害的流行与预测

1. 植物病害流行的概念

在较短的时间内和较大的地域内病害在植物群体中迅速蔓延，发生普遍而且严重的，且使寄主植物受到很大损害或其产量受到巨大损失的，称为植物病害的流行。换句话说，植物病害流行就是病害大面积发生。经常引起流行的病害，叫作流行性病害。

2. 植物病害流行的类型

根据病害的流行特点不同，植物病害流行的类型大体可分为积年流行病害和单年流行病害。

(1) 积年流行病害

单循环和少循环病害在一个生长季节中菌量增长幅度不大，需要连续几年才能完成菌量的积累过程，最后导致病害的流行。其发生特点是：①在病害循环中只有初侵染而没有再侵染，或者虽有再侵染但作用很小，潜育期长或较长，故又称为单循环病害；②多为全株性或系统性病害，包括茎基部和根部病害；③多为种传或土传病害，其自然传播距离较近，传播效能较小；④病害是否流行主要取决于初始菌量，在一个生长季节中，菌量增长幅度不大，但能够逐年积累，稳定增长，若干年后将导致较大的流行。

属于该类病害的有小麦散黑穗病、小麦粒线虫病、水稻恶苗病、稻曲病、大麦条纹病、玉米丝黑穗病、麦类全蚀病、棉花枯萎病和黄萎病等。例如，小麦散黑穗病病穗率每年增长 4~10 倍，若第 1 年病穗率仅为 0.1%，到第 4 年病穗率将达到 30%，会造成小麦严重减产。

(2) 单年流行病害

多循环病害的病原物在一个生长季节中能够连续繁殖多代，只要条件适宜，就能完成菌量的积累过程，造成病害的流行。其发生特点是：①在病害循环中再侵染频繁，潜育期短，故又称为多循环病害；②大多数是局部侵染的，且多为植株地上部分的叶斑病类；③多为气传、雨水传或昆虫传播的病害，有的为远程传播病害，传播距离可达 1000km；④在有利的环境条件下增长率很高，病害数量增幅大，具有明显的由少到多、由点到面的发展过程，可以在一个生长季内完成菌量积累，造成病害的严重流行。

属于这一类的有许多重要的作物病害,如稻瘟病、锈病、白粉病、马铃薯晚疫病、油菜霜霉病等。例如,马铃薯晚疫病在一个生长季内,若天气条件适宜,潜育期仅 3~4d, 可再侵染 10 代以上,病斑面积约增长 10 亿倍。

由于单循环病害与多循环病害的流行特点不同,应采取相应的防治对策。针对单循环病害,消灭初始菌源很重要,通过种苗处理、田园卫生、土壤消毒等措施铲除初始菌源和抑制菌量的逐年积累,往往可以收到良好防效。而针对多循环病害,主要通过种植抗病品种、采用药剂防治和农业防治等综合措施,控制病害的增长率。

3.病害流行的基本因素和主导因素

传染性病害的流行必须具备三个方面的条件,即需要大量的高度感病的寄主植物、大量的致病力强的病原物存在和有对病害发生极为有利的环境条件。三个方面缺一不可,必须同时存在,而且这三个方面条件相互联系、互相影响。

(1)大量的高度感病的寄主植物

感病寄主植物的数量和分布是病害能否流行和流行程度轻重的基本因素。易于感病的寄主植物大量而集中地存在是病害流行的必要条件。人们往往在特定的地区大面积种植单一农作物甚至单一感病品种,这就特别有利于病原物增殖和病害的传播,因此常导致病害大流行。即使当时是抗病品种,长期大面积单一种植后,也易因病原物群体致病性变化而"丧失"抗病性,沦为感病品种,从而造成病害大流行。例如,1970 年美国由于大面积推广 T 型细胞质雄性不育系配制的杂交种,造成玉米小斑病在美国大流行,减产 165 亿千克,占美国玉米总产量的 15%,损失产值约 10 亿美元。因此,在制订种植计划时,为了防止病害大流行,必须考虑品种的更换、布局和合理搭配。

(2)大量的致病力强的病原物

病原物的致病力强、数量多并能有效传播是病害流行的主要原因。病害的流行必须有大量的致病力强的病原物存在,并且能很快地传播到寄主体上。病原物具有强致病性的小种或菌株占据优势就有利于病害大流行。对于没有再侵染或再侵染次要的病害,病原物越冬的数量多少,对病害流行起决定作用。而对于具有再侵染能力的病害,除初侵染来源外,侵染次数多、潜育期短、病原物繁殖快,能迅速地积累大量的病原物,引起病害的广泛传播和流行。此外,外地传入的新病原物,由于本地栽培的寄主植物对它缺乏抗病力,因而容易导致病害的流行。

(3)适宜发病的环境条件,且持续时间长

适宜发病的环境条件不但有利于病原物的繁殖、传播和侵入,而且会削弱寄主植物的抗病性。在前两个因素具备的前提下,当环境条件有利于病原物的繁殖、传播和侵入而不利于寄主植物的抗病性时,病害就流行。环境条件主要包括气象条件、栽培条件和土壤条件，其中最为重要的是气象条件，如温度、湿度、光照等。在气象条件中，湿度又比温度的影响更大。对于多数真菌和细菌病原物而言，必须在适宜的湿度条件下，才能繁殖、传播和侵入。例如，在雨水多，且持续时间长的年份，常引起稻瘟病、小麦赤霉病和马铃薯晚疫病的流行。

以上三方面因素是病害流行的必要条件，缺一不可。这就犹如三角形的3条边，如果缺少其中任何一条边就构不成三角形。因此，系统地观测寄主、病原物和环境条件的实际状态，就能够积累大量的基础数据，进而通过分析其中与病害流行的相关因素，并且用多元回归公式表达，就可以根据流行条件来预测病害流行程度。但是，在一定地区、一定时间内，分析病害流行条件时，三个因素在病害流行中不是同等重要的，可能其中某些因素基本具备、相对稳定，而其他因素比较缺乏或变动幅度较大，如不能全部满足，病害就不可能流行，这些因素就在很大程度上左右了病害的流行。因此，把这一个或几个起主要作用的病害流行因素，称为流行的主导因素。正确地确定主导因素，抓住主要矛盾，对于预测病害和设计防治方案都有重要意义。如水稻苗期立枯病，低温、高湿是病害流行的主导因素，因为品种抗性无明显差异，土壤中存在病原物，如果苗床持续低温、高湿，对水稻苗生长极为不利，抗病力大大降低，就会引起病害流行。

4. 病害流行的变化

病害的发生、发展不是静止现象，是一个动态过程。通常说的病害流行也常被定义为"病害在时间和空间中的增长"。植物病害的流行是随着时间而变化的，即一个病害数量由少到多、由点到面的发展过程。研究病害数量随时间而增长或衰落的发展过程，叫作病害流行的时间动态。

（1）季节流行变化

病害在一个生长季中的消长变化叫作季节流行变化。如果定期系统地调查一个生长季中田间发病数量（发病率或病情指数）随病害流行时间而变化的数据，再以调查日期为横坐标、以发病数量的系统数据为纵坐标，即可得到病害的季节流行曲线：整个过程中病害的普遍率和严重度的变化因病害而不同，同时受到环境条件的影响。

一种病害在不同发病条件下或不同的多循环病害中，可有不同类型的季节流行曲线，最常见的流行曲线为"S"形曲线。对于一个生长季中只有一个发病高峰的病害，若最后发病达到或接近饱和（100%），寄主群体亦不再生长，其流行曲线呈典型的"S"形曲线，如马铃薯晚疫病。在"S"形曲线中，病害流行过程可划分为指数增长期、逻辑斯蒂增长期和衰退期，其中指数增长期比较长，为整个流行过程积累了菌量基础，是菌量积累和流行的关键时期。因此，病害预测、药剂防治和流行规律的分析均应以指数增长期为重点。

如果发病后期因寄主成株抗病性增强，或气象条件不利于病害继续发展，但寄主仍继续生长，以至新生枝叶发病轻，流行曲线呈单峰型（马鞍型），例如甜菜褐斑病。有些病害在一个生长季节中的发展是波浪形的，有多个发病高峰，流行曲线为多峰型。如在南方稻区，因稻株生育期和感病性的变化，稻瘟病可以出现苗瘟、叶瘟和穗颈瘟3次高峰，呈三峰型。

(2) 植物病害的逐年流行动态

同一地区的一种病害在不同年份发生程度的变化叫作年份流行变化，即病害几年或几十年的发展过程。积年流行病害有一个菌量逐年积累，发病数量逐年增长的过程。单年流行病害年份间流行程度波动大，很不稳定，大多数流行性强的单年流行病害，在病原物和寄主的抗性等均无很大变化的情况下，病害流行与否及流行程度往往决定于气象条件。在气象条件中，湿度、雨量等因素的作用常常大于温度的作用，侵染地上的病害比侵染地下的病害更易受气象因素的影响，因而逐年流行波动更大。如小麦赤霉病，可以根据小麦抽穗开花期的温度、雨日的比例预测当年的发病程度。而稻瘟病、稻白叶枯病、玉米小斑病、马铃薯晚疫病等，都可以气象条件作为病害流行预测的重要依据。如果病害流行的主导因素是气象因素，那么病害发生所涉及的地区就很广，可以覆盖该气象因素所影响的地区。另外，许多由昆虫传播的病毒、病害，气象条件不仅影响寄主植物的抗性，还会影响传毒昆虫的活动。如在干旱年份，蚜虫易大暴发，因而病毒、病害易流行。

此外，病害分布由点到面的发展变化，叫作病害流行的空间动态。病害流行的空间动态包括病害的传播距离、传播速度以及传播的变化规律。病害传播的距离按其远近可以分为近程、中程和远程三类。病害在田间的扩展和分布与病原物初次侵染的来源有关，可分为位于本地的初侵染来源和外来菌源两种情况。初侵染源位于本地内，在田间有一个发病中心或中心病株；病害在田间的扩展过程是由点到片，逐步扩展到全片；传播距离由近及远，发病面积逐步扩大。初侵染源为外来菌源，病害初发时在田间一般随机分布或接近均匀分布，如果外来菌量大、传播广，则全片普遍发病。

第四节 植物病虫害综合治理的主要技术

综合治理的最终目标是创造出一个良好的农田环境，即在农田中一切有害生物被抑制到不会影响作物的产量，而作物和有益生物都能够有最有利的条件生长、发育和繁殖。当然，不可能一步就达到这种目标，必须努力创造一定的必要条件、必须进行长期的艰苦工作。

综合治理措施包括植物检疫、农业防治、抗性植物品种的利用、生物防治、物理防治以及化学防治等。

一、植物检疫

我国加入WTO后，随着国际经济贸易活动的不断深入，植物检疫工作就显得越来越重要。植物检疫是根据国家颁布的法令，设立专门机构，对国外输入和国内输出，以及国内地区之间调运的种子、苗木及农产品等进行检疫，禁止或限制危险性病、虫、杂草的传入和输出；或者在传入以后限制其传播，消除其危害的措施。植物检疫又称为法规防治，这能从根本上杜绝危险性病、虫、杂草的来源和传播，是最能体现贯彻"预防为主，综合防治"的植保工作方针的一项重要措施。植物检疫为一个综合的管理体系，涉及法律规范、国际贸易、行政管理、技术保障和信息管理等诸多方面。

植物检疫可分为对内检疫和对外检疫。对内检疫（国内检疫）是国内各级检疫机关，会同交通、运输、邮电、供销及其他有关部门，根据检疫条例，防止和消灭通过地区间的物资交换，调运种子、苗木及其他农产品而传播的危险性病、虫及杂草。我国对内检疫以产地检疫为主，以道路检疫为辅。对外检疫（国际检疫）是国家在对外港口、国际机场及国际交通要道设立检疫机构，对进出口的植物及其产品进行检疫处理，防止国外新的或在国内还是局部发生的危险性病、虫及杂草的输入，同时防止国内某些危险性的病、虫及杂草的输出。对内检疫是对外检疫的基础，对外检疫是对内检疫的保障。

在植物检疫工作中，凡是被列入植物检疫对象的，都是具危险性的有害生物，它们的共同特点是：①国内或当地尚未发现或局部已发生而尚未消灭的。②繁殖力强、适应性广，一旦传入对作物危害大、经济损失严重，且难以根除。③可人为随种子、苗木、农产品及包装物等运输，做远距离传播。例如，地中海实蝇、水稻细菌性条斑病、毒麦和红火蚁等都是当前重要的植物检疫对象，在疫区都给农林业生产带来了严重灾难。因此，在人员和商品流量大、植物繁殖材料调动频繁的情况下，加大农业植物检疫工作的执法力度，对杜绝外来有害生物入侵、发展出口创汇农业生产、实现农业生产可持续发展、保护生产者利益、促进农民增收具有重大的意义。

二、农业防治法

农业防治法就是通过改进栽培技术的措施，使环境条件不利于病虫害的发生，而有利于植物的生长发育，直接或间接地消灭或抑制植物病虫害的发生与危害。这种方法是最经济、最基本的防治方法,其最大优点是不需要过多的额外投入,且易与其他措施相配套,而且预防作用强,可以长久控制植物病虫害,它是综合防治的基础。其局限性有防治效果比较慢,对暴发性病虫的危害不能迅速控制,而且地域性、季节性较强等。

农业防治的主要措施如下所述。

(一) 选用抗病虫品种

培育和推广抗病虫品种是最经济有效的防治措施。目前我国在水稻、小麦、玉米、棉花、烟草等作物上已培育出一大批具有抗性的优良品种,随着现代生物技术的发展,利用基因工程等新技术培育抗性品种,将会在今后的有害生物综合治理中发挥更大的作用。在抗病虫品种的利用上,要防止抗性品种的单一化种植,注意抗性品种轮换,合理布局具有不同抗性基因的品种,同时配以其他综合防治措施,提高利用抗病虫品种的效果,充分发挥作物自身对病虫害的调控作用。例如,通过不断培育和推广抗病虫品种,有效控制常发的和难以防治的病虫害,如锈病、白粉病、病毒病、稻瘟病和吸浆虫等。抗病虫品种已在生产中起了很大作用。

(二) 改革耕作制度

实行合理的轮作倒茬可以恶化病虫发生的环境,例如,在四川推广以春茄子、中稻和秋花椰菜为主的"菜—稻—菜"水旱轮作种植模式,大大减轻了一些土传病害(如茄黄萎病)、地下害虫和水稻病虫的危害;正确的间套作有助于天敌的生存繁衍或直接减少害虫的发生,如麦棉套种,可减少前期棉蚜迁入,麦收后又能增加棉株上的瓢虫数量,减轻棉蚜危害;合理调整作物布局可以造成病虫的病害循环或年生活史中某一段时间的寄主或食料缺乏,达到减轻危害的目的,这在水稻螟虫等害虫的控制中有重要作用。

(三) 加强田间管理

综合运用各种农业技术措施,加强田间管理,有助于防治各种植物病虫害。一般而言,种植密度大,田间荫蔽,就会影响通风透光,导致湿度大,植物木质化速度慢,从而加重大多数高湿性病害和喜阴好湿性害虫危害的发生。因而合理密植不仅能使作物群体生长健壮整齐、提高对病虫的抵抗力,还能使植株间通风透气好,湿度降低,有利于抑制纹枯病、菌核病和稻飞虱等病虫害的发生。科学灌溉、控制田间湿度、防止作物生长过嫩过绿,可以减轻多种病虫害的发生。例如,稻田春耕灌水,可以杀死稻桩内越冬的螟虫;稻田适时排水晒田,可有效地控制稻瘿蚊、稻飞虱和水稻纹枯病等病虫害的发生。再如，连栋塑料温室可以利用风扇定时排湿，尽量减少作物表面结露，从而抑制病害发生。一般来说，氮肥过多，植物生长嫩绿，分枝分蘖多，有利于大多数病虫害的发生。而采用测土配方施肥技术，肥料元素养分齐全、均衡，适合作物生长需求，作物抗病虫害能力也明显增强，可显著地减轻蚜虫、稻瘟病、纹枯病和枯萎病等病虫害的发生，控制病虫害发病率，也有利于控制化肥、农药的施用量，减少农作物中有害成分的残留，保护农田生态环境。健康栽培措施是通过农事操作，清除农田内的有害生物及其滋生场所，改善农田生态环境，保持田园卫生，减少有害生物的危害。通过健康栽培措施，既可使植物生长健壮，又可以防止或减轻病虫害发生。主要措施有植物的间苗、打杈、摘顶、清除田间的枯枝落叶、落果等各种植物残余物。例如，油菜开花期后，适时摘除病、老、黄叶，并带出田外集中处理，有利于防治油菜菌核病。另外，田间杂草往往是病虫害的野生过渡寄主或越冬场所，清除杂草可以减少植物病虫害的侵染源。综上所述，健康栽培已成为一项有效的病虫害防治措施。此外，加强田间管理的措施还有改进播种技术、采用组培脱毒育苗、翻土培土、嫁接防病和安全收获等。

三、物理防治法

物理防治法就是利用各种物理因素（如光、电、色、温湿度等）和机械设备来防治有害生物的植物保护措施。此法一般简便易行，成本较低，不污染环境，而且见效快，但有些措施费时费工，需要特殊的设备，有些方法对天敌也有影响。一般作为一种辅助防治措施。

物理防治的主要措施之一为诱杀法，是利用害虫的趋性或其他习性诱集并杀灭害虫。常用的方法主要有以下几种。

(一) 灯光诱杀

利用害虫的趋光性，采用黑光灯、双色灯或高压汞灯，结合诱集箱、水坑或高压电网诱杀害虫的方法。大多数害虫的视觉特性对波长 330~400nm 的短波紫外光特别敏感，黑光灯是一种能辐射出 360nm 紫外线的电光源，因而诱虫效果很好。黑光灯可诱集 700 多种昆虫，在大田作物害虫中，对夜蛾类、螟蛾类、天蛾类、尺蛾类、灯蛾类、金龟甲类、蝼蛄类、叶蝉类等诱集力更强。

目前，生产上所推广应用的另一种光源是频振式杀虫灯，该灯的杀虫机理是运用光、波、色、味四种诱杀方式杀灭害虫。近距离用光，远距离用波，加以黄色外壳和独特的气味，引诱害虫成虫扑灯，外配以频振高压电网触杀，可将成虫消灭在产卵以前，从而减少害虫基数、控制害虫危害作物。可广泛用于农、林、蔬菜、烟草、仓储、酒业酿造、园林、果园、城镇绿化、水产养殖等，对危害作物的多种害虫，如斜纹夜蛾、银纹夜蛾、烟青虫、稻飞虱、蝼蛄等都有较强的杀灭作用。

(二) 色彩板诱杀

利用害虫的趋色彩性，研究各种色彩板诱杀一些"好色"性害虫，常用的有黄板和蓝板。如利用有翅蚜虫、白粉虱、斑潜蝇等对黄色的趋性，可在田间采用黄色黏胶板或黄色水皿进行诱杀。利用蓝板可诱杀蓟马、种蝇等。

(三) 食饵诱杀

利用害虫对食物的趋化性，通过配制合适的食饵来诱杀害虫。如用糖酒醋液可以诱杀小地老虎和黏虫成虫，利用新鲜马粪可诱杀蝼蛄等。

(四) 汰选法

健全种子与被害种子在形态、大小、比重上存在着明显的区别，因此，可将健全种子与被害种子进行分离，剔除带有病虫的种子。可通过手选、筛选、风选、盐水选等方法进行汰选。例如，油菜播种前，用10%NaCl溶液选种，用清水冲洗干净后播种，可降低油菜菌核病的发病率。

(五) 阻隔法

根据害虫的生活习性和扩散规律，设置物理性障碍，阻止其活动、蔓延，防止害虫危害。例如，在设施农业中利用适宜孔径的防虫网覆盖温室和塑料大棚，以人工构建的屏障，防止害虫侵害温室花卉和蔬菜，从而有效控制各类害虫，如蚜虫、跳甲、甜菜夜蛾、美洲斑潜蝇、斜纹夜蛾等的危害；又如，果园果实套袋可以阻止多种食心虫在果实上产卵，防止病虫侵害水果。

(六) 高温处理

利用热水或热空气热疗感染病毒的植株或繁殖材料（种子、接穗、苗木、块茎和块根等），从而获得无病毒的植株或繁殖材料。如在37℃下对感染马铃薯卷叶病毒的马铃薯块茎处理25d，就可以生产出无毒的植株。太阳能土壤消毒技术（solarization）是在一年中最炎热的月份，用塑料薄膜覆盖潮湿土壤4周以上，以提高耕作层土壤的温度，杀死或减少土壤中的有害生物，从而控制或减轻土传病害的发生。对收获后的块茎和块根等采用高温愈伤处理，可促进伤口愈合，以阻止部分病原物或腐生物的侵染与危害。高温烘干也是针对收获后农产品杀死有害生物的办法之一，且不受天气限制。此外，还可用缺氧窒息、高频电流、超声波、激光、原子能辐射等物理防治技术防治病虫害。

四、生物防治法

生物防治法就是利用自然界中各种有益生物或有益生物的代谢产物来防治有害生物的方法。生物防治的优点是对人、畜、植物安全，不杀伤有害生物的天敌及其他有益生物，一般不污染生态环境，往往对有害生物有长期的抑制作用，而且生物防治的自然资源比较丰富，成本比使用化学农药低。因此，生物防治是综合防治的重要组成部分。但是，生物防治也有局限性，如作用较缓慢，在有害生物大发生后常无法得到控制；使用时受气候和地域生态环境影响大，效果不稳定；多数天敌的选择性或专化性强，作用范围窄，控制的有害生物数量仍有限；人工开发周期长，技术要求高等。所以，生物防治必须与其他防治方法相结合。

生物防治的主要措施如下所述。

（一）以虫治虫

以害虫作为食物的昆虫称为天敌昆虫。利用天敌昆虫来防治害虫，称为"以虫治虫"。天敌昆虫主要有捕食性和寄生性两大类型，具体如下。

1. 捕食性天敌昆虫

专以其他昆虫或小动物为食物的昆虫，称为捕食性昆虫。分属于18个目，近200个科，常见的捕食性天敌昆虫有蜻蜓、螳螂、猎蝽、刺蝽、花蝽、姬猎蝽、瓢虫、草蛉、步甲、食虫虻、食蚜蝇、胡蜂、泥蜂、蚂蚁等。这些天敌昆虫一般较被猎取的害虫大，捕获害虫后立即咬食虫体或刺吸害虫体液，捕食量大，在其生长过程中，能捕食几头至数十头，甚至数千头害虫，可以有效地控制害虫种群数量。例如，利用澳洲瓢虫与大红瓢虫防治柑橘吹绵介壳虫较为成功；一头草蛉幼虫，一天可以吃掉几十头甚至上百头蚜虫。

2. 寄生性天敌昆虫

这些天敌昆虫寄生在害虫体内，以害虫的体液或内部器官为食，导致害虫死亡。分属于5个目，近90个科，主要包括寄生蜂和寄生蝇，其虫体均较寄主虫体小，在幼虫期寄生于害虫的卵、幼虫及蛹内或体上，最后寄主害虫随天敌幼虫的发育而死亡。目前，我国利用寄生性天敌昆虫最成功的例子是利用赤眼蜂寄生多种鳞翅目害虫的卵。

以虫治虫的主要途径有以下三个方面：①保护并利用本地自然天敌昆虫。例如合理用药，避免农药杀伤天敌昆虫；对于园圃修剪下来的有虫枝条，其中的害虫体内通常有天敌寄生,因此,应妥善处理这些枝条,将其放在天敌保护器中,使天敌能顺利羽化,飞向园圃等。②人工大量繁殖和释放天敌昆虫。目前国际上有130余种天敌昆虫已经被商品化生产,其中主要种类为赤眼蜂、丽蚜小蜂、草蛉、瓢虫、小花蝽、捕食螨等。③引进外地天敌昆虫。例如,早在19世纪80年代,美国从澳大利亚引进澳洲瓢虫(Rodolia cardinalis),5年后原来危害严重的吹绵蚧就得到了有效控制;1978年我国从英国引进丽蚜小蜂(Encarsia formosa Gahan),防治温室白粉虱取得成功;等等。

(二)以菌治虫

以菌治虫就是利用害虫的病原微生物及其代谢产物来防治害虫。该方法具有对人、畜、植物和水生动物无害,无残毒,不污染环境,不杀伤害虫的天敌,持效期长等优点,因此,特别适用于植物害虫的防治。

目前,生产上应用较多的是病原细菌、病原真菌和病原病毒三大类。我国利用的病原细菌主要是苏云金杆菌(Bt),主要用于防治棉花、蔬菜、果树、水稻等作物上的多种鳞翅目害虫。目前,国内已成功地将苏云金杆菌的杀虫基因转入多种植物体内,培育成抗虫品种,如转基因的抗虫棉等。我国利用的病原真菌主要是白僵菌,可用于防治鳞翅目幼虫、叶蝉、飞虱等。目前,发现的病原病毒以核型多角体病毒(NPV)最多,其次为颗粒体病毒(GV)及质型多角体病毒(CPV)等。其中,应用于生产的有棉铃虫、茶毛虫和斜纹夜蛾核型多角体病毒,菜粉蝶和小菜蛾颗粒体病毒,松毛虫质型多角体病毒等。

近年来,在玉米螟生物防治中,还推广了以卵寄生蜂(赤眼蜂)为媒介传播感染玉米螟的病毒,使初孵玉米螟幼虫罹病,诱导玉米螟种群罹发病毒病,达到控制目标害虫玉米螟危害的目的。该项目被称为"生物导弹"防治玉米螟技术。

此外,某些放线菌产生的抗生素对昆虫和螨类有毒杀作用,这类抗生素被称为杀虫素。常见的杀虫素有阿维菌素、多杀菌素等。例如,阿维菌素已经广泛应用于防治多种害虫和害螨。

(三)以菌治菌(病)

以菌治菌(病)是利用对植物无害或有益的微生物来影响或抑制病原物的生存和活动,减少病原物的数量,从而控制植物病害的发生与发展。有益微生物广泛存在于土壤、植物根围和叶围等自然环境中。应用较多的有益微生物有细菌中的放射土壤杆菌、荧光假单胞菌和枯草芽孢杆菌等,真菌中的哈茨木霉及放线菌(主要利用其产生的抗生素)等。如我国研制的井冈霉素是由吸水链霉菌井冈变种产生的水溶性抗生素，其已经广泛应用于水稻纹枯病和麦类纹枯病的防治。

(四) 其他有益生物的应用

在自然界，还有很多有益生物能有效地控制害虫。例如，蜘蛛和捕食螨同属于节肢动物门、蛛形纲，主要捕食昆虫，农田常见的有草间小黑蛛、八斑球腹蛛、拟水狼蛛、三突花蟹蛛等，其主要捕食各种飞虱、叶蝉、螨类、蚜虫、蝗蝻、蝶蛾类卵和幼虫等。很多捕食性螨类是植食性螨类的重要天敌，其中重要科有植绥螨科、长须螨科，这两个科中有的种类如胡瓜钝绥螨、尼氏钝绥螨、拟长行钝绥螨已能人工饲养繁殖并释放于农田、果园和茶园。例如，以应用胡瓜钝绥螨（Neoseiuluscucumeris Oudermans）为主的"以螨治螨"生物防治技术，自1997年以来已在全国20个省市的500余个县市的柑橘、棉花、茶叶等12种作物上应用，用以防治柑橘全爪螨、柑橘锈壁虱、柑橘始叶螨、二斑叶螨、截形叶螨、土耳其斯坦叶螨、山楂叶螨、苹果全爪螨、侧多食跗线螨、茶橙瘿螨、咖啡小爪螨、南京裂爪螨、竹裂螨、竹缺爪螨等害螨的危害，每年可减少农药使用量的40%~60%，防治成本仅为化学防治的1/3，具有操作方便、省工省本、无毒、无公害的特点，成为各地受欢迎的一个优良的天敌品种。

两栖类动物中的青蛙、蟾蜍、雨蛙、树蛙等捕食多种农作物害虫，如直翅目、同翅目、半翅目、鞘翅目、鳞翅目害虫等。大多数鸟类捕食害虫，如家燕能捕食蚊、蝇、蝶、蛾等害虫。有些线虫可寄生地下害虫和钻蛀性害虫，如斯氏线虫和格氏线虫，用于防治玉米螟、地老虎、蛴螬、桑天牛等害虫。此外，多种禽类也是害虫的天敌，如稻田养鸭可控制稻田潜叶蝇、稻水象甲、二化螟、稻飞虱、中华稻蝗、稻纵卷叶螟等害虫；鸡可啄食茶树上的茶小绿叶蝉。

(五) 昆虫性信息素在害虫防治中的应用

近年来，昆虫性信息素在害虫防治中的应用越来越广泛。昆虫性信息素是由同种昆虫的某一性别分泌于体外，能被同种异性个体的感受器所接受，并引起异性个体产生一定的行为反应或生理效应。多数昆虫种类由雌虫释放，以引诱雄虫。目前，全世界已鉴定和合成的昆虫性信息素及其类似物有2000余种，这些昆虫性信息素在结构上有较大的相似性，多数为长链不饱和醇、醋酸酯、醛或酮类。每只昆虫的性外激素含量极微，一般在0.005~1μg。甚至有的只有极少量挥发到空气中，就能把几十米、几百米，甚至几千米以外的异性昆虫吸引来，因此，可利用一些害虫对性外激素的敏感的原理，来进一步诱杀大量的雄蛾。而用人工合成的昆虫性信息素或其类似物，通常叫昆虫性引诱剂，简称为性诱剂，先将性诱剂制作成诱芯（性诱剂的载体），再由诱芯和捕虫器两部分组成诱捕器。诱捕器可用来诱杀大量的雄蛾，并减少雄蛾与雌蛾的交配机会，进而对降低田间卵量、减少害虫的种群数量起到良好的作用。目前，已经应用在二化螟、小菜蛾、甜菜夜蛾和斜纹夜蛾等的防治中，在农药的使用次数和使用量大幅削减、减少农药残留的同时，虫害也得到了有效的控制，保护了自然天敌和生物多样性。

五、化学防治法

（一）化学防治的概念、重要性及其局限性

化学防治就是利用化学药剂防治农业、林业中的病、虫、草、鼠害及其他有害生物的一种防治技术。化学防治是当前国内、外防治有害生物最常用的方法，也是采用最广泛的防治手段之一，是有害生物防治中的一项重要措施。化学防治具有以下优点。

（1）快速高效，使用方便，受地区和季节性限制小，防治范围广，几乎所有的有害生物都可采用化学防治。

（2）便于大面积使用及机械化操作。

（3）便于规模工业化生产，因此使用成本相对较低。

（4）便于贮藏和运输。

化学防治虽有诸多优点，但其缺点也比较明显，如果使用不合理，也会出现一些问题。例如，部分农药毒性大，易造成人、畜中毒，影响人体健康；有的农药残留期较长，不易分解；农药在灭害的同时能杀伤害虫天敌；污染环境；破坏生态平衡，引起害虫的再次猖獗；长期单一使用某一品种农药，有害生物会产生抗药性；增加农业生产成本等。因此，化学防治时要选择高效、低毒、低残留的农药，改变施药方法，减少用药次数，同时与其他防治方法相结合，扬长避短，充分发挥化学防治的优越性，减少其副作用。

（二）农药的基本知识

1. 农药的概念

传统农药主要是指用于防治农林及其产品的病、虫、草、鼠害和调节作物生长的物质。随着农药科学的发展，农药的应用范围和作用不断扩大，农药的含义更加广泛。现代农药是指用于农林及其产业，具有杀灭、趋避、预防和减少有害生物以及调节植物、昆虫生长发育的一类物质的总称。农药可以是化学合成物，也可以源于生物或其他天然物质；可以是一种物质，也可以是几种物质的混合物及其制剂。

目前，农药除应用在农林领域外，在医学卫生、防腐保鲜、畜牧业、养殖业以及建筑业等方面均有应用。

2. 农药的加工与剂型

(1) 农药的加工

从工厂生产出来未经加工的农药叫作原药，其中液体的叫作原油，固体的叫作原粉。绝大多数原药因为水溶性差或农田单位面积有效需用量少等，不能直接使用，必须与一定种类、一定用量的辅助剂、载体配合使用，制成便于使用的形态。这个过程通常叫作农药加工。在农药加工过程中，加入改进药剂性能和性状的物质，可以使之达到一定的分散度，便于储运和使用，更有利于发挥农药的效力。因此，农药加工对提高药效是十分重要的。

(2) 农药的剂型

原药中具有杀虫、杀菌、杀草等作用的成分叫作有效成分，其余无作用的成分叫杂质。在农药原药中加入辅助剂而加工制成便于使用的一定药剂形态称为剂型。辅助剂有填充剂、溶剂、湿润剂、乳化剂等，主要是用于改善农药的剂型和理化性状，提高药效和扩大使用范围。常用的农药剂型主要有下列几种。

①粉剂 (dustable powders, DP)

原药加入一定的填充料 (如黏土、滑石粉)，经过粉碎加工制成的粉状混合物。粉剂质量指标包括有效成分含量、细度、分散性、流动性、容重、水分含量及 pH 等。粉剂使用等级，低浓度粉剂直接喷粉，高浓度粉剂可做拌种、毒饵及土壤处理，但不能兑水喷雾。粉剂加工简单，价格便宜，无需兑水，工效高，但附着力差，药效和残留不如可湿性粉剂和乳油，易污染环境。

②可湿性粉剂 (wettable powders, WP)

原药加填充料、湿润剂、分散剂后粉碎加工制成的粉状混合物。可湿性粉剂质量指标包括有效成分含量、悬浮率、湿润性能、水分含量及 pH 等。可湿性粉剂在水中易于湿润、分散和悬浮，主要作喷雾使用，也可灌根、泼浇，不宜直接喷粉。

③乳油 (emulsifiable concentrates, EC)

原药加入溶剂、乳化剂使之互溶而制成透明的油状液体。乳油的质量指标包括有效成分含量、乳化分散性、乳液稳定性、水分含量、pH、贮存稳定性等。我国对乳油的质量规定，一般 pH 为 6~8，稳定性高，正常条件下贮存两年不会分层、不沉淀。乳油的有效成分高，防效好，便于贮存和使用。可用于喷雾、拌种、泼浇。

④颗粒剂 (granules, GR)

原药加入辅助剂、载体制剂制成的粒状农药制剂。颗粒剂的质量指标包括有效成分、颗粒重、水分、颗粒完整率、产品脱落率等。颗粒剂分为遇水解体与遇水不解体两种。遇水不解体的颗粒剂可供根施、穴施、与种子混播，地面撒施或撒入玉米心叶用，具有残效期长、对环境污染小、对天敌安全等优点；遇水解体的颗粒剂叫作水分散粒剂，遇水后能迅速崩解，分散形成悬乳液，兼有可湿性粉剂与悬浮剂的优点：悬浮性、分散性、稳定性好，无粉尘，贮存不易结块，便于运输。主要用于喷雾。

⑤胶悬剂（suspension concentrates, SC）

胶悬剂为一种胶状液体制剂。它是将原药、填充料、湿润剂及分散剂等混合，经多次研磨而成。常用的为水液胶悬剂，可供喷雾使用。其湿润性、展着性、悬浮性、黏着力都优于可湿性粉剂，且能溶入植物的组织和气孔，耐雨水冲刷。

⑥烟剂（fumicant, FU）

农药原药或商品农药、燃料（锯木、木炭粉、尿素等）、氧化剂（氯酸钾、硝酸铵）、阻燃剂（氯化铵、陶土等）混合制成的固体制剂。烟剂点燃后可以燃烧，但无火焰，农药受热气化，在空气中凝结成固体微粒，形成烟而释放有效成分。烟剂主要用于防治塑料大棚及森林病虫害、仓库及卫生害虫。烟剂使用功效高，具有使用不需任何器械、无需用水、简便省力、药剂在空间分布均匀等优点。

⑦缓释剂（sustainedrelease, SR）

原药或其他药剂加入缓释剂、填充料等制成的可缓慢释放农药有效成分的剂型。它具有残效期长、污染轻、使用安全、节省用药、成本低等优点，是一种有发展前途的新剂型。

⑧种衣剂（seedcoating agent, SD）

种衣剂是用于种子处理的流动性黏稠状制剂，或在水中可分散的固体制剂，加水后调成浆状，能均匀地附着在种子表面，挥发后在种子表面形成药膜，用于防治鼠害、地下害虫和病害等。

⑨水分散粒剂（water dispersible granule, WDG）

水分散粒是在可湿性粉剂和悬浮剂的基础上发展起来的新剂型。它具有分散性好、悬浮率高、稳定性好、使用方便等特点，入水后，迅速自动崩解，分散成悬浮液。

此外，现阶段应用和发展的农药剂型还有水剂（AS）、大粒剂（GG）、毒饵（RB）、熏蒸剂（VP）、气雾剂（AE）、微乳剂（ME）、悬乳剂（SE）、水悬浮微胶囊剂（ACS）、泡腾片剂（ET）、水溶膜包装剂（WSP）和浓乳剂（CE）等。

第五节　地下害虫识别与防治技术

地下害虫，是指危害活动期间生活在土壤中，主要为害植物的地下部分（如种子、地下茎、根等）和近地面部分的一类害虫，亦称为土壤害虫。它们是农业害虫中的一个特殊生态类群。地下害虫的发生遍及全国各地，根据《中国地下害虫》记载，我国已知地下害虫有8目，38科，320多种，主要种类有直翅目的蝼蛄、蟋蟀，鞘翅目的蛴螬、金针虫、象甲、拟步虫等，鳞翅目的地老虎和双翅目的种蝇等。其中蛴螬在全国各地为害均较突出；金针虫主要分布于华北、西北、东北及内蒙古、新疆等地；蝼蛄则主要分布于南方；地老虎在许多地区都发生严重，且有逐年上升的趋势。地下害虫的发生和为害特点为：食性杂、寄主范围广，一般可为害粮食作物、棉花、油料和各种蔬菜、果树、森林苗木；咬食幼苗的根、茎，而且能传播病菌，对植物生长危害极大，为害时间长，防治比较困难，生活周期长且与土壤的关系密切，危害方式多样。作物受害后轻者萎蔫，生长迟缓；重者干枯死亡，造成缺苗断垄。麦田受害，一般缺苗5%～15%，严重的超一半，甚至毁种需重播，为害很大。因此，一定要引起人们的高度重视，既要掌握有关地下害虫的理论知识，又要重视地下害虫的防治技术的使用，首先要学会常用的地下害虫测报技术，其次是掌握地下害虫的综合治理方法，应切实重视动手操作能力的培养。

一、地老虎

地老虎属鳞翅目，夜蛾科。地老虎幼虫俗称地蚕，是危害农作物的重要害虫。地老虎的食性较杂，为害范围十分广泛，不仅为害玉米、高粱、麦类、谷子、棉花、烟草、甘薯、马铃薯、芝麻、豆类、向日葵、苜蓿、麻类等农作物和各种蔬菜，而且为害果树、林木等苗木、花卉和多种野生杂草。低龄幼虫昼夜活动，取食子叶、嫩叶和嫩茎，3龄后昼伏夜出，可咬断近地面的作物幼茎、叶柄，严重时造成缺苗断垄，甚至毁种需重播。

地老虎种类很多，全国已发现170余种，为害农作物比较严重的有小地老虎（Agrotisypsilon Rottemberg）、黄地老虎（Agrotis segetum Schiffermuller）和大地老虎（Agrotis tokionisButler）等20余种。其中小地老虎属于世界性的害虫，分布很广，我国各地均有发生；黄地老虎主要分布在黄河以北地区，常与小地老虎混合发生；大地老虎仅在长江沿岸局部地区危害严重，北方发生较少。

(一)形态识别

1. 小地老虎

成虫：体长16~23mm，翅展42~54mm，体色为暗褐色；触角，雌蛾丝状、雄蛾双栉齿状；前翅为黑褐色，内、外横线将翅分为三部分，中部有明显环状斑和肾状纹，肾状纹与环状纹为暗褐色，有黑色轮廓线，在肾状纹外侧凹陷处有一个尖三角形剑状纹，外缘内侧有2个尖端向内的剑状纹，是其最显著的特征，后翅背面呈灰白色，前缘附近为黄褐色。

卵：散产于地表，呈扁圆形，高0.5mm、宽0.68mm，表面有纵横交叉的隆起脊；初产时乳白色，逐渐变为淡黄色，孵化前为灰褐色。

幼虫：多为6龄。少数7~8龄，体长41~50mm。体形稍扁平，黄褐色至黑褐色，体表粗糙，密生大小不等的黑色颗粒，腹部1~8节，背面后两个毛片比前两个大1倍以上，腹末臀板为黄褐色，有2条对称的深褐色纵带。

蛹：体长18~24mm。体色为红褐色或暗褐色，腹部4~7节。基部有1圈点刻，在背面的大而深。腹端具臀棘1对，带土茧，第1~3腹节无明显横沟。

2. 黄地老虎

成虫：体长14~19mm，翅展32~43mm。雌蛾触角为丝状；雄蛾为双栉齿状，栉齿基部长端部渐短，仅达触角的2/3处，端部为丝状。体色为黄褐色或灰褐色，前翅为黄褐色，散生小黑点，横线不明显，肾状纹和环状纹很明显，均有黑褐色边，中央暗褐色，翅面上散布褐色小点。肾状纹外侧没有任何斑纹。

卵：散产于地表，呈扁圆形，高0.5mm、宽0.7mm；初产时乳白色，逐渐变为黄褐色，孵化前为黑色。

幼虫：体长33~43mm，体色呈灰褐色，体表颗粒不明显，多皱纹，腹部1~8节，背面后两个毛片略大于前两个，腹末臀板中央有1条黄色纵纹，将臀板划分为两块黄褐色大斑。

蛹：体长16~19mm，体色为红褐色，第1~3腹节无明显的横沟。

3. 大地老虎

成虫：体长20~23mm，翅展52~62mm。雌蛾触角为丝状；雄蛾为双栉齿状，双栉齿状部分几乎达末端。体色为暗褐色，较浅，前翅为灰褐色，肾状纹和环状纹明显，有黑褐色边，肾状纹外侧有一个不定型黑斑，但肾状纹外侧没有黑色剑状纹，后翅为淡褐色。

卵：呈半球形，高1.5mm、宽1.8mm；初产时乳白色，逐渐变深呈褐色，孵化前为灰褐色。

幼虫：体长 40~60mm，体色呈黄褐色；体表颗粒不明显，多皱纹腹部 1~8 节，背面后两个毛片和前两个毛片大小相似；腹末臀板为深褐色，布满龟裂皱纹。

蛹：体长 23~29mm，体色为黄褐色，第 1~3 腹节有明显的横沟。

(二) 发生规律

以下介绍地老虎的年生活史及习性。

1. 小地老虎

小地老虎无滞育现象，只要条件适宜可连续繁殖，年发生世代数和发生期因地区、气候条件而异，在我国从北到南一年发生 1~7 代，一般第一代发生数量大，危害严重。越冬情况随各地冬季气温不同而异。在我国南方，1 月平均气温高于 8℃ 的地区，冬季也能持续繁殖为害；在我国北方，1 月平均气温 0℃ 以下的地区，尚未查到虫源。我国北方大部分地区的越冬代成虫均由南方迁入，所以小地老虎是一种迁飞性害虫。我国北方小地老虎越冬代蛾都是由南方迁入的，属越冬代蛾与 1 代幼虫多发型。

小地老虎成虫昼伏夜出，趋光、趋化性强，喜食花蜜补充营养，卵散产或堆产在土块、枯草、作物幼苗及杂草叶背，单雌产卵量 800~1000 粒。幼虫分 6 龄，1~3 龄昼夜活动，钻入幼苗心叶剥食叶肉，吃成孔洞或缺刻；3 龄后昼伏夜出，白天潜伏于土中，夜晚活动取食，将幼苗茎基部咬断，并拖入洞中；5~6 龄为暴食期，食量占总食量的 90% 以上。幼虫动作敏捷，3 龄后有自残性和较强的耐饥能力，对泡桐叶有一定的趋性。大龄幼虫有假死性，受惊时缩成环形。幼虫老熟后潜入 5~7cm 表土层中筑土室化蛹。最适生长发育温度为 13~25℃，土壤含水量为 15%~25%。小地老虎在 25℃ 条件下卵期 5d、幼虫期 20d、蛹期 13d、成虫全期 12d、世代历期约 50d。

2. 黄地老虎

黄地老虎每年发生 1~5 代，发生世代自南向北逐渐减少。越冬虫态亦因地而异，我国西部地区，多以老熟幼虫越冬，少数以 3、4 龄幼虫越冬；在东部地区则无严格的越冬虫态，常随各年气候和发育进度而变化。幼虫越冬常在麦田、菜田以及田埂、沟渠等处 10cm 左右土层中越冬。春季均以第一代幼虫发生多，为害严重。多为害棉花、玉米、高粱、烟草、大豆、蔬菜等春播作物。成虫习性与小地老虎相似，成虫趋化性弱，但喜食洋葱花蜜，卵一般散产在地表的枯枝、落叶、干草棒、根茬、土块及麻类、杂草的叶片背面，有时也产在距地表 1~3cm 处的植物老叶上。初龄幼虫主要食害心叶；2 龄以后幼虫昼伏夜出，咬断幼苗。老熟幼虫在土中做土室越冬，低龄幼虫越冬只潜入土中不做土室。越冬代成虫单雌平均产卵量 608 粒。春秋两季为害，而以春季为害最严重。

3. 大地老虎

大地老虎1年1代，以老熟幼虫滞育越夏，以低龄幼虫在田埂杂草丛及绿肥田表土层中越冬。在长江流域3月初出土为害，5月上旬进入为害盛期，10月上中旬羽化为成虫。单雌可产卵1000粒，卵期为11~24d，幼虫期超过300d。成虫趋光性不强，卵散产在地表土块、枯枝、落叶及绿色植物下部的老叶上。幼虫食性杂，共7龄。4龄前不入土蛰伏，常啮食叶片，4龄后白天潜伏表土下，夜晚出来为害，5月中旬开始滞育越夏到9月下旬。9月成虫羽化后产卵于表土层，10月中旬幼虫入土越冬。

(三) 防治方法

1. 农业措施

杂草是地老虎早春产卵的主要场所，是幼虫向作物迁移的桥梁。因此，在作物幼苗期或幼虫1~2龄时，结合松土、清除田内外杂草、沤肥或烧毁，均可消灭大量卵和幼虫；如发现1~2龄幼虫，则应先喷药后除草，以免个别幼虫入土隐蔽。同时进行春耕、细耙等整地工作，可消灭部分卵和早春的杂草寄主。在地老虎大量发生时，还可将苗圃灌足水1~2d，淹死大部分地老虎，或者迫使其外逃，进而进行人工捕杀。

2. 生物防治

地老虎的天敌种类很多，研究和保护并利用天敌是防治地老虎的有效途径之一。据新疆农科院报道，利用颗粒体病毒防治黄地老虎，将感病死虫的粗制品10g/亩，加水50kg喷洒在白菜幼苗上，1~2龄幼虫感病率达72%。至幼虫3~5龄时调查，防治区比对照区虫口减少90%以上。

3. 物理防治

利用地老虎昼伏夜出的习性，清晨在被害幼苗周围的地面上进行人工捕捉或挖土杀灭。在成虫发生期利用黑光灯诱杀，在黑光灯下放一盆水，水中放农药，或倒一层废机油，有很好的杀灭效果。还可以用糖醋液或杨树枝把、泡桐叶或雌虫性诱笼等诱杀；糖醋液诱杀时用糖6份、醋3份、水10份、90%敌百虫1份调匀，在成虫盛发期的晴天傍晚可连续诱杀5d；堆草诱杀是将柔嫩多汁的杂草、菜叶、树叶用50%辛硫磷500~1000倍液浸透，傍晚撒在田间诱杀地老虎。也可以将杂草、树叶直接散堆在田间，次日清晨翻开杂草、树叶捕捉。

4. 化学防治

在幼虫3龄以前可撒施毒土、喷粉或喷雾。毒土用2.5%敌百虫粉1.5kg与细土

22.5kg 混匀制成。喷粉可用 2.5% 敌百虫粉剂，2~2.5kg/亩。喷雾可用 90% 敌百虫晶体 800~1000 倍液，或 50% 辛硫磷乳剂 1000 倍液。在幼苗及周围地面上，喷洒具有胃毒和触杀双重作用的农药，如 80% 敌百虫、50% 辛硫磷 1000 倍液等，可有效防治地老虎。

二、蛴螬

蛴螬是鞘翅目金龟甲幼虫的总称，俗称白地蚕、白土蚕、鸡粪虫，是地下害虫中种类最多、分布最广、危害最大的一个类群。我国普遍发生、危害严重的种类主要有：东北大黑鳃金龟（Holotrichia diom phalia Bates）、华北大黑鳃金龟（Holotrichia oblita Fald.）、暗黑鳃金龟（Holotrichia parallela Motschulsky）和铜绿丽金龟（Anomala corpulenta Motschulsky）。东北大黑鳃金龟分布于东北三省及河北；华北大黑鳃金龟分布于华北、华东、西北等地；暗黑鳃金龟和铜绿丽金龟除新疆和西藏尚无报道外，各地都有发生。蛴螬是多食性害虫，主要为害麦类、玉米、花生、大豆、甘薯、棉花、甜菜等农作物和蔬菜，幼虫啃食幼苗的根、茎或块根、块茎，成虫主要取食各种植物的叶片。

(一) 形态识别

1. 东北大黑鳃金龟

成虫体长 16~22mm，鞘翅呈椭圆形，黑色或黑褐色，有光泽，每侧各有 4 条明显的纵肋。阳基侧突下部分叉，成上下两突，上突呈尖齿状，下突短钝，不呈尖齿状。幼虫头部前顶刚毛，每侧各有三根，排一纵列，臀节腹面，肛门孔呈三射裂缝状。肛腹片后部复毛区，散生钩状刚毛，无刺毛列，紧挨肛门孔裂缝处，两侧无毛裸区不明显。

2. 华北大黑鳃金龟

成虫体长 16~22mm，鞘翅黑或黑褐色，有光泽。雄性外生殖器阳基侧突下部分叉，成上下两突，两突均呈尖齿状。幼虫头部前顶有刚毛，每侧各有三根，排一纵列，臀节腹面。肛腹片后部有钩状刚毛群，紧挨肛门孔裂缝处，两侧具明显的横向小椭圆形的无毛裸区。

3. 暗黑鳃金龟

成虫体长 17~22mm，鞘翅黑或黑褐色，无光泽，每侧有不明显的纵肋，翅面及腹部有短小绒毛。雄性外生殖器阳基侧突下部不分叉。幼虫头部前顶生刚毛，每侧各一根，位于冠缝两侧，臀节腹面。肛腹片后部刚毛多为 70~80 根，分布不均，上端（基部）中间具无毛裸区。

4. 铜绿丽金龟

成虫体长 19~21mm，鞘翅铜绿色具闪光，上面有细密刻点，每侧有明显的纵肋，前胸背板及鞘翅铜绿色。雄性外生殖器基片、中片和阳基侧突三部分几乎相等，阳基侧突左右不对称。幼虫头部前顶刚毛，每侧各 6~8 根，排成一纵列，臀节腹面，肛门孔横裂。肛腹片后部有两列长刺毛，每列 15~18 根，两列刺毛尖端大部分相遇或相交。

(二) 发生规律

1. 东北大黑鳃金龟

在我国南方东北大黑鳃金龟每年发生 1 代，在北方为 2 年发生 1 代，东北大黑鳃金龟以成虫和幼虫隔年交替越冬。成虫昼伏夜出，趋光性弱，有假死习性。东北大黑鳃金龟在 25℃条件下，卵期为 15~22d，幼虫期为 340~400d，蛹期为 22~25d，成虫期为 300d 左右，世代历期为 1~2 年。东北大黑鳃金龟的虫口密度在非耕地高于耕地，油料作物地高于粮食作物地，向阳坡岗地高于背阴平地。其发生与环境关系密切。

2. 华北大黑鳃金龟

华北大黑鳃金龟在我国黄淮海地区为 2 年发生 1 代，其他地区为 1 年 1 代，以成虫、幼虫隔年交替越冬。越冬成虫春季在土壤 10cm 深处，土温为 14~15℃时开始出土，土温在 17℃以上时盛发。日平均温度在 21.7℃时，开始产卵，在 24.3~27.0℃时为产卵盛期。幼虫孵化后活动取食，秋季当土温低于 10℃时，其开始向深土层移动，当土温在 5℃以下时，全部进入越冬状态。以幼虫越冬为主的年份，第二年春季麦田和春播作物受害严重，而夏秋作物受害较轻；以成虫越冬为主的年份，第二年春季麦田和春播作物受害较轻，夏秋作物受害严重。成虫在傍晚的时候开始出土活动，20—21 时是活动最盛期。它趋光性弱，有假死性，飞翔能力弱，活动范围较小，常常在局部地区形成连年为害的老虫窝。卵散产于土壤 6~15cm 深处，单雌平均产卵量为 102 粒。幼虫分为 3 龄，全部在土壤中度过，一年中随着土壤温度变化而上下迁移。以 3 龄幼虫历期最长，危害最重。华北大黑鳃金龟在 25℃条件下，卵期为 12~20d，幼虫期为 340~380d，蛹期为 14~17d，成虫期为 282~420d，世代历期为 1~2 年。华北大黑鳃金龟在黏土或黏壤土中发生数量较多，粮改菜或者连作菜地幼虫密度较大，其发生与环境关系密切。

3. 暗黑鳃金龟

暗黑鳃金龟在苏、皖、豫、鲁、冀等地每年发生 1 代，多数以 3 龄老熟幼虫筑土室越冬，少数以成虫越冬。以成虫越冬的幼虫，第二年 5 月成为出土的虫源；以幼虫越冬的春季不取食，于5月上中旬化蛹，6月上中旬羽化，7月中旬至8月中旬是成虫活动高峰期。7月上中旬产卵，7月中下旬孵化。初孵化幼虫即可取食，秋季是幼虫为害盛期。暗黑鳃金龟在25℃条件下，卵期为8~13d，幼虫期为265~318d，蛹期为16~21d，成虫期为40~60d，世代历期约为1年。成虫大多晚上出来活动，具有很强的趋光性，飞翔速度很快，黎明前入土潜伏。暗黑鳃金龟在7月降水量大、土壤含水量高时，其幼虫死亡率高，其发生与环境关系密切。

4. 铜绿丽金龟

铜绿丽金龟也是每年发生1代，以幼虫在深土中越冬。春季在土壤10cm深处，温度大于6℃时开始活动，第二年春季有短时间为害。6月上中旬为成虫活动盛期，6月下旬至7月上旬为产卵盛期。卵孵化盛期在7月中旬，孵化幼虫为害至10月中下旬进入2~3龄，当土壤10cm深处土温低于10℃时，幼虫开始下潜越冬，成虫昼伏夜出，并有很强的趋光性。铜绿丽金龟在25℃条件下，卵期为7~12d，幼虫期为313~333d，蛹期为7~10d，成虫期为24~30d，世代历期约为1年。铜绿丽金龟在撂荒地和有机质丰富的地块以及豆、薯类作物田块发生量大。沙壤土或者水浇条件好的湿润地（土壤含水量15%~18%）幼虫密度大，成虫对未腐熟基肥有较强趋性。其发生与环境关系密切。

（三）防治方法

1. 农业防治

深耕多耙，轮作倒茬，有条件的实行水旱轮作，中耕除草，不施未经腐熟的有机肥，消灭地边、荒坡、沟渠等处的蛴及其栖息繁殖场所。

2. 生物防治

蛴螬的生物防治主要集中在病毒、细菌、真菌和线虫等的应用和天敌昆虫及脊椎动物的利用方面。比如利用步行虫、青蛙、刺猬和各种益鸟等捕食金龟子成虫和幼虫；利用布氏白僵菌、球孢白僵菌和绿僵菌等真菌防治蛴1龄幼虫，利用乳状菌和苏云金杆菌感染蛴螬；寄生于蛴螬的土蜂和金龟长喙寄蝇等均能防治蛴；利用性信息素诱捕成虫。

3. 物理防治

利用蛴螬成虫的趋光性，设置黑光灯或荧光灯诱杀铜绿丽金龟及暗黑色金龟成虫，一支20W的黑光灯一晚上可诱杀成虫几千头之多。还可利用成虫的假死性和交尾时不活动的习性，进行振落捕杀。春季组织人力随犁拾虫。田间发生蛴为害，逐株检查并捕杀幼虫。

4. 化学防治

成虫发生初期，对成虫密度大的果园树盘喷施2.5%敌百虫粉剂，浅锄拌匀，可杀死出土成虫；发生盛期可在天黑前，树上喷施90%敌百虫晶体、50%马拉硫磷乳油等农药的1000~1500倍液。可用2.5%敌百虫粉剂30~45kg/hm²拌土粪1500kg制成毒饵撒施于地面，进行毒饵防治。也可用50%辛硫磷乳油或25%辛硫磷微胶囊缓释剂，药剂1.5kg/hm²加水7.5kg和细土300kg制成毒土，撒于种苗穴中防治幼虫。在幼虫发生量较大的地块，用上述药剂3~3.75kg/hm²，加水6000~7500kg灌根，即药液灌根。此外，18%氟虫腈·毒死蜱种子处理微胶囊悬浮剂在花生地下害虫防治中效果优异，采用18%氟虫腈·毒死蜱微胶囊悬浮剂拌花生种，防治蛴螬，具有高效、持效期长，且对花生安全等优点。

三、蝼蛄

蝼蛄属直翅目蝼蛄科，俗称拉拉蛄、地拉蛄、土狗子。我国记载的有六种，其中为害严重的主要是东方蝼蛄（Gryllotalpa orientalis Burmeister）和华北蝼蛄（Gryllotal paunisprna Saussure）。东方蝼蛄分布于全国，但南方受害较重。华北蝼蛄主要分布在我国北方各省，尤以河南、河北、山东、陕西、山西、辽宁和吉林的盐碱地、沙壤地为害严重。黄河沿岸和华北西部地区以华北蝼蛄为主，东北除了辽宁、吉林西部外以东方蝼蛄为主。

蝼蛄为多食性，成虫、若虫都非常活跃，在土中咬食刚播下的种子和幼芽，或将幼苗咬断，使幼苗枯死。受害株的根部呈乱麻状，造成严重缺苗断垄。蝼蛄将表土窜成许多隧道，使苗土分离，致幼苗失水干枯而死，俗话说"不怕蝼蛄咬，就怕蝼蛄跑"就是这个道理。在温室大棚和苗圃地，由于温度高、蝼蛄活动早、小苗集中，因此受害更重。

(一) 形态识别

1. 东方蝼蛄

成虫体长30~35mm，灰褐色，腹部色较浅，全身密布细毛，头圆锥形，触角丝状。前胸背板卵圆形，中间具一明显的暗红色心脏形凹陷斑。前翅灰褐色，较短，仅达腹部中部；后翅扇形，较长，超过腹部末端。腹末具一对尾须。前足为开掘足，后足胫节背面内侧有4个距，别于华北蝼蛄。

卵初产时长2.8mm，孵化前4mm，椭圆形，初产卵乳白色，后变为黄褐色，孵化前暗紫色。若虫共8~9龄，末龄若虫体长25mm，体形与成虫相近。

2. 华北蝼蛄

雌虫体长 45~66mm，雄虫 39~45mm，体色为黄褐色，头暗褐色，卵形，复眼椭圆形，单眼 3 个，触角鞭状。前胸背板盾形，其前缘内弯，背中间具一心形暗红色斑。前翅黄褐色平叠在背上，长 15mm，覆盖腹部不足一半；后翅长 30~35mm，纵卷成筒状。前足发达，中、后足小，后足胫节背侧内缘具距 1~2 个或无，别于东方蝼蛄。卵长 1.6~1.8mm，椭圆形，黄白色至黄褐色。若虫共 12 龄，5 龄若虫体色、体形与成虫相似。

(二) 发生规律

1. 东方蝼蛄

东方蝼蛄在长江流域及以南各地每年发生 1 代，在华北、东北和西北地区约 2 年完成 1 代。成虫、若虫在冻土层以下和地下水位以上的土层中越冬。第二年春天随着气温的回升，开始慢慢上升到表土层活动，形成一个个新鲜的虚土堆，这是春播拌药和撒毒饵保苗的关键时期，天气炎热时，东方蝼蛄潜入 14cm 以下土层中产卵越夏。东方蝼蛄喜欢在潮湿处栖息，大多集中在沿河两岸、池塘的沟渠附近沙壤土里产卵。在土壤 20cm 深处，土温为 15~20℃、含水量 20% 时是东方蝼蛄活动为害最适宜的湿度条件。

2. 华北蝼蛄

华北蝼蛄生活史较长，大约 3 年完成 1 代。成虫和若虫在冻土层以下和地下水位以上 (30~100cm) 的土层中越冬。第二年 3~4 月份随着气温的回升，开始慢慢上升到表土层活动，形成一个长 10cm 左右的虚土隧道；4~5 月地面隧道大增即为为害盛期，这是春季挖洞灭虫和调查虫口密度的最好时机。地表出现大量的弯曲隧道，标志着蝼蛄已出窝为害，这是春播拌药和撒毒饵保苗的关键时期。春播作物幼苗期，华北蝼蛄活动危害最为活跃，形成一年当中的春季为害高峰期，也是第二次施药保苗的关键时刻。天气炎热时，华北蝼蛄潜入 14cm 以下土层中产卵越夏。秋播作物播种和幼苗期，大批若虫和新羽化的成虫又开始上升到地表为害，形成秋季为害高峰。天气转冷，成虫、若虫陆续潜入深土层越冬。华北蝼蛄昼伏夜出，以晚上 9—11 时活动最盛，特别是在气温高、湿度大、闷热无风的夜晚，大量出土为害。华北蝼蛄有较强的趋光性和趋声性，喜在植被稀少的盐碱地或干燥向阳的渠旁、路边、田埂处产卵。

(三)防治方法

1. 农业防治

深耕多耙,轮作倒茬,有条件的实行水旱轮作,中耕除草,合理施肥,不施未经腐熟的有机肥,消灭地边、荒坡、沟渠等处的蝼蛄及其栖息繁殖场所,适时灌水,在作物生长期间灌水,迫使上升土表的蝼蛄下潜或死亡。

2. 生物防治

鸟类是蝼蛄的天敌,可在田块周围栽植杨树、刺槐等,招引喜鹊、戴胜和红脚隼等食虫鸟以控制害虫。

3. 物理防治

于蝼蛄发生盛期,在田间堆新鲜马粪,粪内放少量农药,可消灭一部分蝼蛄。或用90%敌百虫晶体拌炒香的饵料(麦麸、豆饼、玉米碎粒或谷秕),用药1.5kg/hm²,加适量水,拌饵料30~37.5kg制成毒饵,在无风闷热的傍晚施于苗穴里。也可利用蝼蛄的趋光性较强,羽化期间可用黑光灯诱杀成虫。夏季在蝼蛄产卵盛期,结合中耕,发现洞口时,向下挖10~20cm,找到卵室,将挖出的蝼蛄和卵粒集中处理。

4. 化学防治

(1) 撒施毒土

用50%辛硫磷乳油,将药∶水∶土按1∶15∶150的比例,施毒土225kg/hm²,于成虫盛发期顺垄撒施。

(2) 拌麦种用3%啶虫脒乳油25mL或20%啶虫脒可溶性液剂3~4mL,加水15~20kg,拌麦种150~200kg,晾干后播种,该药有较强的触杀和渗透作用,持效期长,还能兼治多种地下害虫。

第二章　大宗作物病虫害防治

第一节　小麦病虫害防治

一、小麦胞囊线虫病的防治方法

小麦胞囊线虫病对小麦危害很大，一般可使小麦减产20%～30%，发病严重的地块减产可达70%，甚至绝收。建议农民朋友们高度重视该病，发现病情后及时展开防治。

该病苗期的主要症状是：地上部分植株矮化，叶片发黄，长势较弱，分蘖明显减少或不分蘖，类似缺肥状；地下部分根系有多而短的分叉，严重时丝结成团。麦苗受害后中下部叶片先发黄，而后由下向上发展，叶片逐渐干枯，最后整株死亡。

对当前发病较轻的田块，可每亩用5%神农丹2千克或10%灭线磷颗粒剂3千克拌细土20～30千克，顺垄沟撒施，施后及时浇水。也可用50%辛硫磷1000倍液灌根。还可用生根粉"根益碧"喷施或灌根。对当前发病特别严重的田块，可及早改种春红薯、春玉米、春花生等。

二、小麦地下害虫的防治方法

近年来，冬季气温偏高，小麦播种后快速出苗，为地下害虫提供了丰富的食料，对部分地区的小麦造成了不同程度的危害。省农林厅植保站杨荣明认为，防治小麦地下害虫应重视播种前药剂拌种和处理土壤，部分发生严重虫害的田块可以在春季采取毒饵法补治。据了解，小麦地下害虫在各地每年都有发生，但危害并不太严重。重发地区集中在徐州、宿迁、连云港、盐城北部等淮北麦区，尤其是早茬麦田发生普遍且严重。淮北地区小麦地下害虫发生严重的原因，主要是前茬多为玉米、花生、甘薯等旱作物，食料丰富，有利于地下害虫繁殖。

小麦田发生的地下害虫主要是蝼蛄和蛴螬。多以幼虫和成虫咬食小麦种子造成不出苗，或咬食小麦幼苗造成植株死亡，严重的造成缺苗断垄。蝼蛄与蛴螬危害麦苗的症状区别在于：蝼蛄常将麦苗嫩茎咬成乱麻状，断口不整齐；蛴螬常在麦苗根茎处将麦苗咬断，断口整齐。生产上可以根据小麦被害症状来判断是受哪种地下害虫危害。

在播种前用药拌麦种和处理土壤是防治小麦地下害虫最有效的措施。拌种处理，可以用20%丁硫克百威乳油100~150毫升加水3~4千克拌麦种50千克，堆闷12~24小时后播种；或者用50%辛硫磷乳油100毫升加水2~3千克拌麦种50千克，堆闷2~3小时后播种；也可以用48%毒死蜱乳油10毫升加水1千克拌麦种10千克，堆闷3~5小时后播种。处理土壤，可以每亩用3%辛硫磷颗粒剂4千克或5%辛硫磷颗粒剂2千克拌毒土随播种沟撒施。

随着气温降低，地下害虫逐渐进入越冬状态，危害逐渐减轻，地表气温降至5℃以下时就不再取食危害，因此冬季气温低时可以不用药防治。较低的气温也不利于药效发挥，用药反而增加种植成本。秋季小麦地下害虫发生严重的田块，可以到春季气温回升后，每亩用50%辛硫磷乳油20~50克加适量水稀释，拌入30~75千克碾碎炒香的米糠或麸皮制成毒饵撒施防治。如果小麦苗期地下害虫危害严重，可以对重发田块用50%辛硫磷乳油或40%毒死蜱乳油1000~1500倍液喷粗雾防治，每亩喷药液40千克。

三、小麦霜霉病的发生与防治方法

(一) 症状和苗期染病

霜霉病又称为黄化萎缩病。在我国一般发病率为10%~20%，严重的高达50%。通常在田间低洼处或水渠旁零星发生。该病在不同生育期出现的症状也不相同。

苗期染病时病苗萎缩，叶片淡绿或有轻微条纹状花叶。

(二) 返青拔节后染病

病株叶色变浅，并出现黄白条形花纹，叶片变厚，皱缩扭曲，病株矮化，不能正常抽穗或穗从旗叶叶鞘旁拱出，弯曲成畸形龙头穗，染病较重的各级病株千粒重平均下降75.2%。

(三) 传播途径和发病条件

病菌以卵孢子的形式在土壤内的病残体上越冬或越夏。卵孢子在水中经5年仍具发芽能力。一般休眠5~6个月后发芽，产生游动孢子，在有水或温度高时，萌芽后从幼芽侵入，成为系统性侵染。卵孢子发芽适温为19~20℃，孢子囊萌发适温为16~23℃，游动孢子发芽侵入适宜水温为18~23℃。小麦出芽前麦田被水淹超过24小时，翌年3月又遇春寒，气温偏低时利于该病发生。地势低洼、稻麦轮作田也易发病。

(四）防治方法

（1）实行轮作。发病重的地区或田块，应与非禾谷类作物进行1年以上轮作。

（2）健全排灌系统。严禁大水漫灌，雨后及时排水，防止湿气滞留，发现病株及时拔除。

（3）药剂拌种。种播前每50千克小麦种子用25%甲霜灵可湿性粉剂100~150克（有效成分为25~37.5克）加水3千克拌种，晾干后播种。必要时在播种后喷洒0.1%硫酸铜溶液或58%甲霜灵；或锰锌可湿性粉剂800~1000倍液、72%克露（霜脲锰锌）可湿性粉剂600~700倍液、69%安克；或锰锌可湿性粉剂900~1000倍液、72.2%霜霉威（普力克）水剂800倍液。

四、小麦吸浆虫的防治技术

小麦吸浆虫是一种毁灭性的害虫，对小麦的产量和质量影响非常大，它可使小麦常年减产10%~20%，吸浆虫发生的年份可减产40%~50%，严重者为80%~90%。

小麦吸浆虫有麦红吸浆虫和麦黄吸浆虫两种，在我国基本上1年发生1代，幼虫在土中结茧越夏、越冬，来年春天先由土壤深层向地面移动，然后化蛹羽化为红色或黄色的成虫，体形像蚊子，再飞到麦穗上产卵。害虫的发生大多数与小麦生长阶段相当，当小麦开始抽穗时，成虫羽化飞出；当小麦抽齐穗时，大部分的虫子都飞出来到麦穗上产卵，经过4~5天，卵化出小幼虫，幼虫钻到麦穗的麦粒上，用嘴刺破麦皮，吸食流出的浆液，造成麦子秕粒，导致减产。幼虫经过15~20天，便离开麦穗钻入土壤，一般在离地面10厘米左右的表土层最多，随湿度的降低而钻入地下20厘米左右处过冬。

防治吸浆虫应采取以下措施。

选种抗虫优良品种。近年各地种植的威农151、徐川2111等，都对吸浆虫具有较高的抗虫性。

采用农业生物措施防治。在吸浆虫发生严重的地区，由于害虫发生的密度较大，可通过调整作物布局，实行轮作倒茬，使吸浆虫失去寄主。也可实行土地连片深翻，把潜藏在土里的吸浆虫暴露在外，促其死亡，同时加强肥水管理，春灌是促进吸浆虫破茧上升的重要条件，要合理减少春灌，尽量不灌，实行水地旱管。施足基肥，春季少施化肥，促使小麦生长发育整齐健壮，减少被吸浆虫侵害的机会。

利用化学药剂防治。防治小麦吸浆虫以有机磷杀剂为主要防治手段，特别是在蛹盛期施药防治效果最好，可以直接杀死一部分蛹和上升土表的幼虫，同时抑制成虫。防治方法是：以粉剂或乳剂制成毒土（或毒沙）撒施，即每亩用3%甲基1605粉剂2千克，均匀混合20千克细土配制成毒土，随配随用，均匀撒入麦田。也可每亩用40%甲基异柳磷乳剂100~200毫升，兑水2千克，均匀喷在20千克干细土上，撒施麦田。

五、小麦黄叶枯死的原因与防治方法

（一）小麦出现黄化的原因

1. 小麦品种对缺钾敏感

虽然出现黄化的小麦品种比较多，但是仅有少数品种最先出现黄化和黄化面积扩大，可能是这些品种对缺钾比较敏感。

2. 早播徒长

一般在寒露前后，比往年提前15天左右播种的麦田，会出现黄化枯死的现象。因小麦的播期偏早，再加上雨水充足，就会先出现徒长现象，然后黄化枯死。但是在同一块地补种的小麦，既没有出现徒长现象，也很少出现黄化现象。

3. 土壤缺钾严重

麦田里长时间不施农家肥和钾肥或施钾肥很少，如果连年来夏秋两季持续高产，会大大消耗地力，特别是土壤中的钾元素已经极度缺乏，亟须补充，但是又没有及时地施补。

4. 冬播偏施氮肥

对氮肥的偏施会造成氮、钾比例严重失调。因为钾肥比较昂贵，再加上其他因素的共同作用，所以从秋作物施肥开始，农民便有意无意地大幅减少了钾肥的施用量。很多农民在氮肥已经施用充足后，又盲目地继续增加氮肥，用来弥补没有施用钾肥的不足，最终导致氮肥用量过剩而钾肥缺乏，造成氮、钾比例严重失调，这样就使得小麦大面积黄化枯死。调查发现，如果不偏施氮肥，只要是施用名优钾肥或者名优复合肥的小麦，无论播期早晚、不管哪个品种，都很少出现黄化症状。

（二）防治方法

1. 叶面喷肥

在黄化小麦和已出现黄化苗头的小麦的叶面上（除已经枯死的小麦外）喷施0.3%的磷酸二氢钾溶液，每隔5~7天喷1次，连喷2~3次。

2. 追施钾肥

在足墒的情况下，每亩麦田追施优质钾肥8~10千克。需要特别注意的是，很

多农民到现在都以为小麦黄化是因为缺氮,于是打算降雪后追施尿素,其实这样只会加重小麦黄化的程度。

3. 施钾补种

对于那些已经无法挽救的麦田,如果墒情允许,在每亩追施优质钾肥8~10千克后,选择强春性品种重新播种,每亩播量15~20千克。在冬至前后播种,来年的1月中下旬就能出苗,只要管理方法得当,产量仍然比较乐观。

六、小麦条锈病的发生与防治方法

小麦锈病主要分为三种:条锈病、叶锈病和秆锈病。条锈病病菌会在小麦收割时夏季风吹到高原寒凉地区越夏,当秋季小麦播种出土后,越夏的病菌又随气流传播回来,使早播的麦苗受到侵染,成为初侵染源。到12月上旬,平均气温降到2℃时,条锈病病菌又在当地麦苗上越冬,来年2月下旬至3月上旬,越冬病菌就开始恢复生长。

因地制宜地种植抗病品种是防治小麦条锈病的基本措施。为了减轻小麦的发病程度,可以在小麦收获后及时翻耕灭茬,将自生麦苗消灭掉,这样就会减少越夏菌源。一般情况下拌种后播种的小麦田发病程度较轻,例如,用立克秀或粉锈宁拌种后,小麦就很少发病。对于已经发病的麦田,防治方法就是进行大田喷雾。如果早期发现有发病中心,一定要及时地进行防治,阻止蔓延。当大田内病叶率达到0.5%时就应该立即进行防治,每亩麦田可用12.5%禾果利可湿性粉剂30~35g或20%粉锈宁乳油45~60毫升或选用其他三唑酮、烯唑醇类农药按照所要求的剂量进行喷雾防治,而且要经常查漏补喷。对于那些重病的田块应该进行二次防治。

第二节 玉米病虫害防治

国家在农业方面出台的一系列优惠政策,大大推动了我国农业的发展,尤其是在玉米种植方面实现了规模化和集约化,保证了玉米的产量和质量。但是,农业种植结构调整也使玉米病虫害的发生概率逐年升高,在一定程度上影响了我国玉米产业的可持续发展。传统的化学农药防治效果显著,但是如果选择的药剂不科学或施用不合理,就会影响病虫害的防控效果[1]。

---

[1] 李金奎. 玉米高效种植及病虫害防控技术 [J]. 农业开发与装备, 2022(10): 236-237.

一、主要病害的为害特征和防治方法

(一) 玉米大斑病

1. 为害特征

大斑病在世界上许多玉米种植地区都有出现,主要为害叶片、叶鞘和苞叶,对玉米植株健康影响较大。一般先从植株的下部叶片开始发病,之后逐渐向上扩散和蔓延,导致整个植株染病。发病后叶片先出现褐色的病斑,之后逐渐扩散至整个叶片部位直至变成焦黄色[1]。

2. 防治方法

选择玉米和其他农作物轮作的方式,避免长时间种植同一种作物而引发病害;做好种植前土壤深翻工作;加强田间除草、灌溉和排水管理,防止田间积水;发现患病叶片后要及时摘除,并且集中销毁处理,防止病害扩散和蔓延;选择50%百菌清可湿性粉剂300倍液或者50%甲基硫菌灵可湿性粉剂600倍液喷洒防治,也可以在药剂中添加磷酸二氢钾溶液,增强玉米的抗病能力。

(二) 玉米小斑病

1. 为害特征

玉米小斑病主要为害苞叶和果穗等部位,在玉米生长的整个周期都能发病,尤其是抽穗期和灌浆期发病最为严重。小斑病对叶片的为害较大,发病之后会出现明显的病斑,颜色为黄褐色,甚至会出现黑色的霉层。果穗染病之后会出现灰褐色病斑,并逐渐腐烂[2]。

2. 防治方法

种植户应该结合该病害的发病特点,采取科学的农业和化学防治措施,可以选择与大斑病联合防治。选择抗病能力强的品种,在种植之前做好种植地处理工作,将田内的秸秆和其他杂物清理干净,玉米秸秆在经过发酵之后才能还田。通过采取翻耕土地的措施,破坏病原菌的生长环境。要加强日常除草、施肥等田间管理工作,科学合理搭配肥料。尤其是在抽雄期和灌浆期要做好病害的预防工作,可以选择25%醚菌酯2000倍液均匀喷洒在患病部位,能够取得很好的效果。

---

[1] 刘佑骥. 绿色防控技术在玉米病虫害防治中的应用分析[J]. 种子科技, 2022, 40(12): 82-84.
[2] 阎学兰. 玉米种植病虫害防控技术[J]. 农家参谋, 2021(7): 61-62.

(三) 纹枯病

1. 为害特征

纹枯病主要为害叶鞘、茎秆和果穗部位，出现在拔节期至抽雄期，发病初期患病部位会出现绿色的病斑，病斑会逐渐变大，增加玉米秃顶的概率。另外，纹枯病会影响植株的正常生长发育，使植株汲取养分和水分的能力下降，导致根部腐烂[1]。

2. 防治方法

要加强玉米生长期的田间管理工作，发现感染的植株后及时带离田间，集中烧毁处理。种子处理措施可以有效预防该病害，可晾晒种子2~3d；通过药剂拌种提高种子的抗病能力，可以选择50%辛硫磷乳油和水按照一定的比例与种子均匀搅拌，能够形成一层玉米包衣膜，从而增强种子的抗病能力。可以采取宽窄行的种植模式来改善玉米田间的通风性和透光性，通过测土配方施肥技术提高施肥的效果。在发现纹枯病之后，可以选择50%井冈霉素水剂2250mL/hm^2，兑水750kg/hm^{2}后均匀喷雾防治，能起到很好的防治效果。

(四) 玉米粗缩病

1. 为害特征

灰飞虱是玉米粗缩病的主要传播媒介，为害幼苗的叶片部位，患病植株的叶片逐渐变厚，颜色逐渐变为浓绿色，并且会造成植株矮化，严重影响玉米的生长，从而导致玉米减产[2]。

2. 防治方法

在玉米粗缩病高发地区加强防控工作非常关键，主要的防控目标就是破坏灰飞虱的生长环境，及时清理田间杂草，一旦发现杂草中有灰飞虱的迹象就要立即清理，并且集中销毁处理，防止病害扩散和蔓延。对发病比较严重的玉米地块，可以喷洒25%扑虱灵，每间隔5d用药1次，连续用药2~3次就能够取得很好的效果。在播种之前种子的选择和处理工作十分重要，可以选择包衣和拌种的方式，降低该病害的发生概率。

(五) 苗期矮化叶病

1. 为害特征

苗期矮化叶病主要是由病毒引起的，发病后的植株病害程度虽然不同，但是都

---

[1] 陈伦兵. 植保无人机在玉米病虫害防治中的应用[J]. 新农业，2023(6)：18-19.
[2] 齐爱英. 玉米种植新技术及病虫害防治方法[J]. 种子科技，2023，41(5)：67-69.

会出现矮化的症状，早期的矮化比较严重，会导致幼苗根部腐烂，甚至出现死苗。发病后症状明显增强，新心叶部位会出现多个椭圆形病斑，扩散之后逐渐形成条纹，会导致叶片干枯。苗期矮化叶病的主要传播媒介为蚜虫，因此要加强对蚜虫的防控[1]。

2. 防治方法

药剂防治仍然是当前比较常见的防治方法，要抓住最佳的用药时期，可以在药液中添加适量的微肥和叶面肥，增强植株的光合作用。蚜虫是传播该病害的主要媒介，在日常的田间管理中要观察是否有蚜虫出现。防治的药剂种类较多，可以选择20%啶虫脒3000倍液，在蚜虫迁移盛期进行喷雾防治，能够取得很好的效果。

（六）玉米茎基腐病

1. 为害特征

玉米茎基腐病病菌先从植株的根部入侵，然后迅速在根部扩散和蔓延，为害根部和茎部，严重影响玉米植株正常生长，导致玉米减产。

2. 防治方法

为了减少该病害，做好预防工作非常关键。选择抗病能力较强的玉米品种，在播种之前选择生物型种衣剂拌种处理，可以选择2.5%咯菌腈悬浮种衣剂和水按照一定比例均匀混合拌种，能够有效地预防该病害；在玉米生长期，可以选择46%氢氧化铜水分散粒剂1500倍液，均匀喷洒在植株茎部，能够有效地控制病害的扩散和蔓延。

二、主要虫害的为害特征与防治方法

（一）蓟马

1. 为害特征

蓟马经常出现在苗期，对玉米幼苗造成很大的伤害。该害虫的成虫和若虫为害性较大，主要汲取玉米心叶的汁液。另外，蓟马的个头小很难被发现，也在一定程度上增加了防治的难度。受害心叶的生长能力受到影响，不能正常抽出，从而导致幼苗死亡[2]。

---

[1] 郑华梅，高令越，李革. 玉米高产种植技术及病虫害防治方法探讨[J]. 农业开发与装备，2023(1)：194-195.

[2] 赵胜利. 玉米病虫害防治与种植技术应用研究[J]. 农家参谋，2022(6)：52-54.

2.防治方法

一是在间苗和定苗过程中，发现有虫害苗要直接拔除，并且带到田外集中烧毁。发现患病叶片后要及时摘除，便于新生叶片生长。科学浇水和施肥能够促进幼苗正常生长。二是可以选择药剂喷洒防治，施用40%毒死蜱乳油1500倍液、10%吡虫啉可湿性粉剂1500倍液，直接喷洒玉米叶片，能够取得很好的防治效果。

(二) 二代黏虫

1.为害特征

在玉米苗期，以2、3代黏虫害为主。该害虫主要啃食玉米的茎叶组织，导致玉米缺刻，甚至造成玉米减产50%以上，阻碍玉米产业发展。

2.防治方法

做好该虫害的防治工作非常关键，应该选择在幼虫低龄时期防治，能够取得很好的效果，可以采取以下防治措施。一是可以采取人工去除的方式，防治黏虫幼虫。二是糖醋液加入少量洗衣粉能够诱杀成虫。在成虫产卵的过程中，将配制好的药液放置在田间能够起到诱杀作用。三是选择药剂防治的效果明显。在幼虫3龄期之前，可以施用金高克高效杀虫剂300~450mL/hm^2，兑水后均匀喷雾防治。此外，也可以选择10%高效氯氟氰菊酯乳油2000倍液，能够取得很好的防治效果[1]。

(三) 玉米螟虫

1.为害特征

玉米螟虫对玉米苞叶部位的为害较大，也会为害果穗和叶片，严重影响玉米的发育，导致产量和质量下降。

2.防治方法

生物性药剂的效果明显、应用广泛并且无残留不污染环境，也不会灭杀天敌，害虫不易产生抗药性。苏云金杆菌是当前施用最广泛和效果最稳定的生物杀虫剂之一，在用药过程中要控制好剂量，用量为5625~7500mL/hm^2，在虫害高发期每间隔3~4d用药1次，用药2~3次即可。也可以利用玉米螟虫的天敌，在田间释放适量的赤眼蜂，要控制好释放量。与此同时，玉米螟虫有明显的趋光性特点，也可以选择杀虫灯诱杀，能够取得很好的效果，以减少玉米螟虫带来的经济损失[2]。

---

[1] 李斌.玉米种植新技术及病虫害防治策略[J].农家参谋，2021(4)：19-20.
[2] 赵金忠.玉米种植新技术及病虫害防治策略研究[J].种子科技，2019，37(17)：104-105.

(四)玉米蚜虫

1. 为害特征

玉米蚜虫的繁殖能力强,对玉米植株的破坏力大。表现为大量的蚜虫聚集在玉米植株表面,主要汲取玉米汁液。

2. 防治方法

可以利用玉米蚜虫的天敌如七星瓢虫进行防治。蚜虫有明显的趋光性特点,可以选择频振式杀虫灯诱杀,也可以将黄板悬挂在玉米田诱杀蚜虫。在发现蚜虫之后,选择20%噻虫胺悬浮剂150g/hm²,兑水375kg/hm²均匀喷洒,防治效果显著。

(五)地下害虫

1. 为害特征

地下害虫会影响玉米植株健康生长,地下害虫主要有地老虎和蝼蛄,为害播种之后的玉米种子,在后期还会啃食玉米苗,导致玉米生长迟缓,甚至造成植株的死亡[①]。

2. 防治方法

在播种前,可以选择40%甲基异柳磷或者50%辛硫磷等药物拌种,或者将药物兑水浇灌到根部,能有效预防地下害虫。撒毒土是比较常见的防治地下害虫的方法,要制作好毒土,药剂和粪便均匀混合,能够有效灭杀土壤中的病菌和幼虫。地老虎是玉米苗期的主要害虫之一,要分析该害虫的生长特性,抓住最佳的防治时期,然后施用40%氧化乐果1000倍液防治。此外,地老虎会直接为害幼苗的根部,应该抓住该虫害特点,做好人工捕捉幼虫的工作,可以在清晨将幼苗的根部扒开,捕杀幼虫。针对地下害虫,科学开展土壤管理工作也非常关键,要创造不利于害虫繁殖的土壤环境,能降低发病率[②]。

三、综合防治技术

一是除做好田间的日常管理工作外,还应该选择药剂喷洒防治。二是科学开展田间管理工作,将玉米周边的杂草清理干净,破坏玉米害虫的生长环境,减少病原菌和虫卵的数量。三是坚持轮作倒茬,能够提高玉米植株的抗病能力,降低病虫害的发生概率。四是在玉米播种前要彻底清理田间的秸秆,出苗后应及时清除玉米苗

[①] 张志文.关于玉米种植新技术及病虫害防治策略的分析与技术推广探究[J].农业与技术,2019,39(2):91-92.

[②] 翁玉飞.河南地区玉米种植新技术及病虫害防治[J].种子科技,2019,37(18):101-102.

附近的秸秆或者其他覆盖物，破坏病菌和虫卵的生存空间。五是科学地中耕松土和培土，要及时排出田间的积水，提高土壤的透气性，降低病害的发生概率[①]。

玉米在生长过程中，会遇到多种类型的病虫害，应该坚持"预防为主"的防治原则，一旦发现有病虫害要及时采取措施，防止病虫害扩散。另外，有的病虫害初期症状比较明显，种植户要加强田间管理，定期检查玉米植株的生长情况，一旦发现有病虫害，要积极应对，防止病虫害进一步蔓延，保证玉米健康生长。

第三节　马铃薯病虫害防治

马铃薯栽培中极易发生晚疫病、蚜虫、早疫病、病毒病、底下害虫、二十八星瓢虫等病虫害。为了更好地促进马铃薯种植业发展，现对主要病虫害绿色防控关键技术展开探讨，具有非常重要的实际意义。

一、马铃薯栽培主要病虫害

(一) 细菌性病害

马铃薯细菌性病害主要由各类细菌引发，常见的细菌性病害包括软腐病、疮痂病、茎腐病、褐腐病、青枯病等。严重影响马铃薯品质，造成存储、销售困难。此外，马铃薯细菌性病害传播媒介较广，导致净化、防控会存在一定的困难。

(二) 真菌性病害

马铃薯真菌性病害主要包括早疫病、晚疫病、癌肿病等，是由各类真菌所引发，真菌多源于有机肥堆肥、周边野草、番田或薯田等。真菌性病害主要发生于马铃薯块茎形成及增长阶段，水肥施加不合理、田间管理不科学、病虫害防治不到位等，都容易诱发真菌性病害。

(三) 病毒性病害

马铃薯病毒性病害主要由各类病毒引发，具有较强的传染性，会在短时间内蔓延扩散，造成大范围感染。常见的马铃薯病毒性病害有卷叶病、马铃薯 X 病毒病、马铃薯 Y 病毒病、马铃薯 A 病毒病等，其中马铃薯卷叶病发病概率最大、传播范围

---

① 胡文君. 玉米病虫害绿色防控技术 [J]. 农业技术与装备, 2022(3): 137-139.

最广、危害性最为严重。

(四) 马铃薯虫害

根据危害部位的不同，马铃薯虫害可分为地下虫害和地上虫害两大类。地下害虫主要有金针虫、地老虎、块茎蛾等，危害马铃薯根茎部，导致根茎受损、品质下降。地上害虫有桃蚜、潜叶蝇、斑蟊、二十八星瓢虫、白粉虱等，危害枝叶，影响马铃薯光合作用及营养传输，导致产量及品质下降。

二、马铃薯栽培主要病虫害绿色防治技术

(一) 农业防治

1. 精选良种

合理选择马铃薯品种，尽量选择与栽培地点契合、抗病性强的马铃薯品种，发挥马铃薯品种特性，降低马铃薯感染病害、虫害的概率。定西地区适合栽培的马铃薯品种有青薯9号、凉薯97号、凉薯14号、抗青9-1号等。

2. 实行轮作

在马铃薯栽培过程中要严格实行轮作制度，不能与辣椒、番茄、烟草等茄科作物轮作，尽量选择与大豆、玉米、小麦等作物轮作，轮作周期最好控制在3a以上。通过这种方式，可有效减少病毒病、青枯病、早疫病、晚疫病等病害的发生。

3. 种薯处理

在种薯挑选完成后，要做好种薯处理工作。一是晾晒。选择通风良好的位置摊开晾晒种薯，隔天翻动1次，发现病薯、烂薯要及时剔除。二是切块。在马铃薯栽培前2d对种薯进行切块，提前准备2~3把切刀放置于质量分数5%高锰酸钾溶液或质量分数75%的酒精溶液中浸泡消毒，每切1个种薯就要更换切刀，防止细菌、病菌在种薯间交叉感染[1]。

4. 选地整地

一是马铃薯栽培地要尽量选择耕层深厚、排灌便利、土壤疏松、肥力中上的沙壤地；二是栽培前，要将栽培地整平耙碎。如果栽培地墒情较差、地质较干，在整地前2~3d可适量灌溉，确保灌足、灌透；三是在整地时要将栽培地中的杂草、病薯、隔生彻底清理出去，可有效防控早疫病、晚疫病等病害的发生。

---

[1] 孙艳玲. 马铃薯栽培主要病虫害绿色防控关键技术 [J]. 当代农机，2023(3)：50-51.

5. 适时早播

马铃薯块茎发芽的最低温度为 5~6℃，最适宜温度为 15~17℃。从播种到出苗所需时间与土壤温度高低有密切关系，在适宜的温度范围内，温度越高出苗所需时间越短。具体的播种时间要根据马铃薯品种特性，结合栽培地点实际情况予以确定，应尽可能提早播种。定西地区马铃薯栽培时间一般在 2 月下旬至 3 月上旬。

6. 合理密植

在栽培地点肥、水条件都适宜的情况下，马铃薯栽培密度控制在 3000~4000 窝 /667m²；栽培地点水肥不适宜，可以适当降低栽培密度。在马铃薯实际栽培时，可以采用双行垄作，通过双行垄作减少马铃薯田间积水问题，进而降低马铃薯病虫害发生概率。除此之外，为了提高马铃薯田透光、透气性，防止病菌、害虫滋生，可以对马铃薯实行宽窄行栽培，宽行间距在 67cm 左右，窄行间距控制在 33cm 左右，窝距控制在 27~34cm。

7. 做好除草工作

野生杂草会争抢马铃薯生长过程中所需的肥、水及矿物质等养分，导致马铃薯植株瘦弱，并加大感染病虫害风险。因此，须定期除草，减少野生杂草对肥、水及矿物质的消耗。为了减少化学药剂污染，尽量采用人工除草或机械除草。

(二) 物理防治

物理防治具体是指采用物理化、机械化手段对马铃薯病虫害予以防治。主要包括：一是趋化性诱杀。将糖、醋按照一定比例制成糖醋液，以此对小地老虎成虫予以诱杀。二是杀虫灯诱杀。针对昆虫具有趋光性，通过设置太阳能频射杀虫灯的方式对害虫予以诱杀。按照 20~30 台 /hm² 的数量在马铃薯田设置太阳能频射杀虫灯，即可对鞘翅目害虫、鳞翅目害虫、二十八星瓢虫予以有效诱杀。三是黄板诱杀。蚜虫对黄色具有较强的趋向性，通过设置 20~30 块 /667hm² 的黄板，可有效减轻马铃薯蚜虫虫害。四是人工摘卵。通过人工摘除虫卵可有效降低害虫成虫数量[1]。

(三) 生物防治

1. 天敌防治

天敌防治，是指利用生物间的捕食关系予以防治。如创造天敌生物适宜的生存环境，或直接投放害虫天敌，对害虫进行防治[2]。采用天敌防治时，必须严格控制天

---

[1] 张立民. 凌源市马铃薯栽培主要病虫害绿色防控关键技术 [J]. 现代农业，2020 (10)：37-38.
[2] 冯国荣，杨栋. 马铃薯主要病虫害绿色防控技术 [J]. 现代农业，2020(5)：54.

敌生物投放的时间、数量，避免影响生态平衡。

2. 生物药剂防治

根据病害类型，采取与之相应的生物药剂防治。例如：防治双斑萤叶甲害虫时，可选用蛇床子素乳油加水制成2000倍液对叶片进行喷洒；防治地下害虫时，可按照2kg/667hm² 的用量，选用绿僵菌孢子粉与100kg有机肥或50kg细土混合，播撒防治；防治土传病害时，可按照200mL/667hm²的用量，选用质量分数0.5%苦参碱水剂播种施沟预防。同时，在马铃薯花期、苗期可按照80~90mL/667hm²的用量，选用质量分数0.5%苦参碱水剂灌根防治[①]；晚疫病防治时可按照45~60g/667hm²的用量，选用枯草芽孢杆菌可湿粉剂、质量分数0.5%苦参碱水剂800倍液、质量分数3%丁子香酚等药剂，在发病早期或发病前进行喷洒防治。

3. 性诱剂防治

在实际运用时，可以将性诱剂捕捉器设置在马铃薯顶端20cm左右的位置，每667hm²设置1个。通过设置性诱剂捕捉器，即可对蝼蛄、蛴螬、金针虫、地老虎成虫予以诱杀。

（四）化学防治

在应用化学防治技术时，要尽量选择广谱、低毒、高效的化学药剂，并对化学药剂的使用方法、使用剂量予以严格控制，从而在确保马铃薯病虫害防治效果的同时，最大限度地减少化学药剂对环境的污染。例如，在对马铃薯地下害虫进行防治时，可以按照2∶50的比例将30倍液晶体敌百虫与稻草混合，然后将混合物均匀地播撒到马铃薯幼苗附近，用量控制在22~37kg/hm²，具体用量按照马铃薯栽培地面积决定；在对马铃薯炭疽病进行防治时，在炭疽病发病初期可以运用质量分数50%多菌灵可湿性粉剂600倍液喷洒防治；在对马铃薯软腐病进行防治时，可以首先运用生石灰对病害处予以消毒，然后运用质量分数10%醚唑水分散利剂1500倍液对栽培地进行整体喷洒防治。必须注意的是，无论是病害、虫害还是其他原因导致的马铃薯植株腐烂、死亡，栽培人员都要及时将腐烂、死亡的马铃薯植株拔出，并运用生石灰对腐烂、死亡植株部位予以彻底消毒，以此来防止细菌、病菌抑或虫害进一步蔓延扩散。

综上所述，在马铃薯栽培过程中病虫害的发生是在所难免的，传统病虫害防治技术虽然针对性强、防治效果显著，但是会对马铃薯品质及周边生态造成不利影响。因此在之后的马铃薯病虫害防治中，栽培人员要尽量减少传统病虫害防治技术

---

① 鲁进恒，张中州，李天奇，等. 豫中马铃薯主要病虫害及绿色防控技术 [J]. 园艺与种苗，2021(11)：69-71.

的应用,而是应采用物理防治、生物防治、农业防治等绿色病虫害防治技术开展病虫害防治,从而在确保马铃薯病虫害防治效果的同时,尽可能减少环境污染及品质破坏。

第四节 大豆病虫害防治

农业是第一产业,新时期粮食安全是促进农业发展的必要保障。大豆是我国重要的农业种植作物,也是我国的主要经济作物之一,在我国农业生产中占据重要的地位[①]。为了促进农业发展,需要合理控制病虫害,减少生产成本,提高农产品的产量和质量。因此,应采用大豆病虫害绿色防控技术,保障大豆的产量和质量,促进我国大豆种植业的发展,为我国农业生产创造更高的经济效益。

一、发生规律

应充分了解大豆病虫害的发生症状,充分掌握病虫害发生的原因,并掌握好病虫害防治技术,以有效解决病虫害问题。

(一)灰斑病

灰斑病又称为蛙眼病,可侵染大豆多个部位,如大豆的幼苗、种子等。该病对叶片的影响最大,发病初期叶片呈现褐色的病斑,病斑形状为圆形或半圆形。

成株叶片极容易发生灰斑病,叶片四周形成病斑。大豆灰斑病是一种真菌性病害,当温度为 24~29℃时,病原菌极容易生长。6 月左右是我国东三省大豆病害多发时期;7 月末雨天较多、温度相对较高,再加上湿度较大,此时期发病较为严重;8~9 月,若遇雨多的天气,则将极大提高大豆种子的染病概率。大豆幼苗时期遇地表温度不高、土壤较为湿润,再加上雨多、气温较低的天气,不利于幼苗的正常生长,发病较为严重。

大豆开花结束后,若遇多雨天气,土壤湿度偏高,大豆灰斑病的传播速度加快。灰斑病的流行在一定程度上由品种决定。针对高感品种,大豆灰斑病发生时间较早,有较快的传播速度,病斑、孢子数量多;针对抗灰斑病大豆品种,大豆灰斑病发生时间较晚,病斑、孢子数量不多。大豆有多种抗原,较容易实现抗病品种的获取。然而,灰斑病病原菌有很强的适应能力,品种抵抗病原菌入侵的时间有限。一般情

---

① 杨佳慧.浅谈大豆主要病虫害的发生特点及绿色防治技术[J].农村实用技术,2020(6):81-82.

况下,当未全面清除大豆病株或大豆连作等时,田间菌源会极大增多;当生产地温度较低、土壤湿度较高时,大豆灰斑病发生的概率较大。

(二)斑点病

大豆斑点病可侵染大豆多个部位,如豆荚、叶柄等,且该病对叶片影响最大。发病初期,叶片有水渍状斑点,具有一定的透明度。之后斑点颜色逐渐变为浅褐色,斑点直径扩大至4mm左右,形状不规则,在斑点周边有一定的黄色晕圈,病斑有白色菌脓流出。病斑汇集形成较大的斑块,较老的病斑逐渐脱落,致使叶片出现较早脱落的情况。

大豆斑点病病原菌越冬的主要场所是大豆种子和残体,该残体源于病株。拮抗作物对斑点病病原菌有较强的吸引力,当病组织死亡之后,病原菌在较短时间内死亡。种植地土层深厚、土壤湿度偏高,将提高病原菌死亡的速率。在我国北方,尤其是东北地区,该病病原菌可在病株残体中越冬;在我国南方一带,尤其是西南地区,该病病原菌难以在病株残体中越冬。大豆斑点病病原菌传播途径较多,如由雨水溅到大豆叶片上或叶面处于湿润状态,经过作业传播。暴风雨有利于病原菌传播,还能增大侵染面积。

(三)菌核病

大豆菌核病也是常见的大豆病害之一,主要发生在幼苗期和成株期,并对开花结荚造成影响。大豆幼苗期发病,主要发生在茎基部,再由下向上蔓延,发病部位呈深绿色,表面有白色菌丝体附着,严重时直接导致幼苗死亡。大豆成株期发病表现为茎基部呈暗褐色,并有不规则病斑,可导致茎秆折断。当环境潮湿时,会形成白色絮状菌丝体,夹杂鼠状菌核。发病后期如果环境变得干燥,茎部皮层出现纵裂,严重时会直接导致植株枯死。

(四)蚜虫

蚜虫在大豆生长期间出现的概率较大,危害程度较深,因而应引起种植者的足够重视。蚜虫又称为蜜虫,主要侵害大豆叶面,吸食叶面汁液,从而对大豆植株造成影响。受到此类虫害影响,大豆植株矮小,叶面不平整,严重影响大豆的产量和品质。因此,种植人员须在6月中下旬加大防治力度,尤其是高温或干旱天气更易滋生蚜虫,须科学防控。可以施用10%溴氟菊酯乳油225~300mL/hm^{2}等防治虫害,以获得理想的防控效果。

(五) 食心虫

食心虫会对大豆植株造成极为严重的负面影响,破坏豆粒的完整性。相关人员有必要重视大豆食心虫的防治工作,选择科学合理的防治措施。当食心虫暴发时,喷洒适量的药剂,以保障大豆植株安全。

二、防治技术

(一) 农业防治

注重选种工作,科学选种。选择抗倒伏能力、抗病虫害能力、抗自然灾害能力比较强的品种,以有效提高大豆抵御病虫害的能力,提升大豆的产量,保障我国大豆种植业发展水平[1]。为了提升种子的免疫力,需要仔细挑选和有效处理大豆种子。选择种子时应剔除残种和病种。在选种工作完成后,需要对种子进行晾晒处理。播种时,需要合理控制种植密度,防止种植密度过大影响大豆正常生产。在大豆种植过程中,需要加强田间管理,保证肥、水供应,以有效提升大豆抵御病虫害的能力,降低病虫害发生的概率,有效提升大豆的产量和质量。在施肥的过程中,尽量以农家肥为主,并施加一定的化学肥料。施肥时需要实地调查土壤的实际情况,根据土壤情况施用适当的肥料,并且结合大豆的品种和自身特点合理选择肥料。同时,当大豆生长到一定的阶段时,需要开展追肥工作,以有效提升大豆抗病虫害能力,降低病虫害发生的概率。此外,需要注重田间除草工作。因为很多害虫以杂草为栖息地,所以注重田间管理工作可以降低虫害发生的概率。在大豆收获以后,需要粉碎秸秆,深翻土地,排除积水,避免病虫害的滋生。

(二) 生态防治

生态防治是大豆病虫害绿色防控技术的重要手段之一[2]。大豆种植时应避免种植单一的大豆品种,使得农田生态多样化,降低病虫害发生的概率。在大豆种植过程中,需要根据实际情况对农田进行合理安排。种植人员可以采用轮作、套作、混种等方式,有效抑制土壤中的病原菌,降低病虫害对大豆的影响[3]。

此外,在农业生产过程中,需要对自然因素进行综合考量,如气候状况、土壤特点等,以确定最佳的播种时期,保障农业生产。

---

[1] 王莹.探究大豆病虫害绿色防控技术[J].新农业,2020(1):11-12.
[2] 王鸿浩.试论东北大豆的病虫害防治技术[J].农业与技术,2019,39(2):107.
[3] 龚雪.大豆常见病害虫害防治分析[J].农业开发与装备,2019(10):180.

(三) 物理防治

物理防治指利用频振、防虫网以及灯光等措施对病虫害进行防治。例如，蚜虫是大豆常见的虫害之一，可以在田间设置银灰色塑料膜条进行防治。根据害虫自身的趋光性、趋色性等习性，设置相应的设备，如色板、振频灯、糖醋液、黑光灯等捕杀害虫，以达到防治虫害的目的[1]。此外，也可以根据害虫的发情期使用性诱剂防治虫害。由于物理防控技术对环境的影响较小，对其他因素的要求也不高，可以在全国范围内推广普及。

(四) 生物防治

1. 天敌防治

生物防治也是大豆病虫害绿色防控的有效手段之一，通过在农田投放害虫的天敌来捕杀害虫[2]。为了实现生物防控技术的有效应用，需要注重害虫天敌的保护工作，减少田间害虫数量，降低虫害对农业生产造成的影响。需要根据害虫的种类选择天敌，例如可以利用蜘蛛、蚜茧蜂、食蚜蝇等有效防治蚜虫，可以选择赤眼蜂防治大豆食心虫。在引进天敌过程中，需要根据农田实际情况对引进天敌数量进行调节，例如引进赤眼蜂30.0万～37.5万只/hm^2。采用生物防控技术可以有效减少农田害虫的数量，降低虫害发生的概率。

2. 生物农药防治

化学药剂虽然可以有效防治病虫害，但是容易破坏农田的生态平衡，影响农田的生态环境。大豆病虫害绿色防控技术采用生物农药防治病虫害，在保护农田生态环境的同时可以有效防治病虫害。生物农药具有低残留、低毒性等特点，可以降低采取化学防控技术对环境和大豆造成的污染，提升大豆的产量和质量。现阶段，我国常见的生物农药有苏云金杆菌、中生菌素、球孢白僵菌以及蜡质芽孢菌等。

(五) 化学防治

1. 种子处理

为了有效降低病虫害发生的概率，大豆种植前需要合理地处理种子，以有效提升大豆抵御病虫害的能力，保障大豆生产。种子处理可采取种子包衣的方法，应用

---

[1] 陈广义. 大豆灰斑病发生特点及抗病遗传育种研究进展 [J]. 黑龙江科学，2019，10 (16)：42-43.
[2] 马铃铃，刘念析，郑宇宏，等. 大豆灰斑病菌生长和产孢高效培养方法探讨 [J]. 大豆科学，2019，38 (4)：589-596.

种子包衣剂对种子进行包衣处理。种子包衣处理不仅可以有效提高大豆的产量和品质,还可保障大豆生产。

2. 喷施药剂

针对大豆蚜虫,可以施用高氯氟等药剂进行防治,通过喷雾的方式喷洒在大豆植株上。针对大豆食叶性害虫和钻蛀性害虫,可以选择敌百虫、高效氯氟氰菊酯等药剂进行防治。这些药剂高效低毒,不仅可以防治病虫害,还可以减轻化学药剂对生态环境的影响;既能达到防治病虫害的目的,又能保障大豆的品质。针对大豆真菌性病害,可以使用苯甲·丙环唑、甲基硫菌灵等药剂进行防治。大豆真菌性病害与其他病害有很大的区别,需要在发病初期用药,以保障药剂的作用可以得到最大限度发挥,促进大豆种植业发展。

第五节 油菜病虫害防治

油菜的经济价值和营养价值比较高。随着人们对油菜的需求不断增加,种植户进一步扩大了油菜的种植规模,实现了油菜产业的规模化和集约化发展。从当前油菜种植情况来看,其产量和质量会受到病虫害等因素的影响,从而影响种植户的经济收入。为此,应该加强对油菜病虫害种类的研究,分析病虫害的发生特点和为害特征,并提出有针对性的防治方法,减少病虫害带来的经济损失,推动我国油菜产业健康发展。

一、油菜菌核病

(一)为害特征

油菜菌核病在我国许多油菜产区均有出现。该病在油菜出苗后一直到成熟都能感染,主要为害油菜的叶片、茎和荚果,油菜盛花时期的感染率最高。在病害发生初期,患病的症状比较明显,会出现浅褐色病斑,随着病情扩散,病斑逐渐变为灰白色。如果遇到潮湿的气候条件,病斑会溃烂,并且长出白色霉菌层。相关调查研究显示,每年3~4月是该病的高发时期,与当地的温度和田间湿度有密切的关系[1]。

---

[1] 张管世,高玉芳,孙富珍. 朔州市春油菜高产栽培技术及主要病虫害绿色防控[J]. 农业开发与装备,2020(9):181-182.

(二) 防治方法

一是做好田间的排水工作。如果春季降水较多，油菜田受到涝害，影响油菜根部的呼吸能力，严重时会烂根、烂茎，从而使油菜产量大幅下降。如果田间湿度过大，会加速该病的扩散，因此要及时做好田间积水的清理工作。

二是中耕除草。在油菜现蕾期到开花期，要做好中耕培土工作，控制在2~3次即可。

三是发现老叶后要及时摘除，并且统一销毁处理，防止病菌的传播和扩散。

四是科学施入钾肥，并且严格控制施肥量，以此提高油菜的抗病能力。通常情况下，在每年2月下旬至3月上旬使用氯化钾，用量为675~1350kg/hm²。在油菜现蕾到开花期，可以选择磷酸二氢钾，根外喷施，效果显著。

五是播种前的种子处理工作能够有效预防该病。将杂质和空粒剔除，保证种子的均匀性，之后将其放在阳光下晾晒，以此达到灭杀种子表面病菌的目的。

六是科学合理密植，为油菜提供良好的通风条件，从而提高油菜的抗病能力。

七是选择化学防治。如果在初花期到盛花期发现油菜的病叶率为8%~10%，选择40%多菌灵胶悬剂33.75kg/hm²，兑水750~1125kg/hm²，每间隔7~10d喷洒1次，能起到很好的防治效果。

二、油菜霜霉病

(一) 为害特征

霜霉病在油菜整个生长期间都会发生，对于叶片的为害比较大。如果叶片染病，发病初期的患病症状比较明显，会出现绿色的病斑，病斑扩散后会有白色的霉层。该病对植株底部的叶片为害比较严重，会逐渐向上部扩散和蔓延，最后导致叶片脱落，影响油菜结实率，使油菜的产量和质量大幅下降[①]。

(二) 防治方法

为了减少霜霉病的发生，可以采取以下三种防治方法。一是加强田间管理。种植户要定期观察田间灌溉情况，发现积水要及时排除，避免影响油菜根部生长。要做好肥料的管理工作，合理搭配肥料，提高油菜的抗病能力。二是在日常种植过程中，要观察叶片的生长情况，一旦发现叶片发黄必须及时摘除并且统一销毁，防止

---

① 苏红梅.秦安县冬油菜主要病虫害发生与综合防治技术[J].农业科技与信息，2020 (14)：53-54.

病害传播。三是发病初期应及时用药剂防治，选择25％甲霜灵可湿性粉剂800倍液，可有效控制病害传播。

三、病毒病

（一）为害特征

油菜病毒病也是油菜生长过程中常见的病害之一，有些地区的发病率为10％~20％。从目前该病的发生情况来看，不同油菜品种的发病症状也存在明显的差异性。白菜型的油菜一旦感染该病，对叶片的为害就比较大，叶脉的两侧绿色逐渐褪去，叶片中间的颜色也会发生变化，出现黄绿相间的现象，随着病害的扩散，整个油菜叶片会出现畸形和卷曲，从而影响植株的生长。如果是甘蓝型的油菜，患病后会出现枯斑的症状，对老叶片的为害比较大，发病早且传播速度快，会逐渐为害新叶部位[1]。

（二）防治方法

在油菜病毒病防治过程中，要做好传播媒介的防控工作，尤其是蚜虫防治工作非常关键。可选择的药剂种类较多，可以选择40％氧化乐果2000倍液，也可以选择4％阿维啶虫脒1500倍液，不仅能够防治蚜虫，还能在防治菜青虫和小菜蛾方面发挥重要的作用。

四、油菜花叶病

（一）为害特征

油菜花叶病对叶片的为害比较大。油菜在感染该病害之后，嫩叶上会出现明显的病斑，严重时会导致整个叶脉变成暗黄色，有一些患病的叶片会异常生长，病情扩散之后会导致整个植株萎缩变形甚至枯死。

（二）防治方法

应该结合当地的油菜种植情况，选择抗病能力强的品种，合理选择播种时间。做好田间施肥管理工作，保证底肥充足，科学追肥，选择充分腐熟的粪肥。在油菜苗期要做好田间管理工作，保证田间湿润即可，避免过度干旱影响油菜生长。

---

[1] 冯永华. 油菜高产栽培技术与病虫害防治探析 [J]. 种子科技，2023，41（5）：61-63.

五、根腐病

(一) 为害特征

根腐病主要出现在苗期,会为害根部和根茎部。在幼苗期,患病之后有水渍状病斑。茎部染病后病斑明显,病斑会凹陷,导致茎秆干缩。如果湿度较大或者降水后田间积水,患病部位还会长出褐色菌丝,导致幼苗倒伏。

(二) 防治方法

一是农业防治。在田间管理过程中,要及时排出田间积水,针对比较黏重的土壤,在播种前要进行翻耕、晾晒处理;在整理好苗床之后,向苗床均匀施撒石灰粉11250kg/hm^2。二是化学防治。做好日常田间检查工作,如果发现植株根茎部出现腐烂,要及时拔除并统一销毁,同时在种植区均匀施撒药剂,药剂为拌种灵和细沙,两者的比例为1∶200,控制好剂量。为了提高用药的效果,每间隔7d用药1次,连续用药2~3次。

六、白锈病

(一) 为害特征

白锈病对油菜各个部位的影响都比较大。一旦叶片发病,就会出现淡绿色的病斑,之后颜色逐渐变为黄绿色,同时叶片的背面会有隆起的疱斑。如果病害比较严重,直接导致叶片布满疱斑,疱斑破裂后会散落出白粉,再次成为侵染源。该病是一种真菌性病害,病菌会残留在土壤和种子中,也可在病残体内越冬[1]。

(二) 防治方法

要做好田间管理工作,发现积水后要及时排出,尤其在出苗期间要做好田间持水量的控制工作,控制在65%即可,开花前后的田间持水量控制在80%。发现患病秧苗后要及时拔除,能够减少该病在田间传播。在日常管理中发现患病叶片要摘除并且统一处理。在油菜苗期和抽薹期,选择药剂喷洒防治,可以选择40%多菌灵可湿性粉剂2000倍液,每间隔7d用药1次,连续用药3次,也可以选择58%甲霜灵·锰锌,在防治白锈病的同时能够防治霜霉病。选择在晴天喷洒药剂,如果喷洒

---

[1] 杨士芬.油菜高产栽培技术与病虫害防治对策[J].智慧农业导刊,2022,2(15):62-64.

药剂后出现降水的情况要再次喷洒，保证叶片的正面和背面喷洒均匀。

七、蚜虫

(一) 为害特征

蚜虫对油菜的为害比较大，比较常见的蚜虫有甘蓝蚜、萝卜蚜和桃蚜，其中桃蚜和萝卜蚜的为害最大。这类害虫会在油菜叶片的背面或者茎秆上吸食汁液，导致叶片颜色发生变化，并出现褶皱或者卷曲的现象。蚜虫有群集性的特点，直接在荚果部位聚集，一旦在开花结荚期为害，会导致荚果畸形，影响结荚率[1]。

(二) 防治方法

1. 农业防治技术

田间杂草过多会为蚜虫提供生存空间，因此要做好田间除草工作，通过破坏蚜虫的生存环境减少害虫的数量；控制好播种的密度，提高油菜田的通风透光性，减少蚜虫的发生概率。

2. 物理防治技术

可以利用蚜虫的趋色性选择黄板进行诱杀。在使用前涂抹一层凡士林可以提高灭杀效果。在使用过程中要控制好悬挂高度，需距离地面 50~60cm。

3. 生物防治技术

选择生物防治技术可减少对生态环境的破坏。蚜虫的天敌种类比较多，可以选择食蚜蝇、瓢虫和草食蛉等进行灭杀。另外，要控制好天敌的释放数量，并且做好天敌的保护工作，可有效减少蚜虫数量。

4. 化学防治技术

化学防治技术仍然是当前防治蚜虫的主要方法，可以选择 25% 噻虫嗪 $281.25g/hm^2$，或选择 70% 吡虫啉 $472.5g/hm^2$，兑水后进行喷雾防治，每间隔 14d 用药 1 次。

八、菜粉蝶

(一) 为害特征

菜粉蝶的幼虫被称为菜青虫，幼虫对油菜的为害比较大。2 龄幼虫对叶肉部位为害较大，3 龄幼虫会啃食叶片，同时菜青虫的粪便会影响油菜的正常生长，影响

---

[1] 王忠诚. 优质油菜高产栽培技术 [J]. 河北农业，2022(6)：76-77.

油菜的质量。

(二) 防治方法

一是做好田间的清理工作，发现残枝落叶要及时清除，通过深翻耙地的方式破坏害虫的生长环境，减少害虫的发生概率。二是选择生物防治技术。选择 BT 乳剂或者青虫菌 6 号液剂 7500g/hm²，兑水进行喷雾防治。三是选择化学防治技术。可以选择 25%灭幼脲胶悬剂 1000 倍液或 5%来福灵乳油 3000 倍液，防治效果显著。

九、黄曲条跳甲

(一) 为害特征

黄曲条跳甲对叶片部位的为害比较大，在为害之后，叶片会出现许多孔洞，严重时叶片被全部吃光，导致叶片枯死。该类害虫幼虫对根部的为害比较大，会影响养分正常输送，容易造成油菜萎蔫。通常情况下，该类害虫会在油菜的背部和根部栖息，并且因其有一定的趋光性，会选择在早晨和傍晚活动取食。该类害虫对黑光比较敏感，利用黑光灯诱杀效果显著，能够减少虫口数量。

(二) 防治方法

为了减少该类害虫的为害，可以采取以下防治方法。一是做好油菜田间的清理工作。将杂草和秸秆及时清理干净，并且统一烧毁处理。二是科学合理轮作。禁止和十字花科作物轮作，能够减少该类虫害的发生概率。三是做好土壤的消毒工作。在油菜种植前要做好土壤消毒工作，可以选择 1.5%辛硫磷 1125kg/hm²。四是药剂防治技术。在成虫高发期，选择用药剂喷洒防治，能够控制害虫的扩散，选择 50%鱼藤酮或者 1%苦参碱醇溶液，能起到很好的防治效果。为了提高防治效果，可以选择 10%高效氯氰菊酯或者 90%敌百虫晶体，兑水之后均匀喷雾防治。

十、油菜茎象甲

(一) 为害特征

油菜象鼻虫在我国许多油菜产区都有出现，该类害虫的幼虫会为害茎干，也会直接为害叶片和茎部，造成植株倒伏或折断，导致油菜生长能力下降。成虫对叶片和嫩茎的为害比较大。如果为害比较严重，会造成油菜大面积减产。另外，其也会为害其他的十字花科蔬菜。

(二) 防治方法

在油菜播种前,要做好土壤处理工作,可以选择50%辛硫磷与土壤充分搅拌后,均匀撒在田间,在防止该类害虫的同时能够兼治其他地下害虫。化学防治的效果显著,在春季成虫开始活动但没有产卵之前,做好该类害虫的防治工作,选择4.5%菊酯类农药1500倍液进行防治。如果虫害比较严重,需要每间隔7d用药1次。

在油菜种植过程中,病虫害会严重影响油菜的产量和质量。相关部门应该加强对油菜病虫害种类的研究、分析不同病虫害的为害特征和发生规律并及时预防,以避免因病虫害扩散造成经济损失。

第三章　小宗作物病虫害防治

第一节　高粱病虫害防治

高粱在我国有着悠久的栽培历史，在辽西地区也有大面积栽培。高粱作物的多元化利用，对农民增收和农村经济发展起到了积极作用。

一、高粱病虫害发生原因分析

(一) 气候因素

随着全球气候变化异常，温室现象越来越严重，气候逐渐变暖，加快了病原物的代谢和繁殖速度，导致病虫害的发生范围更广、发病程度更重。

(二) 人为因素

农作物的病虫害防治对技术水平要求较高，目前从事农业生产的种植人员的专业技术水平不高，整体生产力低下。很多地区还是采用传统的方法种植高粱等作物，对病虫害防治中提前预防的理念及意识不强，以致在一般田间病虫害症状表现出来后才喷洒农药防治。多年来我国农业生产中化肥、农药的过量施用导致了病虫害的抗性能力不断提高，繁殖的速度也较之前呈几何式增长，在环境污染日益严重的背景下，高粱等农作物的病虫害发生类型也逐渐增多。

(三) 技术因素

当前我国一些地方在农业病虫害的防治方面尚未建立起统一的技术标准，采取传统防治方法的占比较大，防治中存在较大的盲目性，防治的效果也大打折扣，从而导致病虫害的发生程度不断加重。

二、高粱病虫害防治技术

粮食作物在不同生长阶段，其病虫害发生的种类也有所不同，根据高粱各时期发生病虫害的特点，应从播种、苗期、抽穗、灌浆和贮藏等几个时期进行防治。

(一) 播种期防治

一是选择抗性强、适合在当地种植的高粱品种进行种植。一般来说高粱种子如果抗性强，感病概率则会大大降低，有助于减少农药的用量，甚至是不用，从而降低成本。二是推广轮作倒茬制度，合理做好生产布局。不可连续几年在同一田块上种植高粱。三是提前做好消毒处理。前茬作物收获后对土壤进行深翻，以灭杀土壤中的病原物。播种前要求对高粱种子进行消毒，可将种子与药剂按照合理比例进行拌种处理。四是施足基肥。结合田间土壤肥力情况以及高粱对肥料的需求特点，科学施肥、配方施肥，为高粱的健壮生长提供足够的肥料条件。

(二) 苗期防治

苗期高粱容易发生的病虫害主要有根腐病、玉米螟、苗枯病、棉铃虫、顶腐病、蚜虫等，可结合病虫害类型以及发生态势有针对性地开展防治。此阶段针对顶腐病、苗枯病、根腐病的防治可选择25%多菌灵粉剂450克/公顷、25%吡唑醚菌酯乳油300克/公顷，以及有机水溶肥料、0.1‰芸苔素内酯180毫升/公顷，兑水300公斤/公顷，拌和均匀后对准高粱发病部位进行喷洒，也可在病害刚发生时选择生物叶面肥、50%多菌灵可湿性粉剂500倍液等混合后对准高粱茎叶进行喷雾防治，防治效果均较好。对蚜虫、蓟马等刺吸害虫的防治，可选择2%~3%溴氰菊酯乳油4000倍液等药剂。若鳞翅目害虫处于3龄前，可选择0.4‰二氯苯醚菊酯粉剂30~35千克/公顷等进行喷粉。

(三) 抽穗期防治

高粱处于抽穗阶段时，发生的病虫害主要有纹枯病、玉米螟、茎腐病、棉铃虫等。病害的防治可在刚发病时选择20%~30%多菌灵450克/公顷和20%~30%吡唑醚菌酯300克/公顷等兑水均匀喷雾，或者用45%~55%三唑酮乳油1000倍液、45%~55%多菌灵可湿性粉剂500倍液等喷雾。

(四) 灌浆期防治

高粱处于灌浆期时发生的病虫害主要有大斑病、黑束病、炭疽病、穗腐病、玉米螟、穗蚜等。可在刚发病、病叶率约20%时，选择广谱性杀菌剂开展兼防，包括25%多菌灵粉剂450克/公顷、25%吡唑醚菌酯乳油300克/公顷、有机水溶肥料+0.1‰芸苔素内酯180毫升/公顷等兑水300千克/公顷进行喷雾，也可选择70%~80%百菌清可湿性粉剂400~600倍液等进行防治，为了提高防效，可每周喷1次，连续喷2~3次。高粱开始抽穗扬花后，如遇到过多阴雨天气、田间相对含水量高，穗腐病等容易发生，可结合天气情况选择45%~55%多菌灵可湿性粉剂500倍液、20%~30%吡唑醚菌酯乳油300克/公顷等对准穗部进行施药。在害虫的防治上，可选择3%~4%甲维盐·氯氰800~1200倍液、2%~3%溴氰菊酯乳油2000~4000倍液等药剂。

(五) 贮藏期防治

高粱贮藏期时容易发生粒霉病以及各种虫害，需要采取一系列措施加强保护。确保贮藏条件的合理，高粱贮藏的原则为温度低、空气干燥，具体贮藏的方法有低温法、密封缺氧法、干燥法等，企业、农户等可结合自身条件以及贮藏高粱的量合理选择。除此之外，为了降低高粱贮藏期间的病虫害，还可在入仓前将高粱籽粒中的虫源清除干净，严格控制籽粒中的含水量，入仓后选择56%磷化铝片剂进行化学熏蒸处理。高粱贮藏期间发生霉变现象的一个直接原因为微生物的大量繁殖，这与环境中的温度、水分条件有着密切的关系，由此可知要对贮藏期间的籽粒含水量、温度条件进行严格控制。如果含水量在13%左右，则高粱的温度应该低于30℃，当含水量在14%左右时，则高粱的温度应该低于25℃；当含水量在15%左右时，则温度应该低于20℃，即含水量每提高1%时，粮温相应的贮藏温度应降低5℃左右。高粱贮藏期间，要求环境中有较好的空气流通效果，环境中相对湿度低于70%，以确保高粱的安全贮藏、降低病虫害的发生。

三、高粱病虫害防治对策

(一) 开展针对性防治

要确保高粱等农作物在生产中病虫害防治工作的有效开展，首先要做的是提高种植人员的专业技术水平、培养其重视病虫害防治的意识。让农业生产人员对高粱等农作物的生长特点、规律以及各阶段对环境条件的要求有具体的把握及了解，以便有针对性地提前采取预防措施，必要时可以进行防治。增加农业生产人员对病虫害危害严重性的认识，有助于其及时发现问题并及时解决，从而尽量将病虫害的发生控制在最初的状态、降低经济损失。

(二) 积极推广先进防治技术

随着社会生产力的不断发展，科技水平也在不断提高，在此背景下农业生产中病虫害防治技术同时在不断进步，实际应用于农业生产中成效明显。但由于目前很多地区从事农业生产的人员文化水平不足,一些新技术、新器械的推广受到了影响,需要相关部门重视农业生产者文化素养的提高,加大培训力度,并积极鼓励农业生产者用科学的方法及新仪器进行病虫害防治等农业生产,确保先进的科学技术可以得到广泛的推广。此外,在农业生产病虫害的监测中应用新的技术、手段、器械,可以提高监测的准确性,为及早预防、及时防治提供很好的指导,从而达到降低病虫害危害、减少损失的目的。

(三)加强绿色防治措施

目前,我国农业生产中农药、化肥等的过多使用,导致生态环境污染严重,病虫害的种类不断增多,很多病虫害对药剂的抗性增强,防治的难度大大增加。因此要重视环境保护,为天敌生物的繁衍创造良好的条件,增加天敌生物的数量,形成天敌—有害生物之间的动态平衡状态,达到降低农药使用、减少病虫害危害、增加高粱等农作物优质高产的目的。

第二节 荞麦病虫害防治

荞麦是一种草本植物,又叫作净肠草、三角麦等,起源于我国的西南地区,宋朝时就被普遍种植,原产于亚洲东北部。目前,荞麦在我国南北方都有种植,在贵州等地种植更加广泛。作为药食两用的保健作物,荞麦分为普通荞麦(甜荞麦)和鞑靼荞麦(苦荞麦)两种,前者的生育期短暂,耐寒抗逆,多种植于北方;后者的营养价值高且价格便宜,二者都受到了人们的广泛欢迎。

作为食物,荞麦具有良好的口感和营养价值,其维生素、铁、磷、钙、蛋白质和脂肪等含量高于很多农产品,因此在很多地区,荞麦都是主要的粮食作物。荞麦可以加工为荞麦米饭、荞麦麦片、荞麦酒、荞麦饼及荞麦茶等,我国的荞麦产品种类丰富,越来越受国内外各地人们的喜爱。作为药物,荞麦中的元素对于高血糖、高血脂、高血压患者都有好处——有利于血糖、血脂、血压的控制。同时,荞麦还具有抗癌、抗氧化、软化血管等保健作用。由于荞麦的用途广泛,其产业发展也越来越壮大。

一、虫害防治

要结合深耕精细整地,清除地边和田间残株杂草,尽量减少虫源;同时加强荞麦苗期田间管理,以促进荞麦幼苗生长健壮;可利用害虫不同虫态的习性,如幼虫的假死性进行人工捕捉，还可利用成虫的趋光、趋绿性进行灯光诱杀，也可利用成虫的趋化性用田间草把诱蛾产卵进行灭杀等。

(一) 跳甲虫

跳甲属鞘翅目、叶甲科。其危害特点是影响荞麦幼苗生长。主要以成虫为害荞麦幼苗叶片，其咬食叶片成无数小孔，当荞麦幼苗生长到2~3片真叶时开始危害，5~6片叶后危害最重，以后危害逐渐降低，当荞麦叶片大时危害减轻，老叶片基本上就不危害了。

成虫善跳跃，晴天中午高温时多隐藏在叶背或土缝里，早晚出来危害。防治上主要采取在幼苗3~4片叶时、当早晨露水未干时用草木灰撒施，对跳甲成虫危害有一定的抑制和延缓作用，如果用草木灰拌杀虫类粉剂效果更好；另外还可用20%的速灭杀丁50~100mL兑水50~60kg喷雾，防治效果较理想。

(二) 叶甲虫

叶甲属叶甲科。其危害特点主要是以成虫、幼虫为害荞麦叶片和花序，对荞麦的产量影响较大。初孵幼虫多集中在荞麦植株下部叶片背面，取食叶肉，能爬行。此后幼虫开始分散取食，将叶片咬成小孔，随着幼虫长大，被害叶片呈现不同程度的缺刻或网状，此时对荞麦生长危害最大。幼虫具有假死性，防治上主要在荞麦现蕾至初花期（此时正值幼虫处于初孵且集中危害期）进行防治，此时为防治该病的最佳时期，一般采用除虫菊脂类杀虫剂防治效果比较好，每亩用5%来福灵或20%的速灭杀丁50~100mL兑水50~60kg喷雾，防治效果在95%左右。

(三) 钩刺蛾

钩刺蛾是一种荞麦卷叶性的害虫，属鳞翅目钩刺科。主要以幼虫为害荞麦叶、花、果实，属荞麦的专食性害虫，对花序和幼嫩果实危害最重，是影响荞麦生长和造成产量损失较大的害虫之一。

钩刺蛾危害最重，对产量影响也很大。病害包括立枯病、轮纹病、褐斑病等。荞麦生产中常年病害发生较轻，而虫害较重，每年由病虫害引起的产量损失为5%~30%，严重的甚至颗粒无收。因此在荞麦生产中，病虫害防治显得非常重要。要防治荞麦病虫害，就必须去了解病虫害的发生规律、气候特点，以及害虫在不同虫态时期的生活习性和荞麦不同生育期病虫害的危害特点，从而对症下药，减少病虫害的寄主，恶化其生存环境，使荞麦生长环境得到很好改善，抑制病虫害发生和危害，取得良好的防治效果。

(四) 蝼蛄

蝼蛄属直翅目昆虫，口器为咀嚼式，其成虫和幼虫主要为害苗期地下根茎。用50%辛硫磷乳油1500倍液兑水浇泼荞麦田，就可以达到防治目的。

二、病害防治

(一) 立枯病

立枯病俗称腰折病，是荞麦苗期的主要病害，一般在出苗后半月最易发病，常常引起缺苗断垅，损失很大。病菌主要在土壤里越冬，且能在土壤中存活多年。少数在种子表面及组织中越冬，连作地发病更重。

防治方法：①深耕与轮作相结合，达到防治目的。②药剂拌种，50%多菌灵粉剂250g拌种59kg。③喷药防治，发病时可喷65%代森锌可湿性粉剂500~600倍液或甲基托布津800~1000倍液。

(二) 轮纹病

轮纹病在幼苗出土后就开始侵染为害，在叶部的表面、茎秆发生；叶片发病病斑为圆形或椭圆形，直径2~10mm，红褐色，有同心轮纹，上生黑褐色小点，即病原分生孢子器，至叶全变褐色时，即行枯死；茎上病斑梭形或椭圆形，红褐色，植株枯死后变黑色，上生黑褐色小斑。严重时叶片早期脱落，为害程度因年份及地区而异，田间荫蔽，有利病菌繁殖，发病较重。

防治方法：①保持田间清洁。②加强田间管理。③温汤浸种：先在冷水中浸泡4~5个小时，再在50℃温水中浸泡5分钟。④药剂防治，发病初期喷0.5%的波尔多液或65%的代森锌600倍液。

(三) 褐斑病

褐斑病在开花时发生，病叶有褐色、不规则形的病斑散布，周围呈暗褐色，内部因分生孢子而变灰色，病叶渐变褐色而枯死脱落。

防治方法：①清除田间病残植株。②药剂拌种：用五氯硝基苯、退菌特，按照种子量的0.3%~0.5%进行拌种。③喷药防治，在田间发现病株时，用40%的复方多菌灵胶悬剂，或75%的代森锰锌可湿性粉剂、65%的代森锌等杀菌剂500~800倍液喷洒植株。

此外，荞麦病虫害防治在耕作制度上应采用合理轮作，改变田间环境，创造不利于病虫害繁殖的条件。总之，要落实好农业防治、生物防治、药剂防治相结合的综合防治措施，才能更好地减轻和防治荞麦病虫害，把荞麦产量损失降到最低。从而提高荞麦的品质和产量，让老百姓得到实惠，进而使荞麦产业得到长足发展。

三、荞麦病虫害常见防治手段

(一) 物理防治

防治荞麦病虫害的物理方法有很多，例如，悬挂黏虫板、设置驱虫灯等，诱杀蚜虫等密集且量大的虫害；及时清理荞麦地中的患病植株和枯枝落叶，减少疾病的传播；选用抗病品种，使用腐熟的农家肥，提高荞麦的抗病能力等。

(二) 化学防治

化学防治，是指使用化学试剂对荞麦植株进行喷洒，具有一定的针对性，不同的化学农药防治的病虫害不同，因此一般需要多种农药混合使用，定时、定量喷洒。使用化学防治手段要把握好喷洒时间，需要合理配制农药，适量用药，根据实际需求严格按照植物生长周期进行防治，最好使用低残留的喷雾试剂，以提高防治效果。

(三) 生物防治

生物防治是目前比较提倡的防治荞麦等农作物病虫害的手段之一。通过保护和引进益虫、益鸟等害虫的天敌，如七星瓢虫、食虫虻、蛙类等生物，利用生态系统固有的稳定性保护荞麦植株，减少化学性质的农药产品对土地的伤害。此外，需重视生物农药的研制，通过使用高效且低毒的生物制剂来防治荞麦病虫害。

荞麦作为药食两用的常见农产品，其规模化发展既可以提高农民收入，又可以满足人们对健康食品的要求。提高荞麦质量，要从栽培技术出发，规范荞麦的田间管理制度和操作，积极探索相关技术和病虫害防治措施。

从政府角度来讲，应加大相关科技的投入力度，积极宣传荞麦种植的优点，让人们意识到荞麦产品的好处及其种植效益。从荞麦种植农户的角度来讲，应顺应时代发展，学习各种优良技术，将传统种植手段和现代栽培技术相结合，重视病虫害防治工作，从根本上提高荞麦的产量和质量。只有这样，才能实现荞麦产业的蓬勃发展。

第三节　燕麦病虫害防治

燕麦可作为饲料应用于各种畜禽的养殖，燕麦的叶片、茎鲜嫩多汁，适口性好，可以直接青饲，还可以调制成青干草，另外，籽粒也可以作为饲料使用。近年来，我国种植燕麦的人越来越多，要种植好燕麦，获得较高的产量，并确保质量，了解燕麦对种植环境的要求，并做好病虫害的防治工作是关键。

一、燕麦的种植环境

(一) 对温度的要求

燕麦喜欢凉爽的环境，但是不耐寒，种子的最适发芽温度为 2～4℃，幼苗可以忍耐 -4～-2℃ 的低温，是麦类作物中耐寒能力最强的一种。在我国的北方和西北地区，由于冬季寒冷，因此只适合春季播种。

(二) 对水分的要求

燕麦的根部入土较深，可达到 1m，可以吸收土壤深层的水分，具有很强的抗干旱能力，但是燕麦的蒸腾系数要比其他麦类高，对水分的消耗量也较大，在种子发芽时的需水量应为自身重的 65%，否则会影响种子发芽、出苗，而在生长发育期间，如果水分供应不足，则会导致籽粒不充实，产量严重下降。

(三) 对土壤的要求

燕麦的适应能力强，对土壤的要求不高，在一般的土壤上均可播种生长，并获得较好的产量，在有机质含量丰富的湿润土壤上种植最佳。另外，燕麦对酸性土壤的适应能力也比其他麦类作物强，但不适合种植在盐碱地。

二、主要虫害的防治

(一) 玉米螟

玉米螟也叫作钻心虫，是危害青贮玉米的主要蛀食性害虫，玉米螟一年可以发生 2 代，幼虫主要侵害玉米的叶、花、茎秆、果穗和果柄，一代幼虫危害心叶，出现花叶，在玉米打苞时玉米螟钻入雄穗内取食，导致穗柄和附近的茎秆折断，严重影响产量，因此，做好心叶末期玉米螟的防治工作十分重要。二代幼虫在玉米抽穗期前后发生较多,可以蛀入雌穗导致穗柄、穗轴和着生节附近的茎秆受损,使营养物质和水分的输导受阻,从而导致青贮玉米长势弱、易折断、结实率低,使产量严重下降。在防治玉米螟时首先要将越冬的寄主秸秆、根茬处理好,尤其是要在春季越冬虫羽化前就要处理干净,以减少虫源。在青贮玉米的生育期要加强田间管理,做好观察工作,如果发现在玉米的心叶末期花叶株率达到10%时,就需要进行普治,可以使用48%毒死蜱乳油2000倍液,加叶面肥喷雾防治。

(二) 黏虫

黏虫是青贮玉米发生较为严重的一种虫害,属于暴食性、毁灭性害虫,一年可以发生3~4代,其中第二代主要危害春播青贮玉米,第三代主要危害夏播青贮玉米,黏虫的食量大,如果防治不到位或防治有误,会造成严重的损失,甚至会导致绝产,因此,在防治时要抓好防治该虫害的有利时机,将幼虫彻底地消灭在3龄前。防治的主要方法包括捕杀成虫,可以制毒液进行诱杀,效果较好,或者可以在成虫集中发生时在傍晚捕捉成虫,还可以在成虫产卵的盛期在田间采卵,该法适用于小地块,最有效的方法是使用药剂防治,使用90%的敌百虫喷雾,效果明显。

(三) 适时播种

适时播种是提高种子发芽出苗率,进而提高产量的关键。根据当地的气候条件选择合适的播种时间,一般当土壤10cm的土层解冻时即可以播种,且在每年4月中上旬,清明节前后,最晚也不应超过谷雨,否则会影响燕麦的生长发育。燕麦播种不宜撒播,易造成播种不均匀,最好进行人工开沟条播,条播的行距在15~20cm,深度在3~5cm,播种要深浅一致,播种均匀,播种量要根据地力和品种来确定,一般每亩10~15kg(1亩≈666.67m^2)。另外,如果用于青饲,播种量可以适当多一些;收籽料则可酌情减少。

(四) 加强田间管理

在种子发芽出苗后要做好除草的工作,第一次中耕除草在幼苗期,在间苗和定苗后进行,以提高土壤的通透性,促进燕麦根部的生长发育,提高其吸收营养物质的能力。如果杂草过多需要进行人工除草,在除草的过程中要避免燕麦根部受到损伤。在拔节期再进行一次除草,其他则根据实际情况来定。虽然燕麦对水分的需求量较少,但是如果要提高产量,需要做好水分的管理工作,在需水阶段要及时地浇水,浇水时土壤浇透即可。燕麦对肥料的需求是根据植株的生长而发生改变的,当基肥的施加无法满足整个生育期的生长需求时,需要适时地追肥。燕麦在拔节期的需肥量增加，因此，在燕麦抽穗前需要进行一次追肥，并以叶面肥为主，用量不宜过大，其他时间的追肥要根据植株的生长情况来确定。要做到适时收获，用作青饲的燕麦可在拔节至开花时期进行2次刈割。第一次在株高50~60cm时，留茬5~6cm；隔30~40天再刈割1次，不留茬。

三、主要病虫害防治

加强燕麦病虫害的防治工作对于提高产量和确保质量有重要的作用，在燕麦的整个生育期都要做好主要病虫害的防治工作。危害燕麦较为严重的病害有黑穗病、冠锈病、秆锈病等，虫害包括蚜虫、草地螟、夜蛾等，地下害虫有地老虎、蝼蛄、蛴螬等。在防治过程中要结合多种防治方法，有效地减少病虫害对燕麦的危害。农业防治包括选择高抗性品种、实施轮作倒茬、进行药剂拌种等，还可结合使用化学药剂防治方法，根据主要病虫害的发生特点，有针对性地选择适合的化学药剂，可以起到良好的防治效果。

第四节　大麦病虫害防治

一、大麦黄花叶病的综合防治

大麦是我国的传统小春作物之一，因其早熟不影响大春作物栽插，适应性广、产量较高，深受广大农户的欢迎。根据用途，一般可将大麦分为两类：啤酒大麦和饲料大麦。专用型大麦品种可提高大麦的附加值，两类均有很高的粗纤维和蛋白质。然而大麦在生长过程中仍然遭到各种病害的侵害，严重影响了其品质和产量的提高，其中典型和重要的一种病害就是大麦黄花叶病。若不加以有效地防治，将使大麦早枯或不抽穗。黄花叶病也称黄矮病，主要为害麦类作物。1950年在美国首次发现。我国于1960年在陕西、甘肃的小麦上发现。目前黄花叶病主要分布在全国各地冬麦区、春麦区及冬春麦混种区。

（一）症状

新叶从叶尖开始发黄，叶片呈黄绿色至黄色花叶，并在心叶上出现与叶脉平行排列的浅黄绿色短线、条状至椭圆形不规则小斑，黄化部分占全叶的1/3~1/2，似生理性发黄。后期黄色花叶转变成黄色条斑，粗叶脉呈绿色；秋苗期感病的植株，矮化明显，分蘖减少，一般不能安全越冬。即使能够越冬，一般也不能抽穗。穗期感病的植株，矮化不明显，能抽穗，但千粒重下降。

(二)病原

大麦黄花叶病由大麦黄矮病毒（Barley yellow mosaic virus, BaYMV）引起。病毒粒体线条状，长100~300nm，无包膜。病毒存在于细胞质内，可产生风轮状或束状内含体。致死温度为55~60℃，体外可存活2~3d。

(三)传播途径

病毒能通过病根、病土、病田和水流等传染。传毒介体有禾谷多黏菌和刺吸式口器的昆虫，如蚜虫等。蚜虫传毒能力以二叉蚜最强，长管蚜次之，禾谷缢管蚜最弱。田间主要借病土传染，病田10cm以内的表土传病力强。病土距种子10cm以内发病率高，距种子30cm也能染病。田间感病主要在大麦出苗后1个月，3月中旬病株显症。大麦苗期10cm表土土温高于8.5℃开始发病，土温低于5.5℃则不发病。品种抗病性有差异，一般多棱大麦发病轻，二棱大麦发病重。早播及连作地发病重。

(四)侵染循环

大麦黄花叶病的侵染循环在冬麦区和冬春麦混种区有差异。

1. 冬麦区

冬麦区5月中下旬，各地大麦（小麦）进入黄熟期，麦蚜因植株老化，营养不良，产生大量有翅蚜向越夏寄主如野燕麦、虎尾草迁移，在越夏寄主上取食、繁殖和传播病毒。秋季大麦（小麦）出苗后，麦蚜又迁回麦地，在田间的大麦上取食、繁殖和传播病毒，并以有翅蚜、无翅成蚜和若蚜在麦苗基部越冬。冬前感病的麦类是第二年早春的发病中心。

2. 冬春麦混种区

目前，我国冬春麦混种区（以疆南，甘肃河西走廊等代表区）农作物多为一年一熟，气候干燥少雨。5月上旬，蚜虫逐渐产生有翅蚜，向春小麦、大麦等禾本植物上迁移。晚熟春麦是蚜虫和黄矮病毒的主要越夏场所。9月上旬，冬大麦出苗后，蚜虫又迁回麦田，在冬大麦上产卵越冬，黄矮病毒也随之传到冬大麦上，并在大麦根部和分蘖节里越冬。

(五)综合防治

1. 选用抗病品种

选用抗病品种是防治大麦黄叶病的有效措施。在播种前进行种子处理，先将种子用55℃温水烫种15min后，降至室温后，再浸种4~6h。

2. 栽培防治

（1）在重病区，应着重改造麦田蚜虫的生存环境，如清除田间杂草，从而减少病原寄生。

（2）增施有机肥、扩大浇水面积，创造不利于蚜虫繁殖而有利于大麦（小麦）生长发育的生态环境，以减轻为害，并适时播种。

（3）在麦田放置黄色黏虫板，诱杀蚜虫。

3. 药剂防治

（1）药剂拌种

用75%甲拌灵按种子量的0.3%进行拌种，并用湿布包裹起来，闷3h即可。

（2）药剂喷雾

在秋苗期，可喷施40%氧乐果或50%敌敌畏乳油1000～1500倍液、10%吡虫啉可湿性粉剂1000倍液、3%啶虫脒（莫比朗）2000～3000倍液，用于保护未拌种的早播麦田。在春季，重点喷雾防治发病中心及麦蚜早发麦田。喷雾时，应注意上下喷匀、喷透。

二、大麦叶锈病的发生与综合防治

大麦叶锈病是由担子菌亚门的大麦柄锈菌（Puccinia hordei Otth.）浸染的病害，主要寄主为大麦、裸大麦以及禾本科杂草，大麦产区都有发生。

（一）病原及特征

1. 形态

（1）夏孢子堆。大小（0.3～0.5）mm×（0.1～0.2）mm。

（2）夏孢子。近球形，淡黄色，单胞，大小（20～30）μm×（17～22）μm，表面有小刺，散生芽孔7～10个。

（3）冬孢子。单胞，偶有双胞，形状不等，表面光滑，顶端稍厚，有柄。

2. 特性

夏孢子萌发的最适温度为11～17℃；在19℃时，萌发率大大减少；在23℃时，极少萌发。

（二）侵染循环

大麦叶锈菌属于长循环转主寄主的锈菌。

夏孢子和冬孢子产生在大麦上，国外报道性孢子和锈孢子产生在转主寄主百合科如短穗虎眼万年青上。

在我国大麦叶锈病菌主要以夏孢子阶段在南方冬大麦上越冬，春、夏季产生大量夏孢子，随季风逐渐向北方的春大麦上传播，在其中的一些高寒地区越夏后，秋季再传播到南方冬大麦区侵染秋苗。

(三) 发生规律

大麦叶锈病菌主要来自当地适存菌源或外来夏孢子。秋冬季病菌菌丝体在 -5℃ 时尚能越冬。气温在 10 ~ 15℃，时晴时雨或有露水存在，冬播或春播大麦易发病。

(四) 危害症状

幼苗至成株期均可发生，叶片、叶鞘、茎及穗上都有发生，但以叶片为主，叶鞘次之。被害部表面散生圆形、黄褐色细小的粉疱状小圆点 (夏孢子堆)。当大麦将成熟时，在叶背和叶鞘产生黑色、小型的冬孢子堆。冬孢子堆呈圆形至长方形，埋伏于表皮下，不破裂。

(五) 防治方法

大麦叶锈病必须采取以种植抗病品种为主，以药剂防治和栽培措施为辅的综合防治策略，才能有效地控制其危害。各种防治方法的具体实施及注意事项如下。

1. 农业防治

种植抗病品种。各地可因地制宜地选用，但应注意品种合理搭配及轮换，避免长期单一种植，可提高抗病性；适期播种，适当晚播，不要过早，可避免秋苗期条锈病的发生；施足堆肥或腐熟有机肥，增施磷钾肥，氮磷钾合理搭配，可增强植株抗病力；铲除自生麦苗和杂草，可避免病害滋生蔓延；合理灌溉，雨后注意开沟排水，后期发病重的适当灌水，可控制田间湿度。

2. 物理防治

浸种：将选好的饱满种子作防病处理，将种子洗净晒干后用 53 ~ 54℃ 温汤浸种 5min，可消灭种子表面所带病菌和虫卵。

3. 药剂防治

可选用的药剂有三唑酮、烯唑醇、敌力脱等。在种植发病品种的地区，或在病害流行年份，药剂防治是减轻病害的重要辅助措施，其主要目的是控制秋苗菌源和春季流行。药剂防治主要是拌种和叶面喷药，可依据使用时的实际情况选择合适的药剂。常用的化学药剂的使用方法及注意事项等如下。

(1) 三唑酮 (粉锈宁、百理通)。使用方法：①拌种：用种子重量 0.04% 的三唑酮可湿性粉剂拌种；②叶面喷施：发病初期喷 20% 三唑酮乳油 1000 ~ 2000 倍液，施药应均匀、周到，隔10~20d喷1次，连续1~2次。注意事项：①不能与强碱性药剂混用；可与酸性和微碱性药剂混用，以扩大防治效果。②拌种可能使种子延迟1~2d出苗，但不影响出苗率及后期生长。③使用浓度不能随意增大，以免发生药害。出现药害后常表现为植株生长缓慢、叶片变小、颜色深绿或生长停滞等，遇到药害要停止用药，并加强肥水管理。④对鱼类毒性低等，对蜜蜂和鸟类无害。

（2）烯唑醇（特普唑）。使用方法：①拌种：用种子重量0.1%的12.5%烯唑醇可湿性粉剂拌种。②叶面喷施：发病初期喷12.5%烯唑醇可湿性粉剂1000~2000倍液，施药应均匀、周到。注意事项：①本品不可与碱性农药混用。②对藻状菌纲病菌引起的病害无效。

（3）25%敌力脱乳油（丙环唑、必扑尔）。使用方法：大田发生时喷施25%敌力脱乳油2000倍液，施药应均匀、周到，只需用药1次。注意事项：①喷施该药时避免药剂接触皮肤或沾污眼睛，不要吸入药剂气体和雾滴。②废药不可污染水源。

三、大麦条纹病的发病原因与对策

(一) 大麦条纹病的发病原因

大麦条纹病发病的因素有种子带菌数量、拌种药剂品种与拌种质量、方法、播种时间、播期的气候与土地条件等。

1. 种子带菌数量

种子带菌数量是决定大麦条纹病发病的首要条件。大麦条纹病是系统性侵染病害，其传播途径以种子带菌传播为主，种子带菌数量多、种子处理质量差，必然导致大麦条纹病发生严重。

2. 种子处理的质量

种子处理质量的好坏也是大麦条纹病发病的重要因素。能否把大麦条纹病的病菌消灭在播种之前是防止大麦条纹病发生的关键一环，影响灭菌的主要因素有以下三个方面。

（1）拌种药剂

拌种药剂杀菌彻底、迅速是灭菌的基础。2006年大麦拌种所用的主要药剂是12.5%烯唑醇，从调查结果来看，效果较差，应更换药剂。

（2）拌种质量

能否均匀、全面、彻底地杀死病菌是提高防治效果的关键。

（3）闷种时间

各种药剂在种子上附着是有条件的，是需要时间的，药剂灭菌也是有时间性的。

我们调查发现拌后闷种时间长的比闷种时间短的发病轻，统一供种时，拌药种子数量难以确定，拌多了担心剩余浪费，拌少了又存在播种不够用。因此，出现现播现拌的现象，闷种时间不足，也是造成条纹病发病的主要原因之一。

3. 从拌种到出苗期间的土地条件

（1）从播种到出苗期间，土温低是导致大麦条纹病发病的重要原因。播种后土温过低造成播种到出苗的时间过长，给病菌的侵入提供了机会，所以发病就重。如2005年和2006年是历史上麦播期间温度最低的两年，而恰恰是这两年发病最重，尤以2005年最为明显，据气象部门调查，2005年4～5月上旬气温比历年分别低4.3℃、2.1℃。

（2）从播种到出苗期间，土壤湿度是导致大麦条纹病发生的另一原因。从播种到出苗期间土壤湿度大，造成大麦出苗时间长，给病菌的繁殖创造了有利条件。同时，大麦种子处在缺氧状态，活力减弱，利于感病。例如，2005年4～5月中旬降水量比历年同期多43.7mm，属于历年同期少有的多雨年份，整个麦播期只有1.5d的晴天。

（3）土壤结构差也给病菌的感染创造了条件。由于大麦整地播种期间连续降雨，几乎不给整地时间，怕误播期，进行抢时间强行整地播种时造成部分地号湿整湿播。一是破坏土壤结构，使土壤表层板结，造成出苗困难，增加病菌的感染机会；二是土壤结构性差，导致根系发育不良，使麦苗素质变差，减弱麦苗的抗病能力，加重发病程度。

(二) 大麦条纹病的防治措施

1. 选择高效的杀菌剂，提高拌种质量

一是改用12.5%烯唑醇为2.0%的立克锈和3.0%敌萎丹拌种，提高消灭菌源指数；二是拌种做到药量准确，着药均匀，提高药剂防治效果；三是根据立克锈和敌萎丹的药剂特点，现播的可用立克锈，现播现拌的可用敌萎丹，做到取长补短。

2. 提高整地质量，做到适期播种

一是要充分利用冻融交替期，在宜耕期内抢前抓早，整平耙细，确保土壤结构上松下实，为大麦生长创造良好的土壤环境；二是要做到播期服从播种条件，在适宜播期内宁可适当晚播也不湿整湿播，做到不超前、超低温播种。

第五节　青稞病虫害防治

青稞是一种主要分布在高原地区的农作物，具有较强的抗逆性和环境适应能力。然而，在实际生产过程中，青稞常常受到多种病虫害的影响，严重降低了其产量和品质。基于此，笔者对青稞常见病虫害的发生规律及防治方法进行了总结，旨在为推动青稞种植业的可持续发展提供参考。

一、青稞常见病害的发生规律及防治方法

(一) 青稞黑穗病

1. 发生规律

青稞黑穗病是一种由多种真菌引起的传染性病害，会导致青稞籽粒脱落、颜色变暗，并且容易出现毒素污染问题。植株发病初期，叶片上出现黄色斑点，随着时间的推移逐渐变为深褐色至黑色斑点，严重时整个植株都可能被感染，并导致产量大幅下降[1]。

青稞黑穗病通常在湿润多雨年份或者连作情况下发生；在气温较高（25～30℃）、相对湿度较高的环境中，青稞黑穗病发生风险更高；土壤含水量也是青稞黑穗病发生的一个关键因素，土壤含水量适中更有利于青稞黑穗病的发生；植株抵抗力低下，如缺乏养分、叶面积减小等情况，都可能增加发病风险[2]。

2. 防治方法

第一，选用抗病品种。栽培人员应选用具有较强抗病能力的青稞品种，从源头上降低青稞黑穗病的发生概率。

第二，科学栽培管理。栽培人员应合理安排播期，加强田间管理，及时清除杂草，保持土壤湿度适宜，避免高湿环境加大青稞黑穗病发生概率；应合理施肥，增加土壤有机质含量，改善土壤结构并提高植株对养分的吸收能力，增强植株长势，提升植株抗病能力；应实行轮作制，将青稞与蔬菜进行3～5年的轮作，避免土壤传播病害。

第三，种子处理。栽培人员可在播种前对青稞种子进行消毒处理，如将80g的

---

[1] 成彦斌，胡德央.分析青稞常见病虫害的发病规律及防治方法[J].农业开发与装备，2022(10)：228-230.
[2] 向思琪，羊海珍，旺姆.青稞种质资源对大麦黄矮病毒的抗性鉴定和生理分析[J].植物遗传资源学报，2023(4)：1007-1015.

扑力猛悬浮种衣剂与1kg的水混匀后制备成药浆，手工包衣50kg的青稞种子，以杀灭潜伏在种子上的病原菌[①]。

第四，化学药剂防治。针对青稞生长的特定时期，如苗期、抽穗期、扬花期，栽培人员可选用戊唑醇、粉锈宁及多菌灵等药剂进行喷雾，能够有效预防青稞黑穗病的发生；在植株发病初期，栽培人员可选用含有多菌灵成分的杀菌剂进行防治。

第五，生物防治。栽培人员可用拮抗微生物（如枯草芽孢杆菌等）进行生物防治，减少病原菌在田间的数量，减轻该病对青稞的危害。

采取以上综合防治措施即可有效降低青稞黑穗病的发生概率，并提高青稞产量与品质。

（二）青稞条纹病

1. 发生规律

青稞条纹病又称为青稞黑纹病、青稞枯斑病，是一种由真菌引起的，主要侵害青稞的病害，可对青稞产量和品质造成严重影响。发病植株叶片上会出现黄色或淡绿色条纹，随着病情加重，条纹逐渐变为黑褐色，茎秆基部也可能出现类似的暗褐色斑点，严重时会导致穗不育、籽粒发育不良。青稞处于幼苗期或拔节期时容易感染条纹病，潮湿阴凉环境下青稞条纹病更容易发生，低温多雨天气也会加速青稞条纹病的传播。

2. 防治方法

第一，选择抗病品种。栽培人员应选择抗病能力较强的青稞品种进行种植。

第二，种子处理。栽培人员可在播种前进行晒种，一般需要晾晒1~2d。有效地晒种能够提高青稞种子发芽率，还能有效消灭种子中的病原菌。栽培人员也可用杀菌剂对种子进行消毒处理，以减少病原体的传播，如用1kg生石灰与100kg水混匀后浸泡青稞种子60kg，水温设定为30℃，浸泡种子24h，浸种后将种子捞出晾干即可。

第三，合理施肥与灌溉。栽培人员要保持土壤湿度适中，避免青稞长时间在过于潮湿的环境中生长，同时注意合理施肥，以增强植株长势，提高植株抗病能力。

第四，药剂防治。在青稞生长的关键时期，如抽穗到灌浆阶段，栽培人员可喷施3次多菌灵、托布津及灭菌丹等药剂，以预防青稞条纹病。第1次喷药时间宜在青稞抽穗期到盛花期，第2次及第3次喷药时间则需要根据药剂的药效及残留时间确定。在植株发病初期，栽培人员可采取喷洒杀菌剂的方法控制病情的扩散。

[①] 李雪萍，李敏权，许世洋，等. 青稞镰孢根腐病病原鉴定及致病性分析[J]. 麦类作物学报，2022（9）：1149-1161.

(三) 青稞条锈病

1. 发生规律

青稞条锈病是一种常见的真菌性病害，由条锈菌引起，主要危害青稞的叶片、茎和穗，严重影响青稞的产量和品质。发病植株叶片上会出现黄色或棕色的斑块(斑块长度不等，呈条状或圆形，有黑色条纹)，受害叶片会逐渐枯死，严重时会威胁青稞的光合作用和营养物质的吸收和转运。青稞条锈病的发生主要受气候条件和田间管理措施的影响；通常从4月开始发生，夏季为高发期，秋季发生程度较轻；潮湿的环境会使病原菌快速繁殖扩散；过度施用氮肥、间作不当等因素也会加大青稞条锈病的发生概率。

2. 防治方法

第一，选择抗病品种。栽培人员可选择抗病性强的青稞品种进行种植。

第二，种子处理。在青稞播种前，栽培人员可用25%三唑酮可湿性粉剂15g与150kg的青稞种子进行拌种，或者用12.5%特普唑可湿性粉剂60~80g与50kg的青稞种子进行拌种，能够有效提高青稞种子的抗病能力和提高种子发芽率，保证青稞苗期健康生长。

第三，科学栽培管理。栽培人员应选择适当的播种时期，以有效预防条锈病在青稞幼苗期发生。栽培人员需要在病害发生严重的地区进行合理轮作，注意土壤耕作和病害监测，及时清理病株，避免病原菌扩散传播。栽培人员需要合理施肥和灌溉，避免氮肥施用过量，当种植区域的土壤湿度过大时需要修建沟渠及时排水。

第四，药剂防治。病害发生时，栽培人员可喷洒杀菌剂进行防治，但应注意选择安全、低毒的药剂，并严格按照使用说明控制用药次数和用药量。例如，在青稞拔节期或孕穗期，若植株感病，栽培人员可用20%三唑酮乳油或12.5%特普唑可湿性粉剂1000~2000倍液进行喷洒防治；若青稞条锈病、叶枯病、纹枯病等病害混合发生，栽培人员可用12.5%特普唑可湿性粉剂进行喷洒防治[1]。

(四) 青稞稻瘟病

1. 发生规律

青稞稻瘟病主要侵害植株叶片，也可侵害茎和穗。发病初期，植株叶片上会出现小斑点；随着时间推移逐渐扩大形成圆形、灰白色的病斑，并且病斑边缘呈红褐色；病斑继续扩大后，叶片逐渐干枯黄化，最终导致青稞减产。青稞稻瘟病主要在

---

[1] 杜娟，申李旖琦，聂丽妍，等. 西藏青稞穗腐病病原菌鉴定与室内药剂筛选[J]. 江苏农业科学，2022(14)：108-114.

青稞生长期发生，在温度和湿度适宜时容易暴发，发病高峰期通常是青稞抽穗期到灌浆期，其病原菌在土壤中、宿主遗留体和种子表面越冬。

2. 防治方法

第一，选择抗病品种。栽培人员应选择种植较为抗病的青稞品种。

第二，科学栽培管理。栽培人员应采取科学的田间管理措施，合理施肥和灌溉，增强植株长势和抗病能力，注意合理轮作，避免连作和过密种植。

第三，药剂防治。在植株发病初期，栽培人员可选用三唑酮、氟吡呋喃酮等药剂进行喷雾防治，应注意用药量和用药时间，遵守使用规程并安全操作，防止药剂残留。

(五) 青稞叶枯病

1. 发生规律

叶枯病是一种常见的青稞病害，主要由真菌侵染引起，大多通过种子、土壤、空气传播。青稞叶枯病在潮湿、高温和多雨的环境中容易发生；温度在 18~25℃、湿度在 70%~90% 时，该病发生概率较大。

2. 防治方法

第一，选择抗病品种。栽培人员可选择抗病性强的青稞品种进行种植，以有效减少青稞叶枯病的发生。

第二，做好土壤管理。做好土壤管理是预防和控制青稞叶枯病发生的重要措施之一。栽培人员要避免土壤长期过湿，努力营造不利于病原菌生存的环境。

第三，种子处理。栽培人员应选用无病种子，并对种子进行消毒处理，如用 10% 过氧化氢溶液浸种 10~15min。

第四，加强病害监测。栽培人员应定期进行病害监测，及时发现青稞叶枯病的发生，并采取有效应对措施，避免病害扩散。

第五，合理施肥。栽培人员需要合理施肥，避免施氮量过大，使土壤肥力适中，以减少青稞叶枯病的发生。

第六，药剂防治。青稞发病初期，栽培人员可用 25% 卡菌丹可湿性粉剂 400 倍液或 50% 苯菌灵可湿性粉剂 1000 倍液进行喷洒防治。

二、青稞常见虫害发生规律及防治方法

(一) 黏虫

1. 发生规律

黏虫是一种鳞翅目夜蛾科害虫，也被称为行军虫和五色虫。黏虫食性很广，主

要为害玉米、水稻、小麦、高粱及青稞等，对牧草也有影响。黏虫幼虫的食量会随着虫龄的增长而不断增加。1~2龄幼虫通常隐藏在青稞心叶或者叶鞘中取食，其取食量较小；5~6龄幼虫食量增长较大，常常会啃食整个叶片并导致青稞穗部折断[1]。

2. 防治方法

第一，栽培人员应定期巡查田间情况，清除田间杂草，以破坏黏虫繁殖环境。

第二，针对黏虫成虫会定期将卵产在杨树枝把和谷草把的特点，栽培人员可以在青稞种植区域插杨树枝把或者谷草把，并定期将其进行集中焚烧处理，还可以放置糖醋液盆对成虫进行诱杀，以减少黏虫的数量。

第三，若黏虫发生程度较为严重，栽培人员可用2.5%敌百虫粉剂2kg与细土10~15kg搅拌均匀后顺垄施撒，或用2.5%溴氰菊酯乳油与20%速灭杀丁乳油1500~2000倍液进行喷洒防治。

(二) 蚜虫

1. 发生规律

蚜虫是一种会吸食青稞汁液的害虫，会对青稞生长造成严重危害。蚜虫主要靠口器吸食叶片中的汁液来获取营养。这会导致叶片变黄、弯曲、干枯，进而降低植株光合能力，影响青稞生长和产量，严重时可能导致植株死亡。蚜虫一般在每年的5~6月开始出现，之后逐渐增多，高峰期一般在7~8月。

2. 防治方法

第一，栽培人员可通过增加蚜虫天敌（如寄生蜂）数量，来控制蚜虫的数量。

第二，栽培人员可在青稞生长早期，选择高效、低毒、广谱的化学药剂（如联苯菊酯）进行喷洒防治。该药剂有触杀和胃杀两种作用方式，无内吸作用，不会刺激喷洒者的皮肤，同时可以兼防红蜘蛛。

第三，栽培人员可通过土地深翻、间作休耕等措施破坏蚜虫的生存环境，减少蚜虫数量。

(三) 红蜘蛛

1. 发生规律

红蜘蛛是一种常见的植物害虫，以汲取植株汁液为生，会影响植株光合能力和营养代谢能力。红蜘蛛身体呈暗黄色或淡黄色，长约0.5mm，触角较长且有明显节段，在光线下可以看到微小的白粉末样分泌物。红蜘蛛会导致青稞叶片出现灰白色

---

[1] 邵美云.论青稞主要病虫害综合防治方法研究进展与发展方向[J].智慧农业导刊，2022(15)：56-58.

斑点及枯萎、变形等现象，进而导致植株光合能力降低，最终影响青稞产量[①]。红蜘蛛在夏季较活跃，在干燥、气温较高环境下更容易发生。

2. 防治方法

第一，红蜘蛛喜欢干燥、气温较高的环境，因此栽培人员可适当增加田间湿度，以避免红蜘蛛大量繁殖。

第二，由于红蜘蛛体型较小，而且具有较强的繁殖能力，因而栽培人员需要定期对青稞种植区域进行仔细检查，发现红蜘蛛后立即用化学药剂进行防治。化学药剂以阿维菌素为首选，阿维菌素防治效果好，使用方便，性质稳定，并且具有触杀和胃杀双重作用，能够及时、快速消灭红蜘蛛。

第三，栽培人员可合理进行轮作倒茬，加强田间管理，及时清除田间杂草，以降低虫害的发生概率。

（四）赤眼蜂

1. 发生规律

赤眼蜂易在春末夏初和晚秋发生，以青稞的叶片和茎部为食。青稞叶片被啃食后，叶缘呈锯齿状，受害叶片逐渐黄化、卷曲和干枯，严重时会导致青稞减产。

2. 防治方法

第一，栽培人员可引入赤眼蜂的天敌（如捕食赤眼蜂的寄生蜂等），还可施用高效微生物制剂（如拮抗性细菌和真菌），以减少赤眼蜂数量。

第二，在虫害发生早期，栽培人员可用氯氰菊酯、多菌灵等药剂进行喷洒防治，注意选择合适的用药量和用药时间，遵守使用规程并安全操作。

第三，栽培人员可通过调整栽培措施，如适当增加种植密度、提高土壤肥力等，提高植株抵御虫害的能力；栽培人员应保持田间卫生，及时清除杂草和枯叶等害虫的寄生或栖息地，以降低虫害发生概率。

（五）稻纵卷叶螟

1. 发生规律

稻纵卷叶螟主要发生在青稞生长期。稻纵卷叶螟成虫多从附近田地或草坪迁入青稞田，然后在青稞植株上产卵，卵一般黏附在叶片的背面，经过一定的孵化期后，幼虫被孵化出来，5~7月为幼虫多发期。稻纵卷叶螟幼虫主要以青稞的叶片为食，会破坏叶片组织，导致叶片卷曲，受害部位变为褐色或干枯，使叶片变黄、弱化，

---

① 叶正荣. 西藏春青稞种植技术及常见病虫害防治措施探讨[J]. 种子科技，2022（14）：39-41.

进而影响植株光合作用和养分供应,严重时可能导致青稞减产。

2.防治方法

第一,由于稻纵卷叶螟常从周边草坪或田地迁入青稞田,因此栽培人员应及时杀灭周边草坪或田地上的稻纵卷叶螟,以避免稻纵卷叶螟迁入青稞田。

第二,栽培人员可以采用轻拍或摇晃植株的方法,先将稻纵卷叶螟振落,再人工捕捉,也可在发现受害植株时直接摘除受害部分。

第三,栽培人员可以在田间引入稻纵卷叶螟的天敌,如蜂类和捕食性昆虫,以有效控制稻纵卷叶螟的数量。

第四,在虫害发生早期或者虫害发生较为严重时,栽培人员可以用合适的化学药剂进行喷洒防治。药效持久、治疗效果较佳的化学药剂可以在幼虫孵化高峰期 1~3d 后使用,残留时间较长、药效发挥较慢的化学药剂一般在幼虫孵化高峰期或者高峰后使用。

第五,在稻纵卷叶螟化蛹高峰期,栽培人员可对青稞种植区域进行深水灌溉,以杀死虫卵。

为提高青稞产量和品质,促进青稞种植业健康可持续发展,在青稞种植过程中,栽培人员需要选择适合当地气候条件、土壤环境的品种,采取科学的栽培管理措施,加强田间巡视和病虫害监测工作,及时发现病虫害并采取科学合理、有针对性的防治措施,从而减轻病虫害对青稞的危害。

第六节 绿豆、蚕豆、豇豆、芸豆病虫害防治

一、绿豆

绿豆是豆科菜豆族豇豆属植物中的 1 个栽培品种。绿豆在我国多个省都有大面积种植,是主要的小杂粮作物之一。绿豆适应性广,耐瘠、耐旱,生育期短,适播种期长。绿豆是药食同源作物,其膳食纤维、生物碱和黄酮类化合物等可促进人体生理代谢活动,具有抗氧化、抗肿瘤、降血脂、清热解毒的保健作用。

绿豆的病虫害防治是保证绿豆优质、高产的关键技术之一。本节针对绿豆的常见病虫害进行了分析,并提出了解决措施。

(一) 常见病害症状、发病规律及防治方法

绿豆常见病害有叶斑病、白粉病、根腐病和锈病等。

1. 叶斑病

尾孢菌叶斑病是绿豆的重要病害之一。该病主要为害叶片,导致叶片枯萎和脱落,发病后期可致植株早衰,在绿豆生育期内均可发生,一些地方在绿豆开花、结荚期较容易发生。

(1) 症状

感染后的绿豆植株,叶片产生水渍状小病斑,逐渐扩大,形成中央灰白色、边缘红褐色、周围有褪绿的黄色晕圈的病斑。病情严重时,病斑融合成片,导致叶片干枯。

(2) 发病规律

病原体以菌丝体和分生孢子在种子或病残体中越冬,成为翌年初侵染源;菌丝产生分生孢子借风雨传播蔓延。病害发生条件需要高温、高湿,每年的7~8月,雨量较大,绿豆处于开花、结荚期,是病害的高发期。

(3) 防治方法

第一,农业防治。选播无病种子,播种时减少种植密度和加宽行距,可以降低田间湿度;收获后进行深耕,实行轮作,可有效减少和防治叶斑病危害。

第二,药剂防治。播种后30d用25%丙环唑乳油500~600倍液喷洒,可以预防叶斑病。发病初期喷洒75%多菌灵可湿性粉剂600倍液或10%吡虫啉可湿性粉剂2000~3000倍液进行防治,以减少病毒传播;还可喷洒20%病毒A可湿性粉剂500倍液,每隔7~10d喷洒1次,一般喷洒2~3次。

2. 白粉病

白粉病主要发生在植株开花后,菌丝体常覆盖叶面大部分绿色组织,影响光合作用。冷凉、干燥的气候条件利于病害流行,如果在苗期感染,可造成绝产。

(1) 症状

病菌先感染叶片,再侵茎、豆荚和花序。感染初期,被侵部位有轻微绿色点状病斑,而后逐渐扩大形成大小不一的白色粉斑;病害后期,可使感染部位组织变为褐色或紫色。

(2) 发病规律

病原菌在病株或杂草作物上越冬,次年在适宜条件下,通过气流传播到绿豆植株上。在潮湿、多雨或田间积水、植株生长茂密的情况下易发病。

(3) 防治方法

第一,农业防治。秋季深耕、清除田间植株病残体、合理密植、增施磷钾肥、增强植株抗性。

第二,药剂防治。病害发生初期喷施40%氟硅唑乳油5000~8000倍液、25%

粉锈可湿性粉剂2000倍液、12.5%速保利可湿性粉剂2000~2500倍液或50%多菌灵可湿性粉剂500倍液等。

3. 根腐病

根腐病是绿豆苗期的主要病害之一。地势低洼,土壤湿度大,地温较低容易发病。发病后可造成缺苗断垄现象。

(1)症状

病害发生在种子萌发后至幼苗阶段。发病初期心叶变黄,若拔出根系观察,可见茎下部及主根上部分腐烂时,植株便枯萎死亡。

(2)发病规律

病原菌以菌丝体或菌核寄生在土壤或杂草上越冬,通过风、水、人和动物传播。土壤温度影响比较明显,土壤温度18℃时最适病害发生。

(3)防治方法

第一,农业防治。精耕浅播,低洼地实行高畦栽培,雨后及时排水,合理中耕。

第二,药剂防治。用种子量0.3%的50%多菌灵可湿性粉剂或50%福美双可湿性粉剂拌种。在发病初期喷施70%甲基托布津可湿性粉剂500倍液或50%多菌灵可湿性粉剂600倍液,连续防治2~3次。

4. 锈病

锈病是绿豆各种植区的一种常见病害,病菌主要为害叶片,发病重的,致叶片早期脱落。

(1)症状

染病的叶片在叶面上呈疱状凸起,逐渐扩大形成孢子堆。孢子堆表皮破裂后,散出粉状、黄锈色孢子。当病害发生严重时,孢子堆合并成群,并覆盖了叶面大部分面积。锈病可破坏植株的光合作用,导致叶片枯萎脱落。

(2)发病规律

冬孢子寄宿在病叶残体越冬,适宜条件下萌发,随风传播,侵染叶片。7~8月是锈病的流行期,锈病适宜温度为20~26℃,相对湿度大于90%。

(3)防治方法

第一,农业防治:实行轮作,避免与豆科轮作。降低种植密度,加强田间管理,清沟排渍。

第二,药剂防治:在病害初期喷施25%三唑酮可湿性粉剂1500倍液、20%萎锈灵乳油400倍液、65%代森锌400倍液或50%百菌清500倍液,间隔7~10d,连续2~3次。

(二) 绿豆常见虫害症状、发病规律及防治方法

绿豆的主要虫害有蚜虫、红蜘蛛、豆荚螟、绿豆象等。

1. 蚜虫

蚜虫，又称为腻虫、蜜虫，是植食性昆虫，属半翅目蚜科，是农作物较普遍的害虫之一，又是传染病毒的媒介。蚜虫一般体长1.5~4.9mm，多数约2mm，繁殖力很强，1年能繁殖10~30个世代。蚜虫不仅阻碍植物生长，形成虫瘿，传布病毒，而且造成花、叶、芽畸形。

(1) 症状

蚜虫一般在绿豆的嫩茎、幼芽、顶端心叶和嫩叶的叶背群聚吸食枝液。绿豆受害后，叶片卷缩，植株矮小，影响开花结实。

(2) 发生规律

雌蚜虫产卵，在杂草上以卵越冬。次年气温高于25℃，相对湿度为60%~80%时病害发生严重。

(3) 防治方法

在早晨或傍晚喷洒2.5%敌百虫粉、2%的杀螟松或25%的亚胺硫磷；或喷40%乐果乳剂1000~1500倍液、50%马拉硫磷1000倍液、25%的亚胺硫磷乳油1000倍液，连续2~3次。

2. 红蜘蛛

红蜘蛛学名朱砂叶螨，蛛形纲，属真螨目，叶螨科。红蜘蛛在中国分布较广，是一种较常见的害虫。

(1) 症状

红蜘蛛主要吸食叶片背面汁液。有向上爬的习性。先为害下部叶片，而后向上蔓延。受害后的叶片出现黄白色斑点，病害严重时叶片变黄干枯脱落，缩短结果期，影响产量。

(2) 发生规律

红蜘蛛1年发生10~20代，雌虫在田间土块下或杂草根部越冬，来年3月开始活动并取食繁殖。红蜘蛛最适宜温度为29~31℃、相对湿度为35%~55%。一般在7月，种群达到高峰期；8月中、下旬以后，种群密度维持在1个较低的水平上，不再造成危害。

(3) 防治方法

药物防治可用20%螨克1000倍液、25%灭螨猛可湿性粉剂1000~1500倍液或50%马拉硫磷乳液1000倍液，连续喷洒2~3天。

3. 豆荚螟

豆荚螟又名豆荚斑螟，鳞翅目，螟蛾科。豆荚螟是南方豆类的主要害虫。成虫体长 10~12mm，翅展 20~24mm，体灰褐色或暗黄褐色。幼虫时在豆荚内蛀食豆粒，被害籽粒几乎不能用作种子，变褐以致霉烂。成虫昼伏夜出，傍晚活动，趋光性弱。

（1）症状

幼虫蛀入荚内取食嫩籽粒，造成瘪荚，也可为害叶柄、花蕾和嫩茎，受害的植株落花、落蕾和枯梢。

（2）发生规律

豆荚螟每年发生 3~4 代，成虫在嫩荚、花蕾、叶柄上产卵。初卵幼虫蛀食嫩荚，3 龄后蛀入荚内取食豆粒，老熟的幼虫，咬破荚壳，入土作茧化蛹。豆荚螟喜干燥，在高温干旱的情况下发生严重。在适温条件下，雨量多、湿度大则虫群数量少，雨量少、湿度低则虫群数量大。

（3）防治方法

农业防治：有条件的实行水旱轮作。加强田间管理，及时清除田间落花、落荚，摘除被害的卷叶和病荚。在幼虫越冬期进行深耕灌溉。

药物防治：喷施 50% 敌敌畏乳油 800 倍液、25% 菊乐合剂 3000 倍液、40% 氧化乐果 1000~1500 倍液、50% 杀螟松乳油 1000 倍液或 2.5% 溴氰菊酯 4000 倍液。也可在老熟幼虫入土前施用白僵菌粉剂来毒杀幼虫，用量 22.5kg/hm^2。

物理防治：利用成虫的趋光性，在田间设黑光灯，诱杀成虫。

4. 绿豆象

绿豆象为鞘翅目，豆象科，体长 2~3.5mm，宽 1.3~2mm，卵圆形，深褐色，世界各国均有发生。绿豆象是绿豆生产和贮藏期间的重要害虫，以仓库内为害为主。

（1）症状

绿豆象以幼虫潜伏在豆粒内部蛀食种子为害，或在仓库的绿豆中反复产卵繁殖，被害豆粒虫蛀率为 30%~60%，造成千粒重、营养价值和发芽率严重降低或完全丧失。

（2）发生规律

绿豆象从北方至南方 1 年发生 4~12 代，成虫与幼虫均可越冬。雌虫可在仓库豆粒上或田间豆荚上产卵，每只雌虫可产 70~80 粒。雌虫一般选择在表面光滑的豆粒面上产卵，产卵后数日内死亡。幼虫孵化后即蛀入豆荚、豆粒。绿豆象善飞翔，并有假死习性。

（3）防治方法

第一，化学防治。包括田间防治和仓内防治，以仓储期防治为主。仓储期防治主要用熏蒸方法，常用熏蒸剂有磷化铝、二硫化碳和环氧乙烷等。推荐使用微量磷化铝熏蒸法，每50kg绿豆使用1~2片磷化铝片。熏蒸时间因温度而定，仓内温度12~15℃时密闭5d，16~24℃时密闭4d，20℃以上时密闭3d。

第二，物理防治。高低温杀虫、辐射杀虫、气调杀虫等。

二、蚕豆

目前，蚕豆是世界上种植较多的豆类农作物之一，已有五十多个国家种植蚕豆，因此对于蚕豆的豆种选择，以及之后的合理种植技术都是非常有必要进行研究的。本节结合目前蚕豆的养殖状况，研究蚕豆主要病虫害及其防治技术。

蚕豆目前是很多地区主要的经济农作物，蚕豆的产量和质量会受到各地区自身因素的影响。蚕豆的病害非常多，很多农民在种植蚕豆的过程中不懂该如何预防和治疗这些病虫害，导致最终的蚕豆产量大跌，而且蚕豆的品质也得不到保障，给农民造成了很大的经济损失。所以，及时地对蚕豆的病虫害进行防治是一个非常必要的过程，也可以大大地提高蚕豆的产量和质量。本节主要针对蚕豆的锈病、赤斑病进行防治。

（一）锈病

蚕豆的病害中就有锈病，它主要是危害蚕豆的茎叶。这种病害不仅在我国种植蚕豆中普遍存在，在全世界各地种植蚕豆的地方也经常出现，这是一种真菌病害。在种植蚕豆的时候出现这种病害，就会直接造成15%左右的减产；如果病害严重的，会导致很多蚕豆的死亡，减产量高达40%；最为严重的时候，会造成大面积的死亡，减产量达到70%，会给农民造成非常严重的经济损失。

1. 发病规律以及发病条件

引发锈病的真菌一般在冬季的时候依附于一些病残体上，等到春季的时候，它们借助风力到一些蚕豆枝叶上面从而致其发病。值得注意的是，该病菌还具有传染性，很容易导致大面积的蚕豆感染。一些土壤自身黏性比较重，而且湿度也比较大，加上长期土中积水，经过各种风力和没有阳光照射，就会导致真菌快速地生长。这种真菌在14~24℃萌发，在25℃左右进行大规模的扩散。

2. 发病症状

锈病主要危害蚕豆的茎叶，但在发病严重的时候就会蔓延至整株蚕豆。发病初期，在蚕豆的叶子表面先出现一些淡黄色的小斑点。然后这些小斑点慢慢地变大隆起，颜色也会逐渐加深，变成黄褐色。到了发病后期这些感染真菌的叶片就会破裂，而后散发出锈褐色的粉末。茎上的情况与叶子表面的情况差不多，区别就是病斑是椭圆形的。这些椭圆形的凸出斑点会慢慢地扩大，逐渐变成一群一群连在一起的状态，颜色变深，最后破裂并散发出黑色的粉末。很多蚕豆感染之后，会很快变得严重直至枯萎而死。

3. 防治方法

在种植蚕豆出现锈病的时候，最好采用综合防治的植保方针。首先，在选种的时候一定要选择一些抗病虫的优质蚕豆品种，在恰当的时期进行播种，不能早播也不能晚播，从根源减少蚕豆受感染的情况。其次，要加强田间的管理，出苗之后要适时地清除一些弱苗和残苗。提高田间的各项排水能力，尤其注意雨后田间的水不能大面积地滞留，保持排水顺畅。最后，在种植蚕豆的时候，一定要进行合理的种植，保持每株之间都有足够的空间来进行空气的流通；在蚕豆开花初期，要及时地监测蚕豆的生长情况，遇到病虫害要及早地进行防治，防止其蔓延；在发病初期，可以采用一些化学药剂进行防治，也可以用粉锈清或者波尔多液来进行喷洒。

(二) 褐斑病

褐斑病也是蚕豆主要的病害之一，危害蚕豆的茎叶、荚和种子。

1. 发病规律和发病条件

一般这种病菌存留在去年发病的一些蚕豆种子上面，之后通过风力和雨水进入泥土中传播给蚕豆。发病大多是因为蚕豆播种时间太早、雨水太多、田间管理不当，导致排水措施做得不好；种植蚕豆的间距太小，不透风，或施了太多的氮肥。还有就是很多种子本身就携带这样的病毒。

2. 发病症状

蚕豆的叶子出现褐斑病的时候，大多会先出现赤色的斑点，然后逐渐变成圆形，在斑点的周围一般都是微微隆起的，中间则是凹陷下去，在叶子上很容易被发现。出现这种病症之后，斑点会越变越多、越变越大，相互融合成更大的斑点面积。茎同叶一样会先出现赤色斑点，然后慢慢变成边缘为赤褐色的斑点，最后这些斑点会变成一条一条的裂痕。

3. 防治方法

种植蚕豆一般要选择地势比较平坦的地方，排水功能要做好。在选种的时候要采用科学的方式，选择好时机进行播种。要合理地控制种植蚕豆的密度，蚕豆在播种之前需要进行一些药物的消毒处理，防止其自身携带了病毒。一般是先用温水浸泡种子，然后控水，最后进行播种。出苗之后，要经常对其幼苗进行观察，及时地进行补苗，要把蚕豆田间的杂草去除掉，看见病株要及时拔除。适时地对蚕豆进行施肥，满足蚕豆对养分的需求，增强其自身抗病虫的能力。发病初期可以采用波尔多液来进行处理。

总之，蚕豆作为很多地区农民重要的经济作物，在进行种植的时候一定要注意其病虫害的防治，不能因为病虫害的影响使得最后的产量和质量严重下降。这样不仅会造成今年的经济损失，而且可能今年蚕豆患的病会传染给明年的蚕豆，造成严重的恶性循环。对于蚕豆的种植一定要采用科学的种植技术，科学的选种，合理的田间管理，以及出现病害采用正确的方式解决。

三、豇豆

危害秋豇豆的病害有煤霉病、锈病、白粉病、病毒病、疫病、炭疽病等，主要虫害有豆荚螟、潜叶蝇、蚜虫、红蜘蛛等，应根据各类病虫害发生特点选择合适的防治方法。

(一) 煤霉病

1. 症状

该病菌主要危害叶片、茎蔓及荚。发病初期叶两面生出赤色或紫褐色斑点，潮湿时病斑背面生出灰黑色霉菌，发病严重时可致叶片枯死脱落。

2. 发病规律

病菌以菌丝块附在病残体上越冬，翌年条件适宜时产生分生孢子，通过气流传播而后进行初侵染，之后病部产生分生孢子进行再侵染，田间高湿、高温、多雨时易发。

3. 防治方法

一是农业措施。合理密植，避免田间郁蔽；增施磷钾肥，提高抗病力；清洁田园，及时清除病残体。二是喷洒药剂。发病初期选择喷洒可杀得、络氨铜水剂、苯甲嘧菌酯、噻呋吡唑酯。

(二) 锈病

1. 症状

锈病主要发生在叶片上，严重时也可危害茎、蔓、叶柄、荚。染病初期叶背面产生淡黄色斑点，隆起呈近圆形小脓疱状，周围有黄色晕圈，后表皮破裂，散出红褐色粉末，即夏孢子，其四周生出紫黑色疱斑，即冬孢子堆。后期叶片布满褐色病斑，枯黄脱落。

2. 发病规律

该病菌以冬孢子在病残体上越冬，温暖地区以夏孢子越冬。翌春冬孢子萌发产生担子和担孢子，借气流传播，从叶片气孔直接侵入。开花结荚期，高湿、昼夜温差大及结露持续时间长,导致此病易流行。连作地发病重,夏秋季高温多雨时发病重。

3. 防治方法

可选择0.4%蛇床子素可溶液剂600~800倍液或25%吡唑醚菌酯悬浮剂1500倍液进行喷雾防治,或每亩用40%腈菌唑可湿性粉剂13~20克,或70%硫黄·锰锌150~200克兑水进行喷雾防治。

(三) 白粉病

1. 症状

该病菌主要危害叶片。先在叶面出现黄褐色斑点,后扩大呈紫褐色斑,其上覆盖一层稀薄的白粉,后期病斑沿叶脉发展,白粉布满全叶,严重的叶片背面也可表现症状,进而导致枯黄,引起大量落叶。

2. 发病规律

病菌多以菌丝体在多年生植株体内,或以闭囊壳在病株残体上越冬,翌年春季产生子囊孢子,进行初侵染。最适感病生育期为开花结荚中后期,发病后感病部位产生分生孢子并进行再侵染。干旱年份或日夜温差大而叶面易结露的年份发病重;温度偏高、多雨易发病;种植过密、通风透光差、肥力不足易发病。

3. 防治方法

选择0.4%蛇床子素可溶液剂600~800倍液进行喷雾防治,或每亩用40%腈菌唑可湿性粉剂13~20克,或70%硫黄·锰锌150~200克兑水进行喷雾防治。

(四) 根腐病

1. 症状

该病菌危害主根及根茎部。根部自根尖开始发生褐色病变,由侧根延及主根,致整个根系坏死腐烂,剖检病根,维管束呈红褐色,并可延及根茎部。当主根腐烂后,植株地上部亦萎蔫乃至枯死。

2. 发病规律

该病属于土传性病害,土壤温湿条件是该病发生的重要环境因素。该病发病适温为24~28℃、相对湿度为80%。低洼地、黏质土壤、施用带菌土杂肥,或地下害虫多、农事操作伤根多,易加重该病的发生。

3. 防治方法

一是要注意轮作换茬,实施高垄栽培。二是选择适宜药剂预防。发病初期选择70%甲基托布津800倍液、50%多菌灵600倍液、2.5%咯菌腈悬浮剂1000~1500

倍液、70%敌克松可湿性粉剂1000倍液灌根。

(五) 豆荚螟

豆荚螟又称豆野螟、豇豆荚螟，属鳞翅目螟蛾科，以幼虫危害豇豆、扁豆、四季豆、大豆等。

1. 危害特点

以幼虫危害花和豆荚，初孵幼虫即蛀入花蕾危害，引起落花落蕾；蛀入茎干、端梢，卷食叶片造成落荚；蛀入豆荚产生蛀孔并排出粪便，严重影响品质。

2. 发生规律

1年发生4代、5代，以3代、4代发生最重，7月下旬至8月下旬为3代、4代豇豆螟产卵盛期，也是防治适期。

3. 防治方法

清洁田园、黑光灯诱杀成虫；掌握治花不治荚，科学用药，选高效药剂，在早上或傍晚喷花序；在盛花期选择乙基多杀菌素、甲维盐、氯虫苯甲酰胺、高效氯氰菊酯、茚虫威等药剂兑水喷雾防治。注意用药安全间隔期；上市前7天停止施药。

四、芸豆病虫害防治

(一) 锈病

1. 症状

该病菌在芸豆生长中后期发生，主要危害叶片。严重时也能危害茎和豆荚。叶片发病初期产生黄白色病斑，后变锈褐色隆起，扩大后形成圆形红褐色的夏孢子堆，病斑表皮破裂，散出红褐色粉末。后期在茎、叶柄、荚上长出黑褐色锈状条斑，破裂后散出褐色粉末，即冬孢子。发病严重时，植株提早枯死。

2. 发病条件

该病由真菌引起，病菌在土壤中、病株残体上越冬，第二年随气流和雨水传播。发病适温为15～24℃，空气相对湿度在95%以上时发病严重。植株体表的水滴是病菌侵入的必要条件。此外植株密度过大，通风不良均可加重病害的发生。

3. 防治方法

轮作，实行2～3年的轮作。控制湿度，春芸豆宜早播，必要时用育苗移栽避病；温室内采用地膜覆盖，控制浇水，增加通风，降低棚内空气湿度；合理密植，改善通风条件，加强田间管理；及时清洁田园，把病株、病叶掩埋或烧毁，减少病源；药剂防治，发病初期用粉锈宁25%可湿性粉剂2000倍液，代森锰锌70%可湿性粉剂1000倍液加三唑酮35%可湿性粉剂2000倍液，多菌灵50%可湿性粉剂800倍液，每5~7天喷1次，连续喷2~3次。

(二) 菌核病

1. 症状

该病主要发生在保护地，多开始于近地面茎基部或第一分枝处，初为水浸状，后逐渐变为灰白色，皮层组织发干崩裂，呈纤维状。湿度大时，在茎基部组织中有鼠粪状黑色菌核。

2. 发病条件

该病由真菌引起，病菌在种子或土壤中病株残体上越冬，第二年借风力传播。大多在花期发病，发病适温为15℃；土壤为中等湿度条件下传播较快，土壤过湿病菌存活时间短，积水30天即死亡。

3. 防治方法

轮作，实行2~3年的轮作。覆盖地膜，合理施肥利用地膜阻挡子囊盘出土；避免偏施氮肥，增施磷、钾肥，增强植株抵抗力。药剂防治，发病初期用50%速克灵可湿性粉剂1000~2000倍液；40%菌核净可湿性粉剂1000~1500倍液；50%扑海因可湿性粉剂1000~1500倍液重点喷淋花器和老叶，每10~15天1次，连续防治3~4次。此外，还可用40%五氯硝基苯每亩0.7千克，混细土15千克，均匀撒于行间。

(三) 白粉病

1. 症状

该病菌主要危害叶片，严重时也可危害蔓梢及荚果。叶片初现点状白色霉斑，霉斑很快发展为白色粉斑，并连合为粉斑块，甚至覆盖整个叶片，终致叶片变黄干枯，早发病的蔓梢及荚果除被白粉斑所覆盖外，甚至还可呈扭曲畸形。

2. 防治方法

选育和选用抗病高产良种。结合防锈病及早喷药预防控病，本病同锈病一样，以植株开花结荚后、生长中后期渐趋严重，并由下逐渐往上发展，对锈病菌有效的药剂亦可兼治白粉菌，故抓好锈病的防治也可兼治本病，一般无须单独防治。

(四) 细菌性疫病

1. 症状

植株地上部分都可以发病。叶片上初生暗绿色油浸状小斑点，后扩大成不规则形，被害部变褐干枯，枯死部分半透明，周围有黄色晕圈，有的溢出黄色菌脓，严重时病斑相互连合，以致全叶枯凋。湿度大时，部分病叶迅速变黑，嫩叶扭曲畸形。另外，茎蔓染病，开始症状与叶片相似，后病斑呈红褐色圆形，中央稍凹陷，病斑绕茎一周后，病部以上茎叶萎蔫后枯死；豆荚染病，荚上生褐色圆形病斑，中央略凹陷，严重时豆荚皱缩；种子染病，大多数种皮皱缩，或产生黑色或黄色凹陷斑。湿度大时，茎叶或脐部常溢出黏液状菌脓。

2. 防治方法

浸种，选无病种子或种子用45℃温水浸种15分钟；或用50%福美双可湿性粉剂或95%敌克松原粉，用种子量0.3%的用药量拌种；或硫酸链霉素5000倍液浸种2~24小时，洗净后播种。

轮作，与非豆科作物进行3年以上的轮作。加强栽培管理，足基肥，增施磷钾肥，精细平整土地，防止局部积水。发病初期摘除病叶，打去下部老叶，增强田间通透性。

药剂防治，发病初期用络氨铜14%可湿性粉剂300倍液、53.8%可杀得干悬剂1000倍液、琥胶肥酸铜（天T）50%湿性粉剂800倍液、可杀得77%可湿性粉剂500倍液或72%农用链霉素4000倍液、新植霉素4000倍液、47%加瑞农可湿性粉剂1000倍液，每隔7~10天喷1次，连续防治2~3次。以上药剂可轮流使用。

（五）豆荚螟

1. 症状

该病菌主要是幼虫危害豆叶、花及豆荚，常以卷叶危害或蛀入荚内取食幼嫩的种粒，荚内及蛀孔外堆积粪粒，受害豆荚味苦，不能食用。

2. 防治方法

加强田间管理，及时清除田间落花、落荚，并摘除被害的卷叶和豆荚，以减少虫源。药剂防治，采用增效氰·马21%乳油6000倍液；氰戊菊酯40%乳油6000倍液；溴氰菊酯2.5%乳油3000倍液，从现蕾开始，每隔10天喷蕾、花1次。

第四章　经济作物病虫害防治

第一节　棉花病虫害防治

从我国当前的棉花种植情况来看，农业基础比较薄弱，以及灌溉技术不够先进化和全面化，促使棉花病虫害问题逐渐凸显出来，对棉花产业的良性发展有重要影响，从某一方面来讲在很大程度上限制了我国农业的建设。同时，棉花出现病虫害问题，以棉叶螨以及棉蚜为主，进而出现黄萎病、苗期病害以及枯萎病等，并且逐渐形成上升的趋势，导致问题恶化。绿色防控技术的使用，逐渐成为棉花病虫害防治的主要措施，如利用太阳能杀虫灯、生物多样性控虫以及黄蓝板诱虫等技术，明显解决了棉花出现病虫害的问题。在绿色防控技术应用过程中，主要是依靠绿色环境以及生态环境，从而研发出的一种新型病虫害防控技术。在应用和推广期间，比较重视用药的合理性，避免对周边环境造成污染或者破坏，并且结合一些其他科学技术，有效地把病虫害问题控制到最低，从而获取最佳的经济效益和社会效益。

一、棉花病虫害全程绿色防控技术的应用与推广的重要价值

（一）促使生产效益最大化

在对棉花进行全程的病虫害防控过程中，通过绿色防控技术的使用，最大限度地提升棉花的生产质量和数量，促使棉花生产总体效益得到显著提升。在对棉花病虫害问题进行控制过程中，会使用到大量的化学农药，对病虫害加以消灭，进而增加了棉花生产成本。在使用棉花病虫害绿色防控技术之后，减少了化学农药成本费用的支出，促使该项防控技术应用效果更加及时、高效、安全和经济，有效控制棉花的病虫害问题，真正做到保质保量。同时，在相关权威调查中表明，绿色防控技术可以有效降低化学药物的使用数量、人工成本以及资金成本，从而降低棉花生产成本费用，在很大程度上提高了我国棉花的总体产量，从而获取了更大的经济效益。

（二）促使社会生产效益最大化

当前，我国棉花在种植过程中，会应用到绿色防控技术，在增强农民的绿色防

控意识的同时，使其意识到生物防治技术比药物使用效果更加突出，以避免出现棉花在种植过程中盲目使用药物的情况，以及对棉花种植存在一定的误区，从而造成不可挽回的损失。同时，在使用化学药物对棉花病虫害进行治理过程中，借助绿色防控技术，有效解决棉花病虫害的问题，促使社会整体生产效益得到最大限度的提升。

(三) 促使生态保持平衡

在绿色防控技术的支撑下，秉持绿色和环保的发展理念，对棉花病虫害问题进行整体性的防控，主要是利用生物技术以及农业防治技术，降低化学药物的使用数量。一旦化学农药使用频率和数量比较多时，就会增加棉花田间化学残留物的增加，从而导致棉花的生产质量和数量下降，也会对棉花生产田间的有益生物族群的生长情况造成严重的影响和破坏。因此，棉花的生产要依存一些有益的生物族群，其中绿色防控技术的合理应用，可以有效增加瓢虫等有益族群的数量，有利于棉花田间生态平衡发展。

二、棉花病虫害全程绿色防控技术的应用要点

(一) 做好棉花种子科学选择工作

在对棉花病虫害问题进行控制过程中，相关人员要在日常工作中合理和科学地使用全程绿色防控技术。但是，该项防控技术在实际使用之前，要对棉花种子进行科学化的选择，通过对棉花种子进行源头性控制，促使绿色防控技术使用的水平逐步提高。通常情况下，棉花种子的选择，跟棉花种植质量有直接的关系。如果在种植期间，提高种子的发芽率，要求棉花种子具有抗旱、抗枯以及抗黄萎病等能力，特别是在黄萎病及枯病中，更具有良好的应用效果，从而提升棉花的种植质量和数量，提高种植人员的经济效益，并且为棉花产业的整体发展带来新的机遇和挑战。此外，在棉花种植之前，要做好棉花种子的挑选工作，促使种子具有抵抗病虫害的优势，避免在棉花种植和生长期间产生较多的病虫，像蚜虫等。

如果棉花表面有棉铃虫，无论是生长数量，还是质量，都会受到较大程度的危害。在传统病虫害防治过程中，其方式以化学药物治疗法为主，这种治疗方式，有些会对棉花的生产质量产生较大影响，同时会对环境产生一定破坏，在使用适合的生物技术之后，可以对棉花内部中各个成分基因进行有效改善，并且对品种加以合理化选择，促使棉花病虫害防治效果更加明显。例如，由于棉铃虫没有办法侵蚀到转基因棉花内部结构中，在棉花种植过程中，使用这种品种，在很大程度上提高了棉花的产量和质量，同时相关人员结合当地的实际种植情况和特点，在多个区域中

种植棉花种子，以此提升种植质量，促使棉花产业获取最大效益。

(二) 优化棉花播种种子

第一，在提升棉花种子成活率以及种植质量过程中，需要在正式种植之前，对种子进行科学性和系统性的处理，利用各种现代化的处理方式，促使种子的发芽率提高，以此提高棉花种子的生产效益。同时，可以使用晒种的方式，避免种子表面出现细菌，促使种子生存能力得到显著提升，并且在晒种过程中，可以激发棉花种子的生命力，从而具备较高的种子萌芽率，从根本上提升棉花种子的种植质量。

第二，在准备种植之前，首先要将棉花种子外部的棉绒进行去除，同时开展浸泡种衣的操作。基于绿色防控技术，利用硫酸对棉绒进行脱离，以此替代传统手工操作的方式，促使这一脱离棉绒过程的效率大幅提高，减轻了工作人员的负担。在脱绒以后，要把种子浸泡在一起，有利于种子进行同步的发芽。当种子发芽之后，但是在种植之前，要把棉花种子放在适合的环境中，促进种子不断生长，逐渐满足种植要求。一般情况下，人们会把平坦肥沃、可以接受充足阳光以及遮风挡雨的土壤作为棉花种子的苗床。

第三，在对苗床土壤进行选择的过程中，要重视对交通情况的分析，进而为之后的管理工作奠定良好基础。此外，也要重视对土壤的处理，保证土壤具有足够的营养。在种子正式播种过程中，要严格落实相关规范种植要求，做好棉花种子插入土中的方式以及方向的控制，促使种子成活率提高。

(三) 重视对棉花种植温度的控制

在棉花种子播种之后，有关人员要利用覆膜保温程序，对棉花种子的温度加以合理化和科学化调节。棉花种子的生长过程，对外界温度比较敏感。在不同温度环境中，棉花种子的生长情况存在一定差异。如果温度比较适宜，很容易促进种子的旺盛生长。所以，在棉花幼苗处于一定阶段过程中，要积极使用科学的方式和土壤进行脱离，并且结合实际生长状态，把幼苗种植到田间。在开始移栽活动之前，要全面清理田间的垃圾以及杂草，避免杂草过多对病虫害的生长以及繁殖起到促进作用，以此抑制病虫害的产生。

在对棉花幼苗进行移栽过程中，相关人员要对其进行精准的控制，合理设置各个幼苗之间的种植距离，通过对距离的控制，为棉花幼苗提供良好的生长空间。同时，基于对棉花生长阶段不同的考虑，其温度以及水分要求也存在较大差异。所以，在日常工作开展期间，要根据不同阶段的棉花种植情况，进行合理和有效的分析，明确棉花各个生长阶段需要的水分和温度，在适宜的温度下，解决棉花生长过程中存在的问题，结合棉花生长的时间变化情况，进一步对病虫害的类型加以明确，找到出现病虫害的因素，以此做出针对性和准确性的解决对策，促使我国棉花病虫害防治工作具有有效性和针对性的特点。基于此，在对棉花病虫害防治期间，要充分发挥全程绿色防控技术的应用优势，在对该项技术进行科学控制和管理之后，真正把棉花病虫害的防治效果呈现出来，促使棉花的生产质量和数量得到最大限度提升，有利于棉花产业顺利发展和进步。

三、棉花病虫害全程绿色防控技术的推广策略

（一）化学防治技术

在进行棉花病虫害的绿色防控过程中，利用化学防治方法，具有显著的应用效果体现在针对性强、毒性低、持续时间长、残留少以及性价比高等方面，能够降低对生态环境的污染和破坏。现阶段，从我国棉花病虫害情况分析，病虫害类型有棉蚜、棉苗立枯病、棉铃虫、枯萎病以及小地老虎等。在针对棉铃虫中，喷洒甘蓝夜蛾型多角体病毒及棉铃虫核型多角体病毒等，以及使用阿维菌素或者万灵等化学药剂，在阴天或者傍晚中对叶面进行喷洒，保证药物喷洒的均匀性，并且要把20mL的15%茚虫威悬浮剂兑水之后加以使用。

在对一些繁殖比较快并且容易出现抗体的棉蚜进行防控过程中，使用克百威、乐果、高效氯氰菊酯以及噻虫嗪等药物，呈现出明显的防治效果，从而对棉花病虫害加以治理。然而，如果棉花受到小地老虎的侵害，其绿色防治技术可以使用氯虫苯甲酰胺、甲维盐、多杀菌素以及辛硫磷等药物，即在幼虫比较弱时对其进行有效的防治。对于棉苗立枯病的防治，要使用到20%稻脚青1000倍液作棉苗灌根，或者把1000g的40%五氯硝基苯粉剂和100g棉籽加以拌和。对于棉花的枯萎病，要使用到20~30g的50%百克加40~50kg的水，对棉花进行常规的喷雾或者再兑入500倍液开展灌根的操作，以此起到有效的病虫害防控效果。综上所述，由于不同棉花病虫害的类型存在差异，在对其进行全程绿色防控期间，可使用不同的药剂、生物源药剂或者绿色药剂，实现对棉花病虫害的化学防治目的。

（二）物理防治技术

在对棉花病虫害进行全程绿色防控操作过程中，要使用到物理防治技术。在使用灯光诱杀的防治过程中，要借助频振式杀虫灯对棉铃虫、小地老虎以及棉盲蝽等进行诱杀，一般会选择在2.67~3.33hm²的位置中设置一个杀虫灯，并且架设在距离地面1.2m的位置。通常情况下，棉铃虫在越冬或者成虫羽化阶段中应在夜晚开灯，

大概是从晚上10时到第二天的早上7时。

对于黄板诱蚜杀虫技术的使用，主要依靠蚜虫的趋黄性，进一步对棉花的病虫害加以诱杀。在黄色纸板上涂有黏虫胶，如果纸板上有大于60%的黏虫，要及时更换，应一周更换一个。与此同时，可以通过种植玉米的方式，对棉花病虫害进行物理防治，尽可能选择早熟的玉米品种，在棉花田间播种，进而吸引更多病虫，之后砍掉玉米诱集带，并且引入田外对其进行灭虫处理，此法起到良好的铃虫数量控制效果。此外，在对棉田的两侧进行油菜播种之后，也可以对棉花病虫害起到有效的防治。

在对棉花病虫害进行绿色防控过程中，其物理防控措施很多，如对于棉花立枯病的治理，可以采取松土的方式，降低病虫害发生的可能性；对于棉蚜问题，可通过对种植抗虫品种以及清理棉田等方法进行防治。对于不同类型的病虫害，要使用针对性的防治方式，以此提高全程绿色防控技术应用的价值和意义。

(三) 农业防治技术

在对棉花进行农业防治过程中，要对棉花的品种进行科学选择，其中中棉86号和75号属于抗虫效果十分显著的品种。在对棉花整个种植过程进行栽培和管理期间，要通过合理密植的方式，选择恰当的时机进行种植，促使棉花播种效果更加优质，在对播种的各个环节加以有效控制和管理之后，全面提升棉花的种植水平，促使棉花的产量和数量大幅提升，以此保证棉花的总体种植效果。同时，在对棉花种植操作期间，要重视对群体结构的优化。也就是说，对群体展开合理有效的控制，加强棉花的种植效果，促使棉花整体种植抗逆性得到提升。在减少棉花发生病虫害概率控制期间，要重视打顶以及化调工作的开展。例如，在实际种植期间，棉花的打顶以及化调工作，要在当年的7月5日之前完成，在棉花叶子出现浓绿色之后，就可以判断棉花的生长情况趋于稳定状态，病虫害发生的概率就比较小。

除此之外，我国农业防治技术应用内容，也涉及对棉花诱集带的种植。例如，在棉铃虫病虫害防治过程中，棉铃虫一般在棉花中结束产卵工作，相关人员要采取合理有效的措施，把棉铃虫以及成虫引入设置好的诱集带环境中，进而采取对应的措施对害虫进行处理。在使用该种防治方式时，要注重棉花生长质量的提升，指派专门人员对棉花的整个种植过程加以了解和掌握，进而第一时间发现农业防治期间存在的不良问题，并采取科学和有效的解决措施进行解决。

(四) 信息防治技术

目前，在社会中各种科学技术持续进步和研发环境下，先进化的信息技术逐步上市和使用，为各个领域的发展和进步打下良好基础。因此，在棉花病虫害全程绿色防控技术使用期间，也需要现代化信息技术的支撑，在不断优化和创新之后，提高绿色防控技术使用的效果。例如，在对棉花种植以及病虫害预防期间，要选用匹配的信息技术和手段，构建与病虫害管理和控制有关的监测预警系统，加大对农业技术的推广力度，对棉花的种植技术和病虫害防控技术进行专业化的指导，把多种类型的病虫害具体情况逐步导入监控系统，进而给出具有科学性和专业性的指导建议，使得棉花病虫害的防控效果更加突出。

简言之，在棉花整个生长过程中，病虫害问题需要引起种植人员的高度重视，进而采取科学有效的防治方法和策略，逐渐解决病虫害问题，确保棉花保质保量。在对棉花病虫害进行防控期间，全程绿色防控技术发挥重要意义，应结合当地的种植条件以及自然气候等，采取因地制宜的防控措施，逐渐达到病虫害防治的目的。

第二节 芝麻病虫害防治

芝麻是主要经济作物之一，每年种植面积都在300万亩以上，近几年来由于芝麻品种不断更新，出现了许多高产典型，但由于芝麻主要产区气候温暖、雨量充沛，导致芝麻病虫害的危害相当严重，制约了产量的提高。现将芝麻主要病虫害防治措施介绍如下。

一、病害

(一) 茎点枯病

茎点枯病俗称"黑根病"，一般发病率为10%~15%，严重时在80%以上，不仅会造成芝麻减产，而且致使种子含油率降低。

防治措施如下。

(1) 选用抗病品种：如豫芝四号、豫芝五号、豫芝八号（郑州8450）。

(2) 与其他作物轮作3年以上。

(3) 种子处理：用55℃温水浸种10~15分钟，防效在90%以上；或用0.5%硫酸铜液浸种30分钟、40%多菌灵500倍液浸种30分钟，均可达到明显防病效果。

(4) 喷药防治：茎点枯病多发生在7、8月高温季节，可在发病初期及时防治，一般在7月上中旬开始用药，即在苗期、蕾期、盛花期用40%多菌灵700倍液喷雾；或70%代森锰锌700倍液喷洒，亩用量60~75千克。每隔7天喷洒一次，春芝麻喷洒2~3次，夏芝麻喷洒3~4次，若喷后遇雨应补喷。

(二) 芝麻枯萎病

芝麻枯萎病属真菌病害，俗称"半边黄""黄死病"，一般发病率为5%~10%，严重时在30%以上。

防治措施如下。

(1) 实行3~5年非寄主作物轮作。

(2) 选用抗病品种、闭萌品种或大粒品种。

(3) 药剂防治：用0.5%硫酸铜浸种30分钟，大田每10d喷0.2%硫酸铜1次，连续喷洒2~3次。

(三) 病毒病

病毒病为近几年在我省芝麻产区发生的一种新病害，1980年以来发生面积逐渐扩大，1984年曾在驻马店地区大流行，局部严重区造成70%减产。

防治措施：对于病毒病目前尚无有效可行的防治措施，故应以防治蚜虫为主，以避免其传播病毒。

二、虫害

危害芝麻的虫害有地老虎、蚜虫、芝麻天蛾和盲蝽象等。

(一) 地老虎

危害芝麻的地老虎主要是小地老虎和黄地老虎，其常引起芝麻缺苗断垄。

防治措施如下。

(1) 除草防虫：因第一代地老虎产卵于草上，全面铲除杂草，就可减轻危害。

(2) 毒饵诱杀：用青草15~20kg加90%敌百虫250g或用90%敌百虫250克加50kg饵料(炒香的芝麻饼、豆饼)，加适量水拌成。

(3) 药剂防治：对3龄以前的幼虫，用20%蔬果磷300倍液或25%敌百虫粉喷施，每亩2~2.5kg；90%敌百虫800~1000倍液；50%地亚农1000倍液等。

(4) 人工捕杀：芝麻苗期每天早晨检查，发现有被害幼苗，可拨开土层，捕杀躲在土中的幼虫。

(二) 蚜虫

芝麻上发生的蚜虫为桃蚜，又被称为烟蚜。

防治措施如下。

(1) 消灭虫源：桃树为桃蚜的主要越冬寄主，在冬季或春季对桃树喷洒40%乐果乳剂1500~2000倍液，以消灭越冬卵和干母。

(2) 大田防治：选用50%马拉硫磷、40%乐果乳剂1500~2000倍液或50%灭蚜松1500倍液喷洒防治。

(三) 芝麻天蛾

为害芝麻的主要是灰腹天蛾。幼虫为害叶部及嫩茎、嫩萌、受害程度随虫龄增长而加剧；严重时全株叶片被吃光，对产量影响较大。

防治措施如下。

(1) 铲除田间杂草，消灭早期虫源。

(2) 用黑光灯诱杀成虫。

(3) 药剂防治：幼虫发生期，喷洒50%西维因粉每亩1.5~2.5公斤或90%敌百虫500倍液，每亩喷洒75~100公斤。

(四) 盲蝽象

危害芝麻的主要是烟草盲蝽象，成虫或若虫均能为害，通常在叶背吸取汁液，芝麻被害后，叶脉基部出现黄色斑点，逐渐扩大，最终使整叶变为畸形。有时也直接危害花蕾，咬断茎生长点，影响芝麻正常生长。

防治措施如下。

(1) 春季铲除杂草，消灭越冬虫源。

(2) 药剂防治：在大田发生期，可喷洒50%辛硫磷或50%甲胺磷1000~1500倍液喷洒效果较好。

第三节 花生病虫害防治

一、虫害

(一) 蚜虫

1. 发病症状及危害

蚜虫主要危害花生植株叶片、花萼管与果针。苗期，蚜虫会钻入花生幼嫩枝芽心叶背面吸食枝叶，使枝叶遍布虫孔，最终完全蛀空；花期，蚜虫会聚集在花生花萼管、果针位置，致使花生叶片卷缩、植株矮小，开花下针受抑制，甚至整个植株变黑枯死[1]。

2. 防治方法

从花生苗期及时检查，一旦发现蚜虫危害痕迹，应第一时间清除危害叶片或植株。定期铲除田间杂草，以消灭蚜虫危害媒介。利用5%苯基吡唑悬浮剂与啶虫脒3000倍液，依据750~1500mL/hm² 的用药标准，均匀喷施到花生叶片背面[2]。根据生物之间捕食与寄生关系，保护花生蚜虫天敌瓢虫、草蛉、食蚜蝇等捕食性昆虫。根据花生蚜虫对银灰色具有负趋性的特点，在播种后、出苗前均匀覆盖白银色尼龙网纱。同时根据蚜虫对橘黄色具有正趋性的特点，在田间发生蚜虫危害时，悬挂黄板诱杀，黄板悬挂高度以超出花生植株生长点5~10cm为宜，后期可随花生植株生长高度变化适当调整。

(二) 斜纹夜蛾

1. 发病症状及危害

斜纹夜蛾主要危害花生叶肉、花等部位，可在多个时期发生。早期，斜纹夜蛾以老熟幼虫或蛹的形态于花生田地内越冬。中期，低龄幼虫啃食花生新鲜嫩叶或嫩茎、花、果针，花生叶片或嫩茎、花、果针部位出现分布不均达到孔洞、缺刻。后期，高龄幼虫啃净花生整片叶，仅剩主叶脉。

2. 防治方法

根据斜纹夜蛾在作物生长茂密、隐蔽度大的田块产卵量多的特点，控制花生播种密度与生长高度。同时根据斜纹夜蛾在湿度大的田块虫口密度大的特点，控制田间浇水量，及时排除积水，可以降低斜纹夜蛾危害[3]。

根据斜纹夜蛾幼虫深夜活动的习性（日间隐藏在植株下、夜晚取食），在幼虫3龄前喷洒5%"完胜"乳油2000倍液，喷药时间为傍晚。在成虫时期喷施0.5%甲维盐1200mL/hm²，可以降低斜纹夜蛾危害。

根据斜纹夜蛾成虫趋光性特点，在成虫时期，将20W黑光灯悬挂在花生田间，或者利用直径25cm塑料瓶，将铁丝将斜纹夜蛾性引诱剂作为诱芯固定在瓶内，诱芯下则放入稀释后的洗衣粉水，悬挂在木三脚架上，诱瓶距离地面50cm，放置方式

---

[1] 史普想，于国庆，于洪波，等. 辽宁阜新花生产区昆虫群落结构及多样性分析[J]. 花生学报，2019(1): 40-47.
[2] 郭立，赵艳丽，惠祥海，等. 花生病虫草害全程绿色防控技术模式[J]. 农业知识，2021(19): 43-46.
[3] 王周亮，刘延刚，冷鹏，等. 临沂市花生病虫草害综合防控集成技术[J]. 农业科技通讯，2018(11): 278-280.

为三角形，即3个诱瓶为一组，相邻诱瓶之间距离为30m，每间隔20d更换一次诱芯，定期补充洗衣粉水。

根据斜纹夜蛾成虫对糖醋气味敏感的特点，配制糖醋水溶液，红糖：醋：水＝1：2：20，必要时加入适量白酒，将糖醋液放置在瓶内或盆内，占据器皿的50%，诱杀斜纹夜蛾。同时保护斜纹夜蛾天敌小茧蜂、赤眼蜂、步甲等，必要时引进斜纹夜蛾天敌，以降低斜纹夜蛾危害。

(三) 蛴螬

1. 发病症状及危害

蛴螬主要危害花生荚果。在10cm土壤温度达到5℃时为第1个蛴螬危害盛期，蛴螬幼虫可以从深层土壤向上移动到地表耕土层危害，取食花生地下根茎，致使花生植株生长缓慢，甚至停滞。在幼虫化蛹羽化交配后，会将卵产在松软湿润土层，1个月后卵孵化，进入第2个危害盛期，钻蛀花生荚果表皮，致使花生荚果品质下降。

2. 防治方法

在整地时期，向田间地面均匀撒施3%呋喃丹337.5~450kg/hm^2，以降低蛴螬危害。播种前，利用48%噻虫胺悬浮种衣剂，依据花生种子与药剂的配比100kg：250~500mL进行拌种。或利用70%吡虫啉15g+30%氯蜱硫磷100mL+50%四甲基秋兰姆二硫化物（福美双）40g与15~20kg花生种子拌和，促使种衣剂均匀包裹在种子表面后，晾干，以规避地下害虫蛴螬对花生种子、幼苗的危害。播种后，定期浇水抗旱，降低蛴螬卵成活率。花生收获后，深层翻耕25cm及以上，浇施1遍冻水，将蛴螬及其越冬虫卵翻耕到地面，促使其暴露在阳光下，被鸟类啄食。

在花生开花期，将4%噻虫嗪颗粒剂1.5~2kg与20kg细砂或30kg肥料均匀混合，顺花生种植垄均匀撒施。随后浇水，借助噻虫嗪药剂内吸传导作用，将药剂传输到花生地下部分，从而有效杀死蛴螬。也可以直接均匀喷施40%氯虫·噻虫胺药剂，降低蛴螬危害。还可利用蛴螬在傍晚交配以及成虫趋光性等习性，人工诱捕，降低蛴螬虫口基数。

二、病害

(一) 叶斑病

1. 发病症状及危害

花生叶斑病主要在叶部发病。早期染病叶片出现直径为1~10mm圆形或不规则形暗褐色、黑色斑块，斑块周围具有黄色晕圈。中期病斑汇合，大量叶片干枯脱落，仅剩余3~5个幼嫩叶片。后期茎秆变黑至枯萎死亡。

2. 防治方法

选择抗叶斑病菌（球座尾孢菌、花生尾孢菌）的植株品种。选择前茬为薯类作物、禾本科的田地，以降低菌源。在适宜的时期播种，合理调整花生植株种植密度，施加足量的底肥，提高花生植株抗叶斑病能力。在花生收获后，及时深层耕翻土地，将田间带菌叶片、植株翻入土体内，降低初次侵染源感染能力。

花生第1次开花时期，当病叶率为10%~15%时，喷施诱抗剂、微生物菌剂、磷酸二氢钾等比例混合液，每20mL混合药液与15~20kg水混合，均匀混合后每间隔15~20d喷雾喷施1次，连续喷施2~3次，可以达到有效防治花生叶斑病的效果。

（二）疮痂病

1. 发病症状及危害

花生疮痂病主要发病部位在叶片、叶柄、茎部。初期染病叶片正面出现边缘稍隆起而中间凹陷的圆形、不规则形黄褐色斑点，背面则出现具有褐色边缘的淡红褐色斑点，染病叶柄与茎部则出现卵圆形隆起病斑。中后期染病叶片干枯脱落，染病叶柄与茎部扭曲枯死。

2. 防治方法

选择抗落花生痂圆孢菌的植株品种，并与禾本科作物进行3年以上轮作。在播种前，将花生种子在新高脂膜800倍液内浸泡10~20min。播种后，将新高脂膜800倍液均匀喷施到地面，从而达到隔离病菌的作用。

在花生植株整个生长周期，一旦发现病害，立即喷施50%多菌灵粉剂800倍液，每间隔5~7d喷施1次，连续喷施2~3次。严重发生时，均匀喷施新高脂膜800倍液，增强疮痂病防治效果。

（三）根腐病

1. 发病症状及危害

根腐病主要发病部位在根部。初期，染病植株侧根减少，主根上附着褐色凹陷形病斑，植株地上部分高度远矮于正常花生苗。中期，染病植株完全无侧根，叶片发黄且呈枯萎状。后期，染病植株根部腐烂且表面附着黄白色霉层，地上部分枯萎死亡。

2. 防治方法

在购买抗根腐病菌（镰刀菌）较强品种并进行3年轮作倒茬种植的基础上，播种前利用50%多菌灵，与花生种子依据1000∶3的重量比拌种。播种时均匀撒施

450kg/hm² 磷肥 +52.5kg/hm² 尿素 +82.5kg/hm² 钾肥 +375kg/hm² 石灰。同时加强田间管理，定期将杂草拔除，足量浇水施肥，特别是花生植株出现2~3片叶子时，应及时淋施苗水，减少盛花期、久旱后灌水量，避免午后浅灌，及时排出多余水分，配合7500kg/hm² 腐熟有机肥或525kg/hm² 尿素 +1125kg/hm² 过磷酸钙 +375kg/hm² 硫酸钾的施加，培育自身抵抗病毒能力较强的壮苗。在播种前，利用50%多菌灵或咯菌腈、苯醚甲环唑，根据说明书要求与适当重量花生种子拌匀，均匀晾晒后播种。

在发现花生植株地上部分发黄枯萎时，尽早喷施50%噻菌铜与3%恶霉灵混合药剂（或50%二氯异氢尿酸钠）、50%多菌灵1000倍液，喷施部位为花生茎基部。同时将50%二氯甲氢尿酸钠与3%恶霉灵、0.0016%24-表芸苔素内酯可溶液剂混合液灌入花生根部，每间隔7~10d上喷下灌1次，连续处理3次，可达到有效的防治效果。

（四）白绢病

1. 发病症状及危害

白绢病主要发病部位在茎基部、荚果部，一般从根部感染病菌。初期染病植茎基部会变为褐色，并出现变软、腐烂症状。中期受害部位表面出现白色菌丝体，整体植株枯萎变黄。后期植株枯萎死亡。

2. 防治方法

根据白绢病土传性真菌病害特点，应优选抗齐整小核菌能力较强的品种，播种前人工筛除霉变的花生种子，并利用1：200的比例使用15%咯菌腈·噻虫胺·噻呋酰胺种衣剂对花生进行拌种。避免选择前茬为薯类的田地，并将50%多菌灵等杀菌剂均匀撒施到花生种植田表面。播种时控制密度，加强田间除草与排灌。在花生植株生长时期，若发生白绢病害，则需及时将患病植株拔除，并移除患病植株周边土壤。

在田间明显可见白绢病害植株后，采用噻呋酰胺杀菌剂（27%噻呋酰胺·戊唑醇悬浮剂、60%氟胺·嘧菌酯水分散粒剂）全面均匀喷雾喷施，喷施量为600mL/hm²，每间隔7~10d喷施1次，连续喷施3次。若无法产生良好效果，则在地上喷药的同时在地下淋浇药液，重点喷淋花生根基部位，以提高白绢病害防治效果。

蚜虫、斜纹夜蛾、蛴螬以及叶斑病、疮痂病、根腐病、白绢病是辽宁铁岭昌图县花生种植期间发生概率较高的病虫害。根据各病虫害特点，种植户应综合利用农业防治、化学防治与生物防治技术，以降低花生病虫害发生概率与危害程度，从而为花生产量与品质的提升提供保障。

第四节 西(甜)瓜病虫害防治

一、病害症状

(一) 枯萎病

幼苗受害,子叶、真叶呈失水状萎蔫、猝倒状,拔出苗可见根部黄褐色腐烂。成株发病初期病株下部叶片呈失水状萎蔫,似水烫状,后期病部呈棕褐色、发软,常纵裂,有胶质流出,整株枯萎。

(二) 蔓枯病

叶片染病初生近圆形病斑,或自叶缘向内呈"V"形淡褐色病斑;后病斑破碎,其上生许多小黑点。茎蔓节附近产生灰白色椭圆形至梭形病斑,严重时叶片干枯、茎蔓腐烂。

(三) 炭疽病

前期子叶出现圆形和叶缘出现半圆形褐色病斑,病斑有黄褐色晕圈,其上可伴生有黑色小粒点。幼茎基部产生褐色凹陷病斑,造成猝倒。中后期叶片出现水渍状斑点,后扩展成圆形紫黑色病斑。茎蔓先出现椭圆形黄色病斑,而后凹陷,变为紫黑色,严重时病斑扩至全蔓,使全株枯死。

(四) 疫病

叶片初生暗绿色水浸状圆形或不整形病斑,迅速扩展,湿度大时,腐烂或像水烫状。茎基部染病,初生梭形暗绿色水浸状凹陷病斑,后环绕茎基缢缩腐烂,最后枯死。

(五) 白粉病

白粉病主要危害叶片,叶面或叶背产生白色近圆形星状小粉点,粉斑迅速扩大,连接成为边缘不明显的大片白粉区,上面布满白色粉末状霉。

(六) 病毒病

病毒病主要有花叶型和蕨叶型两种类型。花叶型,在叶片上先出现明显的退绿斑点,后变为系统性斑驳花叶,叶片变小、畸形,植株矮化,结果小而少。蕨叶型,新叶狭长、皱缩扭曲，花器不发育、难以坐果；果实发病，表面形成黄绿相间的病斑，并有不规则突起。

(七) 细菌性角斑病

细菌性角斑病主要危害叶片，叶片染病后初生针尖大小透明状小斑点，扩大后形成具有黄色晕圈的淡黄色病斑，中央变褐色或呈灰白色穿孔破裂，湿度大时病部产生乳白色细菌溢脓。

二、病害防治技术

(1) 合理布局，避免连作。防止西甜瓜与其他茄科作物、十字花科蔬菜病害的相互传播，必须在作物布局上进行合理安排，减少与这些作物出现"插花"田。

(2) 加强检疫，选用抗病品种。瓜类果斑病是一种检疫性有害生物，种子调入时，必须进行严格检疫。抗病品种有甜王808、昂达甜王零号、金牌甜王零号等。

(3) 采用工厂化育苗和嫁接技术。工厂化商苗可大大提高西甜瓜苗的质量和抗病虫能力，有效防治枯萎病的发生。

(4) 推广水肥药一体化技术。由于西甜瓜多数病害是通过灌溉水或雨水进行传播，可利用中小型机动喷药机，根据西甜瓜病害发生情况和栽培管理的需要，将药、肥、水混合后进行浇灌，从而尽量减少西甜瓜病害的传播途径。

(5) 加强田间管理，及时清洁田园。加强水肥管理，采用有机肥与化肥、基肥与追肥相结合，氮磷钾营养元素相配合的施肥原则。同时，及时清洁田园，发病株残体要及时拔出并集中深埋或烧毁。

(6) 及时进行药物防治。①蔓枯病、炭疽病。在发病初期可用96%"天达恶霉灵"1000倍液，或25%"阿米西达SC"1000倍液进行防治。②疫病。在发病初期用64%"杀毒矾"500倍液、72.2%"普力克"800倍液进行防治。③白粉病。在发病初期，选用50%"多菌灵"800倍液，或25%的"三唑酮"2000倍液进行喷雾防治。④病毒病。在发病初期，选用2%氨基寡糖素600倍液、20%"克毒宁"500~600倍液进行防治。⑤细菌性角斑病。发病初期用13%"络氨铜"水剂300倍，或77%"可杀得"粉剂400倍进行喷雾防治。

三、虫害症状

(1) 瓜蚜。以成虫和若虫密集在植株嫩尖和叶背为害。受害嫩尖生头受抑制，嫩叶卷曲，造成叶片提前凋落，影响产量。

(2) 斑潜蝇。幼虫蛀食叶肉组织，形成带湿黑和干褐区域的蛇形白色斑；成虫产卵取食也造成伤斑。受害重的叶片表面布满白色的蛇形潜道及刻点。

(3) 地下害虫。地下害虫有小地老虎、蛴螬等，以成虫和若虫在靠近地表处，咬断西甜瓜幼苗，使幼苗枯死。

四、虫害防治技术

(一) 物理防治

蚜虫、斑潜蝇等害虫有强烈的趋黄性，可在田间插上黄板进行诱杀；在田间放置按一定比例配成的含"敌百虫"晶体的糖醋酒水，诱杀种蝇成虫。

(二) 化学防治

(1) 瓜蚜。用1%"苦参碱"，加"啶虫脒"或"吡虫啉"等防治药剂进行防治。

(2) 斑潜蝇。用2%"天达阿维菌素"2000倍液，或1.8%"爱福丁"2000倍液进行防治。

(3) 地下害虫。在小苗移栽大田时，每亩用3%"地虫光"2~3公斤，施于西甜瓜塘周围；当小苗移栽成活后，用25%"功夫"10毫升兑水15公斤进行喷雾。

第五节　设施黄瓜病虫害防治

设施黄瓜栽培能给黄瓜生长提供相对完整的温室生态系统，促进黄瓜产量与品质的提升，但是温室环境也会加速病虫害的繁殖，导致病虫害发生概率增大。为此，总结设施黄瓜病虫害防治技术要点，对指导设施黄瓜生产意义重大。

一、防治原则及技术要点

(一) 防治基本原则

坚持以农业防控为基础，结合药剂防控及生物防控技术，进行绿色综合防治，以保障黄瓜产品的安全、优质、高产。

(二) 防治技术要点

1. 选择适宜抗病的品种

根据栽培茬口差异，选择适宜该茬口品种中最具抗病性的品种。

2. 科学应用栽培技术

科学应用栽培技术可有效地减轻、防御或延迟设施黄瓜病虫害的发生。如播种前的高温闷棚、土壤及种子的消毒、轮作、施用腐熟的有机肥、培育壮苗、嫁接育苗、合理控制设施内温湿度、及时去除病叶老叶以及改善通风透光条件等。

3. 化学药剂防治技术

(1) 要"早"。要及早发现，通过对设施黄瓜的细致观察，提早发现病情，从而治早、治小、治了。

(2) 要"准"。病虫害的诊断要"准"，用药选择要"准"，施药时机要"准"，施药部位要"准"。科学掌握病虫害症状及治疗的药品，掌握病虫害发病规律，如灰霉病主要侵染花瓣、柱头以及小果实，防治需提前到花期喷药，施药部位重点喷施花瓣和幼瓜，防治霜霉、白粉、病毒病时，需对叶的正、背面进行打药。

(3) 合理混用农药。合理混用农药既可节约成本，又能克服抗药性，实践中证明合理混药防控病虫害效果良好。但混用必须注意，只有同类性质（在水中酸碱性）的农药才能混用，如中性农药与酸性的可混，而有些农药是不可与碱性农药混用的，比如石硫合剂、波尔多液等。

(4) 不同类农药交替使用。一般病害每 6～7d 喷药 1 次，虫害每 10～15d 喷 1 次。选晴天进行，温度高时浓度适当低些，小苗、开花期喷药量要小。

4. 药剂的施用方法

在防控设施黄瓜病虫害的过程中，药剂防控通常选择粉剂、喷雾及烟雾剂的方法。

(1) 粉剂施用技术

在药剂选择上必须根据防控需要来针对性地选择粉剂品种，如病害防控可选择 5% 百菌清粉剂、10% 防霉灵粉剂、12% 克炭灵粉剂、10% 脂铜粉尘剂、5% 加瑞农粉尘剂、8% 炭疽粉粉尘剂或 40% 拌种双粉剂等；虫害防控可用 5% 灭蚜粉尘剂等。在喷施技术环节，适宜选择早上通风前或傍晚闭风后进行喷施，喷粉时应做到喷施均匀周到，喷药过程应由内而外退行喷药，喷后 2h 需通风，大风天气不适合喷药。

(2) 喷雾技术

可采用喷雾法进行施药的药剂包括乳油、水剂、悬浮剂以及可湿性粉剂等，通常喷施时要求黄瓜植株表面要保持湿润，喷雾器保持压力稳定，喷施药剂的雾滴大小和数量均匀，药液不能自叶面上流下，叶片正、背面都要均匀喷到。

(3) 烟雾剂的施用技术

烟雾剂的施用技术包括烟剂的正确选择、药量的准确应用以及施药方法的科学合理。例如，在烟剂的选择上，通常黄瓜定植前可选择硫黄和锯末按 1∶2 重量混拌配制药剂进行熏棚；杀菌可选用45%百菌清烟剂、40%百扑烟剂、40%百速烟剂或15%扑霉灵烟剂等；杀虫选用10%杀瓜蚜烟剂、蚜虱一熏净烟剂、22%敌敌畏烟雾剂或10%氰戊菊酯烟剂等。在药量控制的标准上，以能有效防治病虫害、不浪费以及不会出现药害为最佳；在药剂施用方法上，施药时间的选择非常重要，因为如果有阳光照射，则烟雾不易沉积，药效不佳，选择傍晚日落后使用烟雾剂效果更好，同时在药剂施放中要做到多点放药、均匀施放，且要将药剂放在高于地面30～40cm处，先封闭设施棚室，后用香火、烟头逐一点燃，禁用明火，次日早上进行通风。

二、常见病虫害特征及具体防控措施

设施黄瓜栽培常因品种选择不当以及栽培技术不科学导致黄瓜病虫害的发生，黄瓜病害分为侵染性病害和生理性病害，其中侵染性病害包括真菌病害、细菌病害和病毒病害，通常以猝倒病、霜霉病、白粉病、叶斑病等最为常见，其病害病征各异，防控措施有别，如黄瓜虫害以蚜虫、潜叶蝇最为常见。

(一) 常见病害

1. 猝倒病

设施黄瓜猝倒病常发病于幼苗时期，低温、高湿、弱光条件下容易发病，主要危害幼苗根茎，造成幼苗倒伏，甚至引发幼苗大面积死亡。猝倒病通常采用无病土育苗、种子消毒、通风、清除病株、清除临近土壤等方法进行防控，也可选择药剂防控，选用55%多效瑞毒霉可湿性粉剂350倍液或多抗霉素150倍液灌根，每6～7d灌1次，连灌2～3次。

2. 霜霉病

黄瓜霜霉病在黄瓜生长的各个阶段均有可能发病，一般与温室大棚内温湿度相关。棚内湿度增加会加剧病害严重程度，病情轻微时只表现在植株与叶片患病，发病严重时则会影响黄瓜产量甚至造成绝收。黄瓜霜霉病防控要坚持提前防控原则，避免棚内高湿、昼夜温差大等状况出现，适时进行药剂喷施，药剂可选择杜邦克露、凯润、氟吗锰锌、达科宁、金雷等。

3. 白粉病

白粉病由单丝壳菌造成，潜伏期在5～8d，高温、高湿、干旱、氮肥用量过多、植株过密、光照不足或设施内排水、通风不畅等都会加重病害。黄瓜白粉病采用药剂进行防控，效果显著，如使用27%高脂膜150倍液进行喷洒，病发初期开始喷洒，每间隔5～6d喷1次，连续喷洒2～3次；或施用25%粉锈宁2000倍液、70%甲基托布津700倍液等喷雾均十分有效。

4. 细菌性叶斑病

黄瓜细菌性叶斑病病菌喜温，并易生存于潮湿环境之中，多发于多雨季节，当设施内温度为18~38℃时会引发病害，特别是当黄瓜植株存在伤口时，更易加重病情。合理轮作与播前对种子消毒是防控叶斑病的有效措施，药剂防控可选择50%混杀硫悬浮剂500~600倍液进行喷施。

(二) 常见虫害

1. 蚜虫

设施黄瓜的温室环境使得黄瓜的虫害相比病害发生率更高，且增殖速度与世代更新速度均较快，常见虫害有蚜虫、潜叶蝇等。在苗期即可发生蚜虫虫害，常贴附于黄瓜叶背上，单叶片蚜虫数量为500~800头，温室大棚中有的甚至在千头以上。蚜虫的主要危害是吸取叶片汁液，引发病毒感染，影响黄瓜生长。蚜虫的防控可采取清除杂草，设置防虫网、黄板等措施，也可使用杀蚜烟剂、吡虫啉、蚜虱净、抗蚜威等进行药剂防控。

2. 潜叶蝇

潜叶蝇虫害在黄瓜的苗期与生长期均可发生，尤以重茬保护地更易出现。潜叶蝇的防控药剂：可选1.8%阿维菌素3000倍液+害立平混合施用；或选用98%巴丹1000倍液、40%绿菜宝1000倍液、1.8%虫螨克2500倍液、乐斯本800~1000倍液等喷雾防治。

第六节　甘蓝病虫害防治

一、甘蓝主要的虫害

(一) 菜青虫

菜青虫是甘蓝生长过程的主要害虫之一，幼虫主要危害叶片和叶肉部位，3龄之后可将叶子咬出孔洞，严重时会啃食所有叶片，并且排出的粪便会污染甘蓝。

(二) 小菜蛾

一年会发生5~6代，虫蛹在田间越冬，成虫主要在夜间活动，具有一定的趋光性。幼虫主要啃食叶片和叶肉部位，会造成叶片残缺。

(三) 甘蓝夜蛾

在成虫期会为害叶肉部位，并且排出的粪便会造成叶球腐烂。成虫主要在夜间活动，具有一定的趋光性，虫蛹在田间越冬。

二、甘蓝主要的病害

(一) 甘蓝黑腐病

染病叶片出现不规则的淡褐色病斑，之后病斑扩散和蔓延，造成叶片变黄或枯死。黑腐病的病菌能够在种子上或者土壤中越冬，在田间管理中通过肥料和病株直接传播。高温高湿或者多雨天气容易造成病菌的侵入。肥水管理不当或者暴风雨天气频发会加重病情。

(二) 甘蓝黑斑病

甘蓝黑斑病主要为害叶片和花球部位，病斑上有黑色的霉状物，会造成叶片枯黄，在潮湿的环境下会产生黑色的霉状物。在染病后新生的分生孢子借助雨水传播，尤其在高温多雨和管理不善的条件下容易发病。

(三) 菌核病

菌核病主要为害幼苗，幼苗感染之后地面茎部出现水渍状病斑，染病 7d 后会枯死。成株染病后叶片会出现不规则的淡褐色病斑。在气候潮湿的环境下，病斑部位会出现白色棉絮状菌丝。该病害是一种真菌性病害，病菌在土壤中能够越冬。

三、病虫害防治技术

(一) 播种前的病虫害防治

在甘蓝播种前要做好病虫害的防治工作，防治的对象包括土壤或者种子携带的病原菌，主要采取以下 3 种防治措施。

第一，合理选择苗床。选择近 3 年内没有种植过十字花科作物且土壤肥沃的苗床，并在播种前对苗床进行深翻处理，深度控制在 20cm 以上。

第二，做好苗床的消毒工作。在整地的过程中要做好消毒工作，可以先使用琥珀酸铜 500 倍液均匀地喷洒在土壤中，然后铺入苗床，或使用多菌灵可湿性粉剂和福美双可湿性粉剂按照一定的比例配合使用，之后和细土混合搅拌。

第三，种子的处理。在播种前要做好种子的处理工作，可以使用温水浸泡种子，事先用盐水将种子里的杂质清洗干净，用温水浸泡20~30min后才能播种。也可选择药剂拌种，在水中加入适量的漂白粉均匀搅拌，放在容器内密闭16h后播种。选择春雷霉素可湿性粉剂拌种，可预防真菌和细菌，防治效果较好。

(二) 育苗期的防治

做好育苗期的病虫害防治工作是非常关键的，防治对象包括地下害虫和小菜夜蛾等虫害，可以采取以下两点防治措施。

第一，加强栽培管理，选择适合的时间播种，提高播种的质量，做好防旱和防涝工作，从而有效地预防地下害虫。

第二，选择药剂防治，为了提高虫害的防治效果，选择氯虫苯甲酰胺可湿性粉剂或者多杀霉素悬浮剂，能够有效防治小菜蛾。在甘蓝—叶—心期，使用嘧菌酯悬浮剂或者百菌清可湿性粉剂进行喷雾防治，喷洒1~2次，能够有效预防真菌性病害的发生。

(三) 移栽及定植时期的病虫害防治

做好移栽及定植期的病虫害防治工作很重要，移栽及定植期的防治对象为小菜叶蛾、菜青虫和菜蚜等，应采取以下两点防治措施。第一，加强田间管理。在幼苗移栽后发现病苗和弱苗应及时剔除，栽植生长健壮的幼苗，以避免将病虫害带入大田，造成病害的扩散和蔓延。第二，采取灌溉处理措施。在移栽前的5~7d，可在苗床喷洒药物进行防治，移苗带土移栽。在浇定植水的过程中，可以选择乙蒜素灌根以防治害虫，并且起到壮苗的作用。

(四) 结球期的防治

结球期主要防治对象为小菜叶蛾，可以采取以下4种防治措施。

第一，加强田间管理。做好浇水工作，保证土壤湿润，在结球后期要控制好灌溉量，雨季到来时做好排水工作。

第二，控制好施肥量。在蹲苗后要结合降水情况适当追施氮肥，搭配使用钾肥和硼肥，适当地在叶面喷施磷酸二氢钾溶液，控制好喷施次数。

第三，选择药剂防治。在小菜叶蛾孵化量到高峰期，可以选择药物防治，使用氯虫苯甲酰胺或者多杀霉素悬浮剂进行喷雾防治。在结球前后阶段如果发现感染叶片上出现不规则的坏死病斑，并且病斑上呈现黑褐色的小粒点，可以使用百菌清悬浮剂，间隔7~10d喷洒1次，连续防治2~3次，能够有效防治黑胫病。使用氢氧化铜干悬浮剂或者硫酸链霉素可溶性粉剂，间隔7～10d防治1次，连续喷洒3～4次，能够有效防治黑腐病和软腐病。

第四，甘蓝结球期是病虫害发生的高发期，要结合病虫害的发病情况选择具体的防治药剂。在小菜叶蛾产卵的初期阶段，选择喷洒药物防治，能够取得最佳的杀虫效果。在黑腐病和黑胫病的发病初期阶段，轮流使用化学药剂，可避免病害出现抗药性，并且防治效果较好。

（五）采收期的防治

采收期主要防治对象为黑斑病。在收获后要彻底清除田间的病残物，包括病株和病叶等，可采取深埋或者焚烧的方式，以减少病源的数量，防止第2年再感染。

四、甘蓝主要病虫害的防治措施

（一）甘蓝黑腐病

第一，选择合理的轮作制度，2～3年没有与十字花科作物轮作。

第二，做好种子的消毒工作，为培育无病的秧苗奠定基础。可以先使用50℃的温水浸泡种子20min，然后使用消毒药剂拌种消毒，以提高幼苗的抗病能力。

第三，选择适合的时间播种、科学施肥和浇水，以防止植株早衰，提高抗病能力。

第四，药剂防治。在发病初期阶段，使用氢氧化铜可湿性粉剂或者70%农用硫酸链霉素可湿性粉剂进行喷雾防治，间隔5～7d喷洒1次，连续喷洒2～3次。

（二）甘蓝黑斑病

第一，科学轮作，不与十字花科蔬菜轮作。

第二，采取农业防治措施，通过地膜覆盖技术来提高土壤肥力，选择合理的密植方式，采取中耕培土和深松措施，以提高土壤的保墒保水能力，促进植株健康生长，避免早衰。

第三，选择药剂防治，在发病初期阶段，使用百菌清可湿性粉剂或者代森锰锌可湿性粉剂，兑水之后喷雾防治，间隔7～10d喷洒1次，连续喷洒2～3次，能够取得很好的效果。在喷洒的过程中可以加入芸苔素内酯类植物生长调节剂，促进病株的生长发育、提高防治效果。

(三) 菌核病

在种植前做好种子处理工作,可以先使用盐水浸泡种子,将患病种子清除干净,然后使用清水冲洗,晾干后进行播种。合理的轮作可以降低菌核病的发生概率。选择药剂防治,在发病的初期阶段,使用氯硝胺可湿性粉剂或者甲基立枯磷乳油,间隔7~10d喷洒1次,连续用药2~3次,可以取得很好的防治效果。

(四) 甘蓝夜蛾

第一,诱杀成虫。在种植地设置糖醋液诱杀,控制好糖醋液的比例,加入少量的敌百虫,能够灭杀成虫。在成虫高发期,可以在田间挖直径为20~25cm的小圆孔,之后在坑底铺上地膜,在容器内放入诱杀剂,可以灭杀成虫。

第二,药剂防治。使用辛硫磷乳油、敌敌畏乳油或者高效氯氰菊酯乳油进行防治。需要注意的是,加入适量有机硅助剂,能够提高防治效果,并且节省用药量。

五、病虫害防治管理措施

(一) 提高栽培管理人员的技术水平

甘蓝病虫害的防治比较烦琐,应该加强对甘蓝栽培管理人员的管理,不断更新栽培技术,从而提高病虫害的防治效果。此外,提高栽培管理人员的防控意识和防治技术能力,选择最佳的预防时期,可将感染病虫害造成的损失降到最低,如在发病初期阶段做好防治可以减少危害。

(二) 做好栽培的预防工作

为了避免对甘蓝质量造成影响,应减少化学农药的使用量,必须做好栽培时期的管理工作,提高甘蓝病虫害的防治能力和水平。

在甘蓝栽培的过程中,做好施肥和灌溉工作,科学地中耕除草,提高土壤的保水保墒能力,从整体上提高甘蓝的防控病虫害能力。

(三) 加强检疫

在自然条件下病虫害的传播具有一定的地域性和局限性,在人为因素的影响下会加快传播的速度,可通过科学的检疫工作减少病虫害造成的不利影响,避免对甘蓝种植造成毁灭性的打击。

(四) 提高种植技术

第一，做好甘蓝品种的选择。要结合当地的实际情况分析种植环境，考察当地的温度和湿度是否适合甘蓝的生长，坚持因地制宜的原则。

第二，做好甘蓝的育苗工作。保证幼苗的质量是病虫害防控的关键，要控制好播种时间，培育壮苗，提高甘蓝抗病能力。

第三，做好苗床的检查。种植人员应加强对苗床的检查，避免苗床出现温度过高或者过低的情况，一旦发现管理不科学要立即采取应对措施，将病虫害发生的概率降到最低。

第四，做好施肥和管理工作。在甘蓝施肥的过程中，为了保证幼苗能够吸收到充足的养分，要做好土壤的水肥管理工作，创造不利于病虫害发生的外部条件，从而保证甘蓝生长环境的稳定性。

第七节　花椰菜病虫害防治

一、主要病害

(一) 霜霉病

1. 危害特点

霜霉病主要危害叶片，嫩茎和花梗上也有发生。叶片上的病斑呈暗绿色不规则形，逐渐扩大后，呈淡黄褐色。病斑表面轮廓不清，背面叶脉为隔断状。湿度大时变成白色霉层。该病主要发生在气温较低的早春和晚秋，尤其在 10～20℃ 的低温多湿条件下危害严重。除花茎甘蓝外，还侵染花椰菜和甘蓝。病斑上的霉层形成孢子后借助气流四处传播，落到叶片上的孢子遇到水分便萌发出芽管，侵入植物体内繁殖。霜霉病菌在 3～25℃ 下遇到降雨后形成孢子。形成孢子的适温为 8～10℃，萌发芽管的适温为 8～12℃，侵染适温为 16℃，发病适温为 10～15℃，尤其在夜间 8～16℃ 时发病较多。气温较低、阴雨连绵的春秋和脱肥或氮肥过多均有利于病害发生。连作十字花科作物密度大、排水不良时也容易发生。

2. 防治方法

早发现、早喷药。同时，要加强肥水管理，改善排水条件，苗床避免密植，将作物茎叶堆积腐熟或深埋土中。最好同十字花科以外的作物实行轮作。

药剂防治：发现中心病株后，可选用霜安 (50% 烯酰吗啉 WDG)150～200 倍液、银霉清（72%霜脲·锰锌 WP）600~800倍液或农华康元（30%精甲·嘧菌酯 SC）1500~2000倍液进行喷雾防治，交替轮换用药，7~10d喷1次，连喷2~3次。

(二) 黑腐病

1. 危害特点

通常发生于成叶下部叶片的叶缘，出现不规则形或"V"形黄色大型病斑。病斑沿叶脉扩大，不久黑褐变而枯死。病情发展后，上部叶片也出现病斑。严重时全体叶片黄化，失去生机。广泛侵染十字花科作物。发育适温31~32℃，最低5℃，最高38~39℃。致死温度为51℃，时间10min。

2. 防治方法

种子要采用无病株，使用前应消毒。与非十字花科蔬菜实行两年以上的轮作，要施足苗肥，防止植株早衰，增强其抗病性。切忌大水漫灌，以减少病菌传播蔓延。及时进行中耕除草。

药剂防治：发病初期可选用点库（6%春雷霉素 WP）1000倍液或72%农用硫酸链霉素可溶性粉剂4000倍液防治，7~10d喷1次，连喷2~3次。

(三) 立枯病

1. 危害特点

常见于2~3片真叶的幼苗期，侵染茎基部，呈立枯状，广泛侵染多种蔬菜。病菌发病适温为25℃~30℃，多存活于0~5cm的土层中，通常发生在高温多湿条件下。

2. 防治方法

要保持土壤干燥；床土每年都要更新，或者进行熏蒸消毒，也可在播种前喷施药剂。病株一经发现，及时剔除，并在其周围喷施药剂。发病初期可用百丰达（1%多抗霉素 AS）500倍液或用农华康元（30%精甲·嘧菌酯 SC）1500~2000倍液进行喷雾防治。

(四) 黑斑病

1. 危害特点

该病主要危害叶片。叶片上出现黄白色小斑点，透光可见病斑周围有明显的晕环。小斑点变成深褐或灰褐色之后周边颜色加深，稍微隆起，中心部凹陷，严重时可破裂。几乎侵染所有的十字花科作物。病菌附在种子和病株残体上，可在土壤中生存1年以上。病菌借助风雨飞散，从气孔、水孔和风雨造成的伤口及病虫食痕侵入病株。

发病适温为 25～27℃。常发生于连作、脱肥及生长衰弱的植株，尤其于降雨多的季节频繁发生。

2. 防治方法

种子要采用无病株；避免十字花科作物的连作，适度轮作；充分施肥、防止后期脱肥。每年发病的地块，应在发病前喷施药剂，防治小菜蛾等害虫。同时，注意保持收获后的田间卫生。发病初期可选用思科（10%苯醚甲环唑 WDG）1500 倍液或农华康元（30%精甲·嘧菌酯 SC）1000～2000 倍液进行喷雾防治，7～10d 喷 1 次，连喷 2～3 次。

(五) 软腐病

1. 危害特点

软腐病主要危害花蕾。伤口、黑腐病及冷害发生部位易受侵染，最初呈水渍状，不久变为米黄色。高温时发黏，腐烂后发出恶臭。病菌寄生于多种作物，发育适温为 32～33℃，最低为 0～3℃，最高为 40℃。致死温度为 50～51℃，10min。

2. 防治方法

避免在多发病地块连作十字花科作物。发病初期可用稻赏（2%春雷霉素 AS+25%咪鲜胺 EC）500～1000 倍液或点库（6%春雷霉素 WP）1500 倍液喷雾防治。

二、主要虫害

(一) 物理防治

黄板诱杀蚜虫、白粉虱。用 60cm×40cm 长方形纸板，涂上黄漆，再涂上一层机油，挂在田间，每亩 30～40 块，当黄板粘满蚜虫、白粉虱等害虫时，再涂一层机油。另外，挂银灰色地膜条驱避蚜虫。

(二) 药剂防治

1. 甜菜夜蛾

卵孵化盛期可选用捷尔（20%虫酰肼 SC）2500～3000 倍液、绿巧（1.14%甲维盐）1500 倍液防治，或幼虫 3 龄前用农华甘囍（52.25%氯氰·毒死蜱乳油）1000 倍液进行喷雾防治。于晴天傍晚用药，阴天可全天用药。

2. 菜青虫

卵孵化盛期可用捷尔（20%虫酰肼 SC），幼虫 2 龄前可用农华高福（2.5%功夫乳油)2000倍液或绿巧(1.14%甲维盐乳油)1000倍液进行喷雾防治。

3. 小菜蛾

卵孵化盛期可选用8%氟虫腈悬浮剂每亩17~34mL,加水50~75L,或用52.25%氯氰·毒死蜱1500倍液,或幼虫2龄前用1.8%阿维菌素乳油3000倍液进行喷雾防治。

4. 蚜虫

可选用5%啶虫脒2000~3000倍液或70%吡虫啉1500倍液喷雾,6~7d喷1次,连喷2~3次。用药时可加入适量展着剂。

第八节　山药病虫害防治

我国是山药的原产地,除高寒地区外,其他各地均有栽培。山药生产过程中常受到病虫害的威胁,尤以病害最为严重,成为制约山药安全生产的"瓶颈"。

一、病害

炭疽病、红斑病、褐斑病、枯萎病等。

(一)炭疽病

1. 发病特点

山药炭疽病主要危害叶片及藤茎。先在叶尖或叶缘出现叶片病斑,前期表现为水渍状呈暗绿色的小斑点,之后发展为圆形、椭圆形或不定形的呈褐色的大斑。病斑中间为灰褐至灰白色,有轮纹,有黑色小粒点。茎部染病,初生梭状不规则斑,中间灰白色、四周黑色,严重的上、下病斑融合成片,致全株变黑而干枯,病部长满黑色小粒点。

2. 防治方法

(1)农业防治。选择抗病品种;合理密植,改善通风透光条件;合理施肥,重施有机肥,增施磷钾肥,少施氮肥。

(2)药剂防治。发病初期叶面喷施质量分数为70%甲基硫菌灵1500倍液或质量分数为50%烯酰吗啉1500倍液,隔7~10d喷1次,连喷2次。

(二) 红斑病

1. 发病特点

山药发生红斑病是由线虫引起的。初期表现为在块茎上形成大小不一,直径在2mm左右的红褐色近圆形小斑点;后期发展形成深约1.5mm的大斑块。

2. 防治方法

合理进行轮作;做好山药栽子消毒,可选择1.5%噻霉酮水剂50~100倍液浸种。

(三) 褐斑病

1. 发病特点

发病初期表现的症状为叶片出现不规则分布的干燥褐色斑点或大斑块,斑块呈圆形或椭圆形,斑块,湿度大时产生大小不一颜色较浅的灰黑色霉状物,是山药生产中最易发生的病害。

2. 防治方法

加强管理,雨后及时排水,降低田间湿度;若发现发病植株需及时清除并带出田进行外销毁;在发病初期可向叶面喷洒质量分数为50%多菌灵可湿性粉剂800倍液防治。

二、山药虫害

为害山药的害虫有蛴螬、小地老虎、斜纹夜蛾、叶蜂等。蛴螬主要为害山药地下根系和块茎,影响山药的产量和质量。小地老虎为害山药藤蔓基部近地表层1~3cm处,造成缺苗断垄。斜纹夜蛾主要为害叶片和嫩茎。叶蜂主要为害山药叶片。

对于蛴螬、小地老虎、斜纹夜蛾、金针虫等,经试验可使用多频振式杀虫灯进行防治,单灯面积2hm^2,连片设置,效果较好,挂灯前期灯高1.5~2m,后期略高于山药架,可在6月中旬开始开灯,8月底撤灯,开灯时间为晚9时至次日凌晨4时,可对其成果进行有效控制。也可在播种前用50%辛硫磷制成毒土进行土壤处理,以防治蛴螬、金针虫等。对于斜纹夜蛾、叶蜂等可在其幼虫3龄以前选用20%灭幼脲悬浮剂800倍液等进行喷雾防治。对于小地老虎可选用90%敌百虫晶体1000倍液进行喷雾防治。

第五章 作物遗传育种基础知识

第一节 遗传的细胞学及分子基础

一、遗传的细胞学

细胞是除了病毒（如噬菌体）等之外的生物有机体结构和生命活动的基本单位。生物的生长发育、繁殖、遗传变异、适应以及进化等重要生命活动均以细胞为基础，而且生物的遗传物质也存在于细胞之中。细胞分裂是实现生物体的生长、繁殖和世代之间遗传物质连续性传递的必要方式。染色体是细胞核中最重要的组成部分，在细胞分裂过程中，染色体会发生一系列有规律的变化，从而保证了遗传物质从细胞到细胞以及世代间传递的连续性和稳定性，也保证了生物的正常生长、发育和物种的稳定性。遗传学上许多基本理论和规律都是建立在细胞分裂的基础上的。

细胞分裂方式包括无丝分裂、有丝分裂和减数分裂三种。其中无丝分裂是一种简单、快速的分裂形式，没有纺锤丝和染色体的变化，是细胞核和细胞质的直接分裂，故又称为直接分裂。其过程一般是细胞核延长后缢裂成两部分，接着整个细胞也从中部缢裂成两部分，形成两个细胞。无丝分裂在低等生物（如细菌）中普遍存在，而高等生物的体细胞分裂以有丝分裂为主。

（一）细胞的有丝分裂

1. 有丝分裂过程

有丝分裂是生物体细胞增殖的主要方式，包含细胞核分裂和细胞质分裂两个紧密相连的过程。有丝分裂的主要特点是出现纺锤体和染色体发生有规律的动态变化，其结果是形成与母细胞染色体数相同和遗传组成相同的两个子细胞。从一次细胞分裂完成到下次细胞分裂完成为一个细胞周期，包括分裂间期和分裂期。细胞有丝分裂是一个连续的过程，根据染色体的形态变化，分裂期可分为前期、中期、后期和末期四个时期。

（1）前期

染色质纤丝开始螺旋化并逐渐浓缩为细长而卷曲的染色体，接着逐渐缩短、变粗。每个染色体含有两个染色单体，它们具有一个共同的着丝点，核膜与核仁逐渐模糊解体。

(2) 中期

核仁和核膜逐渐消失，细胞核与细胞质已无可见的界限。各染色体的着丝点排列在赤道板上，从两极出现纺锤丝，构成纺锤体，各个染色体的两臂则自由随机地分散在赤道面两侧。中期由于染色体收缩的最短、最粗，且分散排列在赤道面上，故此时期是鉴别染色体的形态和数目的最好时期。

(3) 后期

各染色体的着丝点分裂为二，其每条染色单体也相应地分开，并各自在纺锤丝的牵引下，彼此分离而移向两极。细胞两极将各具有一组染色体，数目与原来细胞相同。

(4) 末期

染色体移到两极后出现新的核膜，各自组成新的细胞核，核内形成新的核仁，这时染色体重新变得松散细长，恢复成纤丝状的染色质。此时一个细胞内存在两个子核。同时于细胞质中央赤道板处形成细胞壁，随着细胞质分裂，细胞也就分裂为两个子细胞。

有丝分裂所需时间因物种和外界条件而异。例如，在25℃，豌豆根尖细胞有丝分裂时间约为83min，而大豆根尖细胞的有丝分裂时间约为114min；蚕豆根尖细胞，在25℃，有丝分裂时间约为114min；而在3℃，则为668min。有丝分裂过程中，一般前期持续的时间最长，约占整个分裂过程的一半甚至更多，可持续1~2h，中期、后期和末期的时间都较短（5~30min）。

2. 有丝分裂的遗传学意义

多细胞生物通过体细胞分裂进行生长。在细胞分裂过程中，核内染色体经准确复制、分裂，为两个子细胞的遗传物质组成（与母细胞完全一样）打下基础。同时，染色体复制产生的两姊妹染色单体分别分配到两个子细胞中，使子细胞获得与母细胞同样数量与质量的染色体，这在遗传上具有十分重要的意义。因为这种均等式的细胞分裂，使组织及细胞间的遗传组成具有一致性，这样既能维持生物个体的正常生长和发育，也保证了物种性状的连续性和稳定性。

(二) 细胞的减数分裂

减数分裂是性母细胞成熟时配子形成过程中所发生的一种特殊的有丝分裂。其结果是遗传物质经过一次复制，连续两次分裂，产生染色体数目减半的性细胞，因此称之为减数分裂。

1. 减数分裂过程

减数分裂的特殊性表现在进行两次连续的细胞分裂过程，通常被称为减数第一次分裂和减数第二次分裂。每一次分裂又可划分为前期、中期、后期和末期4个时期。一般将这些时期分别称为前期Ⅰ、中期Ⅰ、后期Ⅰ、末期Ⅰ、前期Ⅱ、中期Ⅱ、后期Ⅱ和末期Ⅱ。两次分裂之间具有短暂的间歇期，称为中间期。减数分裂各时期染色体变化的特征简述如下。

(1) 前期Ⅰ

该时期是减数分裂过程中最为复杂和持续时间较长的时期。根据染色体形态的变化，又将其细分为细线期、偶线期、粗线期、双线期和终变期5个时期。

第一，细线期。核内染色体细长如线。此时染色体已在间期复制，每个染色体由一个共同的着丝点连接两条染色单体而成。

第二，偶线期。各对同源染色体相互纵向靠拢配对进行联会，2n条染色体经过联会形成n对染色体。联会的一对同源染色体，称为二价体。一般在这个时期出现多少个二价体，即表示有多少对同源染色体。二价体的形成有利于同源染色体维持配对的稳定性和同源染色体之间遗传物质的交换。

第三，粗线期。联会后的染色体逐渐缩短加粗。在二价体中，一条染色体的两条染色单体，互称为姊妹染色单体；而不同染色体的染色单体，互称为非姊妹染色单体。因此，一个二价体实际包含了4条染色单体，故其又被称为四合体或四联体。在此时期各同源染色体的非姊妹染色单体间可能发生片段交换，从而造成遗传物质的重组。

第四，双线期。四合体中的各对同源染色体开始相互排斥而分开，但在一定区域内仍被一个或几个交叉结连接在一起。交叉的形成是由于粗线期非姊妹染色单体间发生了交换，交叉也是交换发生的标志。

第五，终变期。染色体变得更为浓缩和粗短，交叉结向二价体的两端移动，并且逐渐接近于末端，这一过程叫作交叉的端化。核仁和核膜开始消失，所有二价体分散在核内。此时是鉴定染色体数目的最好时期。

(2) 中期Ⅰ

核仁和核膜均已消失，细胞质内出现纺锤体，纺锤丝与各染色体的着丝点连接。各二价体的着丝点整齐地排列在赤道板的两侧，并且面向相反的两极。每条同源染色体的着丝点朝向哪一极是随机的。这时也是鉴定染色体数目和观察各染色体形态特征的最好时期。

(3) 后期Ⅰ

由于受附着在着丝点上的纺锤丝的牵引，各个二价体中一对同源染色体开始各自分开，分别向两极移动，实现了染色体数目的减半过程。此期，每极只得到每对同源染色体的一个成员，非同源染色体间的各个成员以同等机会随机结合，移向两极。这时每条染色体的着丝点尚未分裂，仍包含两条染色单体。

(4) 末期Ⅰ

染色体到达两极后，松散变细，核仁和核膜重新出现，形成两个子核。同时细胞质发生分裂，在赤道板处形成细胞板，形成两个子细胞，成为二分体。

在末期Ⅰ后大部分高等植物都有一个短暂的中间期，相当于有丝分裂的间期，DNA 也不复制。

(5) 前期Ⅱ

每条染色体有两条染色单体，着丝点没有分裂，但染色单体彼此散得很开。

(6) 中期Ⅱ

细胞质内出现纺锤体，每个染色体的着丝点整齐地排列在赤道板上。

(7) 后期Ⅱ

着丝点一分为二，各个染色单体由纺锤丝牵引分别向细胞两极移动。

(8) 末期Ⅱ

染色体到达两极，出现核仁和核膜，形成新的子核，接着细胞质分裂为二。这样经过两次分裂，形成四个子细胞，称为四分体或四分孢子。四分体各细胞的核里只有最初细胞一半的染色体数，即从 2n 减数为 n。

从减数分裂的全过程来看，第一次分裂染色体是减半的，由 2n 到 n，减数的过程发生在后期Ⅰ，第二次分裂与一般的有丝分裂一样，染色体是等数的，由 n 到 n。

2. 减数分裂遗传学意义

减数分裂是生物有性繁殖必不可少的环节，具有极为重要的遗传学意义。

首先，双亲性母细胞（2n）先经过减数分裂产生性细胞染色体数目的减半（n），再通过雌雄性细胞受精融合产生合子，又恢复了该物种固有的染色体数目（2n），从而保证了亲代与子代之间染色体数目的恒定性，同时保证了物种遗传的相对稳定性。

其次，减数分裂为生物的变异提供了重要的物质基础。一方面，在中期Ⅰ非同源染色体之间自由组合，随着分裂随机进入配子。例如，n 对染色体的性母细胞减数分裂，其产生的性细胞就有 2n 种非同源染色体的自由组合形式。这就出现了后代的多样性，促进物种的繁衍和进化。因此，减数分裂也是独立分配规律的遗传学基础。另一方面，在粗线期，同源染色体上的非姊妹染色单体之间的片段产生交换，使子细胞的遗传物质发生重组，产生的后代遗传组成更加复杂多样化，形成了不同于亲代的遗传变异。因此，减数分裂是连锁遗传规律的遗传学基础。

(三) 高等植物配子的形成和受精

1. 高等植物雌雄配子的形成

生物繁衍后代的方式可以概括为三种：无性生殖、有性生殖和无融合生殖。无性生殖是通过亲本营养体的增殖分裂而产生许多新的后代个体的繁殖行为。有性生殖是由亲本性母细胞经减数分裂及配子体形成过程产生单倍性配子，配子受精结合产生二倍体合子，合子进一步分裂、分化和发育产生后代个体的生殖方式。无融合生殖，是指被子植物未经受精的卵或胚珠内某些细胞直接发育成胚的现象。有性生殖是最普遍而重要的生殖方式，大多数动、植物都是有性生殖的。植物的有性生殖是在花器里进行的，由雄蕊和雌蕊内的孢原组织经过一系列的有丝分裂和分化，最后经过减数分裂，发育成为雄配子和雌配子。

(1) 雄配子的形成过程

雄蕊花药中首先分化出孢原组织，孢原组织经有丝分裂后进一步分化为花粉母细胞 (2n)，花粉母细胞经减数分裂形成 4 个小孢子 (n)。每一个小孢子发生有丝分裂形成一个双核花粉粒，包含一个营养细胞和一个生殖细胞。随后生殖细胞又经过一次有丝分裂形成一个成熟的三胞花粉粒，包括两个精细胞 (n) 和一个营养核 (n)。这时花粉粒已不是一个生殖细胞，在植物学上称为雄配子体。

(2) 雌配子的形成过程

在雌蕊子房里着生胚珠，胚珠珠心组织分化为胚囊母细胞或大孢子母细胞。胚囊母细胞 (2n) 经过减数分裂，形成呈直线排列的 4 个孢子 (n)，即四分孢子。其中 3 个近珠孔端的大孢子养分被吸收而自然解体，远离珠孔的一个大孢子继续发育，经过连续 3 次的有丝分裂，形成 8 个核，其中有 3 个反足细胞、2 个助细胞、2 个极核 (组成 1 个中心细胞) 和 1 个卵细胞 (雌配子)。最后成熟的 8 核 (7 个细胞) 组成胚囊，即雌配子体。

2. 受精

雄配子 (精子) 与雌配子 (卵细胞) 融合为一个合子，称为受精。被子植物成熟的花粉粒落在雌蕊柱头上，花粉粒在柱头上萌发形成花粉管；花粉管穿过花柱、子房和珠孔，进入胚囊；花粉管内两个精核同时进入胚囊，其中一个精核 (n) 与卵细胞 (n) 受精结合形成合子 (2n)，可继续发育成胚，另一精核 (n) 与两个极核 (n+n) 受精结合为胚乳核 (3n)，并进一步发育成胚乳。这一过程就称为双受精。

二、遗传的分子基础

生物功能的发挥依靠生物大分子的协调作用。生物大分子主要有核酸、蛋白质和少量其他化合物如多糖和脂类等。核酸包括 DNA 和 RNA，核酸能够复制，是主要的遗传信息携带分子。RNA 还是重要的功能分子，在遗传信息的传递、运输和加工中起关键作用。蛋白质是生物主要的功能分子，由核酸控制合成，它参与所有的生命活动过程，并起着主导作用。

(一) 核酸的分子结构与复制

生物机体的遗传信息以密码形式编码在核酸分子上，表现为特定的核苷酸序列。核酸是一种由许多单核苷酸聚合而成的多核苷酸链，基本结构单位是核苷酸。核苷酸由戊糖、磷酸和环状的含氮碱基三部分构成。其中含氮碱基又可分为双环结构的嘌呤和单环结构的嘧啶。相邻的两个核苷酸由 3′,5′－磷酸二酯键相连。

根据所含戊糖种类的不同，核酸可以分为脱氧核糖核酸（DNA）和核糖核酸（RNA）。

DNA 和 RNA 的主要区别：DNA 中的糖分子为脱氧核糖，而 RNA 所含的是核糖；DNA 中主要含有 4 种碱基，即腺嘌呤（A）、鸟嘌呤（G）、胞嘧啶（C）和胸腺嘧啶（T），RNA 中也主要含有 4 种碱基，3 种与 DNA 中的相同，只是尿嘧啶（U）代替了胸腺嘧啶（T）；DNA 为双链，分子链较长，RNA 主要为单链，分子链较短。DNA 是主要的遗传物质，通过复制将遗传信息由亲代传给子代；RNA 也携带遗传信息，与遗传信息在子代的表达有关。

1. DNA 的分子结构与复制

(1) DNA 的分子结构

DNA 是由许多脱氧核苷酸组成的多聚体。与核酸的碱基相对应，脱氧核苷酸也有 4 种，分别是脱氧腺嘌呤核苷酸（dATP）、脱氧鸟嘌呤核苷酸（dGTP）、脱氧胞嘧啶核苷酸（dCTP）和脱氧胸腺嘧啶核苷酸（dTTP）。1953 年，瓦特森（J.D.Watson）和克里克（F.H.C.Crick）根据碱基互补配对规律以及对 DNA 分子的 X 射线衍射研究结果，提出了 DNA 双螺旋结构模型。在模型中，DNA 分子由两条反向平行的多核苷酸长链以右手螺旋的形式，彼此以一定的空间距离，平行地环绕于同一中心轴上形成双螺旋结构。每条单链以戊糖和磷酸基团构成骨架位于外侧，碱基位于内侧。两条多核苷酸链依靠彼此碱基之间的氢键连在一起。相邻碱基平面之间的距离为 0.34nm，10 个核苷酸沿中心轴线旋转一周形成一个螺旋，螺距为 3.4nm。DNA 双螺旋结构模型的提出对于阐明 DNA 分子的空间结构、DNA 的自我复制、DNA 结构的稳定性与可变性和 DNA 分子储存及遗传信息储存起到了重要作用，为分子遗传学奠定了坚实的理论基础。

(2) DNA 的复制

DNA 作为主要的遗传物质，具有按照自身结构准确复制的功能，从而将遗传信息由亲代传递给子代。

DNA 分子根据双螺旋结构模型，以自身为模板，以游离的核苷酸为原料，以三磷酸腺苷（ATP）为能源，在 DNA 聚合酶的作用下完成复制。在复制过程中，DNA 首先在解旋酶的作用下，氢键逐渐断裂，使双螺旋解开，形成复制叉，两条单链的碱基暴露，然后分别以两条单链为模板向两侧进行复制，按碱基配对原则（A-T，G-C）吸收游离的核苷酸，随即进行氢键的结合，在复杂的酶系统（如聚合酶Ⅰ、Ⅱ、Ⅲ和连接酶等）的作用下，各自形成一条新的完整的互补链，与原来的模板单链相互盘旋在一起，恢复 DNA 双链结构。

这样，随着 DNA 分子双螺旋的完全打开，就逐渐形成了两个新的 DNA 分子，它们与原来的完全一样。从模式图可以看出，通过复制所形成的两个新的 DNA 分子，都仅保留了原来亲本 DNA 双链分子的一条单链，另一条链则是新合成的，DNA 的这种自我复制方式称为半保留复制。这一机制保证了遗传物质在代谢上的稳定性和连续性。

2. RNA 的分子结构与复制

(1) RNA 的分子结构

相对于 DNA 分子而言，RNA 的分子结构较为简单，也是由 4 种核苷酸组成的多聚体。与 DNA 相比，碱基中的尿嘧啶（U）代替了胸腺嘧啶（T），核糖代替了脱氧核糖。此外，绝大多数 RNA 以单链形式存在，只有少数以 RNA 为遗传物质的动物病毒含有双链 RNA。在单链 RNA 中，部分区域可以按照碱基配对原则形成氢键并折叠起来，形成局部双螺旋，在形态上表现如发夹状。RNA 分子的大小变化较大，有些 RNA 分子由几十个核苷酸组成，有些分子可以含有上千个核苷酸。

(2) RNA 的复制

在自然界中，绝大多数生物以 DNA 作为遗传物质，但有些生物如一些 RNA 病毒不含有 DNA，仅以 RNA 作为遗传信息的基本携带分子，并能通过 RNA 复制而合成与其自身相同的分子。相对于 DNA 来说，RNA 的自我复制要简单得多。它们一般先以自己为模板合成一条与其碱基互补配对的单链，通常称这条起模板作用的 RNA 分子链为"+"链，而将新复制的互补链称为"-"链；然后这条"-"链从"+"链释放出来，它也以自己为模板复制出一条与自己互补的"+"链，于是形成了一条新生的病毒 RNA。

(二) DNA 与蛋白质合成

1. 遗传密码

生物的大部分遗传性状都是直接或间接通过蛋白质表现出来的。研究证明，生物体中各种蛋白质是由 DNA 控制形成的。DNA 决定了蛋白质的合成会涉及遗传密码即编码氨基酸的核苷酸序列问题。

比较蛋白质的分子结构和 DNA 的分子结构可以看出，DNA 链上的脱氧核苷酸的序列与蛋白质多肽链上的氨基酸序列之间有着平行的线性关系，也就是说 DNA 链上的脱氧核苷酸序列决定了它所控制的多肽链上的氨基酸序列。已知 DNA 的 4 种脱氧核苷酸的差别在于 4 种碱基的不同，因而实质上是碱基的序列决定氨基酸的排列顺序。DNA 中只有 4 种碱基，而蛋白质中的氨基酸有 20 种，那么 4 种碱基如何对应氨基酸的种类呢？

经过许多科学家的共同努力，于 1966 年完全破译了生物界通用的编码蛋白质中氨基酸的遗传密码，发现每 3 个碱基决定 1 种氨基酸，称为三联体密码子。mRNA 中有 4 种碱基，每 3 个碱基组成 1 个密码子，共可组成 $4^3=64$ 个密码子。

该 64 个三联体密码子，除了 3 个终止密码子外，余下 61 个密码子被用于编码 20 种氨基酸，所以许多氨基酸的密码子不止 1 个，只有色氨酸和甲硫氨酸仅有 1 个密码子。同一种氨基酸有一个以上三联体密码子的现象，称为密码子的简并性。

无论是低等还是高等生物基本上共用同一套遗传密码，即遗传密码具有通用性，这说明生物有共同的起源，深刻揭示了生物变异和进化的无限历程。

2. 蛋白质的合成

DNA 是遗传信息的携带分子，通过 RNA 控制蛋白质的合成，即遗传信息的转录和翻译两个步骤。

(1) 转录

转录是指以 DNA 为模板，在依赖于 DNA 的 RNA 聚合酶的催化作用下，以 4 种核糖核苷酸（ATP、CTP、GTP、UTP）为原料，合成 RNA 的过程。转录是将贮存于 DNA 中的遗传信息传递给蛋白质并进行表达的中心环节。参与蛋白质合成的 RNA 有三类，包括信使 RNA（mRNA）、转运 RNA（tRNA）和核糖体 RNA（rRNA）。

第一，mRNA 真核细胞中的 DNA 主要存在于细胞核的染色体上，不能通过核膜进入细胞质，而蛋白质是在细胞质中的核糖体上合成的。因此，就需要一种中介物质用来传递 DNA 上控制蛋白质合成的遗传信息。现已证实，这种中介物即信使 RNA（mRNA），它占细胞总 RNA 的 3%～5%。mRNA 的一个功能是把 DNA 上的遗传信息精确无误地转录下来，另一个功能是负责将它携带的遗传信息在多聚核糖体上翻译成蛋白质。mRNA 以核苷酸序列的方式携带遗传信息，通过这些信息指导合成多肽链中的氨基酸序列。

第二，关于 tRNA 研究发现，在合成蛋白质时，必须有一种特殊的 RNA 把氨基酸搬运到核糖体上，这种特殊的 RNA 称为 tRNA。它能根据 mRNA 的遗传密码次序准确地将它携带的氨基酸连接成肽键，所以 tRNA 还起着翻译员的作用。现在已知 tRNA 在细胞总 RNA 中约占 15%。一个细胞中通常含有 50 个或更多不同的 tRNA 分子，每一种氨基酸可与一种或一种以上的 tRNA 相结合。

通过研究不同的生物如酵母、大肠杆菌、小麦、鼠等的 tRNA 的结构，发现所有的 tRNA 都是由 50～95 个核苷酸组成的一条多聚核苷酸链，经过折叠后呈现三叶草型结构，具有如下共性：①5′端之末有 G（大部分）或 C；②3′端之末都以 CCA 结束；③有一个富含鸟嘌呤的环；④有一个反密码子环，含有被称作反密码子的 3 个碱基序列，这个反密码子可与 mRNA 模板上的密码子进行碱基配对的转移性识别，并将所携带的氨基酸送入合成多肽链的指定位置上；⑤有一个胸腺嘧啶环。

第三，rRNA 核糖体是蛋白质的合成中心，而 rRNA 是组成核糖体的主要成分。rRNA 也是以 DNA 为模板合成的，为单链结构，它含有不等量的 A 与 U 以及 G 与 C，存在广泛的双螺旋区域。rRNA 一般与核糖体蛋白质结合在一起形成核糖体。rRNA 是细胞中含量最多的 RNA，占细胞总 RNA 的 75%～85%。原核生物的核糖体所含的 rRNA 有 5S、16S 和 23S 三种；真核生物的核糖体所含的 rRNA 包括 5S、18S 和 28S 三种（S 为沉降系数，是某种颗粒在超速离心时沉降速度的数值，此数值与颗粒的大小直接成比例）。5S、16S、18S、23S 和 28SrRNA 分别含有大约 120 个、1500 个、1900 个、3000 个和 4700 个核苷酸。

核糖体内所有的 rRNA 在形成核糖体的结构和功能上都起着重要作用。16S 的 rRNA37 端有一段核苷酸序列与 mRNA 的前导序列是互补的，这有助于 mRNA 与核糖体的结合，对 rRNA 在识别 mRNA 上的多肽合成起始位点中起着重要的作用。但对 rRNA 在蛋白质合成中的其他生物学功能尚未完全了解。

(2) 翻译

翻译，是指以 mRNA 携带着从 DNA 上转录的遗传密码附着在细胞质内的核糖体上，再由 tRNA 携带各种氨基酸，按照 mRNA 上密码子的顺序，靠核糖体自身催化连接形成多肽链。

多肽链经进一步折叠形成具有立体结构的蛋白质分子，通过蛋白质或酶的活动，使生物表现特定的性状。由此可见，蛋白质的合成是以 DNA 为基础，通过 mRNA、tRNA 和核糖体等的协同作用的结果。

第一，核糖体。核糖体是由 rRNA 与核糖体蛋白组合而成的小颗粒核糖核蛋白体，直径为14~30nm，是合成蛋白质的场所。在细菌等原核细胞内，核糖体游离于细胞质内；而在真核生物的细胞中，它既可游离存在，也可以附着在细胞内质网上。

核糖体包含大小两个不同的亚基，由镁离子（Mg^{2+}）结合起来呈不倒翁状，并于低浓度Mg^{2+}状态下发生离解。亚基的大小常用它们的S值表示。例如，原核生物中较大的50S亚基与较小的30S亚基结合起来形成70S核糖体；真核生物中较大的60S亚基与较小的40S亚基结合起来形成80S核糖体。在蛋白质合成过程中，核糖体须以具有生理活性的70S（80S）复合体状态存在。

一般来说，核糖体远较mRNA稳定，可以反复用来进行多肽的合成，而且核糖体本身的特异性小，同一核糖体由于同它结合的mRNA不同，可以合成不同种类的多肽。通常mRNA必须与核糖体结合起来，才能合成多肽。在绝大多数情况下，一个mRNA分子要与一定数目的单个核糖体结合起来串联形成念珠状聚合体，称为多聚核糖体。每个核糖体可以独立完成一条肽链的合成，所以在多核糖体上可以同时进行多个肽链的合成，大大提高蛋白质的合成效率。

第二，翻译的步骤。转录完成后，mRNA进入细胞质，附着在一系列核糖体上，开始进行多肽的合成。原核生物mRNA的附着位置在70S核糖体的30S亚基上。

氨基酸活化形成的活化氨基酸是合成蛋白质的基本单位。氨基酸之间不能自动缩合成肽链，而是必须首先在氨酰-tRNA合成酶的作用下，与三磷酸腺苷（ATP）作用形成一种高能量的氨基酰腺苷酸活化酶复合物，得到活化后才能进一步缩合成肽链。

活化的氨基酸与对应的tRNA结合，活化了的氨基酸进一步在氨酰-tRNA合成酶的催化作用下与其对应的tRNA结合，形成氨酰-tRNA。现已知道，每种氨酰-tRNA合成酶只识别一种相应的氨基酸，并识别与此氨基酸相对应的一个或多个tRNA。

活化的氨基酸在核糖体上的缩合生成肽链的过程也称为翻译。在此过程中，各种氨酰-tRNA携带相应的氨基酸靠反密码子依次识别并结合到mRNA的指定位置，依次卸下它们运送的氨基酸，在转肽酶的催化下，在核糖体上形成多肽链。随着核糖体中mRNA的逐渐移出，一条长长的多肽链就被释放出来。现在已经明确翻译是从一个特定的起始密码子AUG（极少数为GUG）开始的，然后沿着mRNA由5′到3′方向进行，直到遇上终止信号UAA、UAG或UGA处（它们不受任何tRNA的识别），翻译便自然停止，一个完整的多肽链随即从核糖体上释放出来。

新合成的多肽链经卷曲或折叠，成为具有立体结构和生物活性的蛋白质。它们或成为结构蛋白，作为细胞的组成部分；或成为功能蛋白，如血红蛋白等；或作为催化细胞各种生化反应的酶。生物体通过各种蛋白质的活动，表现出一定的特征和特性。

(三) 中心法则及其发展

从 DNA 到蛋白质的合成过程描述了相应信息流的途径，即遗传信息贮存在 DNA 中，DNA 通过自我复制将遗传信息传给子代，以及 DNA 通过转录传递给 RNA，RNA 经过翻译再传递给蛋白质。这就是分子遗传学的中心法则。

中心法则阐明了基因的两个基本属性：复制与表达。这一法则曾被认为是从噬菌体到真核生物整个生物界共同遵循的规律。随着分子生物学的发展，在对某些 RNA 病毒的研究中，发现 RNA 也可作为模板合成 DNA，这个过程称为逆转录或反转录。逆转录的发现有重要的理论意义，它突破了传统观念的束缚，而且对于致癌机理的研究和遗传工程操作中基因的酶促合成亦有重要的实践意义。另外，有些 RNA 病毒中的 RNA 也可以进行自我复制。这两点丰富了中心法则的内容，表明遗传信息的流向不再是严格单向的。

第二节 遗传的基本规律

一、孟德尔遗传定律

孟德尔遗传定律是由奥地利帝国遗传学家格里哥·孟德尔在 1865 年发表并催生了遗传学的诞生的著名定律。

(一) 发现历程

孟德尔于 1854 年夏天开始用 34 个豌豆株系进行了一系列实验，他选出 22 种豌豆株系，挑选出 7 个特殊的性状（每一个性状都出现明显的显性与隐性形式，且没有中间等级），进行了 7 组具有单个变化因子的一系列杂交实验，并因此而提出了著名的 3∶1 比例。

豌豆具有一些稳定的、容易区分的性状，这很符合孟德尔的实验要求。所谓性状，即指生物体的形态、结构和生理、生化等特性的总称。在他的杂交实验中，孟德尔全神贯注地研究了 7 对相对性状的遗传规律。所谓相对性状，即指同种生物同一性状的不同表现类型，如豌豆花色有红花与白花之分、种子形状有圆粒与皱粒之分等。为了方便和有利于分析研究起见，他起初只针对一对相对性状的传递情况进行研究，后来观察了多对相对性状在一起的传递情况。

1. 区分外形

孟德尔首先注意到豌豆有高茎和矮茎之分，并且由此入手开始了研究。

2. 筛选纯种

孟德尔将高茎的豌豆种子收集起来进行了培植，又将培育出来的植株中的矮茎剔除而将高茎筛选出来，留下的高茎种子（又称为第一子代，以此类推）第二年再播种培植，如此重复筛选几年，最终种下的种子完全能长成高茎。他以同样的手段，经多年努力又筛选出了绝对长成低茎的种子。

3. 显性法则的发现

孟德尔在由高茎种子培育成的植株的花朵上，授以矮茎种子培育成的植株的花粉。与此相反，在矮茎植株的花朵上授以高茎植株的花粉。两者培育出来的下一代都是高茎品种。

4. 分离定律的发现

接下来孟德尔将这批高茎品种的种子再进行培植，第二年收获的植株中，高矮茎均有出现，高茎与矮茎两者比例约为3∶1。孟德尔除了对豌豆高矮茎外，还根据豌豆种子的表皮是光滑还是含有皱纹等几种不同的特征指标进行了实验。得到了类似的结果，表皮光滑的豆子与皱纹豆子杂交后，次年收获的种子均为光滑表皮。将下一代的种子再进行播种，下一年得到了光滑表皮与皱纹表皮两种，比例也为3∶1。此外孟德尔还针对种子的颜色（黄绿两色）作为区别标准进行了杂交实验，也得出了同样的结果。

5. 独立分配定律的发现

孟德尔将豌豆高矮茎、有无皱纹等包含多项特征的种子杂交，发现种子各自的特点的遗传方式没有相互影响，每一项特征都符合显性原则以及分离定律，这被称为独立分配定律。另外值得一提的是在孟德尔死后，发现这一定律只在一定的条件下方能成立。

在孟德尔进行杂交实验之前，科学界就已经知道精子和卵细胞都是生殖细胞。孟德尔提出精子和卵细胞对遗传有同等的贡献，受精就是亲本双方的遗传物质融合的观点，在当时还不是学术界的共识。

(二) 理论与应用价值

从理论上讲，自由组合规律为解释自然界生物的多样性提供了重要的理论依据。导致生物发生变异的原因固然很多，但是，基因的自由组合却是出现生物性状多样性的重要原因。比如，一对具有20对等位基因（这20对等位基因分别位于20对同源染色体上）的生物进行杂交，F_2可能出现的表现型就有$2^{20}=1048576$种。这可以说明为什么世界生物种类会如此繁多。

分离规律还可帮助更好地理解为什么近亲不能结婚。由于有些遗传疾病是由隐性遗传因子控制的，这些遗传病在通常情况下很少会出现，但是在近亲结婚（如表兄妹结婚）的情况下，他们有可能从共同的祖先那里继承相同的致病基因，从而使后代出现病症的机会大大增加。因此，近亲结婚必须禁止，这在我国婚姻法中已有明文规定。

孟德尔遗传规律在实践中的一个重要应用就是在植物的杂交育种上。在杂交育种的实践中，可以有目的地将两个或多个品种的优良性状结合在一起，再经过自交，不断进行纯化和选择，从而得到一种符合理想化要求的新品种。比如，有这样两个品种的番茄：一个是抗病、黄果肉品种，另一个是易感病、红果肉品种，需要培育出一个既能稳定遗传，又能抗病，而且是红果肉的新品种。你就可以让这两个品种的番茄进行杂交，在 F_2 中就会出现既能抗病又是红果肉的新型品种。用它作为种子繁殖下去，经过选择和培育，就可以得到你所需要的能稳定遗传的番茄新品种。

（三）定律的例外性

细胞质遗传的特点是通过细胞质内的遗传物质来控制的。也就是说细胞质遗传是两个亲本杂交，后代的性状都不会像细胞核遗传那样出现一定的分离比，而是随机地、不均等地分配到子细胞中去。

二、独立分配规律

分离定律只揭示了一对相对性状的遗传表现，但是杂交育种的目的总是设法将两个亲本的多个优良性状组合在后代中。后来，孟德尔又对两对相对性状间的关系做了研究，并提出了独立分配规律（自由组合定律）。

（一）两对相对性状的遗传试验

1. 豌豆的杂交试验

孟德尔在研究两对相对性状的遗传时，仍以豌豆为材料。他选取具有两对相对性状差异的两个纯合亲本进行杂交，一个亲本的子叶为黄色、种子的形状为圆粒；另一个亲本的子叶为绿色、种子的形状为皱粒。两亲本杂交的 F_1 全部是黄色子叶圆粒种子，表明黄色子叶和圆粒都是显性，这与 7 对性状分别进行杂交的结果是一致的。由 F_1 自交，得到 F_2 的种子，共有 4 种类型，其中两种类型与亲本相同，而另外两种类型是亲本性状的重新组合，且有一定的比例。

2. 独立分配现象

如果把以上两对相对性状个体杂交实验的结果，分别按一对性状进行分析，其结果如下：

黄子叶：绿子叶 =（315+101）：（108+32）=416：140=2.97：1≈3：1

圆粒种子：皱粒种子 =（315+108）：（101+32）=423：133=3.18：1≈3：1

通过上述分析，两对相对性状都是由亲代传给子代的，但每对性状在 F_2 的分离仍符合 3：1 的分离比例，与分离规律相同。说明一对相对性状的分离与另一对相对性状的分离是彼此独立地由亲代遗传给子代，两对相对性状之间没有发生任何干扰，二者在遗传上是独立的。再把两对相对性状结合在一起分析，按照概率定律，两个独立事件同时出现的概率，是分别出现的概率的乘积。因而黄子叶出现的概率应为 3/4，圆粒出现的概率也为 3/4，两者的乘积就是黄子叶、圆粒同时出现的机会，即 3/4×3/4=9/16；黄子叶、皱粒同时出现的机会为 3/4×1/4=3/16；绿子叶、圆粒同时出现的机会为 1/4×3/4=3/16；绿子叶、皱粒同时出现的机会为 1/4×1/4=1/16。

将孟德尔实验的 556 粒 F_2 种子，按上述的 9：3：3：1 的理论推算，即 556 分别乘以 9/16、3/16、3/16 和 1/16，所得的理论数值与实际结果比较，是基本一致的。

以上结果说明：两对相对性状可以自由组合，使 F_2 出现新性状重新组合的类型。

（二）独立分配规律的实质及其解释

1. 独立分配规律的解释

以上述杂交实验为例，用 Y 和 y 分别代表子叶黄色和绿色的基因，R 和 r 分别代表种子圆粒和皱粒的基因。黄色、圆粒亲本的基因型为 YYRR，绿色、皱粒亲本的基因型为 yyrr。两者杂交产生的 F_1 的基因型为 YyRr，表现型为黄子叶圆粒。

F_1 产生的雌配子和雄配子都是 4 种，即 YR、Yr、yR、yr，其中 YR 和 yr 称为亲型配子，Yr 和 yR 称为重组型配子。且 4 种配子相等，为 1：1：1：1。雌雄配子结合，共有 16 种组合。F_2 群体中共有 9 种基因型，4 种表现型，其表现型比例为 9：3：3：1。从细胞学角度分析这 4 种配子的形成过程如下：Y 与 y 是一对等位基因，位于同一对同源染色体的相对应位点上；R 与 r 是另一对等位基因，位于另一对同源染色体的相对应位点上。当 F_1 的胞源细胞进行减数分裂形成配子时，随着这两对同源染色体在后期 I 的分离，两对等位基因也彼此分离，而各对等位基因中的任何两个基因都有相等的机会自由组合，即 Y 可以与 R 组合，也可以与 y 组合，y 可以与 R 组合，也可以和 r 组合，故形成 4 种不同的配子，而且数目相等，成为 1：1：1：1 的比例。雌、雄配子也是这样。雌、雄配子相互随机结合，因而有 16 种组合，在表现型上出现9∶3∶3∶1的比例。

2. 独立分配规律的实质

独立分配规律是当两个纯种杂交时，子一代全为杂合体，只表现亲本的显性性状。当子一代自交时，由于两对等位基因在子一代形成性细胞时的分离是互不牵连、独立分配的，同时它们在受精过程中的组合又是自由的、随机的。因此，子一代产生4种不同配子，16种配子组合；产生9种基因型，4种表现型，表现型之比为9∶3∶3∶1。

独立分配规律的实质：控制2对相对性状的2对等位基因，位于不同的2对同源染色体上。在减数分裂形成配子时，每对同源染色体上的每对等位基因发生分离，而位于非同源染色体上的基因可以自由组合。

3. 独立分配规律的验证

（1）测交法

测交法就是用F_1与双隐性纯合个体测交。当F_1形成配子时，无论雌配子还是雄配子，都有4种类型，即YR、Yr、yR、yr，而且出现比例相等（1∶1∶1∶1）。由于双隐性纯合体的配子只有yr，因此，测交子代的表现型种类和比例，能反映F_1所产生的配子种类和比例。

（2）自交法

按分离规律和独立分配规律的理论推断，F_2自交时，由两对基因都是纯合的F_2，基因型为YYRR、yyRR、YYrr和yyrr自交产生的F_3不会出现性状的分离；由一对基因杂合的F_2，基因型为YrRR、YYRr、yyRr、Yyrr自交产生的F_3，一对性状是稳定的，另一对性状将分离为3∶1比例；由两对基因都是杂合的F_2，基因型为YyRr自交产生的F_3，将分离为9∶3∶3∶1的比例。从孟德尔所做的实验结果来看，完全符合预定的推论，即理论推断和自交实际的结果是一致的。

（三）独立分配规律的应用

按照独立分配规律，在显性作用完全的条件下，亲本之间有2对基因差异时，F_2有$2^2=4$种表现型；有3对基因差异时，F_2有$2^3=8$种表现型；有4对基因差异时，F_2有$2^4=16$种表现型；若两个亲本有10对基因差异时，F_2有$2^{10}=1024$种不同的表现型。至于F_2的基因型数目就更为复杂了。

不同基因的独立分配是自然界生物发生变异的重本来源之一，生物有了丰富的变异类型就可以广泛适应于各种不同的自然条件，有利于生物的进化。因此，可通过杂交产生基因的重新组合，来改良原来品种具有某些缺点的遗传原理。

根据独立分配规律，在杂交育种工作中，除有目的地组合两个亲本的优良性状外，还可预测在杂种后代中出现优良性状组合及其大致的比例，以确定育种的规模。

例如，某一水稻品种无芒而感病，另一水稻品种有芒而抗病。已知有芒（A）对无芒（a）为显性，抗病（R）对感病（r）为显性。在有芒抗病（AARR）、无芒感病（aarr）的杂交组合中，可以预见在F_2中分离出来无芒抗病（aaR）植株的机会占3/16，其中纯合的（aaRR）植株占1/3，杂合的（aaRr）占2/3。在F_3中纯合的不再分离，而杂合的将继续分离。因此，如在F_3希望获得稳定遗传的无芒抗病（aaRR）株系，那么，可以预计在F_2中至少要选择30株无芒抗病的植株，供F_3株系鉴定。

三、孟德尔规律的补充和发展

（一）显隐性关系的相对性

1. 完全显性

相对性状不同的两个亲本杂交，F_1只表现某一亲本的性状，而另一亲本的性状未能表现，这种显性称完全显性。孟德尔所研究的7对豌豆性状都是完全显性。

2. 不完全显性

相对性状不同的两个亲本杂交，F_1表现的性状是双亲性状的中间型，这种显性称为不完全显性。如紫茉莉的花色，有红色、粉红色和白色，当红色与白色这两个品种进行杂交时，F的花不是红色而是粉红色，即双亲的中间型，F_1的表现型为1红∶2粉红∶1白。

3. 共显性

相对性状不同的两个亲本杂交，双亲的性状同时在F_1个体上出现，这种显性称共显性。如人的血型是根据人的红血细胞上不同抗原而分类的。现已发现有20多个血型系统，其中主要的并具有临床意义的血型有ABO、MN、Rh等系统。下面讨论MN血型，它可分为三种表现型，即M型、N型和MN型，是由一对等位基因（L^M，L^N）控制的，L^M与L^N这一对等位基因的两个成员分别控制不同物质，而这两种物质同时在杂合体中表现出来，因而称为共显性。所以，这三种表现型和基因型分别为M型（$L^M L^M$），N型（$L^N L^N$）和MN型（$L^M L^N$）。当然，显隐性关系是相对的，它会随着衡量标准的不同而发生改变，以至于随着条件的变化还可以相互转化。如豌豆圆粒与皱粒一对性状杂交，F_1表型均为圆粒种子，似乎圆粒对皱粒是完全显性，但是在显微镜下检查种子里的成分，却表现为不完全显性。因为圆粒种子含淀粉粒数目多，皱粒种子中含淀粉粒数目少，且呈多角形，于是种子干燥后便皱缩起来。而F_1种子表型虽然是圆粒，但其中淀粉粒数目和形状都介于双亲之间，所以是不完全显性。由此可见，显隐性是随分析标准不同而发生变化的。

4. 镶嵌显性

双亲的性状在后代的同一个体不同部位表现出来，形成镶嵌图式，这种显性现象被称为镶嵌显性。例如，我国学者谈家桢教授对异色瓢虫色斑遗传的研究，他用黑缘型鞘翅（SAu-SAu）瓢虫（鞘翅前缘呈黑色）与均色型鞘翅（SESE）瓢虫（鞘翅后缘呈黑色）杂交，子一代杂种（SAuSE）既不表现黑缘型，也不表现均色型，而出现一种新的色斑，即上、下缘均呈黑色。在植物中，如玉米花青素的遗传也表现出这种现象。

（二）复等位基因

复等位基因，是指在同源染色体的相同位点上，存在3个或3个以上的等位基因，这种等位基因在遗传学上称为复等位基因。复等位基因存在于群体中的不同个体，对于一个具体的个体或细胞而言，仅可能有其中的两个。由于复等位基因的出现，增加了生物的多样性和适应性，为育种工作提供了丰富的资源，也使人们在分子水平上进一步理解了基因的内部结构，如人类的ABO血型遗传。

（三）致死基因

致死基因，是指当其发挥作用时导致个体死亡的基因。致死基因包括显性致死基因和隐性致死基因。

第三节　遗传物质的变异

一、染色体结构变异

染色体结构变异主要是因为染色体在"断裂—重接"的过程中出现差错而形成的。在正常情况下，染色体的形态、结构和数目是相对稳定的，这是保证物种稳定和个体正常生长发育的基本前提。但是如果外界的自然条件，如营养、温度、生理等出现异常，或人为地用某些射线（如紫外线、X射线、中子等）及化学药剂处理，就有可能使染色体折断为分开的断片。由于每一断片产生两个断头，这些断头在重接时，就容易造成染色体结构变异。因"断裂—重接"而出现的染色体结构变异类型有四类：缺失、重复、倒位和易位。

（一）缺失

1. 缺失的概念和类型

缺失，是指染色体缺少了其上的某一片段。根据缺失的片段的位置可将缺失分为顶端缺失（terminal deficiency）和中间缺失（interstitial deficiency）两种类型，当染色体缺失的区段是某臂的外端时，称为顶端缺失；当染色体缺失的区段是某臂的内段时，称为中间缺失。例如，某染色体各区段的正常直线排列顺序是 ab·cdef（·代表着丝点），缺失"e f"区段就是顶端缺失，缺失"de"区段就是中间缺失，缺失的"e f"或"de"区段称为断片（fragment）。

2. 缺失的细胞学鉴定

一般顶端缺失的染色体因其断裂端较难愈合，所以不稳定，会发生进一步的变化，常见的是中间缺失。如果在一个个体的细胞中，一对同源染色体的其中一个发生了缺失，那么这个个体称为缺失杂合体；如果两条染色体都发生了缺失则称为缺失纯合体。

缺失纯合体在细胞学上很难鉴定，最初发生缺失的细胞在分裂时可以见到无着丝粒断片。缺失的杂合体在细胞减数分裂的粗线期可以看到缺失环（环形或瘤形突出）。但是即使看到这种拱起，并不能完全确定，因为后面讲的重复染色体与正常染色体配对时也会出现类似的图像，因而鉴别缺失染色体变异时还需要再根据其他形态指标（如染色体长度等）来测定，如果缺失区段很小，往往不表现出明显的细胞学特征，则很难检出，所以有些微小缺失和基因突变很难区分，不过基因突变之后还可产生回复突变，但微小缺失一般不能回复。

如果同源染色体中一条染色体有缺失，而另一条染色体是正常的，那么在同源染色体相互配对时，因为一条染色体缺了一个片段，它的同源染色体在这一段不能配对，因此拱了起来，形成一个弧状的结构。

3. 缺失的表型效应

当染色体发生缺失染色体变异时，不管缺失的区段大小，其中所含的基因也都随之丢失，则会影响个体的生活力。如果缺失涉及的遗传物质较多，对生物的生长发育是有害的，其有害程度则随缺失基因的多少及其对生物有机体的重要性而有所不同。对于二倍体生物来说，缺失纯合体一般是很难存活的。大片段的缺失杂合体也可以引起显性致死效应，例如，人类的一种染色体遗传病叫猫叫综合征（Cri-du-Chat-syndrome），表现为患儿四肢的生长异常和智力减退，患儿的哭声像猫叫，通常会在婴儿期或幼儿期夭折。染色体检测表明：患者为第5号染色体短臂缺失杂合体。

在有些缺失杂合体中常常表现假显性（pseudo-dominant）现象。这是因为一个杂合体，缺失了带有显性基因的一个染色体片段，隐性基因就在表型上显现出来。例如在玉米中，B.Mcclintock 曾用 X 射线照射紫色株（隐性），在子代的 734 株中出现了两株是绿色的，其余都是紫色的。对这例外的两株绿苗进行染色体检查，发现其第 6 染色体是缺失杂合体，这些隐性基因表现出来的显性称为假显性，由于相对染色体上丢失了一个区段导致不能与隐性突变互补，从而表现出假显性现象，假显性现象也是识别缺失的一种方法。

(二) 重复

1. 重复的类型及其形成

重复指某一个染色体多了自己的某一区段，根据重复区段的排列顺序及所处位置，可分为两种类型：顺接重复（tanden duplication）和反接重复（reverse duplication）。如果重复区段与原来区段的基因排列顺序相同则为顺接重复；反之，则为反接重复。例如，某条染色体的正常排列顺序是1·2345，倘若"34"区段重复了，顺接重复是"1·234345"；反接重复是"1·243345"。

重复的形成是由于同源染色体的不等交换，因而当某一条染色体发生重复结构变异时，就有可能在另一条染色体上出现缺失。

2. 重复的细胞学鉴定

可以用检查缺失染色体的同样方法检查重复染色体，即在细胞减数分裂的偶线期或粗线期观察同源染色体的联会现象，如果重复的区段较长时，重复杂合体会出现环或瘤，由于这个环或瘤是由重复染色体形成的，因而要与缺失杂合体的环或瘤区分；若重复的区段较短时，重复染色体会略有收缩，镜检时就很难观察到该现象，因此还需要结合其他细胞学鉴定，才能确定。

3. 重复的遗传效应

生物体对重复的忍受能力比缺失要高一些，但由于增加了一个额外的染色体片段，也就是增加了一些多余的基因，而扰乱了基因间原有的平衡关系，重复区段上的基因在重复杂合体的细胞内是3个，在重复纯合体内是4个，从而产生一些后果，往往表现为位置效应和基因效应。例如，果蝇的棒眼是X染色体上16A区A段重复的结果，果蝇的复眼由许多小眼组成，野生型果蝇的复眼为宽卵圆形，由大约800个小眼组成；当16A区A段重复一次时，果蝇的复眼变成条形的棒眼，大约由400个小眼构成，重复的纯合体（16A区A段重复二次）其复眼表现为更细的棒眼，小眼个数为70个左右。由此说明，16A区的重复可使小眼的数目减少，并有累加效应，即重复数越多，小眼数越少，眼睛越小。

进一步的研究还发现，小眼数多少不仅与重复区段的次数有关，而且跟重复区段的排列位置有关。野生型雌果蝇的小眼数是780个，重复杂合体（B/b）的小眼数约是400个，重复纯合体（B/B）是68，BB/b是45，B/B和BB/b都有4个16A区，但B/B个体的一对同源染色体的每一条都有一次重复，而BB/b个体的两次重复都集中在一条染色体上。虽然二者的重复次数一样，但由于重复的排列位置不同，导致表现型不同，前者小眼个数是68个，后者为45个，这就是重复引起的位置效应。

除果蝇外，其他生物的染色体片段重复一般很难检出，也没有明显可见的表型效应。但从进化观点来看，重复是很重要的。据研究表明，高等生物的单倍体基因组中DNA含量的增加，主要是进化过程中基因重复的结果。基因重复是新基因产生的基础。在没有重复的情况下，和某种生理功能有关的基因只有一个，那么这个基因的任何突变都会影响基因产物的活性和功能，而且多数情况下是不利的。但如果发生了重复，重复的基因就不止一个。如果其中一个基因发生了突变，另一个野生型基因仍然可以发挥正常的作用，在这种情况下，即使这个突变的重复基因有某种不利影响，也不会导致配子或合子的死亡，因而这个突变基因也就可能保留下来。如果它再通过第二次或第三次突变，便有可能产生新的功能的基因。

(三) 倒位

1. 倒位的类型

倒位是一个染色体的某一区段发生断裂后，中间的断片反转180°重新接上的现象。由于倒位不涉及遗传物质的增加或减少，因而一般不影响个体的发育，是一种能够存活并能传递给后代的染色体结构变异。

根据倒位的部位是否包含着丝点，可分为臂内倒位（paracentric inversion）和臂间倒位（pericentric inversion）两种类型，前者的倒位区段不包括着丝点，仅在着丝点一侧的臂内发生，也称为一侧倒位；后者的倒位区段包括着丝点在内，即涉及染色体的两个臂，也称为两侧倒位。如正常的染色体是1·2345，则1·2435是臂内倒位，1432·5是臂间倒位染色体。

2. 倒位的细胞学鉴定

鉴别倒位的方法也是根据倒位杂合体减数分裂时的联会形象。当倒位区段过长时，则倒位染色体的倒位区段可能反转与正常染色体的相应区段进行配对，而倒位区段以外的部分保持分离状态；当倒位区段较短时，则倒位染色体与正常染色体会在倒位区段内形成"倒位圈"，但"倒位圈"与缺失、重复所形成的环或瘤有明显的差异，前者是由一对染色体形成的，而后两者是由单个染色体形成的。

在"倒位圈"内外，非姊妹染色单体之间总是要发生交换的，其结果不仅能引起臂内和臂间杂合体产生大量的缺失和重复—缺失的染色单体，而且能引起臂内杂合体产生双着丝点染色单体，出现后期Ⅰ桥或后期Ⅱ桥，所以，当某个体减数分裂时形成后期Ⅰ桥或后期Ⅱ桥，亦可以作为是否出现染色体倒位的依据之一，但倒位纯合体一般很难检出。

3.倒位的遗传学效应

抑制或明显减少重组的发生，使重组率降低。无论是臂间倒位还是臂内倒位，"倒位圈"内外会因联会不太紧密而使连锁基因的交换受到抑制，加之由于在"倒位圈"内发生单交换，使所产生的配子有的带有缺失或重复，因而是败育的，故交换值比正常情况下降。

倒位杂合体产生败育的配子，导致部分不育。由于两种倒位在倒位圈内交换产生的重组染色体往往是重复和缺失的，因而形成的配子也都不能发育，只有带有正常的染色体和倒位染色体的配子才能成活，因此，导致倒位杂合体部分不育。一般情况下，胚囊的败育率低于花粉，例如玉米的臂内倒位杂合体，其大孢子母细胞经减数分裂所形成的四个大孢子呈直线排列，由最内层的一个大孢子发育成为胚囊，而臂内倒位杂合体在倒位圈内交换后形成的染色体桥，有利于正常的和倒位的染色单体分向两极，从而使最后形成的雌配子是正常可育的，而雄配子则是败育的。

倒位是物种进化的因素之一。虽然染色体倒位并不显著地影响生物体的外部形态和生理功能，但由于倒位可以改变有关连锁基因之间的交换值，改变基因的位置，产生物种之间的差异，因此它在物种进化上具有重要的作用。例如，果蝇的一些分布在不同地理区域的种，就是一些具有不同倒位特点的种。

(四) 易位

1.易位的类别

一条染色体的某一区段移接到另一条非同源染色体上，叫作易位。易位有相互易位（reciprocal translocation）和简单易位（simple translocation）两种。如果两条非同源染色体互相交换染色体片段，叫作相互易位，相互易位交换的片段长度不一定相等。如果只有一条染色体的某一区段移接到另一非同源的染色体上称为简单易位。简单易位比较少见，常见的是相互易位。

其中 abcd 和 wxyz 是两条正常的非同源染色体。两对同源染色体中，有两条为正常染色体，另外两条为相互易位染色体，称为易位杂合体。如果两对同源染色体是同样的相互易位染色体，称为相互易位纯合体。

如果以 1 和 2 分别代表两条正常染色体，1^2 和 2^1 代表二条相互易位染色体，其中 1^2 表示第 1 染色体缺失了一小段后接上了第 2 染色体上的一小段；2^1 表示第 2 染色体缺失了一小段后接上了第 1 染色体的一小段。因而正常个体的染色体组成为 (1, 1, 2, 2)，易位杂合体的染色体组成为 (1, 1^2, 2, 2^1)，易位纯合体的染色体组成为 (1^2, 1^2, 2^1, 2^1)。

2.易位的细胞学鉴定

从细胞学上鉴定易位,也是根据易位杂合体减数分裂时染色体联会时的特殊形象。减数分裂的粗线期,可以见到由四条染色体紧密配对形成的十字形象,到了终变期,由于交叉端化而形成由四条染色体组成的四体环或四体链,到了中期I,终变期的环又可能变成"8"字形。

3.易位的遗传学效应

易位的一个显著遗传效应是易位杂合体植株的半不育性,即有半数花粉是不育的,胚囊也有半数是不育的,所以结实率只有50%。易位杂合体植株的半不育性是由减数分裂后期I的两种分离方式造成的。相邻式分离产生的小孢子和大孢子都只能形成不育花粉和胚囊,交替式分离产生的小孢子和大孢子都可能成为可育的花粉和胚囊。由于这两种分离方式发生的机会一般大致相等,因而导致杂易位植株的半不育性。

易位杂合体的基因重组值降低。易位使易位杂合体邻近易位接合点的一些基因间的重组值有所下降,这与易位杂合体联会不紧密有关。易位使两个正常的连锁群改组为两个新的连锁群,易位还可导致染色体融合,引起染色体数目变异。

易位促进生物进化和导致新物种形成。目前已知道,许多植物的变种就是由染色体在进化过程中不断发生易位造成的。例如,直果曼陀罗(Datura stramonium)的许多品系就是不同染色体的易位纯合体。

二、染色体数目变异

各种生物的染色体数目是相对稳定的,但在一定条件下也能发生变化。染色体数目发生变异,包括染色体数目成倍的变化和非成倍的变化,这种变异也会引起个体性状发生改变,并且可以遗传。

(一)染色体数目及变异类型

各种生物的染色体数目是相对恒定的,如水稻有24条染色体,配成12对,形成的正常配子都含有12条染色体。遗传学上把一个二倍体生物的配子中所含有的染色体数,称为染色体组(genome),用X表示。一个染色体组由若干条染色体组成,它们的形态和功能各异,但又互相协调,共同控制着生物的生长、发育、遗传和变异,缺少其中的任何一个染色体,都将引起变异或死亡。每个生物都有一个基本的染色体组,如玉米 X=10、普通小麦 X=7、棉花 X=13、兔子 X=22、黑腹果蝇 X=4 等。凡是细胞核中含有一个完整染色体组的,就称为一倍体或单倍体(haploid),含有两个染色体组的称为二倍体(diploid),有三个染色体组的称为三倍体(triploid),

以此类推。含有三个或三个以上染色体组的，称为多倍体（polyploid），如三倍体西瓜，2n=3X=33；四倍体棉花，2n=4X=52；六倍体小麦，2n=6X=42等。当细胞核内染色体数目的变化是以基本染色体组为单位进行倍数性增减的，称为整倍体；如果细胞核内染色体数的变化不是按照染色体组的整倍数进行增减，而是在基本染色体组的基础上增减个别几个染色体，将其称为非整倍体。

（二）整倍体的类别及其遗传

具有完整的染色体组数的生物体或细胞都叫作整倍体（euploid），包括单倍体、二倍体和多倍体。

1. 单倍体

单倍体（haploid）是具有配子染色体数（n）的个体或细胞的总称。由二倍体产生的单倍体叫单元单倍体（monohaploid）或一倍体（monoploid），由多倍体产生的单倍体则叫多元单倍体（polyhaploid）。

在动物中，果蝇、蝶蛾、蛙、小鼠和鸡的单倍体都曾有过报道，但这些单倍体都不能正常发育，在胚胎时期即死去。但膜翅目中的蜜蜂、马蜂和蚂蚁以及同翅目中的白蚁等的雄虫都是正常的单倍体，它们都是孤雌生殖的产物，由未受精的卵发育而成，这些雄虫也能产生有效的精子。

植物中也有许多是自然发生的单倍体，这些单倍体几乎是无融合生殖（apomixis）的产物，一类主要是由未受精的卵细胞发育而成，称为单倍体孤雌生殖（haploid parthenogenesis）；另一类是由精核进入胚囊后直接发育成胚的，称为单雄生殖（androgenesis）。目前多数植物都可通过花药或花粉培养来获得单倍体，也有用子房培养获得的。

与正常的二倍体相比，单倍体植株很小，生活力很弱，而且高度不育。不育的原因是减数分裂时没有同源染色体的配对，没有配对的染色体只能随机分配到子细胞中，所形成的配子几乎是染色体不平衡的。例如，一个含有10个染色体的单倍体，在第一次减数分裂中产生的每个子细胞中，可以得到从0到10的任何染色体数。要得到一个具有10条染色体的正常可育配子的概率将是$(1/2)^{10}=1/1024$，而且要使这样两个雌雄配子结合的概率就更小了，所以说单倍体几乎是不育的。

虽然单倍体本身并无直接利用价值，但在育种上，一方面，可直接通过染色体加倍获得纯合体，从而缩短3~4代的自交时间。另一方面，在选择的效果上，由于直接通过染色体加倍获得的纯合体可以保证基因型是纯合的，因而在性状上也表现稳定而不分离，比一般的二倍体优越。

在遗传学研究中，单倍体还可以作为基因突变、基因与环境互作以及数量遗传等研究的材料，也是进行物种起源研究以及基因作用的研究材料等。

2.同源多倍体

具有三个以上相同染色体组的细胞或个体叫作同源多倍体。

同源多倍体与二倍体相比，由于染色体数目增加了一倍，细胞核和细胞的体积也会相应地增大，结果表现茎粗、叶大、花器、种子和果实等也大一些，叶色也深些。但不是所有植物都有这样的效应，在某些个体中，细胞的体积并不增大，或即使体积增大，但细胞数目减少，所以个体或器官的大小没有明显变化，有的反而比原来的二倍体小。此外，染色体加倍后还可能出现一些不良反应，如叶子皱缩、分蘖减少、生长缓慢、成熟延迟及育性降低等。但在有些植物中，由于染色体的加倍，基因的含量也随之增加，从而导致某些营养成分也随之增加，如大麦四倍体籽粒的蛋白质含量比二倍体原种增加10%~12%，四倍体玉米籽粒中的类胡萝卜素比二倍体增加40%多；四倍体番茄的维生素C比其二倍体提高一倍；等等。

目前，自然发生或诱发产生的同源多倍体可以是各种倍性的。但在生产和育种上研究、应用较多的主要是四倍体和三倍体。

(1) 同源四倍体

①同源四倍体的产生

通常由二倍体的染色体直接加倍而产生同源四倍体，目前通常利用一些化学试剂如秋水仙素来诱发形成四倍体。

②同源四倍体减数分裂的联会和分离特点

同源四倍体有4个相同的染色体组，每个染色体都有4条同源染色体。在减数分裂时4条同源染色体的联会并不像一对同源染色体那样沿纵长方向全部配对，而是在任何区段内只在两条之间配对。如果在一个同源区段内已有两条联会了，另外的同源染色体就不再在这一区段内参与联会。因此，同源四倍体的联会是部分联会，联会比较松散，会发生提前解离现象。

四条同源染色体联会可形成一个四价体（Ⅳ），或一个三价体和一个单价体（Ⅲ + Ⅰ），或两个二价体（Ⅱ + Ⅱ），在后期Ⅰ同源染色体分离方式有2/2、3/1式，如果某同源四倍体的各个染色体在减数分裂中期Ⅰ都以四价体或二价体的构型出现，则后期Ⅰ的分离将基本上是均等的，形成的配子多数是可育的。例如，四倍体曼陀罗（2n=4x=48）在中期Ⅰ形成12个四价体，每个四价体以2/2分离，配子是可育的，但多数物种的同源四倍体都是部分不育或高度不育的，主要原因是三价体和单价体的频率较高、染色体分配不均，使配子的染色体组成不平衡。因而对于同源四倍体来说无论是天然的还是人工的，大多进行无性繁殖。

同源四倍体的基因分离比较复杂。对于同一个座位的等位基因来说，二倍体有三种基因型，即 AA、Aa、aa；其中只有一种杂合体 Aa，而同源四倍体却有 5 种基因型，即纯合的 AAAA、aaaa 和杂合的 AAAa、AAaa、Aaaa。它们产生的配子类型和后代的分离情况也与二倍体不同。假设同源四倍体的三种杂合体的基因都随染色体 2/2 随机分离，则它们产生的配子及其比例为：

AAAa → 1AA : 1Aa

AAaa → 1AA : 4Aa : 1aa

Aaaa → 1Aa : 1aa

在完全显性的情况下，AAAa 自交后代全是显性个体，AAaa 自交后代中显性和隐性个体的比例为 35 : 1，Aaaa 自交后代的显隐性之比是 1 : 1。由此可见，隐性个体出现的比例比二倍体小得多，而且上述比例还没有考虑基因间的交换，如果在基因间还发生交换时，则等位基因的分离将更加复杂。

(2) 同源三倍体

①同源三倍体的产生

由同源四倍体和原来的二倍体杂交可产生同源三倍体。

②同源三倍体的联会和分离

同源三倍体在减数分裂中的联会和分离与同源四倍体相似。每个同源组的三个同源染色体都可以互相配对，但在任何同源区段内也只限于两两配对，因此联会松散，会出现提早解离现象。这种联会所形成的中期Ⅰ的染色体构型也有多种，如果没有交叉，就形成三个单价体（3Ⅰ）；有一个交叉则产生一个二价体和一个单价体（Ⅱ+Ⅰ），如果每个配对区段都有交叉，就形成一个三价体（Ⅲ）。例如，玉米同源三倍体的终变期一般是 9Ⅲ+3Ⅰ，但到中期Ⅰ时，三价体的数目减少，二价体和单价体的数目增加，这是联会提前消失的结果。

三价体在后期Ⅰ按 2/1 分离，单价体或者是随机分到某一极，或滞留在赤道面上不参与子核的形成而消失掉。所以三倍体所产生的绝大多数配子的染色体数目是在 n 和 2n 之间，这些配子的染色体都是不平衡的。虽然也可以产生极少数 n 和 2n 的配子，但它们出现的概率各为 $(1/2)^n$，这极少数可育配子相互受精的机会更少，导致三倍体基本不结种子。正是因为同源三倍体的这种联会特点导致它高度不育，基本上不结种子，所以自然界中的香蕉、黄花菜和水仙等都是三倍体，没有种子，只能靠无性繁殖来繁殖后代，其他奇数同源多倍体（如五倍体和七倍体等）也是如此。但许多三倍体植物却具有很强的生活力，营养器官十分繁茂，人们利用这些特点已成功地培育出一些具有较高经济价值的新品种。例如，三倍体无籽西瓜、无籽葡萄，不仅基本上没有种子，而且产量和食用品质都大大提高；三倍体甜菜的产糖率比二倍体提高 10%~15%；三倍体杨树的生长速率约为二倍体的 2 倍；三倍体杜鹃花的开花期特别长；等等。对于那些不以种子为生产目的的花卉、水果和树木等植物来说，利用三倍体育种是一条重要的途径。

3. 异源多倍体

异源多倍体，是指加倍的染色体源于不同的物种，一般是通过种间杂交，然后杂种的染色体加倍而成。例如一个亲本的染色体组是 AA，另一亲本的染色体组是 BB，杂交后得到种间杂种 AB，由于 A 和 B 染色体组来自不同的种，是不同源的，减数分裂中不能正常配对，因此这样的杂种是不育的。如将它们的染色体加倍，成为 AABB，就得到异源四倍体，又称双二倍体。自然界可以自繁的异源多倍体都是偶倍数的，在被子植物中占 30%～50%，禾本科植物中约有 70% 是异源多倍体，如小麦、燕麦、棉花、烟草等都属于偶倍数异源多倍体。在偶倍数的异源多倍体细胞内，特别是异源四倍体内，由于每种染色体都有两个，同源染色体是成对的，所以减数分裂正常，表现与二倍体相同的性状遗传规律，而奇数倍性的异源多倍体，一般是不能保存下来的除非可以无性繁殖。

目前人工创造异源多倍体的途径，一般是先杂交，然后将杂种染色体加倍而获得。这种方法的关键是种间杂交，获得杂种的胚，但是没有亲缘关系的种间进行杂交是很困难的。目前已经获得的一些异源多倍体的原始亲本种之间，大都有一定亲缘关系。所以严格地说，有些异源多倍体（如小麦）实际上是部分异源多倍体。今后将利用体细胞杂交（或原生质体融合）的途径，可能创造出更多的真正的异源多倍体。

（三）非整倍体的类型及其遗传

非整倍体是整倍体中缺少或额外增加一条或几条染色体的变异类型。一般是由于减数分裂时因一对同源染色体不分离或提前分离而形成 n−1 或 n+1 的配子，由这些配子和正常配子（n）结合，或由它们相互结合便会产生各种非整倍体。为了便于比较说明，在叙述非整倍体时常把正常的 2n 个体统称为双体（disomic），意思是它们在减数分裂时全部染色体都能两两配对的，包括二倍体和偶数异源多倍体。双体中缺一条染色体，使其中的某一对染色体变为一条，即 2n−1，称为单体（monosomic）；双体缺了一对同源染色体，就叫作缺体（nullisomic），即 2n−2；如缺两条非同源染色体，成为 2n−1−1，叫作双单体（double monosomic）。双体多一条染色体，使其一对同源染色体变成三条，就叫作三体（trisomic），即 2n+1；多一对，则从一对染色体变成四条同源染色体，叫作四体（tetrasomic），即 2n+2；多两条非同源染色体的叫作双三体（double trisomic），即 2n+1+1。下面着重讨论单体、三体、四体，因为比较而言，这几种非整倍体在遗传学研究和育种上都是很有用的基础材料。

1. 单体

单体的存在是许多动物的种性，如雄蝗虫只有一条性染色体，鸟类和家禽类也只有一条性染色体，都是 2n－1 单体，它们都是可育的，因为能产生两种 n 和 n－1 配子，这是长期进化的结果，就许多二倍体物种而言，单体是不育的，异源多倍体单体的育性也要受到一定的影响，这是因为某一物种的染色体丢失一条所造成的，性状损失可以由只有同源部分的来自另一物种的染色体所弥补。

从理论上讲，单体（2n－1）会产生两种类型的配子，n 和 n－1，当父母本交配时，可以产生正常的双体 2n、单体 2n－1 和缺体 2n－2。单体在减数分裂时，n－1 不正常配子形成是大量的，这是因为，某成对染色体缺少一条后，剩下的一条是个单价体，它常常被遗弃而丢失，故 n－1 配子增加，n－1 配子对外界环境敏感，尤其是雄配子常常不育，所以，n－1 配子常通过卵细胞遗传。

2. 缺体

单体自交能够分离出缺体，与单体一样，只有异源多倍体物种才能分离出缺体。有些物种，如普通烟草的单体后代分离不出缺体，原因是缺体在幼胚阶段死亡，缺体能产生一种 n－1 配子，因此育性更低，可育的缺体一般都各具特征，如小麦的 3D 染色体同源组缺失，2n－Ⅱ 3D 的籽粒为白色，5A 染色体的缺体 2n－Ⅱ 5A 就发育为斯卑尔脱小麦的穗型，2n－Ⅱ 7D 的生长势不如其他缺体，大约有半数植株是雄性不育或者雌性不育；2n－Ⅱ 4D 的花粉表面正常，但不能受精；2n－Ⅱ 3D 的果皮是白色的，而正常个体的果皮是红色的。

3. 三体

三体的来源和单体一样，主要是减数分裂异常，人为地产生三体植物。可以先用同源四倍体与二倍体杂交，得到三倍体再与二倍体回交，由于三倍体产生的配子中，应有 n+1 型和二倍体的正常配子 n 结合，便生成三体类型，这是以同种染色体添加的方式出现的。

三体减数分裂时，理论上应该产生含有 n 和 n+1 两种染色体数的配子，而事实上因为多出的一个染色体在后期Ⅰ常有落后现象，致使 n+1 型的配子通常少于 50%，一般情况下，n+1 型雄配子很难成活，很少能与雌配子结合，所以，n+1 型配子大多也是通过卵细胞遗传的。最早的三体报道是在直果曼陀罗中发现的，但直到 1920 年才知道这些突变型比正常的直果曼陀罗（2n=24=12Ⅱ）多一个染色体（12+1），于是"三体"这个名词被提出。

玉米已经分离出全套 10 条不同染色体的三体，2n+I5 三体的叶片较短、较宽，2n+I7 三体的叶片较挺、较窄。其余各条染色体的三体分别比自己的双体姊妹系植株略微矮些，生长势略微弱些。

4. 四体

绝大多数四体（2n+2）是在三体的子代群体内找到的，因为三体可以产生 n+1 的雌、雄配子，两者受精即可形成四体，四体在偶线期，因为一个同源组有四条同源染色体。因此，可以联会成（n−1）Ⅱ+1N。既有 n−1 个二价体和一个四价体，还可以形成 n+1 个二价体，即（n+1）Ⅱ。

由于四体在减数分裂时，四条染色体首先联会，然后经过交换进行分离，分离会有 2∶2 完全均衡分离，故可产生 n+1 的配子。四体的自交后代会分离出四体，甚至有的完全是四体，可见，四体比三体稳定得多，四体的基因分离同同源四倍体。

应该指出，"四体—缺体"植株，指的是某一同源组有四条同源染色体，而来自另外一个物种的染色体组，与四体组有同源关系的某个同源组的两条均缺失。异源多倍体的"四体—缺体"植株是可育的，原因是多的 2 条染色体可以弥补缺失的两条所造成的遗传上的不平衡，例如，普通小麦 2n+Ⅱ2A−Ⅱ2B"四体—缺体"品系和 2n+Ⅱ2A−Ⅱ2D"四体—缺体"，减数分裂均正常，且产生的花粉可同双体的花粉一样参与受精。据此可知普通小麦的 2B 和 2D 染色体是部分同源的，但由于长期的分化使得它们已经相差到不能进行联会的程度。

5. 非整倍体在植物育种上的利用

非整倍体大多表现不正常，在生产上没有直接应用的价值，但可以作为育种工作的基础材料加以利用。近年来，许多研究者就是利用一些非整倍体材料，将野生种或其他近缘种中的某些优良基因通过个别染色体或染色体片段转移到栽培植物中来，以达到遗传改良的目的。例如，小麦遗传育种家 E.R.Sears（1956），将小伞山羊草（Aegilops umbellulata，2n=14，UU）中第 6 染色体（6U）上抗锈病基因转移到普通小麦"中国春"的 6B 染色体上，再经过射线照射，引起染色体发生易位结构变异，最终将抗病基因成功转移到普通小麦上。

另外，还可利用非整倍体进行个别染色体的代换。比如，已知某抗病基因在小麦 6B 染色体上，假定甲品种抗病，但有其他不良性状；乙品种的其他性状很好但不抗病，要想把甲品种的抗病基因转入乙品种，而不要其他性状也同时带入，最合理的一个方案就是乙品种的 6B 染色体或其中的一个片段换成甲品种的，而其他染色体都不变。方法就是以乙品种的 6B 单体为母本与甲品种杂交，在 F_1 中只选抗病的单体植株，这种单体中的 6B 染色体一定来自甲品种，而其余各对染色体都是一条来自甲，另一条来自乙，F_1 单体植株自交得 F_2，淘汰单体和缺体，选出双体，这个双体中的 6B 染色体都是甲品种的，其余染色体则都是甲乙两种各半，通过进一步地自交和选择，或与其他优良品种杂交，就可能达到预期的目的。

第六章 作物种质资源和引种

第一节 作物种质资源

一、种质资源的概念

种质,是指亲代传递给子代的遗传物质。种质资源一般是指具有特定种质或基因、可供育种及相关研究利用的各种生物类型材料或各种基因资源。在遗传学上,种质资源也被称为遗传资源。在育种上,实质上利用的是种质资源中决定遗传性状的基因。因此种质资源又被称为基因资源。种质资源是经过长期自然进化和人工创造所生成的,随着遗传育种研究的不断深入,种质资源所包含的内容越来越丰富,范围越来越广,包括地方品种、改良品种、新培育的品种、引进品种、野生种、近缘植物、无性繁殖器官、单个细胞、单个染色体、单个基因或 DNA 片段等。

二、种质资源的在育种工作中的重要性

种质是亲代传给子代控制生物遗传和变异的内在遗传因子。在漫长的进化过程中积累了极其丰富的自然和人工选择的变异,蕴藏了控制各种性状发育的基因,形成各种优良的遗传性状和生物类型,是作物育种的物质基础。从近代育种的显著成效来看,突破性品种的育成,几乎无一不决定于优异种质资源的发现,如我国杂交水稻的培育成功与矮败不育野生稻的发现密切相关等。

(一) 种质资源是作物育种的物质基础

任何新品种都是在原来种质资源的基础上培育而成的,没有种质资源就不可能选育出好的品种,突破性的育种就取决于关键性基因的发现和利用。经过长期的自然演化和人工创造,各种种质资源都积累了大量的控制各种性状发育的基因,有了这些基因作为丰富的物质基础,人们才能采取各种相应的选育方法,进而培育出符合不同育种目标的作物新类型、新品种。如要选育抗病的新品种或新类型,就要选用具有抗病基因的种质资源来作原始材料,通过对这些具有育种目标性状的原始材料进行改造加工,才能育成所需的抗病品种。据统计,近 50 年来,我国利用种质资源在 41 种农作物中培育出近 6000 多个新品种,并使主要农作物品种更换 3~4 次,

新品种在粮食中的贡献率达30%。

作物育种能否取得突破性的进展,在很大程度上取决于所掌握的种质资源的数量及其特异性。从作物育种所取得的显著成效来看,突破性品种的育成几乎无一不决定于关键优异种质资源的发现和利用。例如,水稻品种矮脚南特和矮仔粘与水稻矮化育种成功、小麦矮源农林10与世界范围的"绿色革命"、双低油菜品种的选育等,都是特异种质资源带来的突破性成就。

(二) 种质资源是保护生物多样性的重要途径

当今世界面临的人口、资源、环境、粮食与能源五大危机,都与地球上的生物多样性密切相关。种质资源多样性是生物多样性的主要组成部分,是人类赖以生存和发展的重要物质基础和宝贵财富。丰富多样的品种类型构成了巨大的基因库,对自然环境有广泛的适应性,将保证农业生产能够安全稳定发展。世界上栽培的植物有1200种,我国就有600种,保护并利用种质资源,才能为人类不断增长的需要做出自己的贡献。

(三) 种质资源有利于专用特色品种的选育和推广应用

许多作物资源本身就是优良的栽培品种,或直接作为亲本。20世纪50~60年代,生产上种植的主要是农家品种,随着育种水平的提高,这些品种多被高产、抗逆的新品种或杂交种所取代。近年来,随着人民生活水平、物质文化和精神文化水平的不断提高,以及市场竞争的不断加剧,对农作物育种目标提出了更高更新的要求,如对食品的要求营养化、多样化,各种杂粮备受青睐等。过去保存在育种者原始材料圃中,作为珍稀、特异的各种种质资源不断被发掘,成为特种种植业的主角。仅玉米就开发出甜玉米、高油玉米、优质蛋白玉米、药用玉米、饲用玉米、淀粉玉米等十多种专用特色栽培玉米,成为高产优质高效农业发展的新亮点。

(四) 种质资源是生物学研究和生物技术发展的重要基础材料

不同的种质资源,具有不同的生理和遗传特性,以及不同的生态特点,对其进行研究有助于阐明作物的起源、演变、分类、形态、生态、生理和遗传方面的问题,种质资源是作物起源、演化、分类、生态、生理等项研究的物质依据。过去认为水稻仅起源印度,而近几年来,经过对大量稻种质资源的脂酶和同工酶的分析,确定印度阿萨姆、缅甸北部、老挝和中国云南省为水稻起源的中心。通过种质资源的生物学研究,为育种工作提供理论依据,从而克服盲目性,提高预见性和育种工作的成效。

近年来，生物技术迅速崛起，有的通过分离基因，构建重组子，导入异源基因培育新品种；有的将含有目的基因的共体 DNA 片段导入植物体，还可以通过染色体工程、细胞工程、组织培育进行培育品种。但这一切手段均离不开种质资源。自 1983 年世界首例转基因烟草问世，至今已经获得 100 多种转基因植物，有 1500 多种转基因植物进入田间试验。综上所述，种质资源不仅是新作物、新品种的重要来源，也是实现育种目标的物质基础，还是生物学研究和生物技术发展的重要基础材料。

三、种质资源的类别、特点和利用价值

种质资源的种类繁多，来源也各不相同。为了便于研究和利用，必须对其加以分类，以进一步了解不同种类种质资源的特点，从而充分发挥其利用价值。

种质资源分类的方法很多，目前主要分类方式有以下四种。

（一）根据植物分类学分类

主要以花器构造等形态结构的特点为依据，同时参考细胞学方面的染色体数目及其结构的不同进行分类。这种分类方法可以帮助了解各种材料的亲缘关系。

（二）根据生态类型分类

利用植物在不同自然条件和耕作制度下形成的不同生态型进行分类，这种分类对正确选择杂交亲本、引种有重要的指导意义。

（三）根据来源进行分类

在育种工作中常按种质资源的来源进行分类。根据种质资源的来源，一般可分为本地种质资源、外地种质资源、野生种质资源、人工创造的种质资源四大类。现将四类种质资源的特点和利用价值介绍如下。

1. 本地种质资源

本地种质资源包括当地的农家品种和推广的改良品种。这类种质资源不仅对当地的自然和栽培条件以及耕作制度具有良好的适应性，而且对当地特殊的自然、病虫灾害有较强的适应性、抗性和耐性。由于本地种质资源具有这些特点和内藏特殊有利的基因，在杂交育种上常常利用其作为亲本之一，以增强新品种的适应性。

2. 外地种质资源

外地种质资源，是指从外地或外国引进的类型和品种。一般来讲，外地品种资源对于本地的自然和栽培条件不能全面适应，但往往带有本地品种资源所不具备的优良基因，在育种上将其作为亲本，将有利基因导入改良品种，或利用地理上的远

缘类型或品种进行杂交，创造遗传基础更为丰富的类型。另外，有些外地品种在经过试验鉴定后，可从中选择出适应本地区栽培的品种，在生产上可以直接加以利用，或利用外地品种与本地品种进行杂交。由于亲本间的生态类型不同、性状差异较大，可产生较大的杂种优势而培育出新品种。

3. 野生种质资源

野生种质资源包括各种作物的近缘野生种和具有利用价值的野生植物。它们是在特定的自然条件下，经过长期的自然选择而形成的，因此对环境条件具有极强的适应性。野生种质资源往往具有本地种质资源所不具有的重要种质，特别是对一些特殊的病、虫，不利的环境条件的抗性的特异基因等。如果将其优异基因导入植物体，就可育成一系列高产、适应性强和品质优良的新品种。杂交水稻培育成功的重要前提就是在野生种质资源中发现的雄性不育基因，从而使水稻育种取得了突破性的发展。

4. 人工创造的种质资源

人工创造的种质资源，是指在现有的各种种质资源的基础上，通过各种途径的诱变而产生的各种变异类型。在现代育种工作中，为了获得育种目标所需要的优良性状，除充分利用自然资源外，还要通过各种育种途径和方法技术创造各种突变体、新类型和中间材料等。有时尽管这些材料不能在生产中直接利用，但由于其具备的特殊资源，或可以作为培育新品种或可以作为有关理论研究的珍贵资源。

(四) 根据基因系统进行分类

哈兰（Harlan）和德韦（Dewet）建议把基因库非正式地分为三级，即初级基因库、次级基因库和三级基因库。

初级基因库相当于传统的生物种概念。同一基因库各类间容易杂交，基因的分离接近正常，基因转移通常简单。次级基因库包括所有的可以同该作物杂交的生物种以及近似的种群。它们相互间转移是可能的，但需要克服物种隔离的障碍。三级基因库是次级水平上，同该作物有可能杂交，但若杂交种不正常，表现为致死或完全不育，基因的转移已经知道的技术将难以做到，则必须采取一定的技术措施。

四、种质资源的收集、整理、保存、研究与利用

丰富多彩的种质资源是育种工作的基础，广泛搜集和深入研究种质资源是育种工作的首要任务。作物种质资源工作包括广泛收集、精心整理、妥善保存、深入研究、积极创新和充分利用等内容。

(一) 种质资源的收集

种质资源的收集一般采用征集或考察的方法。栽培品种的种质资源主要靠征集，由育种单位和私人提供。野生种和稀有种类的收集主要靠野外考察。对国外的资源收集可采取出国考察和对外交流等途径。

1. 种质资源收集的机构

种质资源收集是整个种质资源工作的首要环节。征集的范围和重点因征集者（单位）承担的任务和目的的不同而不同，就我国目前作物种质资源工作的现状，大致可分为三个层次。国家级资源工作机构全面征集和长期保存国内外重要的种质资源，面向全国，负责向地方级资源和育种单位提供种质资源；省级资源工作机构负责省内外资源的征集和保存并向内外提供资源服务，同时负责向国家种质资源工作单位提供本省重要的种质资源；育种单位根据本单位承担的育种任务，征集与育种对象、目标有关的种质资源，育种单位征集的种质资源主要为本单位服务，育种单位可根据需要向国家或省级资源工作单位查询和征集必要的种质材料，也有责任把自己征集或创新的种质提供给国家或省级资源工作单位。

2. 种质资源收集和保存方法

收集种质资源首先要有明确的计划，对收集的种类、数量、地点等要做到心中有数。一旦目标明确后，就要组织力量进行考察和搜集。考察、搜集工作一定要有的放矢，同时要做到疏而不漏，不能放过任何可能存有珍贵、稀少资源的地区，特别是种质资源丧失威胁最大的地区。

种质资源的收集除考察、搜集外，更多的是征集。目前主要作物的种质资源已不同程度地被各级资源机构和育种单位保存，征集工作可以从这里做起。对从国外引进的种质资源，必须进行严格的植物检疫，防止带入检疫对象。

资源的采集工作必须周到，做好登记核对，防止错误、混杂和遗漏以及不必要的重复。对于收集到的种质资源应有专人负责，做好验收，及时详细地整理、记载，认真进行核定，妥善保存和繁殖工作。目前种质资源保存的方法主要有以下五种。

(1) 种植保存

将整理、收集后的种质资源，每隔一定年限在资源圃中进行种植，以保持其原有性状和种子的生活力，并保证一定的种子数量。这种保存方法容易造成混杂，若出现变异，可能使原有种质丢失；在繁殖数量多的情况下，造成人力、物力过重的负担。

(2) 贮藏保存

主要是通过控制贮藏温度、湿度条件保持种质资源种子的生活力和遗传特性。目前正常种子主要是利用保存库保存。短期库：在 10~15℃ 或稍高的温度下保存5年。中期库：在温度0~5℃、相对湿度为50%~60%、种子含水量为8%的条件下保存10年。长期库：在温度-10℃，相对湿度为30%~40%的条件下保存30~50年。

(3) 离体保存

植物体每个细胞，在遗传表达上具有全能性，含有植物发育所需的全部信息。因此可用植物离体的分生组织、花粉、花药、体细胞、原生质体、幼胚等保存种质资源。

(4) 基因文库保存

用人工的方法，从种质资源中提取大分子DNA，用限制性内切酶将大分子DNA切成些许片段。通过一系列的复杂步骤，把这些DNA片段连接在载体上。再将这些载体转移到寄主细胞中，通过细胞的增殖，便形成大量的DNA片段的复制品。

(5) 就地保存和迁地保存

就地保存就是在资源植物原地保存。迁地保存常针对生态环境变化很大，难以正常生长和繁殖、更新的，选择与生态环境相近的地段建立迁地保存区。

(二) 种质资源的研究和利用

收集到的种质资源必须经过认真深入的研究，才能充分加以利用。种质资源的研究内容包括特征和特性的鉴定、性状的筛选、遗传性状的评价和基础理论的研究。种质资源的搜集、保存和研究，最终的目的是利用，现利用的方式有三种：对搜集到适应当地环境条件、有开发潜力、可取得经济效益的种质材料采用直接利用；对当地表现不理想或不能直接在生产上应用，但具有优良性状的明显材料可采用间接利用；对一些暂时不能直接利用或间接利用的材料可采用潜在利用。我们可利用与已有的种质资源通过杂交、诱变及其他手段创造新的种质资源。同时，还可以直接利用种质资源，将其作为原始材料，从中选出优良个体培育成新品种，或通过杂交、人工诱变等，从其后代中选育出优良变异个体培育出新品种。

五、中国作物种质资源简况

我国由于气候类型复杂，农业历史悠久，采用精耕细作，在长期的自然选择和人工选择中，形成了极为丰富的作物种质资源。

地球上共有植物39万种，其中被人类利用的栽培植物种类一般来说有5000种左右，属于大面积种植的大约200种。我国目前的栽培植物种类约600种，其中粮食作物30多种，经济作物70种，果树作物约140种，蔬菜作物约110多种，牧草约

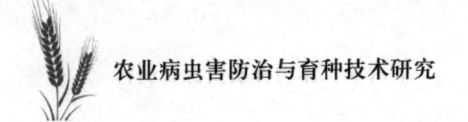

50种,花卉130余种,绿肥约20种,药用植物50余种。

第二节 作物引种

广义的引种,是指从外地区(不同的农业区)或外国引进新的植物、新作物、新品种以及为育种和有关研究所需要的各种品种的资源材料。狭义的引种,则是指从外地区或外国引进作物新品种(系),通过适应性试验,直接在本地区或本国推广种植。

现今世界各地广泛栽培的各种作物类型,大多数都是通过相互引种,并不断加以改进、衍生,逐步发展而丰富起来的。引种是利用现有品种资源最简便也是最迅速有效的途径,不仅可以扩大当地作物的种类和优良品种的种植面积,充分发挥优良品种在生产上的作用,解决当地生产对良种的迫切需要,而且能充实品种资源、丰富育种材料。因此,引种是育种工作的重要组成部分。

完成育种的单位或者个人对其授权品种,享有排他的独占权。任何单位或者个人未经植物新品种权所有人许可,不得生产、繁殖或者销售该授权品种的繁殖材料,不得为商业目的将该授权品种的繁殖材料重复用于生产另一品种的繁殖材料;进口种子和出口种子必须实施检疫,防止植物危险性病、虫、杂草及其他有害生物传入境内和传出境外;具体检疫工作按照有关植物进出境检疫法律、行政法规的规定执行。

一、引种的依据

作物品种是在一定的生态条件下形成的。任何植物的生长、发育都需要一定的外界环境条件,即使是同一个体在发育的不同时期或不同阶段,所需要的外界条件也不一样。不同作物品种由于形成时的生态环境条件不同,其阶段发育特点各异,对光照和温度的反应表现出很大的差异。因此,了解作物个体发育规律,掌握作物品种的光、温反应特性,对引种工作具有很大的指导作用。

(一)自然条件与引种的关系

1.作物的生态环境与生态类型

(1)生态环境

作物的生长发育离不开环境条件,作物的环境条件是指作物生存空间周围的一切条件,包括自然条件和耕作栽培条件。其中对作物生长发育有明显影响和直接为作物所同化的自然条件因素，称为生态因素。生态因素有生物的和非生物的两大类。自然界中的植物、动物和微生物等为生物因素，而水、土、光、气、热等土壤和气候方面的各种因素为非生物因素。生物因素和非生物因素都不是孤立存在的，它们又同时受人类耕作栽培等生产活动的影响，因而，各种生态因素都处于相互影响和相互制约的复合体中，并以此对作物产生综合性作用。这种对作物产生综合作用的生态因素总称为生态环境。

不同地区、不同时间的生态环境是不同的，但在一定的区域范围内，具有大致相同的生态环境。对于一种作物来讲具有大致相同的生态环境的地区称为生态区。

（2）作物生态类型

任何一种作物都是在一定自然条件和耕作栽培条件下，通过长期的自然选择和人工选择而形成的。同一种作物的不同品种对不同的生态因素会有不同的反应，表现出相对不同的生育特性，如光温特性、生育期长短、抗性、产量结构特性及产品品质等生态性状。根据对这些生态特性的研究，同一种作物的所有品种可以划分为若干个不同类型。我们把同一作物在不同生态区形成的，与该地区生态环境以及生产要求最相适应的不同品种类型，称为作物生态类型。很显然不同生态区之间的作物生态类型是不同的，即使是在同一生态区内，作物品种的生态类型也不尽相同，但同一生态类型的品种对一定的生态环境具有相同的反应。所以，引种的成败往往取决于地区间生态环境因素及作物生态类型间的差异程度。

各种作物因其起源地区的气候因素，如水分、温度、光照等形成了具有相适应要求和反应的特性，称为遗传适应性。如水稻原产于潮湿、高温、短日照的低纬度地区，形成了湿生、喜温、短日照的基本特点。在生态环境中，有主导因素和从属因素之分，我们把主要因气候因素（温度、光照等）的作用而形成的不同生态类型称为气候生态型。因此，在研究不同生态区划和生态类型时，首先研究作物在各个生长时期、发育阶段的气候的要求和反应；其次必须考查其他特征、特性和经济性状。

2. 气候相似论

气候相似论，是指原产地和引入地的生态环境，尤其是在影响作物生产的主要气候因素上，应相似到足以保证作物品种互相引用成功时，引种才有成功的可能。这是引种工作中已被广泛接受的规律，是一种"顺应自然"的引种方式。

这个理论具有一定的指导意义，但也有片面性，它只强调了作物对环境反应不变的一面，而忽略了作物对环境条件适应的一面，我们知道作物在长期的进化过程中形成了巨大的、潜在的适应性，随着环境的改变，作物必然做出相应的改变来适应新的环境。因此，在引种实践中应具体分析，不要完全受其约束。

3. 引种需要考虑的生态因子

引种要了解不同纬度、海拔地区的温度、光照、水分以及土壤、生物等自然环境条件的变化情况，以及作物不同品种的遗传、发育特性。这样才能保证引入的作物品种能够适应引进地区的自然生态条件，从而在生产上充分发挥出增产作用和优良品质。

（1）温度

温度因纬度、海拔、地形和地理位置等条件而不同。一般来讲，高纬度地区的温度低于低纬度地区，高海拔地区的温度低于平原地区。据估计，海拔每升高100m，平均温度要降低大约0.6℃，相当于向北纬推进1°。

不同的作物品种对温度的要求是不同的，即使是同一品种在不同的生育时期要求的最适温度也是不同的。一般来说，温度升高能促进作物的生长发育，提早成熟；而温度降低，会延长作物的生育期。但是作物的生长和发育是两个不同的概念，所以作物发育的温度与生长的温度也是不同的。

（2）光照

日照的长度因纬度和季节的变化而变化，上面我们已经讲过从春分到秋分，我国高纬度地区的北方日照时数长于低纬度地区的南方；从秋分到春分，我国高纬度地区的日照时数短于低纬度地区。但植物所感受的日照长度比以日出和日没为标准的天文日照长度要长一些。而海拔的高低只影响光照的强度，与日照时数的长短关系并不大，高海拔地区的太阳辐射量大，光照较强；低海拔地区的太阳辐射量小，光照相对较弱。

一般来讲，光照充足有利于作物的生长，但在发育上，不同作物、不同品种对光照的反应却是不同的。有的对光照长短和强弱反应比较敏感，而有的却比较迟钝。

（3）水分

主要是指年降水总量及一年内的降水分布情况，这对作物的生长发育和产品的品质有很大的影响。不同的作物对水的适应能力和适应方式不同。大田作物中比较抗旱的有谷子、甘薯、绿豆等；比较耐涝的作物有水稻、黑豆等。此外，作物在不同的生育时期对旱、涝的忍耐力也是不同的。因此，在引种时要充分考虑被引作物对水分的需求及其抗旱耐涝的特性，另外还要考虑引种地的地下水位的高低。

（4）土壤

土壤生态因子包括土壤的持水力、透气性、含盐量、pH以及地下水位的高低等。其中影响引种成败的主要因素是土壤的酸碱度。我国华北、西北一带多为碱性土，而华南红壤山地主要是酸性土，沿海涝洼地带多为盐碱土或盐渍土。

不同的作物种类和品种对土壤酸碱度的适应性有较大的差别，多数作物适于在中性土壤上生长，典型的"嗜酸性"或"嗜碱性"作物是没有的。不过，有些作物及品种比较耐酸，另一些则比较耐碱。可以在酸性土壤上生长的作物有荞麦、甘薯、烟草、花生等；能够忍耐轻度盐碱的作物有甜菜、高粱、棉花、向日葵、紫花苜蓿等，紫花苜蓿被称作盐碱土的"先锋作物"，另外种植水稻也是改良盐碱地的一项有力措施。

(5) 其他限制性生态因子

在引种时还应考虑某些特殊的限制性生态因子。例如，检疫性的病、虫、草害及风害等。

(二) 不同作物对光照与温度的反应

根据植物阶段发育理论，植物生长发育是由若干阶段组成的，不同的发育阶段对外界环境的要求和反应也不一样。不同作物由于形成时的生态环境不同，其阶段发育特点各异。因此，了解我国各地温度和日照的四季变化，掌握作物品种对温度和日照反应的特性，对引种工作具有很大的指导作用。

1. 我国不同纬度的日照与温度

我国位于北半球，疆土辽阔（东经 71°55′~135°10′，北纬 3°39′~53°32′）从南到北具有从赤道气候到冷温带之间的多种气候带。同时，我国地理环境和地形也比较复杂，季风和大陆性气候很强，四季变化极为鲜明，气候的垂直带状分布也十分明显。

(1) 日照时数的变化

日照时数，是指一个地方从日出到日没的可照时数，也称为光照长度。随着地球不停地自转，形成了昼夜交替的现象。同时，地球在公转时，地轴与地球轨道平面之间成 66°33′ 的倾斜角，并且这一倾斜角始终不变，地轴所指的方向也始终不变，以至在公转的过程中，形成了日照时数随季节和纬度的不同而有规律变化的现象。

从春分到秋分的夏半年，我国南北的白昼都长于夜间，纬度越高，白昼越长，夏至日各地的白昼最长；从秋分到春分的冬半年，我国南北的白昼短、黑夜长，纬度越高，白昼越短，冬至日各地的白昼最短。

(2) 气温的变化

由于空气直接吸收太阳辐射的能力很弱，吸收地面长波辐射的能力却很强，所以空气主要靠地面辐射的热量而增温。因此，昼夜交替的结果产生了气温昼高夜低的日变化。地球公转不断改变在公转轨道上的位置，使太阳高度角和日照时数发生变化，引起寒来暑往的四季气候交替。同时受地表性质、地形、纬度和其他因素的影响，各地的气温变化比较复杂。

我国大部分地区处于亚热带和温带，受季风和大陆性气候影响，有着明显的季节差异。从四季分布来看，冬夏长而春秋短，向南夏季增长，向北随纬度升高冬季增长。从温度差异来看，低纬度地区离赤道较近气温高，各月平均温度的差异较小，因此温度的年较差也小，随着纬度的升高，各月平均温度差异增加，年温差也随之加大。同时，我国气候有一个很大的特点，就是南北的温差冬季大于夏季。例如，海南崖县各月平均气温之间以及与年平均气温间都很相近，年温差为7.1℃；而黑龙江省爱辉县1月平均气温为-23.5℃，7月份平均气温为21.9℃，年温差为45.4°。海南崖县与黑龙江省爱辉7月平均气温差异仅6.6℃，而1月份平均气温相差达44.9℃，绝对气温间的差异就更多。此外，在纬度相同地区，随海拔高度的增加，月平均气温降低，年较差减小。

2. 作物阶段发育与引种的关系

(1) 春化阶段

根据阶段发育理论，作物第一发育阶段即春化（感温）阶段，在种子萌发、出苗或分蘖时进行，要求有一定的温度、水分、空气和营养物质等，其中温度条件起主导作用。在通过春化阶段时，不同作物所需温度和持续天数是不同的，可分为冬性、半冬性、春性和喜温四种类型。

同一作物的不同生态型，对春化阶段温度的高低和持续时间的长短要求也不相同。例如，小麦可分为冬性（0~5℃、持续30~50d）、弱冬性（0~7℃、持续25~45d）、春性（5~15℃、持续5~15d）三个类型。当温度条件能满足各类型的相应要求时，才能完成春化阶段而进入光照阶段。就其地理分布，在冬麦区由南向北，随纬度升高和海拔增高而冬性越强，春麦区大多为春性型。一般春夏播作物在我国大部分地区的正常情况下，温度对其通过春化阶段不是一个限制因素，但不同生态型品种受温度影响，而改变其发育速度的感温特性也不一样。水稻是喜温类作物，在水稻适宜生长的温度范围内，高温可使生育期缩短，而低温则使生育期延长。早、中、晚稻的感温性比较，以晚稻最强，早稻次之，中稻较弱。

春化阶段要求的温度的高低和持续时间的长短是引种中应该充分考虑的，只有满足了引入品种春化阶段对温度条件的要求，引种才能成功。此外，作物的春化还需要一定的临界温度和积温。

(2) 光照阶段

作物在通过春化阶段以后，还需要一定时间的光照和黑暗，才能实现由营养生长向生殖生长的过渡转化，进而开花结实。根据作物在光照阶段对光照时数和持续天数的要求，可分为短日照作物和长日照作物两大类。

短日照作物在光照阶段，要求一定连续时间的黑暗，较短时间的光照，如水稻、玉米、棉花、大豆、麻类等春夏播作物。同一作物的不同品种类型受日长影响，而改变其发育进度的感光特性是不一样的。例如水稻中的早稻，属光照反应极弱或弱的类型，在连续短日照或延长日照的情况下，抽穗期的提前或推迟变化不大，而晚稻品种则属于光照反应极强或强的类型，在缩短或延长日照的情况下，抽穗期的提前或推迟变化很大。

长日照作物在光照阶段要求一定的较长时间光照，而且光照的连续时间越长，越能加速它的发育，如小麦、大麦、燕麦、蚕豆、豌豆、洋葱等冬作物。作物的不同品种对光照条件的反应可分为敏感、中间和迟钝三种类型。一般来说，冬性品种对光照反应也敏感，要求每天有 12~14h 的光照，需 30~40d，在全日光照条件下，可促使其光照阶段的进行；春性品种对光照反应迟钝，每天日照 8~12h，15d 以上即可通过光照阶段，而弱冬性品种对光照的反应中等，介于冬性和春性品种之间。

综上所述，不同作物品种对温度和光照的反应特性，是在原产地的气温和光照长度等生态环境下，经过长期的自然选择和人工选择所形成的遗传适应性。只有满足了引入品种对温度和光照条件的要求，才能保证引种的成功，东西间引种的关键是要注意引种地区间的温度变化，而南北长距离的引种其成功性不会很大。

(三) 引种法规

通过国家级审定的农作物品种由国务院农业部门公告，可以在全国适宜的生态区域推广。通过省级审定的农作物品种由省、自治区、直辖市人民政府农业主管部门公告，可以在本行政区域内适宜的生态区域推广；其他省、自治区、直辖市属于同一适宜生态区的地域引种农作物品种，引种者应当将引种的品种和区域报所在省、自治区、直辖市人民政府农业备案。引种者应当在拟引种区域开展不少于 1 年的适应性、抗病性试验，要对品种的真实性、安全性和适应性负责。要引入具有植物新品种权的品种，还应当经过品种权人的同意。

二、引种的规律

(一) 水稻引种

水稻分为早稻、中稻和晚稻三种。水稻是高温短日照作物，在短日高温条件下，生长发育较快，能缩短由播种到出穗的日数；在长日低温条件下，则出穗日数较长。当南方水稻品种引向北方时，受较低气温较长日照影响，表现为生育期延长、植株变高、幼抽分化推迟、抽穗晚、穗形变大、粒数增多，其变化的幅度又因品种类型而异。因此，南稻北引，宜引用比较早熟的品种。

晚稻品种感温性强，对短日照要求严格，对延长光照反应敏感，南稻北引，往往延期抽穗或不能抽穗结实，即使在短日照来临时能抽穗，但遇晚秋低温也很难正常灌浆成熟。而早、中稻的感温性较晚稻弱，且感光性不如晚稻敏感，南稻北引，生育期虽有延长，但能适期成熟，引种较易成功。反之，北方的水稻品种引向南方，遇到短日高温条件。因生育期间的日照缩短，气温增高，而北方品种又多属感温性品种，表现为植株变矮，提早抽穗，穗形变小，生育期明显缩短，因此，宜引用比较迟熟的品种，并早播早栽，尽量使其生育前期的气温与原产地相仿，适当延长生育期，并增施肥料，精细管理，达到早熟增产的目的。

纬度相同时，由高海拔地区向低海拔地区引种水稻，表现为植株比原产地高大，这除了温度的原因外，可能与减少了紫外线的抑制作用有关。相反地，原产于低海拔地区的水稻引入高海拔地区，植株变得矮小，生育期也将延长。

(二) 小麦引种

小麦是低温长日照作物，生育期间需要一定的低温和长日照条件。北方的冬性、强冬性品种引到南方种植，因为南方冬春温度较高，日照时数较短，通过春化和光照阶段相对较慢，抽穗推迟，经常表现比当地品种迟熟，容易遭受生长后期自然灾害的威胁，也不利于后茬安排。如引种到华南地区，则因不能满足春化阶段对温度的要求而不能进入光照阶段，甚至不能抽穗。因此，北种南引时，应选择早熟、春性品种，才可能获得成功。

反之，南方小麦品种引至北方，由于北方冬春温度低，日照时数较长，通过春化和光照阶段比较快，表现抽穗成熟提早，但因较快通过春化阶段而抗寒能力减弱，在北方地区冬季寒冷的情况下，易遭冻害。因此，宜引入弱冬性品种。如引入春性品种时宜作晚茬麦栽培，以免遭受冻害，才可获得成功。

冬麦区的春性或弱冬性品种引种到春麦区可作春麦种植。因春麦区生长季节的日照长而强，一般表现早熟高产。但春麦区的品种一般不能适应南方冬麦区的较短光照，表现成熟推迟，籽粒瘦瘪，且易遭后期灾害的威胁。

根据一般的经验，凡是1月平均气温近似的地区引种冬小麦，都比较容易成功。另外，小麦引种时，要注意不同地区小麦锈病病菌生理小种分布情况及品种的抗病性能，最好引入抗引入地区病菌生理小种的品种。

(三) 玉米引种

玉米适应性广泛，引种成功的可能性很大。一般来讲，低纬度、低海拔地区的玉米品种生育期短。所以，由北向南，由高海拔向低海拔地区引种，生育期会缩短；反之，生育期延长。

根据经验，玉米的生育期是决定产量的一个重要因素，凡是生育期长，茬口又合适的，产量就高。从土壤条件来讲，肥水条件好的地区应引种晚熟品种，肥水条件一般的应引种中熟品种，瘠薄地区应引种早熟品种；从品种类型来讲，马齿型品种适应性广，产量高，对肥水条件敏感，增产潜力大，但熟期晚、品质差。

不同地区间引种，一般来说，从东北、华北引到南方，表现较好；而从西北地区引入东北、华北，表现较差。总的来说，从高海拔向低海拔、从北向南、从瘠地向肥地小幅度引种，如果生态条件差异不大，引进品种比当地同一生育期的品种生长发育要好，都可增产。但南种北引，如距离过大，一般表现不适应。

(四) 大豆引种

大豆是典型的短日照作物，对温度和光照的反应比其他短日照作物还要敏感，适应能力狭窄，但品种间的短日性差别极大。早熟型的大豆品种，对短日照的要求弱；迟熟型的大豆品种，对短日照要求强，光照缩短能大大加速花芽的分化与花部器官的形成，并促进豆荚的生长与成熟。一般 24h 中连续光照时数在 13.5h 以下，即为短光照条件。

南方的大豆北引，由于光照延长，而延迟开花成熟，甚至未成熟即遭遇秋霜，但植株高大、茂盛，作饲用大豆较合适。若把南方的早熟型品种引入北方种植，有适应的可能。

北方的大豆南引，由于光照缩短，很快满足了引入品种对短日的要求，花芽分化快，提早成熟，但营养生长较差，产量低。如果把偏北方的品种南引作为品种，或作为高肥水、密植条件下的种植材料，是有价值的。当然，其他性状也是一个引入品种能否在生产上应用的重要因素。如东北大豆南引至江淮地区作为春大豆种植，生育期是适合的，但成熟时种子易发霉，限制了生产上的应用。

从平原向山区引种早熟品种，有成功的可能。

大豆引种时，还要考虑种粒的大小和生态适应性。向黄土高原或东北西部等雨量稀少、土壤瘠薄的地区引种，需引用耐旱、耐瘠薄的中、小粒品种；反之，向肥水充足的地区引种，宜引用大粒品种。

此外，大豆引种时，还需考虑大豆的结荚习性。例如，将有限结荚习性的大豆引种到干旱地区，生长优良的可能性不大；而将生长高大的无限结荚习性的大豆引种到生育期间雨水较多的地区，则易徒长倒伏，难以适应。

（五）棉花引种

棉花天然杂交率高、变异性大、适应性强，是较易驯化的植物。从国内外引进优良品种，经过短期试种、培育、驯化，仍然能保存原有的优良性状，结合加速繁殖，可以很快地在生产上利用。例如，从美国引进的岱字棉15号，经试种驯化、选择、大量繁殖，迅速得到推广。在国内不同省区间引种，成功的例子也很多。例如，我国育成的优良棉花品种从长江流域引到黄河流域，新疆棉花品种引至山西，山西品种引至辽宁，都表现良好。

不同的棉花品种各有其一定的适应范围，而自然气候条件中的温度、日照、雨量、无霜期等与棉花品种生育的习性有密切关系。在引种时应从自然条件相差不大而品种适应性及生态特点都比较相近的地区引进。例如从国外引种，由北美洲密西西比河流域引进棉花品种较适合我国长江流域和黄河流域，因其气候条件比较接近，所以容易适应。

三、引种的原则和注意事项

引种虽然是简单易行、成效快、容易获得新品种的一个重要途径，但由于自然和生产条件都在发生变化，为了保证引种效果，引种必须按照引种的基本原理和规律，遵循引种的原则，按一定的步骤进行。

（一）引种的目标要明确

为提高引种效果，避免盲目引种，必须针对本地区的生态条件、生产条件及生产上种植的品种所存在的问题，确定引入品种的类型和引种的地区。

引种前，应对引种地区的生态条件、品种的温光反应特性作详细的了解，分析本地区和品种原产地之间生态条件差异的情况，研究引种的可行性，并要特别注意考察所引品种的生育期是否适应本地的耕作制度。根据实际需要和可能进行引种，切不可盲目贪多，以免造成不应有的损失。作为育种原始材料进行引种时，可根据需要引入多种材料，但每一种材料的数量要少。

引种要有组织地进行，无论是生产性引种还是育种资源材料的引种，都要在有关主管部门的领导下，有组织、有计划地进行；要建立严格的引种手续和登记、试验、保存制度，引入的品种要进行统一的编号和登记，国外品种要统一译名；要加强情报工作，搞好品种交流，扩大利用范围，充分发挥引入品种的作用。

(二) 加强种子的检疫和检验工作

1. 种子检疫

引种是传播病虫害和杂草的一个重要途径，国内外在这方面有许多严重教训。历史上我国从国外引进棉花品种，曾由于对检疫注意不够，把棉花的黄、枯萎病带进来，造成了严重威胁。

为防止病虫害随处传播，给生产带来威胁，必须严格遵守种子检疫和检验制度，严防病虫害和杂草等乘虚而入。凡是从外地，特别是从国外新引入的种子或材料在投入引种试验前，应特设检疫圃，隔离种植。在鉴定中如发现有检疫对象，或新的危险性病虫和杂草，应立即采取根除措施，不得使其蔓延。

2. 种子检验

引入品种确定后如要从原产地大量调入种子，必须在调运前先对种子的含水量、发芽率（包括发芽势）、净度和品种纯度等方面，按照各级种子规定的标准进行检验。符合规定标准的，方可调运；不符合规定标准的，则应采取补救措施或停止调运。

(三) 本着先试验、示范，再推广的原则

引入的品种其适应性和增产潜力如何，能否在生产上推广种植，必须经过试验才能确定。因此，对引入品种要先进行小面积的观察试验，了解其生育期、产量性状、抗逆性、适应性等，并与当地的主要栽培品种进行比较，从中选出最好的品种，再在较大面积上进行品种试验。

进行比较试验和多点试验，以便更全面地了解引进品种的生产能力和适应性，确定推广使用的价值和适宜的推广范围。确有推广价值的品种，可送交区域试验并开展栽培试验和加速种子的繁殖，以便及早用于生产。

对通过初步试验已经肯定的引进品种，还需要根据其遗传特性进行栽培试验。因为有的外来品种在本地区一般品种所适应的栽培措施下，不足以充分发挥其增产潜力，可能因此而否定其推广前途。所以，引种时需对掌握的品种特性，联系到当地的生态环境进行分析，通过栽培试验，探索关键性的措施，借以限制其在本地区一般栽培条件下所表现的不利性状，从而使其得到合理的利用，做到良种配合良法，进行推广。

(四) 引种与选择相结合

新引入的品种在栽培过程中，由于生态环境的改变，必然出现一些变异，这种变异的大小，取决于原产地和引入地区自然条件差异的程度以及品种本身遗传性状的稳定程度。

为了保持引入品种的优良种性和纯度，在生产种植过程中要注意进行去杂去劣，或采用混合选择法留种。对优良变异植株则分别脱粒、保存、种植，按系统育种程序选育新品种。

第七章 作物育种方法

第一节 作物选择育种

一、选择育种的基本概念及特点

选择是植物进化和育种的基本途径之一，也是引种、杂交育种、倍性育种和辐射育种等育种方法中不可缺少的重要环节。选择贯穿育种工作的每一个步骤。

选择不仅是独立培育良种的手段，还是其他育种方式，如杂交育种、引种、辐射育种、单倍体育种、多倍体育种及良种繁育中不可缺少的重要环节之一。它贯穿育种工作的始终，如原材料的选择、杂交亲本的选择、杂种后代的选择等。

(一) 基本概念

选择育种，是指根据育种目标对现有品种群体出现的自然变异进行性状鉴定、选择并通过品系比较试验、区域试验和生产试验培育新品种的育种途径。选择育种又称为系统育种，对典型的自花授粉作物选择育种又称为纯系育种，是作物育种中最简单、快速而有效的途径。

(二) 特点及局限性

选择育种是利用现有品种群体中出现的自然变异，从中选出符合生产需要的基因型，并进行后续试验，无须人工创造变异。另外，利用作物品种群体中的自然变异，特别是本地区推广的优良品种中的有利自然变异，从中进行选育，往往很快就能育成符合生产发展所需的新良种。因此，该方法具有简单易行、育种年限短，而且能保持原品种对当地适应性的特点。

选择育种的局限性表现在它是从自然变异中选择优良个体，因此有利变异少，选择的概率不高，不能有目的地创造变异，且改进提高的潜力有限；另外，它只用连续的个体选择，容易导致遗传基础贫乏，从而对复杂的条件适应能力差。

二、性状鉴定与选择

选择育种就是从自然变异的群体中，根据单株的表现型挑选符合生产需要的基因型，使选择的性状稳定地遗传下去。选择是创造新品种和改良现有品种的重要手段。任何育种方法，都要通过诱发变异、选择优株和试验鉴定等步骤，因此，选择是育种过程中不可缺少的重要环节。

(一) 选择

选择就是选优去劣，选择育种的基本方法有以下几种。

1. 单株选择法

单株选择法就是把从原始群体中选出的优良单株个体的种子分别收获、保存并播种繁殖为不同家系，根据各家系的表现鉴定上年当选个体的优劣，再以家系为单位进行选留和淘汰的方法。单株选择法又称为系统选择法或系统选育，是目前育种工作中最常用的方法。

单株选择法根据选择的次数可分为一次单株选择法和多次单株选择法。在整个育种过程中，若只进行一次以单株为对象的选择，而后就以各家系为取舍单位的，称为一次单株选择法。此法多用于自花、常异花授粉作物品种改良和良种繁育，异花授粉作物自交系的保纯。如果先进行连续多次的以单株为对象的选择，然后再以各家系为取舍单位的，就称为多次单株选择法。

单株选择法的优点是选择效果较好。单株选择不仅在当年根据个体的表现进行选择，而且在第二年是按入选的单株分别播种的，能对单株后代的表现加以鉴定，因此可以确定上代所选单株是否属于遗传的变异，故能将在当年偶然表现优良的单株，在后代的鉴定选择中加以淘汰。其缺点是，需要的时间较长、人力较多。单株选择选到的单株需分别处理种植，不但比较费工，而且选出的新品种都是从一个单株得来的，每代种子数量不多，必须经过繁殖，所需要的时间也就要长些，同时对选择技术要求比较严格。此方法应用于自花授粉作物效果较明显，应用于常异花授粉和异花授粉作物品种群体，反而会在一定程度上破坏品种的群体结构。

2. 混合选择法

混合选择法，是指在原始群体中根据育种目标选出一定数量的优良单株，混合脱粒、保存，第二年将入选的种子播在小区内，并设对照品种与原始群体相邻种植进行比较鉴定的方法。

混合选择法根据选择的次数也分为一次混合选择法和多次混合选择法。按上述方法对原始群体只进行一次选择，第二年便将混合选择的种子与原始群体及对照品种相邻种植，进行比较的方法称为一次混合选择法。此法多应用于自花授粉作物群体品种类型的分离和杂种后代的选择。多次混合选择法，是指从原始群体中进行一次混合选择后，在以后几代比较鉴定的同时，在表现较好的小区中再进行二次、三次或更多次的混合选择，直到性状表现较一致，达到选种要求为止的方法。多次混合选择法常应用于自花授粉作物较为混杂的群体和异花授粉作物、常异花授粉群体类型的分离和杂种后代的选择。

混合选择法的优点是方法简便易行，可在较短的时间内就从原有品种群体中分离出优良类型，可迅速获得大量种子解决生产的需要。过去许多农家品种都是用这个方法选育而成的。如水稻品种"水源300粒"、玉米品种"混选1号"、小麦品种的"偃大5号"等，都是用混合选择法育成的。另外混合选择把品种群体基本类型的优良单株或单穗选出，既能保持品种种性，又能达到不断提高品种种性、提纯复壮的目的。对于异花、常异花授粉作物混合选择还可保持群体一定程度的异质性，不会导致遗传基础贫乏，引起生活力衰退。

然而混合选择也存在一定缺陷，由于选择是根据当代表现型进行的，虽然表现型在一定程度上反映了基因型，但外表性状，特别是一些产量上的数量性状，经常受到环境的影响而表现出差异。因此，有可能把一些在优良环境条件下表现良好，而其基因型并不合乎要求的个体也选入，再经过混合脱粒、混合播种后，很难了解当选个体在性状上的表现，也就很难在后代中把那些不符合要求的个体一一清除，因而降低了选择效果。另外，当选择的经济性状与品种的生物学性状有矛盾时，如选择高的蛋白质含量、脂肪含量、糖的含量和棉花纤维长度等性状时，用混合选择法就难以达到预期的效果。

3. 集团选择法

根据育种目标，在原始群体中选择各种类型的优良个体，然后将属于同一类型的优良个体混合脱粒，组成几个集团与原始群体和对照品种进行比较鉴定，这种方法被称为集团选择法。

集团选择法的每一个集团实质上就是通过一次混合选择法获得的后代。因此，在必要时可以在每一个集团中再进行混合选择或集团选择。另外，因为集团选择法能保存原始群体中的主要类型，不会因选择而破坏了有价值的复杂群体，必要时可以把优良的小集团合并为大集团，再与对照品种进行比较鉴定。

4. 改良混合选择法

在选种工作进程中，根据某种需要和育种材料的特点，常常把单株选择和混合选择结合起来应用，称为改良混合选择法。

选种时，可以先对某个需要进行选择的原始群体，进行几次混合选择，待性状比较一致后从中选择优良单株，分系进行鉴定比较，选择出优良株系，混合脱粒并保存，待下年或下代继续比较选择培育成新品种。另外，可以先进行单株选择，分系鉴定，然后对优良而又一致的多个单株后代混合脱粒，进行繁殖。前一种方法一般应用在原始群体比较混杂的情况,后一种方法大多用于良种繁育中生产原种,即"单株选择,分系比较,混系繁殖"。

(二) 鉴定

在作物育种工作中,从选用原始材料,选配杂交亲本,选择单株,直到育成新品种,都离不开鉴定。鉴定是按照规定的方法对植物品种、品系或其他种质特征、特性进行测定和做出评价,如形态特征、抗病虫性、抗逆性、产量和品质性状等。鉴定是进行有效选择的依据,是保证和提高育种质量的基础。应用正确的鉴定方法,对育种材料做出客观的科学评价,才能准确鉴别优劣,做出取舍,从而提高育种效果和加速育种进程。鉴定的方法越快速简便和精确可靠,选择的效果就越高。

1. 性状鉴定的方法类别

性状鉴定方法,按所根据的性状、鉴定的条件、场所及手段等,有如下的类别。

(1) 按所根据的性状可分为直接鉴定和间接鉴定

根据目标性状的直接表现进行鉴定称为直接鉴定;根据与目标性状有高度相关的性状的表现来评定该目标性状,称为间接鉴定。如鉴定品种的抗寒性,可根据直接受害的表现来进行直接鉴定,也可测定叶片细胞质的含糖量,或根据株型、叶色、蜡质层的有无和厚薄等进行间接鉴定等。直接鉴定的结果当然最可靠,但是有些性状的直接鉴定需要较大的样本,或者鉴定条件不容易创造,或者鉴定程序复杂、鉴定费时费工等,则需要采用间接鉴定以适当代替直接鉴定,但最后结论还要根据直接鉴定的结果而定。间接鉴定的性状必须与目标性状有密切而稳定的相关关系或因果关系,而且其鉴定方法、技术必须具备微量、简便、快速、精确的特点,适于对大量育种材料早期进行选择。

(2) 按鉴定的条件可分为自然鉴定与诱发鉴定

作物对病虫害和环境胁迫因素的抗耐性,如果危害因素在试验田地上经常充分出现,则可就地直接鉴定试验材料的抗耐性,这就是自然鉴定;否则就需要人工模拟危害条件,包括病虫的接种,使试验材料能够及时地充分表现其抗耐性,而获得鉴定结果,这就是诱发鉴定。

对当地关键性的灾害的抗耐性最后还是依靠自然鉴定,但是在人工控制下的诱发鉴定,可以提高选育工作的效率,保证选择及时进行。在利用诱发鉴定时,育种工作者必须适当掌握所诱发的危害程度及全部诱发材料所处条件的二致性,在危害时期,以免发生偏差。

(3) 根据鉴定的场所及手段可分为当地鉴定和异地鉴定、田间鉴定和实验室鉴定

当一灾害在当地试验地上常年以相当的程度发生时,则可以在当地鉴定其抗耐

性；如果这种灾害在当地年份间或田区间有较大差异，而且在当地又不易或不便人工诱发，则可以将试验材料送到这种灾害常年严重发生地区以鉴定其抗耐性，这就是异地鉴定。异地鉴定对个别灾害的抗耐性往往是有效的，但不易同时鉴定其他目标性状，对需要在生产条件下才能表现的性状，则应在具有一定代表性的地块上进行鉴定，如生育期、生长习性、株型、产量及其构成因素等，只有田间鉴定才能得到确切的结果。品质性状以及其他生理生化性状则需要在实验室内，借助专门的仪器设备，才能得到精确的鉴定。有些性状需要田间鉴定与实验室鉴定相结合进行。

在选择育种中，育种工作者根据条件和需要采用合适的鉴定方法，或者同时兼用两三种鉴定方法，以提高选择效率。

2.性状鉴定效率与选择效率的提高

性状选择的依据是性状鉴定，选择效率的提高主要决定于鉴定效率的提高。随着有关科学技术的发展，性状鉴定技术也得到显著的改进。所要鉴定的性状不仅根据其外观的形态表现，而且还要深入测定有关的生理生化指标。除了在当地自然和耕作栽培条件下进行田间鉴定外，还须采用经改进和发展的人工模拟和诱发鉴定方法，以保证对病虫害和环境胁迫因素的抗耐性进行及时、全面、深入的鉴定。在品质性状、生理生化特性等的鉴定方面，陆续研制的测定仪器和技术，使鉴定和选择效率不断得到提高。

现代化的性状分析测定已向微量或超微量、精确或高精度、快速和自动化的方向发展，并可同时测定许多样本，这使大量的小样本能够得到快速而精确的鉴定，从而就可以相应地提高选择效率，特别是个体选择效率。此外，在田间鉴定中，为了提高鉴定和选择的准确性，要求试验田地的土壤条件和耕作栽培措施均匀一致，使供鉴定和选择的各材料的性状都能在相对相同的条件下得到表现，还需要设置对照行(区)和重复进行比较，以减小误差。

三、各类选择育种的程序

选择育种是指根据育种目标，从现有品种群体中选择出一定数量的优良个体，然后按每一个体的后代分系种植，再通过多次试验的选优去劣，从而培育出新品种的一系列过程。

(一) 纯系育种

纯系育种或称为系统育种，是通过个体选择、株行试验和品系比较试验到新品种育成的一系列过程。纯系育种的基本工作环节如下。

1. 优良变异个体的选择

从种植推广品种群体的大田中选择符合育种目标的变异个体，经室内复选，淘汰不良个体，保留优良个体分别脱粒，并记录其特点和编号，以备检测其后代表现。田间选择应在具有相对较多变异类型的大田中进行，选择个体数量的多少应根据这些变异类型的真实遗传程度而定。受主基因控制的或不易受环境影响的明显变异其选择数量可从少，而受多基因控制或易受环境影响的性状其选择数量可从多。

2. 株行比较试验

将入选的优良个体，分系单株种植，每隔一定数量的株行设置对照品种进行对比，通过田间和室内鉴定，从中选择优良的株系。当系内植株间目标性状表现整齐一致时，即可进入来年的品系比较试验；若系内植株间还有分离，根据情况还可再进行一次个体选择。

3. 品系比较试验

当选品系分区播种，并设置重复提高试验的精确性。试验环境应接近生产大田的条件，保证试验的代表性。品系比较试验要连续进行两年，并根据田间观察评定和室内考种，选出比对照品种优越的品系1~2个参加区域试验。

4. 区域试验和生产试验

在不同的自然区域进行区域试验，测定新品种的适应性和稳定性，并在较大范围内进行生产试验以确定其适宜推广的地区。

5. 品种审定与推广

经过上述选育后综合表现优良的新品种，可报请品种审定委员会审定，审定合格并批准后定名推广。对表现优异的品系，从品系比较试验阶段开始，就应加速繁殖种子，及时大面积推广。

(二) 混合选择育种

混合选择育种是从原始品种群体中，按育种目标的统一要求，选择一批个体，混合脱粒，所得的种子在下季与原始品种的种子成对种植，从而进行比较鉴定，如经混合选择的群体确比原品种优越，就可以取代原品种，作为改良品种加以繁殖和推广。

1. 从原始品种群体中进行混合选择

按性状改良的标准，在田间选择一批该性状一致的个体，室内鉴定淘汰其中一些不合格的，然后将选留的各株混合脱粒进行比较试验。

2. 比较试验

将上季选留的种子与原品种的种子分别种植于相邻的试验小区中，通过比较试验证明其确实比原品种优越，则将其收获脱粒的种子进行繁殖。

3. 繁殖和推广

混合选择改良的群体扩繁供大面积推广。首先在适于原品种推广的地区范围进行推广示范。

(三) 集团混合选择育种

集团混合选择育种是上述单向混合选择育种的一种变通方法，也称为归类的作物遗传育种混合选择育种。当原始品种群体中有几种基本符合育种要求并且分别具有不同类型的优点时，为了鉴定类型间在生产应用上的潜力，需要按类型分别混合脱粒，即分别组成集团，然后对各集团之间及其与原始品种之间进行比较试验，从而选择其中最优的集团进行繁殖，作为一种新品种加以推广。当这种育种方法应用于异花授粉作物时，在各集团与原品种进行比较试验时，各集团应分别隔离留种，集团内自由授粉，避免集团间的互交，对当选的集团采用隔离留种的种子进行繁殖。

(四) 改良混合选择育种

改良混合选择育种是通过个体选择和分系鉴定，淘汰低劣的系统，然后将选留的各系混合脱粒，再通过与原品种的比较试验，表现确有优越性的则可加以繁殖推广。改良混合选择育种是通过个体选择及其后代鉴定的混合选择育种，它广泛地应用于自花授粉作物和常异花授粉作物良种繁育中原种的生产。在玉米中应用的穗行法、半分法，有些异花授粉作物中的母系选择法与此法类似。

任何育种途径，都必须经过选择和后代鉴定比较这两个基本环节。现今的选择方法虽然因不同育种途径而日新月异，但其原理仍然离不开纯系选择和混合选择。掌握了选择的基本程序和方法，将有助于在各种育种途径中加以灵活运用，提高育种效率。

第二节 作物杂交育种

一、杂交亲本的选配

亲本选择是根据育种目标选用具有优良性状的品种类型作为杂交亲本。亲本选配，是指从入选亲本中选用哪些亲本进行杂交和配组的方式。亲本选用得当可以提高杂交育种的效果，反之，则降低育种效率，甚至不能实现预期目标，造成人力、物力的浪费。因此，必须认真确定亲本的选择选配的方式、方法和原则，选出最符合育种目标要求的原始材料作亲本。

(一) 亲本选择的原则

1. 选择优良性状较多的亲本

亲本的优良性状越多，需要改良完善的性状越少。若亲本携带不良的性状，则会增加改造的难度，如果是无法改良的性状，势必增加不必要的资源浪费。

2. 明确亲本的目标性状

根据育种目标确定具体的目标性状，明确目标性状的构成因素，分清主次，突出重点。比如产量、品质等众多经济性状等都可以分解成许多构成性状，构成性状遗传更简单，更具可操作性，选择效果更好，如黄瓜的产量是由单位面积株数、单株花数、坐果率和单果重等性状构成的。当育种目标涉及的性状很多时，不切实际的要求所有性状均优良必然造成育种工作的失败。在这种情况下必须根据育种目标突出主要性状。

3. 重视选用地方品种

地方品种对当地的气候条件和栽培条件都有良好的适应性，也适合当地的消费习惯，是当地长期自然选择和人工选择的产物。用它们作为亲本选育的品种对当地的适应性强，其缺点也了解得比较清楚，容易在当地得到推广。

4. 选用一般配合力高的材料

一般配合力高的亲本材料和其他亲本杂交往往能获得较好的效果，所以在实际育种工作中，应该优先考虑。

5. 借鉴前人的经验

前人所得出的成功经验可以反映所用亲本材料的特征特性，用已取得成功的材料作亲本可提高选育优良新品种的可能性，减少育种工作中的弯路。

以上只是一般的指导原则。由于植物的种类多、性状多、群体小，至今仍有很多植物的许多性状的遗传规律尚不清楚，只能通过大量地配制杂交组合，来增加选出优良品种的机会。

(二) 亲本选配的原则

1. 父、母本性状互补

性状互补是指父本或母本的缺点能被另一方的优点弥补。性状互补还包括同一目标性状不同构成性状的互补。例如黄瓜丰产性育种时，一个亲本为坐果率高、单瓜重低，另一个亲本为坐果率低、单瓜重高。配组亲本双方也可以有共同的优点，而且越多越好。但不能有共同的缺点特别是难以改进的缺点。

另外，性状的遗传是复杂的。亲本性状互补，杂交后代并非完全出现综合性状优良的植株个体。尤其是数量性状，杂种往往难以超过大值亲本（优亲），甚至连中亲值都达不到。如小果抗病的番茄与大果不抗病的番茄杂交，杂种一代的果实重量多接近于双亲的几何平均值。因此要选育大果抗病的品种，必须避免选用小果亲本。

2. 选用不同类型的亲本配组

不同类型的亲本，是指生长发育习性、栽培季节、栽培方式或其他性状有明显差异的亲本。近年来，国内在甜瓜育种中利用大陆性气候生态群和东亚生态群的品种间杂交育成了一批优质、高产、抗病、适应性广的新品种，使厚皮甜瓜的栽培区由传统的大西北东移到华北各地。

3. 用经济性状优良、遗传差异大的亲本配组

在一定的范围内，亲本间的遗传差异越大，后代中分离出的变异类型越多，选出理想类型的机会越大。

4. 以具有较多优良性状的亲本作母本

由于受母本细胞质的影响，后代较多的倾向于母本，因此以具有较多优良性状的亲本作母本，后代获得理想植株的可能性较高。在实际育种工作中，用栽培品种与野生类型杂交时一般用栽培品种作母本；外地品种与本地品种杂交时，通常用本地品种作亲本；用雌性器官发育正常和结实性好的材料作母本；用雄性器官发育正常，花粉量多的材料作父本。如果两个亲本的花期不遇，则用开花晚的材料作母本，开花早的材料作父本。因为花粉可在适当的条件下贮藏一段时间，等到晚开花亲本开花后再授粉，而雌蕊是无法贮藏的。

5. 对于质量性状，双亲之一要符合育种目标

根据遗传规律，从隐性性状亲本的杂交后代内不可能选出具有显性性状的个体。当目标性状为隐性基因控制时，双亲至少有一个为杂合体，才有可能选出目标性状，但我们在实际工作中，很难判定哪一个是杂合体，所以最好是双亲之一具备符合育种目标的性状。

二、杂交技术与杂交方式

(一) 杂交技术

1. 杂交前的准备

(1) 制订杂交计划

根据育种目标要求、育种材料的花器结构、开花授粉习性，制订详细的杂交工作计划，包括杂交组合数、具体的杂交组合、每个杂交组合杂交的花数等。

(2) 亲本种株的培育及杂交花选择

确定亲本后，从中选择具有该亲本典型特征特性的、生长健壮的、无病虫危害的植株，一般10株即可。采用适宜的栽培条件和栽培管理技术，使性状充分表现，植株发育健壮，保证母本植株和杂交用花充足，并满足杂交种子的生长发育，最终获得充实饱满的杂交种子。对于开花过早的亲本，通过摘除已开花的花枝和花朵，达到调节花期的目的。

2. 隔离和去雄

(1) 隔离

父本和母本都需要隔离，目的是防止非目标花粉的混入。隔离的方法有空间隔离、器械隔离和时间隔离等。种子生产一般采用空间隔离的方法，育种试验田一般采用器械隔离，包括网室隔离、硫酸纸袋隔离等。较大的花蕾也可用塑料夹将花冠夹住或用细铁丝将花冠束住，也可用废纸做成比即将开花的花蕾稍大的纸筒，套住第二天将要开花的花蕾。因为时间隔离与花期相遇是一对矛盾，所以时间隔离法应用较少。

(2) 去雄

去雄是去除母本中的雄性器官，除掉隔离范围内的花粉来源，包括雄株、雄花和雄蕊，防止发生自交而得不到杂交种。去雄时间因植物种类而异，对于两性花，在花药开裂前必须去雄。一般都在开花前24~48h完成去雄。去雄方法因植物种类不同而不同，最常用的方法是人工夹除雄蕊法，即用镊子先将花瓣或花冠苞片剥开，然后用镊子将花丝一根一根地夹断去掉。在去雄操作中，不能损伤子房、花柱和柱头，去雄必须彻底，不能弄破花药或有所遗漏。去雄后的花朵要及时套袋隔离。如果连续对两个以上材料去雄，那么给下一个材料去雄时，所有用具包括双手都必须用70%酒精处理，以杀死前一个亲本附着的花粉。人工去雄困难的较小花朵可利用雌雄蕊对温度的敏感性不同进行高温杀雄，也可以采用化学杀雄剂进行化学杀雄。

(3) 花粉的制备贮藏

育种人员通常在授粉前一天摘取次日将开放的花蕾带回室内，挑取花药置于培养皿内。在室温和干燥条件下，经过一定时间，花药会自然开裂。将散出的花粉收集于小瓶中，贴上标签，注明品种，尽快置于盛有氯化钙或变色硅胶的干燥器内，放在低温(0~5℃)、黑暗和干燥条件下贮藏。经长期贮藏或从外地寄来的花粉，应在杂交前先检验花粉的生活力。

(4) 授粉、标记和登录

①授粉

授粉是用授粉工具将花粉涂抹到柱头上的操作过程。最好是在雌蕊生活力最强的时期授粉，要求父本花粉的生活力也要强。大多数植物的雌、雄蕊都是开花当天生活力最强。如果授粉量大或用专门贮备的花粉授粉，则需要授粉工具。授粉工具包括橡皮头、海绵头、毛笔、蜂棒、授粉器等。少量授粉可直接将正在散粉的父本雄蕊碰触母本柱头，也可直接用镊子挑取父本花粉涂抹到母本柱头上。在十字花科植物中，每个收集足量花粉的蜂棒可授粉100朵花左右。装在培养皿或指形管中的花粉，可用橡皮头或毛笔蘸取花粉授在母本的柱头上。

在实际工作中由于双亲花期有差异或杂交任务大，不可能保证所有的杂交组合都在最适时期授粉，所以要提前了解不同作物柱头受精能力维持的期限和花粉的寿命。比如禾谷类作物在开花前1~2d即有受精能力，其开花后能维持的天数为：小麦8~9 d；黑麦7d；大麦6d；燕麦及水稻4d；水稻花粉取下后5min内、小麦花粉取下后十几分钟至半小时内使用有效，而玉米花粉取下后2~3h才开始有部分死亡，其生活力可维持5~6h。自然条件下，自花授粉作物花粉的寿命比常异花和异花授粉作物的寿命短。

②标记

为了防止收获杂交种子时发生差错，必须对套袋授粉的花枝、花朵挂牌标记。一般是授完粉后在母本花的基部位置立刻挂牌，标记牌上标明组合及其株号，授粉日期和授粉人姓名，果实成熟后连同标牌一起收获。由于标牌较小，通常杂交组合等内容用符号代替，并记入记录本中。为了方便找到杂交花朵，也可用不同颜色的牌子加以区分。

③登录

除对杂交组合、日期等有关杂交的情况进行挂牌标记外，还应该在记录本上登记，以供以后分析总结，还可防止遗漏。

(5) 杂交授粉后的管理

杂交后前两天应注意检查，防止因套袋不严、脱落或破损等情况造成结果准确性、可靠性差，有利于及时采取补救措施，如对授粉未成功的花可补充授粉，以提高结实率。加强母本种株的管理，提供良好的肥水条件，及时摘除柱头无受精能力的没有杂交的花朵等，以保证杂交果实发育良好。此外，还要注意防治病虫害、鸟害和鼠害，应及时去除隔离物。

(二) 杂交方式

在选定杂交亲本后，根据育种目标及亲本特点，合理配制杂交组合，确定适合的杂交方式。杂交方式是指在一个杂交组合里要用几个亲本，以及各亲本间的组配方式。杂交方式是影响杂交育种成败的重要因素之一，并决定杂种后代的变异程度，杂交方式有单交、复交、回交和多父本杂交等类型。

1. 单交

参加杂交的亲本只有两个，而且只杂交一次叫作单交。单交又叫作成对杂交，其中一个亲本提供雄配子，称为父本，另一个提供雌配子，称为母本。例如：亲本 A 提供雌配子，为母本，亲本 B 提供雄配子，为父本，两者杂交，以 A×B 表示，一般母本写在前面。单交有正反交之分，正反交是相对而言的。如 A×B 为正交，则 B×A 为反交。在一些杂交中，正反交的效应是不一致的，这主要是受细胞质遗传的影响。单交的方法简便，是有性杂交育种的主要方式。

2. 双交与四交

双交就是两个亲本杂交后所得杂交后代再次杂交，其形式是 A/B//C/D。4 个亲本的遗传物质在四交一代中所占的比例是一样的，亲本 A、B、C、D 依次占 1/4。四交的形式是 A/B//C/3/D，其中 /3/ 表示第 3 次杂交。四交与 4 亲本双交虽然都用了 4 个亲本，但由于采用了不同的杂交方式，4 个亲本的遗传物质在 4 交一代中所占的比例也不一样，亲本 A、B、C、D 依次占 1/8、1/8、1/4、1/2。

3. 回交

杂交后代及其以后世代如果与某一个亲本杂交多次称为回交，应用回交方法选育出新品种的方法叫回交育种。参加回交的亲本叫轮回亲本，只参加一次杂交的亲本称作非轮回亲本或称作供体。杂种一代（F_1）与亲本回交的后代为回交一代，记作 BC_1 或 BC_1F_1，再与轮回亲本回交为回交二代，记作 BC_2 或 BC_2F_2，其他以此类推。

其中 P_1 为轮回亲本、P_2 为非轮回亲本。回交可以增强杂种后代的轮回亲本性状，以致恢复轮回亲本原来的全部优良性状并保留供体少数优良性状，同时增加杂种后代内具有轮回亲本性状个体的比率。所以，回交育种的主要作用是改良轮回亲本一两个性状，是常规杂交育种的一种辅助手段。如麝香石竹花型较大，但与花色丰富的中国石竹杂交后，花型不理想，就与麝香石竹进行回交，取得了花型较大且花色丰富的个体。

4. 多亲杂交

多亲杂交，是指参加杂交的亲本 3 个或 3 个以上的杂交，又称为复合杂交或复交、多系杂交。根据亲本参加杂交的次序不同可分为添加杂交和合成杂交。

（1）添加杂交

多个亲本逐个参与杂交的叫作添加杂交。先是进行两个亲本的杂交，然后用获得的杂交种或其后代，再与第三个亲本进行杂交，获得的杂种还可和第 4、第 5 个亲本杂交。每杂交一次，加入一个亲本的性状。添加的亲本越多，杂种综合优良性状越多，但育种年限会延长，因此工作量会加大。因而参与杂交的亲本不宜太多，一般以 3~4 个亲本为宜，否则工作量过大，且育种的效果也较差。例如，沈阳农业大学育成的早熟、丰产、有限生长、大果的沈农 2 号番茄，就是以 3 个亲本通过添加杂交方式育成的。因其呈阶梯状，因而也被称为阶梯杂交。

(2) 合成杂交

参加杂交的亲本先两两配成单交杂种，然后将两个单交杂种杂交。这种多亲交方式叫作合成杂交。

多亲杂交与单亲杂交相比，优点是将分散于多数亲本上的优良性状综合于杂种之中，丰富了杂种的遗传基础。为选育出综合经济性状优良品种，提供了更多的机会。多系杂交后代变异幅度大，杂种后代的播种群体大，出现全面综合性状优良个体的机会较低，因此工作量大，选种程序较为复杂，并且群体的整齐度不如单交种。

5. 多父本杂交

用一个以上父本品种的混合花粉对一个母本品种进行一次授粉的方式叫作多父本杂交。如甲 ×（乙 + 丙）。其方法是将母本种植在若干选定的父本之间，去雄（多朵花）后任其自然授粉。这种方式简单易行，在一个母本品种上同时可得到多个单交组合，后代为多组合的混合群体，分离类型丰富，有利于选择。

三、杂种后代的选择

杂交组合的后代是一个边分离、边纯化（对自花授粉作物而言是自然纯化，对异花授粉作物来说，必须人工自交纯化）的异质群体，由于分离出的多种基因型其中大部分不符合育种目标的要求，所以必须在一定条件下采用适宜的方法选择适合于育种目标的基因型。处理杂种后代的方法很多，但基本的处理方法有系谱法和混合法，其他处理方法都是这两种基本方法的灵活运用。

(一) 系谱法

按照育种目标，以遗传力为依据，从杂种的第一次分离世代开始，代代选单株，直到选出纯合一致、性状稳定的株系后，转为株系（系）评定。由于当选单株有系谱可查，故称为系谱法。常用于自花授粉作物品种选育和异花授粉作物自交系选育。杂种的分离世代，对单交组合，从杂种二代（F_2）开始；对复交组合，则从杂种一代（F_1）开始。现以单交组合为例，具体说明杂种各世代的后代选育。

1. 杂种一代（F_1）

(1) 种植方式

以杂交组合为单位，单粒点播。在 F_1 两边，相应地种植亲本。每隔 9 个或 19 个杂交组合种植一个对照品种（生产上的主栽品种）。F_1 应在优良条件下稀植，加强田间管理，扩大繁殖系数，获得较多的种子，加大 F_2 分离群体规模。

(2) 选择策略

单交 F_1 个体基因型是高度杂合的，但个体间在遗传上是一致的，所以在 F_1 不选单株。主要任务是比较不同 F_1 的综合表现，淘汰有严重缺陷的个别组合（如熟期太晚、植株太高、感病极重），并拔除各 F_1 群体内的假杂种。当选组合进行比较，评选出一般组合和优良组合，并参照亲本，区别真假杂种。

(3) 收获方法

按组合收获在去假、去杂、去劣后混收，同一组合的不同单株捆成一捆，并编号，如 08（12），表示 2008 年杂交的 12 个组合，至于该组合的亲本及其杂交方式，可从田间试验记载簿上查得。每组合收获的数量应能保证 F_2 有足够大的群体以供选择为原则。如确实需要选择单株，则按单株分别收获、脱粒，并注明单株号。

2. 杂种二代（F_2）

(1) 种植方式

同 F_1，但要求群体容量大于 F_1，一般种植 2000 株左右。

(2) 选择策略

在单交二代（或复交一代），性状发生分离，在同一组合的杂种群体中存在多种多样的变异类型，单株选择由此开始。首先选择优良的杂交组合，在中选组合中再选择优良单株，对一些整体水平差、表现出严重缺陷的杂交组合予以淘汰。这一世代所选单株的优劣，在很大程度上决定了以后各世代的选择效果。因此，第一次分离世代是选育新品种的重要世代。

在杂种早代，主要针对生育期、熟相、株高、抗性、株型等遗传为高的性状进行有效选择；同时，适当兼顾产量等重要的农艺性状，以免顾此失彼，即对遗传力低的农艺性状，选择的标准在早代不宜过严，也不能放之过宽。

(3) 收获方法

将中选单株连根拔起，同一组合的单株捆成一捆，挂牌写明杂交组合，分单株考种脱粒，分别编号、装袋保存。如 08（12）-5，表示在 2008 年所做的第 12 个杂交组合的第二代群体中选中的第 5 株。

3. 杂种三代（F_3）

(1) 种植方式

按组合排列进行，单株稀点播成株；同一组合各单株后代相邻种植，每个组合的种植段中，均种植亲本，并在适当位置种植推广品种作对照，以便比较。一个单株的后代种成一行，称为株行（或株系、系统）。

—208—

(2) 选择策略

F_2 的一个单株，在 F_3 形成一个株行（株系或系统）。一般来说，株系在 F_3 仍在分离，即株系内不同单株之间有差异。然而，不同株系之间的差异大于株系内不同单株之间的差异。这就决定了 F_3 的选择策略：首先选择优良的株系，在中选株系中再选择优良的单株。这里并未排降其他选择策略，而只是强调这种选择策略更可靠。因为，在优良株系中，出现优良单株的机会更多。这种分步选择策略的优越性在于放弃一部分出现优良单株可能性不大的单元，而集中精力于出现这种可能性较大的单元中进行单株选择。

F_3 株系是 F_2 一个单株的后代，对 F_3 株系的鉴定也是对 F_2 当选单株的进一步鉴定。杂种第二次分离世代是处理杂种后代的关键世代。

(3) 收获方法

将优良株系中的当选单株连根拔起，同一株系内的单株捆成一捆，并挂牌注明该株系编号，同一组合不同株系的中选材料相邻放置。按组合顺序和株系顺序分单株考种脱粒，分单株保存，并编系谱号，如 08（12）-5-40，至此，该组合已发展为曾祖曾孙四代家庭，曾祖父、曾祖母产生 F_1、F_1 产生 F_2、F_3 产生 F_3。这就是系谱法的一大特点，从育成品种开始上溯查找祖先亲本，可以比较分析不同品种的亲缘关系，为杂交育种的亲本选配提供遗传差异方面的证据。

4. 杂种四代（F_4）

(1) 种植方式

种植方式同 F_3，系谱号相近的材料相邻种植。

(2) 选择策略

来自 F_3 同一株系的各单株种成的 F 各株系，合称株系群（或系统群）。同一株系群内的各株系称为姊妹系。就遗传差异而言，株系群间差异常大于株系群内各株系间差异，同一株系群内各株系间差异往往大于株系内各单株间的差异。所以，F_4 单株选择，首先着眼于优良株系群的选择，其次在中选的株系群内选择优良株系，最后在中选的株系内选择优良单株。

F_4 以前，工作重点是针对遗传力高的性状进行单株选择。在 F_4 对，一些简单遗传的性状在相当一部分单株上已处于纯合状态，已能出现比较稳定一致的株系，但数目不多，稳定程度一般还不符合要求，还应当根据具体情况继续选单株。对个别特别优良的株系，虽然整齐度稍差，但可以提前升级进行产量试验，并在其中继续选株，以便将来以高纯度的品系取而代之。

从 F_4 开始，工作重点逐步转为选择优良一致的株系。

(3) 收获方法

若最终选择的是单株,则按单株收获、编系谱号,分单株脱粒并保存。若最终选择的是株系,则按株系混收,分株系脱粒、保存。系谱编号与单株选择是对应的,若单株选择停止,则系谱编号工作也随之停止。

5. 杂种以后各世代

F_5、F_6 的选育工作重点是选择优良一致的株系。其中更为优良一致的株系升级进行产量初步比较鉴定,把升级进行产量比较鉴定的株系称为品系。所以,品系是由株系发展而来的。株系的主要特征是其性状发生明显的分离,而品系的性状则比较一致。

从 F_7 开始,一般进行 2 年的品系鉴定试验和 2 年的品系(种)比较试验,旨在对所选品系各主要性状进行较为全面的比较鉴定。

升级进行产量试验的品系,根据需要可从中继续精选少量单株,其目的是进一步观察其稳定性,以便某品系表现出分离时即以相应的株系替代。由于各株系发展不平衡,我们可以对较早表现优良一致的株系可提早到 F_5、F_6 进行产量鉴定,对以后世代出现的特别优异的品系,也可越级进行试验。收获时应将准备升级的株系中的当选单株先行收获,然后再按株系混收,对表现优良而整齐一致的株系群,可按群混收。如果某个组合到 F_5、F_6 仍未出现优良材料时,则予以淘汰。常异花授粉作物的选择世代可比自花授粉作物稍长。

6. 杂种后代的选择基础和效果

遗传力是杂种后代选择的基础,遗传力越高,选择效果越好;反之越差。简单遗传的性状,如株高、抽穗期等性状,在杂种早代就表现出较高的遗传力,这类性状宜在早代选择,以便尽早掌握一批此类性状优良的材料。微效多基因控制的数量性状,如每株分蘖数、单株产量等在杂种早代遗传力较低,选择效果较差。随着世代推进,数量性状的遗传力有所提高,在晚代选择效果较好。

(二) 混合法

1908 年,瑞典学者尼尔森·埃尔(Nilsson Ehle)首先倡导混合法处理冬小麦杂种后代。随后,育种家相继采用此法。自 20 世纪 60 年代以来,此法在日本稻麦育种中广为应用。由于混合法的特点与系谱法互补,因而提出并采用了多种综合应用系谱法与混合法的其他处理杂种后代的方法。

1. 混合法选择要点

混合法是自花授粉作物育种最简便实用且有效的方法。典型混合法在自花授粉作物杂种分离世代按杂交组合混合种植,不选单株,只淘汰明显的杂株和劣株,直到群体中纯合体频率在80%以上（在$F_5 \sim F_6$）时，才开始选择一次单株，下一代种成株系，从中选择优良株系进行升级试验。

每代样本大小因育种规模、设施及试验地条件、材料性质而异，一般每组合应不少于10000株。

2. 混合法的理论依据

育种目标涉及的许多性状为经济性状，属数量性状，受多基因控制和受环境条件的影响较大，在杂种早代遗传力较低，选择效果差。另外，杂种早代群体的纯合体比例很低。例如，杂种某性状若受20对基因控制，则在F_2纯合体频率不到一百万分之一，在早代针对该性状进行单株选择效果甚微，到F_7该性状纯合率已达72.98%，选择可靠性要大很多。若在早期世代就选择单株，不仅选择结果不可靠，而且大量的优良基因可能因为误选而丢失。而采用此法，既可以容纳较大的杂种群体，又能保存大量的有利基因，使其在各个混种世代进行重组，进一步提高优良重组型个体的出现概率，且数量性状的遗传力会随着世代的增加逐渐加大，使选择的准确性和效果加大，而且可能出现亲本优良性状聚合的纯合个体。

在混合种植过程中，群体经受自然选择，有利于育成适应性和抗性强的品种，但相对削弱了人工选择与自然选择结果矛盾的一些性状，如矮秆性、大粒性、丰产性、耐肥性、早熟性等。

3. 混合法与系谱法比较

（1）选择方法比较

系谱法从杂种第一次分离世代开始选单株，直至外部形态性状基本稳定。混合法在杂种分离早期世代不选单株，按组合混合种植，直到群体中纯合体频率在80%以上的世代选择一次单株。在获得稳定株系后，两种方法在处理品系方面采用相同或相似的手段。

（2）系谱法的优缺点

①优点

第一，杂种后代有详细的系谱记载，能了解育成品种的亲缘关系；第二，对当代所做的选择结果，能以后代测定所积累的资料为依据，从而最终可以得到较可靠的评价；第三，育种专家在早代针对生育期、株高、抗病性等遗传力较高的材料进行有效的选择，能及早掌握一批此类性状优良的材料，减少后期需要评价的品系数量，在淘汰一部分基本性状未过关的材料后，将产量、品质等遗传力较低的性状延迟到纯合度高的后期世代进行选择，这样既可加速选择进程又能收到较好的效果；第四，经多次单株选择的后代，纯度较高，便于及时繁殖推广；第五，不同株系分开种植，有利于消除不同类型株间的竞争性干扰。

②缺点

第一，在早代进行单株选择，不可避免地丢失了一部分受多基因支配的优良基因型。

第二，早代选株耗用较多的人力物力，限制了所能处理的杂交组合数和所能选择的植株数，从而限制了所能保持的变异类型。

(3) 混合法的优缺点

①优点

第一，对数量性状早代不做选择，直到晚代遗传力提高后选择的效果较好。

第二，杂种群体在早代经受自然选择，有利于加强育成品种的适应性和抗逆性。

第三，混合种植简单易行，可以节省大量人力。

第四，群体规模较大，能保持较多的变异类型。

②缺点

第一，缺乏系统的系谱观察资料。

第二，杂种早代在自然选择作用下，会使一些对植株本身有利而不符合育种目标的性状得到发展。

第三，混合种植条件下由于群体内株间竞争或类型间竞争，削弱了一些竞争性较弱但农艺上重要的性状。

第四，晚代保留了许多不需要的变异类型，在进行一次单株选择后，有的株系还在分离，往往需要进一步选单株，从而延长了育种年限。

(三) 派生系统法

派生系统，是指可追溯于同一单株的混播后代群体，是由 F_2 代或 F_3 代的一个单株所繁衍的后代群体。

派生系统法的一般做法：在杂种第一或第二次分离世代选择一次或两次单株，随后改用混合法种植各单株形成的派生系统，在派生系统内除淘汰劣株外，不再选择单株，每代根据派生系统的综合性状、产量表现及品质测定结果，选留优良派生系统，淘汰不良派生系统，直到当选派生系统的外观性状趋于稳定时，再进行一次单株选择，下年播种成为株系(穗系)，以后选择优系进行产量试验。

派生系统法实际上是在杂种分离世代采用系谱法与混合法相结合的方法。在杂种早期分离世代采用系谱法，针对遗传为高的性状进行 1~2 次单株选择，以期尽早获取一批此类性状优良的材料。在这些材料的基础上，采用混合法进级繁殖各派生系统，根据各派生系统的综合性状、产量、品质等数量性状的表现，选留优良派生系统，淘汰不良派生系统。在混合进级过程中，表现了混合法的优点，在杂种早代选株又体现了系谱法的优点。

(四) 单籽传法

"一粒传"是加拿大学者 C.H. 戈尔丹（Gulden）于 1941 年提出的，20 世纪 60 年代以后广泛用于自花授粉作物的育种方法。其要点是，从杂种第一次分离世代开始，每株取 1 粒（或者 2 粒）种子混合组成下一代群体，直到纯合程度达到要求时（F_6 及其以后世代）再按株（穗）收获，下年播种成为株（穗）行，从中选择优良株（穗）系，以后进行产量比较。"一粒传"的理论依据如下。

第一，因加性效应在世代间是稳定的。随着世代推进，株系间加性遗传方差逐代增大，株系内加性遗传方差逐代减小。每株取一粒种子，抓住了株系间较大的遗传变异而舍弃了株系内较小的遗传变异。

第二，在性状分离世代，"一粒传"法不论性状表现是否充分，各单株均可传种接代，这种特点尤其适合于温室加代或异地异季加代，从而可快速通过性状分离世代，缩短育种年限。

穗子不同部位的种子，其遗传势、营养成分等方面存在差异。例如，小麦、玉米等穗子中部或中上部花朵先开花，后结实，其种子胚胎发育过程完善，同时存在着优良的营养供给条件，因而这些作物穗中部或中上部位的种子较其他部位的种子更优良。所以采用"一粒传"法处理杂种后代，应优先考虑优势部位的种子。

应用"一粒传"的主要条件有以下两方面。

第一，拥有温室加代设施或采取异地异季加代等其他加代措施，以充分发挥"一粒传"缩短育种年限的特点。

第二，杂种群体的整体水平要求较高，以规避晚代保留大量不良株系的困难，提高育种效率。

上述几种处理杂种后代的方法都各具特点，这些特点反映在如何处理分离世代的杂种后代方面，一旦形成外观性状整齐一致的系统，各种方法间的差异随之消失。显然，就上述述几种杂种后代处理方法而言，在杂种性状形形色色的分离世代，个体本身遗传异质性较突出，与此对应的处理方法也是多种多样的。

四、杂交育种程序

(一) 原始材料圃和亲本圃

种植原始材料的试验地块叫作原始材料圃。在原始材料圃内，集中种植从国内外搜集来的种质资源，按类型归类种植，每份材料种植几十株。对原始材料的特征特性进行比较，系统地观察记载，对其中目标性状突出的材料应作重点研究。重点材料的重要性状，如抗性等，在田间自然条件下表现不充分时，应在诱发条件下进行鉴定。田间种植的原始材料有需要连年种植的重点材料及隔一定年限分批轮流种植的一般原始材料。在育种过程中，还需要不断引入新的种质，补充充实原始材料圃，丰富遗传资源。在种植、收获、贮藏等过程中，应严防机械混杂和生物学混杂，保持材料的纯度和典型性。

种植杂交亲本的地块叫作亲本圃。为便于杂交，每个杂交组合的两亲本最好相邻种植。在亲本圃，为便于杂交，应进行稀播并适当加大行距。亲本材料依杂交计划和亲本间开花期差异，可分期播种以调节开花期，有的亲本还需种在温室或进行盆栽。

(二) 选种圃

种植 F_1 及外观性状表现分离的杂种后代的地块称为选种圃。选种圃的主要工作是从性状分离的杂种后代中选育出整齐一致的优良株系，即品系。杂种后代在选种圃的种植年限根据其外观性状稳定所需的世代长短而定。所选材料性状一旦稳定，便可出圃升级进行比较鉴定。

(三) 鉴定圃

鉴定圃种植从选种圃升级的品系及上年鉴定圃选留的品系。其主要任务是对所种植品系的产量、品质、抗性、生育期及其他重要农艺性状进行初步的综合性鉴定，有些性状，如抗病虫性、抗旱性等，在自然条件下不能充分表现时，应进行人工诱发鉴定。根据田间表现和室内考种结果、自然鉴定和人工诱发鉴定结果，从参试的大量品系中选出一批相对优良的品系。

从选种圃送来的品系，除进行上述鉴定外，还应继续观察其一致性表现。在个别品系中若发现有分离现象，下年应将其重新种植在选种圃继续纯化。

一般升入鉴定圃的品系较多，各品系的种子数量又相对较少，所以鉴定圃的小区面积较小，试验条件接近大田生产条件，可设置 2~4 个重复采取顺序排列或随机区组排列方式。

(四) 品种比较试验

种植由鉴定圃升级的品系和上年品种比较试验中选留的品系，简称为品比圃。品种比较试验是育种工作的最后一个重要环节，品比圃的中心工作是在较大面积上进行更精细、更有代表性的产量比较试验，同时兼顾观察评定其他重要农艺性状的综合表现。

品比圃的小区面积一般在十几平方米以上，设置3~4次重复及对照，采用随机区组设计，连续进行2~3年的比较试验。

为了提高试验的精确性和代表性，试验地必须肥力均匀一致，同时要精细田间管理，栽培措施力求接近于大田生产情况。从品比圃择优选出的新品系，可提交进行地市级、省级或国家级的区域试验。

在进行品比试验的同时，应安排一定规模的种子繁殖。从鉴定圃升级的有些品系，若种子量不足，可进行一年的品种预备试验。预备试验的要求同品比试验，但小区面积略小。

(五) 生产试验、多点试验和栽培试验

对若干表现突出的优异品种，育种人员可在品种比较试验的同时，将品种送到服务地区，在不同的地点进行生产试验，以便使品种经受不同地点和不同生产条件的考验，并起到示范和推广的作用。

栽培试验，是指在进行生产试验的同时，对准备推广的新品种的关键栽培技术(如播期、播量、密度等)进行试验，探索配套的栽培管理措施，保证良种良法一起推广。

第三节 作物诱变育种

一、诱变育种的特点及成就

诱变育种是利用理化因素诱发变异，再从变异后代中通过人工选择、鉴定而培育出新品种的育种方法。诱变育种分为物理诱变和化学诱变。物理诱变是利用物理因素，如各种放射线、超声波、激光等处理植物而诱发可遗传变异的方法。化学诱变是利用化学药品处理植株，使之遗传性发生变异的方法。诱变育种技术的应用对推动世界植物优良品种的选育工作具有重要的意义。

(一) 诱变育种的特点

1. 提高突变率，扩大突变谱

一般诱变率在0.1%左右，但利用多种诱变因素可使突变率提高到3%，比自然突变高出100倍以上，甚至可达1000倍。

人工诱发的变异范围较大，往往超出一般的变异范围，甚至是自然界尚未出现或很难出现的新基因源。

2. 改良单一性状比较有效，同时改良多个性状较困难

一般的突变都是使某一个基因发生改变，所以可以改良推广品种的个别缺点，但同时改良多个性状较困难。实践证明，诱变育种可以有效地改良品种的早熟、矮秆、抗病和优质等单一性状。

3. 性状稳定快，育种年限短

诱发的变异大多是一个主基因的改变，因此稳定较快，一般经3~4代即可基本稳定，有利于较短时间育成新品种。

4. 与其他育种方法相结合，提高了育种效果

(1) 与杂交育种相结合

诱发突变获得的突变体，具有所需的性状，可以通过选择和杂交的手段转移到另一个品种上，或者将某个品种的优良性状转移给突变体，或通过突变体的杂交，有可能创造更优良的新品种。辐射诱变还可以克服远缘杂交的不亲和性，改变植物的育性。

(2) 与组织培养相结合

通过人工诱变的方法处理植物组织和细胞，使之发生变异，创造更多的变异选择机会。

(3) 与染色体工程相结合

可进行染色体片段移植，重建染色体。

5. 诱发突变的方向和性质尚难掌握

诱变育种很难预见变异的类型及突变频率。虽然早熟性、矮秆、抗病、优质等性状的突变频率较高，但其他有益的变异很少，必须扩大诱变后代群体，以增加选择机会，这样就比较花费人力和物力。

(二) 诱变育种的成就

辐射诱变育种已经对农业生产做出了巨大的贡献，主要表现在两个方面。

1. 育成大量植物新品种

(1) 辐射诱变育种的植物种类已相当广泛，几乎遍及所有有经济价值和观赏价值的植物。1934年，Tollenear利用X射线育成了第一个烟草突变品种——Chlorina，并在生产上得到了推广。1948年，印度利用X射线诱变育成抗干旱的棉花品种。

(2) 我国诱变育成的作物品种数量居世界各国之首，种植面积也不断扩大。辐射诱变育种在农业增产中做出了重要贡献。

20世纪60年代中期开始，在水稻、小麦、大豆等主要作物上利用辐射诱变育

成了新品种,在生产上得到了应用。到1975年,已在8种作物上育成81个优良品种,种植面积约100万 hm²。

2. 提供大量优异的种质资源

(1) 辐射诱变可使作物产生很多变异,这些变异就是新的种质资源,可供育种利用。

1927年,Muller在第三次国际遗传学大会论述X-射线诱发果蝇产生大量变异,提出诱发突变可以改良植物。之后,Stadler在玉米和大麦上首次证明X射线可以诱发突变。Nilsson-Ehle(1930)利用X射线辐照获得了茎秆坚硬、穗型紧密、直立型的有实用价值的大麦突变体。

(2) 将辐射诱变产生的优良突变体作为亲本用于选育杂交品种是诱变育种的另一用途。

二、物理诱变剂及其处理方法

很多因素都可以诱发植物发生突变,这些因素统称为诱变剂。典型的物理诱变剂是不同种类的射线。育种工作者常用的是紫外线、X射线、γ射线和中子等。

(一) 物理诱变剂的种类与性质

1. 紫外线

紫外线是一种波长较长(200~390nm)、能量较低的低能电磁辐射,不能使物质发生电离,故属非电离辐射。紫外线对组织穿透力弱,只适用于照射花粉、孢子等,多用于微生物研究。

2. X射线

X射线是一种核外电磁辐射。X射线发射出的光子波长为0.005~1nm。X射线的波长能量,对组织的穿透力和电离能力决定于X光机的工作电压和靶材料的金属性质。

3. γ射线

γ射线是核内电磁辐射。与X射线相比,γ射线波长更短、能量更高、穿透力更强。γ光子波长<0.001nm,能量可达几百万电子伏,可穿入组织很多厘米,防护要求用铅或水泥墙。γ射线由放射性元素产生。现在农业上常用的γ源有两种:钴(Co)和铯³(Cs)。γ射线是目前辐射育种中较常用的诱变剂之一。

4. 中子

中子是中性粒子,不易和电子发生能量转移作用,质量大,有很强的穿透力;危险性很大。中子可以自由通过重金属元素,能穿透几十厘米厚的铅板,中子防扩层采用石蜡一类含氢原子多的物质（如水和石蜡）。中子按其能量可分为热中子、慢中子、中能中子、快中子和超快中子。可以从放射性同位素、加速器和原子反应堆中获得，分别称为反应堆中子源、加速器中子源、同位素中子源。

5. α射线

由天然或人工的放射性同位素在衰变中产生。它是带正电的粒子束，由两个质子和两个中子组成，也就是氦的原子核，用4/2He表示。穿透力弱，电离能力强，能引起极密集电离。所以α射线作为外照射源并不重要，但如引入生物体内，作为内照射源时，对有机体内产生严重的损伤，诱发染色体断裂的能力很强。

6. β射线

由电子或正电子组成的射线束，可以从加速器中产生，也可以由放射性同位素衰变产生。与α粒子相比，β粒子的穿透力较大，而电离密度较小。β射线在组织中一般能穿透几个毫米，所以在作物育种中往往用能产生β射线的放射性同位素溶液来浸泡处理材料，进行内照射。常用的同位素有2P、S、C和131I，它们进入植物组织细胞，对植物产生诱变作用。

7. 电子束

利用高能电子束进行辐射育种，具有 M_1 生物损伤轻、M_2 诱变效率高的特点。

8. 激光

激光是激光器发出的光线，它具有亮度高、单色性、方向性和相干性好的特点。它也是一种低能的电磁辐射，在辐射诱变中主要利用波长为200~1000nm的激光。

激光引起突变的机理，是由于光效应、热效应、压力效应、电磁效应，或者是四者共同作用引发的突变，至今还不清楚。为此激光育种尚未得到国外同行的认可。

9. 离子注入

离子注入是20世纪80年代中期中国科学院等离子体物理研究所的研究人员发现并投入诱变育种应用的。

优点是对植物损伤轻、突变率高、突变谱广，而且由于离子注入的高激发性、剂量集中和可控性，因此有一定的诱变育种应用潜力。

10. 航天搭载

航天搭载（航天育种或太空育种）是利用返回式卫星进行农作物新品种选育的一种方法。利用空间环境技术提供的微重力、高能粒子、高真空、缺氧和交变磁场等物理诱变因子进行诱变和选择育种研究。

(二) 物理诱变剂处理方法

1. 诱变处理的材料

植物各个部位都可以用适当的方法进行诱变处理，只是有的器官和组织容易处理，有的处理比较困难。最常用的是种子、花粉、子房、营养器官以及愈伤组织等。

(1) 种子有性繁殖

植物最常用的处理材料是种子。它的优点：①操作方便、能大量处理、便于运输和贮藏。②种子对环境适应能力强，可以在极度干燥、高温、低温或真空以及存在氮气或氧气等条件下进行处理，适于进行诱变效应等研究。缺点：所需剂量较大，要求强度大的放射源。

(2) 绿色植株优点

①可以进行整体照射，在γ圃、γ温室或有屏蔽的人工气候室内进行室内处理。②可以局部照射，照射花序、花芽或生长点。③可以在整个生育过程连续或者选择性地照射。

(3) 花粉

处理花粉的优点是不会形成嵌合体，花粉受处理后一旦发生突变，雌雄配子就结合为异质合子，由合子分裂产生的细胞都带有突变。缺点：有些作物花粉量较少，不易采集，花粉存活时间较短，要求处理花粉时必须在较短时间内完成。

(4) 子房

可引起卵细胞突变，还可以诱发孤雌生殖，此法适合于雄性不育植株。

(5) 合子和胚细胞

合子和胚细胞处于旺盛的生命活动中，辐射诱变效果较好，特别是照射第一次有丝分裂前的合子，可以避免形成嵌合体，提高突变频率。但是对操作技术要求较高。

(6) 营养器官

无性繁殖植物，如各种类型的芽和接穗、块茎、鳞茎、球茎、块根、匍匐茎等。如果产生的突变在表型上一经显现，可用无性繁殖方式加以繁殖即可推广。

(7) 离体培养中的细胞和组织

将诱发突变与组织培养结合起来进行研究越来越多，并取得了一定成效。用于诱变处理的组织培养物有单细胞培养物、愈伤组织等。

2. 辐射处理的方法

辐射处理主要有两种方法，即外辐射和内照射。

(1) 外辐射

外辐射，是指被照射的种子或植株所受的辐射来自外部某一辐射源，如钴源、X射线源和中子源等。这种方法操作简便、处理量大，是最常用的处理方法。外照射方法又可分为急性照射与慢性照射，以及连续照射和分次照射等各种方式。急性照射与慢性照射的区别主要在剂量率的差异方面，急性照射剂量率高，在几分钟至几小时内就可完成，而慢性照射的剂量率低，需要几个星期至几个月或几年才能完成；连续照射是在一段时间内一次照射完毕，而分次照射则需间隔多次照射才能完成。

(2) 内辐射

将辐射源引入生物体组织和细胞内进行照射的一种方法（慢性照）。内照射的方法主要有以下几种。

①浸泡法

将种子或嫁接的枝条放入一定强度的放射性同位素溶液内浸泡，使放射性物质进入组织内部进行照射。

②注射法

用注射器将放射性同位素溶液注入植物的茎秆、枝条、叶芽、花芽或子房内。

③施入法

将放射性同位素溶液施入土壤中，利用根部的吸收作用，使植物吸收。

④涂抹法

用放射性同位素溶液与适当的湿润剂配合涂抹在植物体上或刻伤处，吸收到植物体内。

在进行内照射时，要注意安全防护，防止放射性污染。

3. 辐射处理的剂量

适宜的诱变剂量，是指能够最有效地诱发育种家所希望获得的某种变异类型的照射量。照射量是诱变处理成败的关键，如果选用的剂量太低，虽然植株损伤小，但突变率很低；如果剂量太高，就会使 M_1 损伤太重，存活个体减少，且不利的突变增加，同样达不到诱变效果。

(1) 不同的作物和品种对辐射敏感性差异很大。大豆、豌豆和蚕豆等豆科作物以及玉米和黑麦对辐射最敏感，水稻、大小麦等禾本科作物及棉花次之，油菜等十字花科作物和红麻、亚麻、烟草最钝感。二倍体较多倍体敏感。

(2) 作物的器官、组织以及发育时间和生理状况不同，其敏感性也不同。分生组织较其他组织敏感，细胞核较细胞质敏感，性细胞较体细胞敏感，卵细胞较花粉敏感，幼苗较成株敏感；分蘖前期特别敏感，其次是减数分裂和抽穗期，未成熟种子较成熟的敏感；核分裂时较静止期敏感，尤其是细胞分裂前期较敏感，萌动种子比休眠种子敏感。

（3）处理前后的环境条件也影响诱变效果。种子含水量是影响诱变效果的主要因素之一。水稻种子含水量高于17%或低于10%时较敏感，种子含水量在11%~14%的一般不敏感。

在较高水平的氧气条件下照射，会增加幼苗损伤和提高染色体畸变频率，从而相对地提高突变率。

照射后种子贮存时间的长短会影响种子的生活力，所以一般都在处理后尽早播种。因为作物及品种的遗传背景以及环境条件都可以影响诱变效果，最适剂量很难精确确定，必须进行预备试验。诱变育种时，常以半致死剂量（照射处理后，植株能开花结实存活一半的剂量）和临界剂量（照射处理后植株成活率约40%的剂量）来确定各处理品种的最适剂量。

三、化学诱变剂及其处理方法

(一) 化学诱变剂的种类与性质

早在1948年，古斯塔夫森（Gustafsson）等曾用芥子气处理大麦获得突变体。1967年奈兰（Nilan）用硫酸二乙酯处理大麦种子育成了矮秆、高产品种Luther。此后化学诱变剂的研究和应用就逐步发展起来。与物理诱变剂相比，化学诱变剂的特点：①诱发突变率较高，而染色体畸变较少。②对处理材料损伤轻，有的化学诱变剂只限于DNA的某些特定部位发生变异。③大部分有效的化学诱变剂较物理诱变剂的生物损伤大，容易引起生活力和可育性下降。④使用化学诱变剂所需的设备比较简单，成本较低，诱变效果较好，应用前景较广阔。⑤化学诱变剂对人体更具有危险性。化学诱变剂的种类有以下几种。

1. 烷化剂

烷化剂，是指具有烷化功能的化合物，也是在诱变育种中应用最广泛的一类化合物，它带有一个或多个活性烷基。烷化剂可以将DNA的磷酸烷化。常用的烷化剂为甲基磺酸乙酯、硫酸二乙酯、乙烯亚胺、亚硝基乙基尿烷（NEU）和亚硝基乙基脲（NEH）。

2. 叠氮化钠（Azide，NaN_3）

叠氮化钠是一种动植物的呼吸抑制剂，它可使复制中的DNA碱基发生替换，是目前诱变率高而安全的一种诱变剂。可以诱导大麦基因突变而极少出现染色体断裂。这对大麦、豆类和二倍体小麦的诱变有一定效果，但对多倍体的小麦或燕麦则无效。

3. 碱基类似物

碱基类似的是指与 DNA 中碱基的化学结构相类似的一些物质。它们能与 DNA 结合，又不妨碍 DNA 复制。但与正常的碱基是不同的，当与 DNA 结合时或结合后，DNA 再进行复制时，它们的分子结构有了改变，而导致配对错误，发生碱基置换，产生突变。最常用的类似物有类似胸腺嘧啶的 5-溴尿嘧啶（5-BU）和 5-溴脱氧核苷（BUdR），以及类似腺嘌呤的 5-氨基嘌呤（5-AP）。

4. 其他化学诱变剂

其他一些化学诱变剂有：无机化合物如氯化锰、氯化锂、硫酸铜、双氧水、氨等；有机化合物如醋酸、甲醛、重氮甲烷、羟胺、苯的衍生物等；某些抗生素及生物碱如抗生素、吖啶类物质等，虽也能引起一定的基因突变，但在诱变育种中的实用价值较低。

（二）化学诱变剂处理方法

1. 处理材料和方法

与物理诱变一样，种子是主要的处理材料。植物的其他各个部分也可用适当的方法来进行处理。例如芽、插条、块茎、球茎等。此外，还可以处理活体植株的幼穗、花粉、合子和原胚，以提高诱变频率。药剂处理可根据诱变材料特点和药剂的性质而采取不同的方法，具体如下。

（1）浸泡法

把种子、芽和休眠的插条浸泡在适当浓度的诱变剂溶液中。诱变处理前预先用水浸泡上述材料，可提高对诱变的敏感性。

（2）注入法

先在植物茎上作一浅的切口，然后用注射器注射或将浸透诱变剂溶液的棉球包缚切口浸入，此法可用于完整的植株或发育中完整的花序。

（3）涂抹法和滴液法

将适量的药剂溶液涂抹在植株、枝条和块茎等材料的生长点或芽眼上，或用滴管将药液滴于处理材料的顶芽或侧芽上。

（4）熏蒸法

在密封而潮湿的小箱中用化学诱变剂蒸汽熏蒸铺成单层的花粉、花序或幼苗。

（5）施入法

在培养基中用较低浓度的诱变剂浸根或花药进行培养。

2. 处理剂量和时间

为了获得较好的诱变效应，对于每一个具体作物或品种的使用剂量，必须通过幼苗生长预备试验来确定。适宜的剂量应根据材料本身的性质、诱变剂的种类、效能、处理方法和处理条件而决定。就禾谷类作物而言，一般认为处理后的幼苗生长下降30%～40%时，其处理浓度算是合适的；而EMS处理时，生长量下降20%是最适浓度。

四、理化诱变剂的特异性和复合处理

(一) 理化诱变剂的特异性

射线处理容易引起染色体的断裂，其断裂往往在异染色质的区域，因此突变也发生在这些区域邻近的基因中。

1. 目前已发现一些诱变剂对突变有一定的特异性

例如，大麦的直立型突变体 (具有密穗、茎坚韧和矮秆的类型) 位点 (ert-a、ert-e、ert-d)，因不同诱变剂所引起的突变也不同。ert-a 对于密度较低的射线 (X 和 γ 射线) 出现的频率高于密度较高的中子或 α 射线。ert-e 对于中子处理的诱变频率较高。化学诱变剂的反应也不同，对 ert-e 诱变频率较低，而对 ert-a 和 ert-d 诱变频率较高。在大麦和水稻的突变谱方面，以射线诱发白化苗和染色体畸变较多，而化学诱变剂诱发淡绿苗、黄化苗和不育性的频率较高。

2. 不同品种对各种诱变剂的效果也有差异

这些因素都会造成诱变育种工作的困难，如果能够很好地了解诱变剂的特异性，将为定向诱变开辟广阔的道路。

(二) 理化诱变剂的复合处理

突变率会随着诱变剂剂量的增大或处理时间的延长而增加，而且几种诱变剂复合处理比单独处理更能提高突变率。

第四节 生物技术育种

生物技术即生物工程技术，是应用自然科学及工程学的原理，以微生物体、动植物体或其组成部分 (包括器官、组织、细胞或细胞器等) 作为生物反应器将物料进行加工，提供产品为社会服务的技术。生物工程包括基因工程、细胞工程、酶工程、蛋白质工程和微生物工程等。由于基因工程和细胞工程都是以改变生物遗传性状为目的的技术,所以又统称为遗传工程。

随着现代生物技术的发展,细胞工程育种、基因工程育种以及分子标记技术等已趋成熟,广泛应用于动植物品种遗传改良,在打破物种生殖隔离、目标性状定向选育等方面表现出诱人的魅力,展现出极其广阔的应用前景。

一、转基因在作物上的应用

转基因技术育种即基因工程育种,是在分子水平上的遗传工程育种。它是采用类似于工程设计的方法,借助生物化学的手段,人为地转移和重新组合生物遗传物质DNA,从而达到改变生物遗传性状,创造新的生物品种或种质资源的技术。

转基因育种具有常规育种所不具备的优势。首先,它能够打破自然界的物种界限,大大拓宽可利用的基因资源。实践证明,从动物、植物、微生物中分离克隆的基因,通过转基因的方法可使其在三者之间相互转移利用,并且利用转基因技术可以对生物的目标性状进行定向操作,使其定向变异和定向选择。其次,转基因育种技术为培育高产、优质、高抗,适应各种不良环境条件的作物优良品种提供了崭新的育种途径,大大提高了选择效率。

二、转基因育种程序

利用转基因技术进行作物育种的基本过程可分为:目的基因或DNA的获得;含有目的基因或者DNA的重组质粒的构建;受体材料的选择和再生系统的建立;转基因方法的确定和外源基因的转化;转化体的筛选和鉴定;转基因植株的育种利用。

(一) 目的基因或DNA的获得

目的基因的获得是利用作物转基因育种的第一步。根据获得基因的途径主要可以分为两大类:根据基因表达的产物——蛋白进行基因克隆;从基因组DNA或mRNA序列克隆基因。

根据基因表达的产物——蛋白进行基因克隆,首先要分离和纯化控制目的性状的蛋白质或者多肽,并进行氨基酸序列分析,然后根据所得氨基酸序列推导相应的核苷酸序列,再采用化学合成的方式合成该基因,最后通过相应的功能鉴定来确定所推导的序列是否为目的基因。利用这种方法人类首次人工合成了胰岛素基因,通过对表达产物与天然的胰岛素基因产物进行比较得到了证实。

随着分子生物学技术的发展,尤其是PCR技术的问世及其在基因工程中的广泛应用,以及多种生物基因组序列计划的相继实施和完成,直接从基因组DNA或

mRNA 序列克隆基因技术已成为获取目的基因的主要方法，其能够更大规模、更准确、更快速地完成目的基因的克隆。

(二) 含有目的基因或者 DNA 的重组质粒的构建

通过上述方法克隆得到目的基因只是为利用外源基因提供了基础，要将外源基因转移到受体植株还必须对目的基因进行体外重组，即将目的基因安装在运载工具——载体上。质粒重组的基本步骤是从原核生物中获取目的基因的载体并进行改造，利用限制性内切酶将载体切开，并用连接酶把目的基因连接到载体上，获得 DNA 重组体。

(三) 受体材料的选择及再生系统的建立

受体，是指用于接受外源 DNA 的转化材料。能否建立稳定、高效、易于再生的受体系统是植物转基因操作的关键技术之一。良好的植物基因转化受体系统应满足如下条件：有高效稳定的再生能力；有较高的遗传稳定性；具有稳定的外植体来源；对筛选剂敏感等。从理论上来讲，植物任何有活性的细胞、组织、器官都具有再生完整植株的潜能，因此都可以作为植物基因转化的受体。目前常用的受体材料有愈伤组织再生系统、直接分化再生系统、原生质体再生系统、胚状体再生系统和生殖细胞受体系统等。

(四) 转基因方法的确定和外源基因的转化

选择适宜的遗传转化方法是提高遗传转化率的重要环节之一。尽管转基因的具体方法有很多，但是概括起来主要有两类：第一类是以载体为媒介的遗传转化，也被称为间接转移系统法；第二类是外源目的 DNA 的直接转化。

载体介导转移法是目前为止最常见的一类转基因方法。其基本原理是将外源基因重组进入适合的载体系统，通过载体携带将外源基因导入植物细胞并整合在核染色体组中，并随着核染色体一起复制和表达。农杆菌 Ti 质粒或 Ri 质粒介导法是迄今为止植物基因工程中应用最多、机理最清楚、最理想的载体转移方法。具体选用叶盘法、真空渗入法、原生质体共培养法等将目的基因转移、整合到受体基因组上，并使其转化。

外源基因直接导入技术是一种不需借助载体介导，直接利用理化因素进行外源遗传物质转移的方法，主要包括化学刺激法、基因枪轰击法、高压电穿孔法、微注射法 (子房注射法或花粉管通道法) 等。

(五) 转化体的筛选和鉴定

外源目的基因在植物受体细胞中的转化频率往往是相当低的,在数量庞大的受体细胞群体中,通常只有为数不多的一小部分获得了外源 DNA,其中目的基因已被整合到核基因组并实现表达的转化细胞就更加稀少。为了有效地选择出这些真正的转化细胞,有必要使用特异性的选择标记基因进行标记。常用选择标记基因包括抗生素抗性基因及除草剂抗性基因两大类。在实际工作中,是将选择标记基因与适当的启动子构成嵌合基因并克隆到质粒载体上,与目的基因同时进行转化。当标记基因被导入受体细胞之后,就会使转化细胞具有抵抗相应抗生素或除草剂的能力,用抗生素或除草剂进行筛选,即抑制、杀死非转化细胞,而转化细胞则能够存活下来。由于目的基因和标记基因同时整合进入受体细胞的比率相当高,因此在具有上述抗性的转化细胞中将有很高比率的转化细胞同时含有上述两类基因。

通过筛选得到的再生植株只能初步证明标记基因已经整合进入受体细胞,至于目的基因是否整合、表达还不得知,因此还必须对抗性植株进一步检测。根据检测水平的不同可以分为 DNA 水平的鉴定、转录水平的鉴定和翻译水平的鉴定。DNA 水平的鉴定主要是检测外源目的基因是否整合进入受体基因组,整合的拷贝数以及整合的位置。常用的检测方法主要有特异性 PCR 检测和 Southern 杂交。转录水平鉴定是对外源基因转录形成 mRNA 情况进行检测,常用的方法主要有 Northern 杂交和 RT-PCR 检测。检测外源基因转录形成的 mRNA 能否翻译,还必须进行翻译或者蛋白质水平检测,最主要的方法是 Western 杂交,在转基因植株中,只要含有目的基因在翻译水平表达的产物均可采用此方法进行检测鉴定。

(六) 转化体的安全性评价和育种利用

上述鉴定证实携带目的基因的转化体,必须根据有关转基因产品的管理规定,在可控制的条件下进行安全性评价和大田育种利用研究。从目前的植物基因工程育种实践来看,利用转基因方法获得的转基因植株,常常存在外源基因失活、纯合致死、花粉致死效应;由于外源基因的插入对原有基因组的结构发生破坏,而对宿主基因的表达产生影响,以致改变该作物品种的原有性状等现象。此外,转基因植物的安全风险性也是一个值得考虑的问题。因此,通过转基因方式获得的植株还必须通过常规的品种鉴定途径才能用于生产。目前,获得的转基因植物主要用于培育新的作物品种而创造育种资源。一般在获得转化体后,才结合利用杂交、回交、自交等常规育种手段,最终选育综合性状优良的转基因品种。

三、转基因作物的生物安全性

在转基因植物取得惊人发展的同时,其安全性也受到人们的普遍关注。目前已成为当今世界关注的焦点和制约转基因作物发展的"瓶颈"。从保障人类健康、发展农业生产和维护生态平衡与社会安全的基础出发,为实现转基因产品健康有序发展,保证转基因作物的生物安全,提出如下建议。

(一) 加强转基因产品的安全性研究

在研究与开发转基因产品的同时,必须加强其安全性防范的长期跟踪研究。

(二) 建立完善的检测体系与质量审批制度

为确保转基因产品进、出口的安全性,必须建立起一整套完善的、既符合国际标准又与我国国情相适应的检测体系,以及严格的质量标准审批制度。有关审批机构应该独立于研制与开发商之外,而且不应该受到过多的行政干预。

(三) 不断完善相关法规

转基因产品安全性法规的建立与执行应该以严格的检测手段为基准。同时应培养一批既懂得生物技术专业知识,又能驾驭法律的专门人才。

(四) 加强宏观调控

有关决策层应对转基因产品的产业化及市场化速度进行有序的宏观调控。任何转基因产品安全性的防范措施都必须建立在对该项技术的发展进行适当调控的前提下,否则在商业利益的驱动下只能是防不胜防。

(五) 加强对公众的宣传和教育

通过多渠道、多层次的科普宣传教育,培养公众对转基因产品及其安全性问题的客观、公正的意识,从而培育对转基因产品具有一定了解、认识和判断能力的消费者群体,这对于转基因产品能否获得市场的有力支撑是至关重要的。

(六) 为公众提供良好的咨询服务

应该设立足够数量的具有高度权威性的相关咨询机构,从而为那些因缺乏专业知识而难以对某些转基因产品做出选择的消费者提供有效的指导性帮助。

(七) 规范转基因产品市场

必须培育健康、规范的转基因产品市场。转基因产品的安全性决定了其在市场中的发展潜力。因此,有关转基因产品质量及其安全性的广告宣传,应该具有科学性和真实性。一旦消费者因广告宣传而受误导或因假冒产品而被欺骗,转基因产品就会因消费者的望而生畏而失去市场。

第八章 种子生产

第一节 品种的混杂及其防止办法

一、品种混杂退化的现象及其原因

(一) 品种混杂退化及其表现

品种混杂退化，是指优良品种在生产栽培过程中品种纯度降低，原有的优良种性变劣的现象。混杂退化的品种田间表现为植株高矮不齐，成熟早晚不一，生长势强弱不同，病、虫为害加重，抵抗不良环境条件的能力减弱，穗小、粒少等。

(二) 品种混杂退化的主要原因

1. 机械混杂

机械混杂，是指在种子生产和流通的过程中，由于各种条件限制或人为疏忽，使繁育的品种中混入异品种或异种种子的现象。在种子处理及播种、补栽、补种、收获、运输、加工、贮藏等环节中不按操作规程办事都会发生机械混杂。种子田连作或施入未腐熟的有机肥也会造成机械混杂，机械混杂是自花授粉作物品种混杂退化的最主要原因。机械混杂使品种整齐度和一致性下降，并且进一步引起生物学混杂，由此引起的不良后果使异花授粉作物比自花授粉作物还严重。

2. 生物学混杂

对于有性繁殖作物的种子田，由于隔离条件不严或去杂去劣不及时、不彻底，造成异品种花粉传入并参与授粉杂交，从而因天然杂交后代产生性状分离而造成的混杂退化，称为生物学混杂。生物学混杂是异花授粉作物和常异花授粉作物品种混杂退化的主要原因之一。

3. 不良的环境条件的影响

优良品种的特征特性是在一定的生态环境和栽培条件下形成的，其优良性状的发育都要求一定的环境条件和栽培条件。离开其适宜的生态环境条件和栽培技术，其优良种性就会出现退化。

4. 不正确的选择

在种子生产过程中，单株选择的主要目的是保持和提高品种典型性和纯度。但如果不熟悉被选品种的特征、特性，选择标准不正确，还会加速品种的混杂退化。例如，在玉米自交系繁殖田，人们往往把较弱的典型苗拔掉而留下健壮的杂种苗；又如，片面追求稻、麦的大穗型，往往造成植株变高、生育期推迟等，这些都会导致越选越杂。

5. 品种本身的变化

品种的"纯"是相对的，品种内个体间的基因组成总会有些差异，在种子生产过程中，这些异质基因会分离重组，使品种的典型性、一致性降低，从而纯度下降。在自然条件下基因突变率虽很低，但多数突变为不良突变，这些突变体一旦留存下来，就会通过自身繁殖和生物学混杂方式，导致品种混杂退化。

二、防止品种混杂退化的办法

品种的防杂保纯和防止退化是一个比较复杂的问题，技术性和时间连续性强，涉及良种繁育的各个环节。防止品种混杂退化的技术要点如下。

(一) 防止机械混杂

对播种机、种子精选机等在一个品种收获完或种子精选后，须严格清理干净，以便造成混杂。

(二) 严防天然杂交

对异化授粉作物的繁殖田必须进行严格的隔离，防止天然杂交。常异化授粉作物和自花授粉作物也要适当隔离，隔离的方法可采取空间隔离、时间隔离、障碍物隔离和高秆作物隔离等。

(三) 进行去杂去劣和提纯复壮

在种子繁殖田必须坚持严格去杂、去劣，去杂主要指去掉异品种的植株；去劣是指去掉感染病虫害、生长不良的植株。提纯复壮是使品种保持高纯度、防止混杂退化的行之有效的措施。

(四) 严把种源质量关

繁育原、良种所使用的种源是否可靠，直接关系所繁种子的质量。生产原种的种源必须是育种家种子或株（穗）系种子，生产良种的种源最好每年用原种进行更新，这是确保种子质量的一项重要措施。

第二节 种子生产的基本程序及方法

一、种子生产的基本程序

所谓种子生产程序，是指一个品种按繁殖阶段的先后、世代的高低所生产的过程。不同国家的种子生产程序也不同，英、美等国的种子生产程序为育种者种子、基础种子、登记种子、检定种子，前三者为原种级的不同水平，后者为生产用种。目前，我国种子生产实行原原种、原种和良种三级生产程序。

（一）原原种

原原种，是指育种者育成的遗传性状稳定的品种或亲本种子的最初一批种子，用于进一步繁殖原种的种子，又称为育种者种子或育种家种子。这里的育种者可以是单位或集体，也可以是个人。育成品种确定推广后，育种者就负责原原种的保存和生产。

（二）原种

原种，是指原原种繁殖的第一代至第三代种子，或按原种生产技术规程生产的达到原种质量标准的种子，用于进一步繁殖良种的种子。在我国原种可以分为原种一代和原种二代，国外称为基础种子。

（三）良种

良种，是指用常规种的原种繁殖的第一代至第三代种子或杂交种达到良种质量标准的种子，即大田用种。良种用于大田生产，是商品化的种子。

二、种子生产的方法及技术

（一）原种生产

原种在种子生产中起到承上启下的作用，搞好原种生产是整个种子生产过程中最基本和最重要的环节。原种要求性状典型一致，主要特征特性符合原品种的典型性状，株间整齐一致，纯度高。同时保持原品种的长势、抗逆性、丰产性和稳产性。杂交种亲本要保持高的配合力。播种质量好，净度、发芽率高，无检疫性病虫及杂

草的种子。

1. 自花授粉、常异花授粉作物常规品种的原种生产

(1) 重复繁殖法

重复繁殖法又称为保纯繁殖法，是由育种单位或育种者提供原原种种子，在具有种子生产资格企业的繁育基地生产原种和生产用种。生产用种在生产上只使用一次，下一轮又从育种单位或育种者提供的原原种开始，重复相同的繁殖过程，如此不断地繁殖生产用种。

最熟悉品种特征、特性的莫过于育种者，采用这种方法，每年都由育种单位或育种者直接生产、提供原原种种子，能从根本上保证种源质量和典型性。育种单位或育种者要注意原种的生产和保存，可以采用一年生产、多年贮存、分年使用的方法，以保持品种的种性重复。繁殖法在生产原种的整个过程中都要求有严格的防杂保纯措施和检测制度，把机械混杂和生物学混杂的概率降到最低限度。由于种源质量好，除进行必要的去杂去劣外，无须进行人工选择，因而不会造成基因流失，由此进一步生产得到的生产用种能够保持品种的纯度和种性。但这种生产原种的方法，对于一些繁殖系数小的作物，由于原种数量有限，在投入生产前要经过多代繁殖，既耗费时间，又会提高混杂退化的概率。重复繁殖法不仅适用于自花授粉作物和常异花授粉作物常规品种的种子生产，而且可以用于自交系，确保"三系"亲本种子的保纯生产。

(2) 循环选择繁殖法

循环选择繁殖法是从某一品种的原种群中或其他繁殖田，通过"单株选择、分系比较、混系繁殖"生产原种，然后增加繁殖生产用种，如此循环提纯生产原种，常用于自花授粉作物或者常异花授粉作物。这种方法实际上是一种改良混合选择法，这种方法对于混杂退化比较严重的品种的原种生产比其他方法更为有效。原种种子再繁殖一两代，生产良种，供大田播种用。

循环选择繁殖法与重复繁殖法相比较，育种单位没有保存原种的任务，原种生产分散在各地原种场进行，只要按照"三圃制"或"二圃制"生产程序，并获得符合原种各项指标的种子，都可视为原种。

循环选择繁殖法因选择比较、混系过程的长短不同，分为"三年三圃制"和"二年二圃制"。"三年三圃制"指株行圃、株系圃和原种圃，而"二年二圃制"只是在三年三圃中省掉一个株系圃。下面对"三年三圃制"原种生产过程做详细介绍。

①选择优良单株(穗)

优良单株(穗)应在选种圃中或在生长优良、纯度较高的丰产田里进行选择。选择典型性、丰产性都好的单株(穗)是搞好选优提纯生产原种的关键。选择数量应根据后代株行的需要而定，选择工作应在品种性状最明显的时期进行，如苗期、抽穗开花期、成熟期。选择的单株（穗）分别收获，收获后再按穗、粒性状决选，淘汰杂劣株（穗），中选单株（穗）分别脱粒，装袋，充分晒干后妥善贮藏，供下年株（穗）行比较鉴定之用。

②株（穗）行比较鉴定

将上年入选的单株（穗）种于株（穗）行间进行比较鉴定。株（穗）行圃要土地肥沃、地势平坦、肥力均匀、旱涝保收，并注意隔离。每株（穗）种一行或数行，点播密度偏稀。在生长的各个关键阶段对主要性状进行观察记载，并比较鉴定每个株（穗）行的性状优劣和典型性与整齐度。收获前综合各株（穗）行的全部表现进行决选，严格淘汰长势差、典型性不符合要求的株（穗）行。入选的株（穗）行既要求行内的各株优良整齐，无杂、劣株，又要求各行间在主要性状上表现一致。收获时先收被淘汰的杂、劣株（穗）行并运出，避免遗漏混杂在入选的株行中，再将典型优良、整齐一致的株（穗）行除去个别杂、劣株，分别收获、脱粒、贮藏，供下年进行株（穗）系比较鉴定。

③株（穗）系比较鉴定

上年入选的株（穗）行各成为一个单系，种于株（穗）系圃。每系种一个小区，对其典型性、丰产性、适应性等做进一步比较试验。观察评比与选留标准可依照株（穗）行圃，入选的各系经过去杂去劣后，视情况混合或分系收获、脱粒，然后混合，所得种子精选后妥善贮藏。

④混系繁殖

将上年入选株（穗）系的混合种子种于原种圃，以扩大繁殖。原种圃要隔离安全，土壤肥沃，采用先进的农业技术和稀播等措施提高繁殖系数。要严格去杂去劣，收获后单脱、单藏，严防机械混杂，这样生产出的种子就是原种。

采用循环选择繁殖法生产原种时，都要经过单株、株行、株系的多次循环选择，汰劣存优，这对防止和克服品种的混杂退化，保持生产用种的某些优良性状有一定的作用，但由于某些单位在用这种方法生产原种时，没有严格掌握原品种的典型性状，选株的数量少，株系群体小；或者在选择过程中，只注意了单一性状而忽视了原品种的综合性状，使原种生产的效率不高。因此，近年来对小麦、水稻等自花授粉作物发展了"株系循环繁殖法"生产原种。

(3) 株系循环繁殖法

株系循环繁殖法是把引进或最初选择的符合品种典型性状的单株或株行种子分系种于株系循环圃；收获时分为两部分：一部分是先分系收获若干单株，系内单株混合留种，称为株系种；另一部分是将各系剩余单株去杂后全部混收留种，称为核心种。株系种次季仍分系种于株系循环圃。收获方法同上一季,以后照此循环。核心种次季种于基础种子田,从基础种子田混收的种子称为基础种子。基础种子次季种于原种田,收获的种子为原种。

株系循环繁殖法生产原种的指导思想是,在自花授粉作物群体中,个体基因型是纯合的,群体内个体间基因型是同质的。表型上的个别差异主要是由环境引起的,反复选择和比较是无效的。从理论上讲,自花授粉作物也会发生极少数的天然杂交和频率极低的基因突变,但在株系循环过程中完全能够将它们排除掉。从核心种到原种,只繁殖两代,上述变异就难以在群体中存留。因此,进入稳定循环之后,每季只需在株系循环圃中维持一定数量的株系,就能源源不断地提供遗传纯度高的原种,供生产应用。

(4) 自交混繁法

自交混繁法是在自交的条件下,设置保种圃、基础种子田、原种生产田,通过自交保种、混系繁殖,建立纯度高、个体差异小的品种群体。在单株选择圃中,选择具有品种典型性状的自交单株单收,次季按单株分行种植于株行鉴定圃,收获当选株行自交种子,按编号分别种成株系,决选后,收获当选株系的自交种子留作保种圃种子,剩余混系留种作为核心种子用于基础种子田繁殖用种。在基础种子田,要去病、去杂、去劣,混收种子作为基础种子用于下一季原种生产田用种。在原种田,加强田间管理,去杂去劣,扩大繁殖系数,收获原种。这样利用保种圃,每年自交保种、混系留种,实现源源不断地生产原种。自交混繁法主要适用于常异花授粉作物的原种生产,如棉花、高粱等;也适用于异花授粉作物的原种生产,如油菜等。

2. "三系"亲本的原种生产

对于水稻、向日葵等作物的杂交品种原种生产,主要是"三系"亲本原种生产,即雄性不育系、保持系和恢复系的生产。根据原种生产过程中有无配合力测定的步骤,可将"三系"亲本原种生产方法分为两类:一类有配合力测定步骤,以"成对回交测交法"为代表;另一类无配合力测定步骤,以"三系七圃法"为代表。

(1) 成对回交测交法

这种方法既注重根据"三系"亲本的典型性选择,又注重进行亲本配合力的测定,因此可靠而有效。基本程序是单株选择、成对回交与测交、后代(株行)鉴定、原种生产。

①单株选择

在杂交水稻纯度较高的亲本繁殖田中,根据"三系"各自的典型性状,选择雄性不育系、保持系和恢复系单株。选择工作可在抽穗始期进行,严格去杂去劣。不育系应逐株逐穗镜检花粉,也可以将一穗套袋自交检验其育性,保留完全不育单株,淘汰不符合要求的单株。选择的雄性不育系和保持系单株立即套袋成对授粉,保持系和恢复系也要套袋繁殖,并将成对父母本相应编号。收获要单收、单脱、单藏,保留约100个成对单株。

②成对回交与测交

将上年每对不育系的种子分为两部分,一部分与同一恢复系在隔离区内测交制种,供第三年测定配合力使用;另一部分和保持系相邻成对种植,调整好父母本花期。在苗期、分蘖期和抽穗期,根据不育系和保持系的典型特征特性,鉴定其相似性和一致性。在始穗期逐株逐穗套袋自交或镜检花粉鉴定育性,凡成对株行中出现退化株或不育株行的可育性超过2%的株行淘汰。当选不育株行需及时拔除育性不符合要求的植株,剩余株与相应保持系株行套袋成对授粉。对恢复系各株行也要在苗期、分蘖期、抽穗期进行典型性、一致性鉴定,凡出现杂株、变异株、可疑株者,整行淘汰。对当选的不育系、恢复系成对株行,开花期进行人工辅助授粉,可以提高结实率。在成熟收获时对不育系、恢复系、保持系再一次鉴定,当选株行按不育系、保持系、恢复系和测交种分别收获。

③后代鉴定

将上年当选的雄性不育、保持系株行成对种成株系,每对株系在隔离条件下再一次进行成对选择,选择标准为不育系的育性和特征特性及与保持系的相似性。这一年还要将上年当选的测交种株行种子分系种成小区测交,鉴定其配合力与恢复性。每隔一定测交种一对照,以恢复系原种配制的同一杂交组合作对照,试验按间比法排列。恢复系也同样种成株系,继续鉴定其典型性、一致性。收获时根据株系比较的典型性、一致性和测交鉴定的产量、恢复性,最后决选株系,下一步混合繁殖。

④原种生产

将上年决选的株系按不育系、保持系、恢复系分别混合,在隔离条件下,分别种植于不育系、保持系和恢复系原种圃,调整好花期,加强人工辅助授粉。在苗期、分蘖期、抽穗期、成熟期进行4次严格去杂去劣。最后,按雄性不育系、保持系、恢复系分别收获,即获得"三系"原种。

(2)"三系七圃"法

"三系七圃"法在原种生产过程中无配合力测定,仅根据"三系"亲本各自的典型性进行选择。在原种生产过程中,"三系"自成体系,分别建立株行圃和株系圃,三系共建6个圃,不育系增设原种圃一共7圃,因此称为"三系七圃"法。这种方法不仅节省人力、物力,且简化了三系原种生产过程。不育系的回交亲本是用保持系的优良株行或株系,它保留了改良混合选择法的优点,以保持"三系"的典型性和纯度为中心,对不育系的单株、株行和株系都进行育性检验。此法的理论依据是经过严格的育种程序,并通过品种审定投放于生产的杂交水稻,其三系各自的株间配合力没有差异。

在实施"三系七圃"法时,应注意以下几点:

①自始至终抓好保纯工作,着重抓好花期隔离和防止机械混杂,反复进行田间去杂去劣。收获时,保持系和不育系要分割、分运和分场脱粒。

②一定要把"三系"综合性状的典型性和整齐度作为鉴定和选择的主攻方向,不盲目追求单一性状的优中选优。

③不育系的育性鉴定重点是对单株和株行的鉴定,凡抽样镜检中发现有染色花粉则予以淘汰。

④为了防止过分选择造成遗传基础的贫乏,每年选留的保持系和恢复系不要少于10个,不育系不要少于20个,不育系原种圃的回交亲本要用保持系的优系混合种子。

⑤对数量性状的选择要根据遗传率的高低加以区别对待,遗传率高的性状选择时要严格,遗传率低的性状选择时不宜苛求,一般可采用众数选择法或平均数选择法。

在"三系"亲本原种生产的这两类方法中,成对回交测交法的生产程序比较复杂,技术性强,生产原种数量少,但纯度较高,比较可靠;"三系七圃"法生产程序简便,生产原种数量较多,但纯度和可靠性稍差。各地可根据亲本的纯度状况和自身条件灵活选用。一般在三系混杂退化较为严重的情况下,应采用第一种方法;而在三系混杂退化较轻时可采用第二种方法。

3. 玉米自交系的原种生产

玉米亲本自交系通过提纯生产的方法重新获得纯度和质量较高的自交系原种。自交和选择是提纯玉米自交系、生产原种的基本措施。因为自交能使混杂的玉米自交系的性状发生分离、基因型趋于纯合,通过连续几代自交和选择,便可获得基因型较纯合、性状整齐一致的自交系。根据原种生产过程有无配合力测定步骤,有"穗行半分法"和"测交法"两种原种生产方法。

(1) 穗行半分法

第一年选株自交,第二年将每个自交果穗的种子分成两份,一份(占该果穗种子的1/4~1/3)在田间种成穗行,在苗期、拔节期、抽雄开花期根据自交系的典型性、一致性和丰产性进行穗行间的鉴定比较,选出优良的典型穗行;另一份种子妥善保存,待选出优良穗行后再将入选穗行的剩余种子混合,供下一年原种扩繁用。

穗行半分法比较简单，尤其在第二年，无需另设隔离区，无须套袋自交，工作量大大减少。但由于不进行配合力测定，提纯效果也较差。另外，混合繁殖用的种子量较少，很难产生较多数量的原种。通过一年选株自交，一年穗行鉴定的提纯法，称为二级提纯法。若通过一年穗行鉴定，自交系的纯度仍达不到标准时，应在表现优良的穗行中再选株套袋自交，下年套袋自交果穗继续种成穗行，进行穗行鉴定，第四年再进行原种繁殖。这种两年选株自交，两年穗行鉴定的提纯法，被称为三级提纯法。若采用三级提纯法自交系的纯度仍不能符合要求时，以此类推还可以继续穗行鉴定，直到种子提纯达标。

(2) 穗行测交法

这种方法在提纯过程中，既注意外部性状的鉴定，又进行配合力的测定，使提纯后的自交系既能保持原有性状的典型性，又不降低配合力。其基本程序是：第一年选择优良典型单株自交和测交；第二年进行自交穗行和测交穗行的鉴定；第三年进行混系繁殖。

① 选择圃

在自交系繁殖区内，于苗期、抽穗初期根据各种性状表现，选择典型一致的优良单株 100~200 株。各株除人工自交外，又分别用每株的花粉与特定的自交系进行测交。一般每一自交株要同时测交 5~6 穗，各自交果穗与测交果穗成对编号。果穗收获后，根据果穗典型性状及病害、霉烂情况进行严格穗选，淘汰杂、劣穗。中选的自交果穗分穗脱粒收藏，供下年穗行测定用。凡自交果穗淘汰的，相应的测交果穗也要淘汰，当选的同一测交各果穗可混合脱粒供下年鉴定配合力用。

② 鉴定圃

将上年入选的自交果穗在隔离区内种成穗行，进行穗行鉴定。在生长期间根据植株性状的典型性、一致性、生产力和抗逆性等进行选择。在当选的穗行内继续选择优良单株进行套袋自交，自交数量视下一年原种繁殖区所需种子数量而定，一般每个穗行自交 10~20 穗。对非典型的淘汰穗行一律去雄，以免个别植株散粉影响入选穗行种子的典型性。成熟后，自交果穗按穗行分别混收，当选穗行内的非自交果穗混收混脱，可供下年制种用，淘汰穗行的果穗脱粒后作粮食处理。

在种植自交穗行的同时，将上年的测交果穗混收种子按编号种成小区，以亲本未提纯的同名杂交组合为对照，进行产量比较试验，测定配合力。

根据穗行鉴定和配合力测验等资料综合分析，决选出性状典型一致、配合力高的穗行。将当选穗行内的全部自交果穗混合脱粒，即提纯后的自交系原种，供原种圃扩大繁殖。

③原种圃

由于提纯的自交系原种数量较少,应在隔离条件下进一步扩大繁殖。生长期间仍要严格去杂去劣,所收种子即为原种一代种子,再次繁殖则为原种二代种子。

株行测交提纯法比较费工,但所生产的自交系原种纯度高、质量好,典型性和配合力能保持较高水平,对于混杂退化比较严重的自交系材料,只有用这种方法才能达到提纯的效果。

(二)良种生产

获得原种后,要把原种繁殖1~3代供生产田或杂交制种田使用,或者配制杂交种,称为良种生产。利用原种繁殖出的种子叫作原种一代,由原种一代繁殖出的种子叫作原种二代,以此类推,原种只能繁殖1~3代,超过三代后,良种的质量难以保证。良种生产的基本原理与技术同原种生产相似,但其程序要简单得多,就是在隔离条件下,防杂保纯、扩大繁殖,提供大田生产用种。

三、加速种子生产的方法

加速种子生产就是在一定的时间内提高种子的繁殖倍数。一个新品种刚育成时往往种子量很少,如果按照常规的种子生产方法,从繁育到普及推广需4~5年的时间。为了使优良品种尽快地在农业生产上发挥增产作用,必须采取适当措施,加快种子的繁殖。加速种子繁殖的方法有多种,常用的有提高种子的繁殖系数、一年多代繁殖等。

(一)提高种子的繁殖系数

种子的繁殖系数,即种子的繁殖倍数,是指单位重量的种子经种植后,其所繁殖的种子数量相当于原来种子的倍数。提高繁殖系数的主要途径是节约单位面积的播种量,提高单位面积的产量。可采用的具体措施如下。

1. 稀播繁殖

采用精量稀播、精量点播、育苗移栽或单本栽植等方法,通过扩大个体的生长空间和营养面积来提高单株产量水平,另外稀播繁殖单位面积用种量少,在相同的种子数量情况下,可种植较大的面积,所以能大幅提高种子繁殖系数。

2. 剥蘖繁殖

具有分蘖习性的某些作物,如水稻、小麦等,可以提早播种,利用稀播培育壮秧、促进分蘖,再经多次剥蘖插植大田,加强田间管理,促使早发分蘖,提高有效穗数,获得高繁殖系数。

3. 营养繁殖

根茎类无性繁殖作物或有性繁殖作物，均可采用营养繁殖的方法提高繁殖系数。营养繁殖的方法有很多，主要包括常规无性繁殖方法和组织培养法。

(1) 常规无性繁殖方法

常规无性繁殖方法有扦插、嫁接、分株、切块等方法。例如甘薯、马铃薯等根茎类无性繁殖作物，可采用多级育苗法增加采苗次数，也可用切块育苗法增加苗数。然后再采用多次切割、扦插繁殖的方法。

(2) 组织培养法

组织培养法是利用植物组织培养技术，进行快速繁殖或生产人工种子。植物组织培养技术是根据细胞全能性理论，在无菌和人工控制的环境条件下，将植物的胚胎、器官（根、茎、叶、花、果实）、组织、细胞或原生质体培养在人工培养基上，使其再生发育成完整植株的过程。由于培养的植物材料脱离了植物母体，所以又称为植物离体培养。目前采用植物组织培养技术，可以对许多植物进行快速繁殖。如甘蔗，可以将叶片剪成许多小块，进行组织培养，待叶块长成幼苗后，再栽到大田，从而大大提高繁殖系数。此外，对于甘薯、马铃薯还可以利用茎尖分生组织培养进行脱毒，然后再快速繁殖，实现甘薯、马铃薯脱毒快繁。利用植物组织培养技术还可以获得胚状体，制成人工种子，使繁殖倍数大大提高。

(二) 一年多代繁殖

一年多代繁殖的主要方式是异地或异季加代繁殖。

1. 异地加代繁殖

我国幅员辽阔、地势复杂，各地生态条件有很大差异，可以利用我国天然的有利自然条件进行异地加代，一年可繁殖多代。选择光、热条件可以满足作物生长发育所需的某些地区，进行冬繁或夏繁加代。如我国常将玉米、高粱、水稻、棉花、豆类、薯类等春播作物（4~9月），收获后到海南省等地进行冬繁加代（10月至翌年4月）的"北种南繁"；油菜等秋播作物，收获后到青海等高海拔高寒地区夏繁加代的"南种北育"；北方的冬麦、南方的春麦到黑龙江等地春繁加代；北方的春小麦7月收获后在云贵高原夏繁，10月收获后再到海南省冬繁，一年可繁殖三代。

2. 异季加代繁殖

利用当地不同季节的光、热条件和某些设备，在本地进行异季加代。例如，南方的早稻"翻秋"（或称为"倒种春"）和晚稻"翻春"；福建、浙江和两广等省把早稻品种经春种夏收后，当年再夏种秋收，一年种植两次，加快繁殖速度。广东省揭阳县用100粒国际8号水稻种子，经过一年两季种植，获得了2516kg种子。

此外，利用温室或人工气候室等加代设施，可以在当地进行异季加代。某些作物还可以把两种不同的加速繁殖的措施结合应用。如水稻、小麦等分蘖作物在本地剥蘖分植加速繁殖后，又可在异地、异季剥蘖分植加速繁殖；春播马铃薯既可扦插繁殖，又可以在薯块收获后就地秋播切块繁殖，也可以不受季节影响利用组织培养无菌短枝型增殖、微型薯繁殖等。因此，种子生产的速度更快。

第三节　种子质量检验

种子的质量是以能否满足农业生产需要和满足的程度作为衡量尺度。商品种子的质量特性包括适用性、可靠性和经济性。适用性是指品种能在一定的区域使用，并能利用当地的自然条件、经济条件充分发挥自己的增产优势；可靠性是指种子在规定的生长期内。种子质量检验的对象是农作物种子，包括植物学上的种子（如大豆、棉花、洋葱、紫云英等）和果实（如水稻、小麦、玉米的颖果，向日葵的瘦果）等。

一、种子质量的内容

种子质量分为品种质量和播种质量两个方面的内容。品种质量是指与遗传特性有关的品质，也叫作内在品质，可用"真""纯"两个字概括；播种质量是指种子播种后与田间出苗有关的质量，也叫作外在品质，可用"净""壮""饱""健""干""强"六个字概括。种子质量特性分为物理质量、生理质量、遗传质量和卫生质量四大类。

（1）物理质量。采用种子净度、其他植物种子数目、水分、重量等项目的检测结果来衡量。

（2）生理质量。采用种子发芽率、生活力和活力等项目的检测结果来衡量。

（3）遗传质量。采用品种真实性和品种纯度、特定特性检测（转基因种子检测）等项目的检测结果来衡量。

（4）卫生质量。采用种子健康等项目的检测结果来衡量。

虽然种子质量特性较多，但我国开展最普遍的种子质量检测项目是净度分析、水分测定、发芽试验和品种纯度测定，这些项目被称为必检项目，其他项目是非必检项目。

二、假劣种子的概念和范围

(一) 假种子的概念和范围

假种子以非种子冒充种子或者以此种品种种子冒充其他品种种子的；种子种类、品种与标签标注的内容不符或者没有标签的均为假种子。目前，从市场上看，以非种子冒充种子，虽然数量不多，但危害极大。小麦、大豆等常规品种种子，可能表现不明显；但玉米、水稻等杂交品种种子，若以粮食冒充种子，后代分离严重，一般减产可达50%；而对白菜、番茄等蔬菜，可能造成商品性极差，甚至根本没有市场。

以此品种冒充其他品种的，主要表现为用老品种冒充市场上看好的新品种，或用滞销品种冒充畅销品种。种子的种类、品种与标签标注不符，是假种子，冒充是故意行为的，情节更为恶劣。

(二) 劣种子的概念和范围

劣种子的概念和范围在《中华人民共和国种子法》中界定："质量低于国家规定标准的；质量低于标签标注指标的；带有国家规定的检疫性有害生物的"，均为劣种子。

对于国家没有质量标准的种子，以经营者标注的质量标准为准，若低于标注的质量标准，也要承担相应的违法责任。

三、种子检验

(一) 种子检验的概念

种子检验是采用科学的技术和方法，通过仪器或感官对生产上所用种子质量进行测定、分析，判断其优劣，评定其种用价值的一门应用科学，也是对种子进行质量鉴定的过程。种子检验的最终目的是选用高质量的种子用于播种，杜绝或减少由种子质量所造成的缺苗减产的风险，控制有害杂草的蔓延和危害，充分发挥良种的作用，确保农业用种安全。

(二) 种子检验的作用

种子检验的作用是多方面的，一方面是种子企业质量管理体系的一个重要支持过程，也是非常有效的种子质量控制的重要手段；另一方面是一种非常有效的市场监督和社会服务手段。具体地说，种子检验的作用主要体现在以下几个方面。

1. 把关作用

通过对种子质量进行检测，可以实现两重把关：一是把好商品种子出库的质量关，防止不合格种子流向市场；二是把好种子质量监督关，避免不符合要求的种子用于生产。

2. 预防作用

通过对种子生产过程中原材料（如亲本）的过程控制，购入种子的复检以及种子贮藏、运输过程中的检测等，防止不合格种子进入下一过程。

3. 监督作用

通过对种子质量的监督抽查、质量评价等形式实现行政监督的目的，监督种子生产、流通领域的种子质量状况。

4. 报告作用

种子检验报告是国内外种子贸易必备的文件，可以促进国内外种子贸易的发展。

5. 调解种子纠纷的重要依据

监督检验机构出具的种子检验报告可以作为种子贸易活动中判定种子质量优劣的依据，对及时调解种子质量纠纷有重要作用。

6. 其他作用

检验报告还有提供信息反馈和辅助决策的作用。

（三）种子检验的内容和方法

种子检验可分为扦样、检测和结果报告三部分。扦样是种子检验的第一步，由于种子检验是破坏性检验，不可能将整批种子全部进行检验，只能从种子批中随机抽取一小部分数量相当的、有代表性的供检验用的样品。检测是从具有代表性的供检样品中分取试样，对包括净度、发芽率、品种纯度、水分等特性测定。结果报告是将已检测质量特性的测定结果汇总、填报和签发。

1. 扦样

扦样是种子检验的重要环节，扦取的样品有无代表性，决定着种子检验的结果是否有效。

（1）扦样的含义：扦样是从大量的种子（如种子批）中，随机取得一个重量适当、有代表性的供检样品。种子批是指同一来源、同一品种、同一年度、同一时期收获和质量基本一致、在规定数量之内的种子。

（2）扦样的程序：首先从种子批中取得若干个初次样品，其次将全部初次样品混合为混合样品，再次从混合样品中分取送验样品，最后从送验样品中分取供某一检验项目测定的试验样品，并填写两份扦样单，一份交检验室，另一份交被扦单位保存。

2. 检验

种子检验的项目分为必检项目和非必检项目，必检项目包括纯度、净度、发芽率、水分，非必检项目包括生活力的生化测定、质量测定、种子健康测定、包衣种子检验。

(1) 净度分析

净度分析是测定供检样品中不同成分的重量百分率和样品混合物的特性，并据此推断种子批的组成。分析时将样品分成三种成分，即净种子、其他植物种子和杂质，并分别测定各种成分的重量百分率。对样品中的所有植物种子和各种杂质，尽可能加以鉴定。

为便于操作，将其他植物种子的数目测定也归于净度分析中，它主要是用于测定种子批中是否含有有毒或有害种子，用供检样品中的其他植物种子数目来表示，如需鉴定，可按植物分类鉴定到属。具体分析应符合 GB/T 3543.3 的规定。

(2) 发芽试验

发芽试验是测定种子批的最大发芽潜力，据此可比较不同种子批质量，也可估测田间播种价值。发芽试验需用经净度分析后的净种子，在适宜水分和规定的发芽技术条件下进行试验。到幼苗适宜评价阶段后，按结果报告要求检查每个重复，并计数不同类型的幼苗。另外，如需经过预处理的，应在报告上注明。

发芽势是指测试种子的发芽速度和整齐度，其表达方式是计算种子从发芽开始到发芽高峰时段内，发芽种子数占测试种子总数的百分比。其数值越大，发芽势越强。它也是检测种子质量的重要指标之一。

发芽率是指测试种子发芽数占测试种子总数的百分比。例如 100 粒测试种子有 95 粒发芽，则发芽率为 95%。发芽率是检测种子质量的重要指标之一，农业生产上常常依此来计算用种量。

农作物种子，发芽率高、发芽势强，预示着出苗快而整齐、苗壮；若发芽率高、发芽势弱，预示着出苗不齐、弱苗多。一般来说，陈种发芽率不一定低，但发芽势不高，而新种的发芽率、发芽势都高，因此生产上应尽量"弃旧取新"。

(3) 真实性和品种纯度鉴定

测定送验样品的真实性和品种纯度，据此来推断种子批的真实性和品种纯度。可用种子、幼苗或植株进行真实性和品种纯度鉴定。通常把种子与标准样品比较，或将幼苗、植株与同期临近种植在同一环境条件下的同一发展阶段标准样品的幼苗或植株进行比较。

当品种的鉴定性状比较一致时 (自花授粉作物)，则对异作物/异品种的种子、幼苗或植株进行计数；当品种的鉴定性状一致性较差时 (如异花授粉作物)，则对明显的变异株进行计数,并作出品种纯度的总体评价。目前,室内鉴定方法日趋完善,通过种子内的贮藏蛋白或同工酶的电泳图谱也可推断种子批的真实性和品种纯度。

(4) 水分测定

种子内所含水包括游离水、束缚水和结合水3种。种子水分测定的主要对象是游离水。中国作物种子安全贮藏水分的最高限度为籼稻13.5%,粳稻14%,小麦12%,大麦、大豆、玉米均为13.5%,棉籽12%等。测定送验样品的种子水分,为种子安全贮藏、运输等提供依据。种子水分测定必须使种子水分中结合水和束缚水全部除去,同时要尽最大可能减少氧化、分解或其他挥发性物质的损失。

(5) 生活力的生化(四唑)测定

种子活力即种子的健壮度,是种子发芽和出苗率、幼苗生长的潜势、植株抗逆能力和生产潜力的总和,是种子品质的重要指标。长期以来都用发芽试验检验种子的质量,但往往是实验室的发芽率与田间的出苗率之间存在很大的差距。种子活力主要决定于遗传性以及种子发育成熟程度与贮藏期间的环境因子。遗传性决定种子活力强度的可能性,发育程度决定活力程度表现的现实性,贮藏条件则决定种子活力下降的速度。由于种子活力是一项综合性指标,因此靠单一活力测定指标判定其总活力水平或健壮度是不科学的。

在短期内亟须了解种子发芽率或当某些样品的发芽末期尚有较多的休眠种子时,可应用生活力的生化法快速估测种子生活力。生活力测定是应用2,3,5-苯基氯化四氮唑(简称四唑,TTC)无色溶液作为一种指示剂,这种指示剂被种子活组织吸收后,接受活细胞脱氢酶中的氢,被还原成一种红色的、稳定的、不会扩散的和不溶于水的三苯基甲腈。据此,可依据胚和胚乳组织的染色反应来区别有生活力和无生活力的种子。

除完全染色的有生活力种子和完全不染色的无生活力种子外,部分染色种子有无生活力,主要是根据胚和胚乳坏死组织的部位和面积大小来决定,染色颜色深浅可判别组织是健全的,还是衰弱的或死亡的。

(6) 质量测定

测定送验样品每1000粒种子的质量(千粒重),即从净种子中数取一定数量的种子,称其质量,计算其1000粒种子的质量,并换算成国家种子质量标准规定水分条件下的质量。

(7) 种子健康测定

通过种子样品的健康测定,可测得种子批的健康状况,从而比较不同种子批的种用价值,同时可采取措施,弥补发芽试验的不足,测定样品是否存在病原体、害虫,尽可能选用适宜的方法,估计受感染的种子数。已经处理过的种子批,应要求送验者说明处理方式和所用的化学药品。

(8) 包衣种子检验

包衣种子泛指采用某种方法将其他非种子材料包裹在种子外面的种子，包括丸化种子、包膜种子、种子带和种子毯等。包衣种子又称为大粒化种子，即通过在种子外面裹的"包衣物质"层，使原来的小粒或形不正的种子加工成为大粒、形正的种子。包衣是现代种子加工新技术之一，在"包衣物质"中含有肥料、杀菌药剂和保护层等。包衣种子可促进出苗，提高成苗率，使苗的生长整齐健壮，也更适于机械化播种。常用于莴苣、芹菜、洋葱等蔬菜，或花卉、烟草等种子。包衣种子检验包括净度分析、发芽试验、丸化种子的质量测定和大小分级。

3. 结果报告

种子检验的结果报告是按照我国现行标准进行扦样与检测而获得检验结果的一种证书表格。

(1) 签发检验结果报告的条件

签发检验结果报告原机构除需填报结果报告单的内容外，还要报告如下内容：该机构目前从事这项工作；被检的种属于现行标准所列举的一种；种子批符合标准的规定；送验样品是按标准规定扦取和处理的；检验按规定方法进行的。

(2) 结果报告

完整的检验报告应按现行的国家标准规定填写并报告下列内容：签发站名称；扦样及封缄单位的名称；种子批的正式记号及印章；来样数量、代表数量；扦样日期；检验站收到样日期；样品编号；检验项目；检验日期。

第四节 种子管理

国家新修订的《中华人民共和国种子法》已经实施，经过种子市场多年的整顿，基层种子市场不断规范，种子质量得到显著提升，在诚信经营理念的影响下，现今种子管理水平也得到明显提高。要想进一步推动农业生产的快速发展，首先需要做好种子管理工作，这是农业健康发展的前提条件，作为街道办事处工作人员，在种子管理工作中有着义不容辞的责任，通过加大监管力度，进一步保障种子质量，解决百姓担忧的问题[1]。贯彻执行国家有关种子的法律法规和政策方针，加强种子市场与种子质量的监管，承担起农作物新品种引种、试验、审定、推广与保护的责任，

---

[1] 袁玉顺. 种子管理工作存在的问题与优化措施[J]. 农业工程技术, 2021, 41 (0): 95-96.

才能推动行业的进步与发展。

一、种子管理概述

(一) 种子管理内涵

种子是用于农业、林业生产的籽粒、果实、苗芽等,农作物的种子包括粮、油、菜、果等。种子管理是指政府部门对种子的选育、推广以及投放市场等程序进行监管。种子管理是农业生产的重要因素,在以往农业生产中,都是由农户进行选种和留种的,在现代农业生产中,种子技术与管理是由国家和社会管理的,国家立法机构制定《种子法》和《种子管理法》,政府专门的种子管理机构制定种子标准、展开专业管理。种子作为特殊商品,其质量好坏会给农业生产与市场发展带来重要影响,所以在新形势下更应该加强种子管理工作,从而规范市场,推动农业健康发展。

(二) 加强种子管理的重要性

作为街道办事处工作人员需要认识到种子管理工作的重要性。总而言之,加强种子管理的作用主要有以下三点。

(1) 种子管理是保障作物稳定高产的需要,种子作为农业生产的基础,是决定作物产量的内在因素,所以种子质量的好坏会直接影响作物的稳产高产,质量有保障的种子能够进一步提高作物的产量,而劣质的种子则会使得作物产量骤减,会给农民带来较大的经济损失,严重情况下还会影响农民整年的收成并且无法补救。

(2) 种子管理是提高农业综合生产能力的需要,高质量的种子有着较好的出芽率,通过种子管理能够在专业且配套的技术支持下,保障种子质量,使其茁壮成长,最后获得高产量,这也是提高农业综合生产能力的重要举措,从而能够以好的价格提升市场竞争力,以实现增效增收[①]。

(3) 种子管理是稳定社会的需求,我们国家作为农业大国,农作物的产量、经济发展问题关系社会稳定,通过加强种子管理能够避免假冒伪劣种子坑害农民,避免经销商与农民之间产生矛盾和纠纷,从而保障社会稳定。

---

① 龙明丽.浅析新形势下县级种子管理工作存在的问题及对策[J].种子科技,2020,38(18): 38-39.

二、新形势下种子管理工作中存在的问题

(一) 市场管理不规范

在《中华人民共和国种子法》中对于种子的标识、质量、包装等问题做出了详细且严格的规范,为市场管理指明了方向。但是在当前种子市场管理中仍能发现存在管理不规范的问题,在市场中还有许多假冒伪劣、以次充好的种子,这些种子没有经过相关部门的审核,还有一些种子是在标签、包装上不够规范,给消费者带来误导。很多农民表示在选择种子时有困难,面对五花八门的种子一不留神就会选了质量差的种子,这在一定程度上影响了农业生产的健康发展。种子市场价格管理难度较大,现今在《种子法》实施以后,市场逐渐呈现出开放的特点,一些小型企业、个体经营者遍布全国,市场覆盖面广,也加大了种子管理工作的难度,导致相关部门在监管上出现力不从心的问题。另外在市场中还存在经营者行为不规范,一些生产经营单位设置了直销、代销点,但对于这些分支机构又缺乏考察,这就使得这些代销点完全没有达到种子经营的条件和水平,一些经营者不遵守价格指引,私自将种子价格调高,扰乱市场价格、影响市场秩序,这些问题的存在都说明市场管理不够规范。

(二) 管理经费短缺

种子管理工作所涉及的内容非常多,例如在实际工作中需要做好种子的试验、保存、检测、推广等,这些工作的展开都需要有资金支持,但是当前在基层种子管理工作中往往存在资金短缺的问题,管理经费不足就会给管理工作加大难度,受到诸多因素的制约,导致管理举措难以落实。国家银行对于农业方面的支持往往更加侧重于农民补贴以及农业生产机械化推广,在种子产业补贴方面资金较少,针对种子管理的经费就更少,虽然现今有部分财政支持,但是实际效果并不明显,经费数量不足就会导致种子管理无法获得技术支持,难以提高管理水平,致使整个行业进步缓慢。尤其是现代农业生产中,由于,缺少资金的支持,难以引进新种子,更无法展开推广工作,导致种子管理工作丧失活力。而这也从侧面反映出相关部门对于种子管理工作的重视程度不足,导致资金难以保障,使得街道办事处种子管理工作的展开困难重重。

(三) 种子生产矛盾突出

当前在种子管理工作中,就种子生产而言还存在诸多矛盾,首先,种子的繁育

基地不够，集约化程度不高，一些种子明显存在生产力不足的情况。当前基层种子基地大多以租用的方式展开生产，农民有短期租赁的心理而基地有长期稳定的需求，所以二者之间产生矛盾，种子生产的成本本身较高，又存在自然风险，受气候、环境影响较大，农民收益不稳定，基地的各项政策落实困难，管理的难度也在不断增加，这就导致种子基地朝着规范化与标准化方向发展中充满阻力①。基地建设滞后、集约化程度不高，这也影响了新品种的推广。另外，现今制种基地散种流失比较严重，管理混乱，存在一定安全隐患，加之这里的环境复杂，就会导致种子质量下降。此外，若种子生产环节把关不严、制种技术不规范，就会使得流入市场的种子质量不佳，最终影响农业生产。

(四) 种子管理法律不完善

当前在种子管理过程中还存在管理法律不完善的问题，进一步导致执法体制不顺、监管工作不到位。一些街道办事处往往只有巡查权，没有相应的执行权与处罚权，这就导致对种子市场的管理缺少约束，在面对问题与矛盾时往往处于被动状态。在种子管理工作中管理职能相对弱化，职能划分不明确，导致监管力度较弱。除此之外，种子监管意识存在偏差，往往缺少长效管理的机制与服务理念，无法适应新形势下的种子市场，这给农业发展带来了不良的影响。

(五) 特色作物种子监管难度大

在种子管理工作中对于特色作物种子监管的难度往往比较大，通常情况下这种作物种子引种价位比较高，容易出现以次充好的现象，会给农民带来较大的经济损失。当前对于特色种子的管理相对滞后、对于供种源头监管不力，造成引种不规范②。另外，特色作物种子的市场辐射以及竞争力都稍弱，种子的繁种能力不强，而相关企业的科研能力比较差、投入经费有限，导致种子的生产能力不佳。最后特色作物种子杂乱现象严重，种子的供应商往往比较混乱，因为这不是主要的农作物，所以一些农民或机构会出售，给一些不法商贩提供漏洞，在无证经营的情况下导致质量难以保障。

(六) 管理人员专业能力不足

现今在种子管理工作中还存在一个显著问题，就是管理人员的专业能力不足，

---

① 阮海燕. 论新形势下种子管理工作中存在的问题和对策 [J]. 种子科技，2020，38 (11)：25-26.
② 孔令发. 新形势下种子管理工作中存在的问题与对策 [J]. 农家参谋，2020 (17)：58.

这主要体现在缺乏专业知识以及工作态度不端正上，很多管理人员不具备专业知识，并且没有与时俱进的学习态度，从而自身理论知识不足，这就导致种子管理工作效率不高，给管理工作带来不良影响。

在实际工作中部分管理人员态度不端正，工作不严谨，导致问题频频发生。造成种子管理工作人才匮乏的原因比较多样，管理人员职业认知不足，对自己的工作缺少正确定位，等等。种子管理工作比较复杂辛苦，部分管理人员身体素质欠佳、对待遇不满等，都会导致管理工作不到位。

在实际管理工作中常常发现管理人员大多文化程度不高、年龄偏大，无法满足工作要求。即便有一些年轻的管理人员，他们有理论知识基础，但是往往实践经验不足，导致种子管理工作效果不佳。

三、新形势下种子管理工作中问题的解决对策

(一) 规范行业经营管理

新形势种子管理工作的展开还需要从规范行业经营管理开始，才能有效解决现存的问题。种子经营人员要严格遵守国家出台的相关法律法规，规范自身经营行为，而市场监管机构需要加大审核力度，严格审查进入市场的各个企业，并且在后续管理工作中坚持定期审核种子企业的资质、生产设备以及流程，通过进入企业内部展开检查，对违反相关规定的企业责令整改，其中严重者需退出市场。此外政府还应积极建立起科学的组织管理机制，能够给市场中的经营机构提供明确的发展方向，用完善的机制规范经营行为[①]。规范行业经营管理还需加大对以下三方面的管理力度：第一，种子企业需要具备完善的种子管理仓储设施以及相应的生产设备，以此来保障种子在生产以及运输过程中达到相应的质量要求；第二，在种子管理过程中应该有完善的种子筛选、保存以及运输等制度，通过加强技术研究，进一步提升工作效率，保障种子质量能够满足相关要求；第三，提高种子管理水平，通过聘请专业的种子管理技术人才，使得种子管理水平得到提高，从而避免诸多问题的发生。另外在条件允许的情况下还可以建立种子生产基地，用生产合同来为种子质量提升作保障，使得种子市场能够更加规范，避免出现劣质种子。

(二) 加大资金投入力度

在新形势下基层种子管理工作的展开受资金限制，导致管理宣传工作不到位。

---

① 何欣桐.新形势下高校食堂管理工作中存在的问题及对策[J].中国管理信息化，2020，23(9)：220-221.

政府部门应当充分认识到展开种子管理的重要作用，通过下拨转款让种子管理工作的技术得到保障。完善设施、增加技术人员，将这些资源配备齐全才能更好地展开种子管理工作。资金的投入一方面能增加设备数量，例如现今的配套设备、交通工具等；另一方面则能加大技术投入，可以利用现代信息技术加强种子管理，发挥专业人才的技术优势，从而进一步提高工作质量。街道办事处应该积极向上级部门争取资金支持，做好种子的研发、收购、新品种展示、救灾种子储备等工作，以此来推动种子管理工作的健康发展，提升推广力度，以做到即便是在灾害情况下也有充分的保障能力[1]。除此之外，种子管理加大资金投入力度还应该充分结合行业发展的大环境，适当提高新品种保护的收费标准，这样能够为管理工作的展开提供资金保障，能够让管理工作有序展开。

（三）完善种子监管体系

种子管理工作的展开会给农业生产带来重要影响，同时关系国家经济的发展，通过展开种子管理，优化完善市场管理制度，能够进一步强化种子管理机制。在新形势下种子管理工作的展开还要进一步加强质量检测工作，通过完善市场监督管理体系，形成良好的环境与风气，能够为种子的高质量发展提供保障。相关部门一定要将质量检测工作贯彻落实到种子生产、加工、经营等各个环节当中。对于农村地区一些散种子问题，需要对种子市场的准入制度进行强化，以此起到规范种子销售的作用。除此之外，还应该加大日常执法力度、加强监管时效性。通过利用计算机技术，提升种子管理的信息化程度。最后还需要做好种子质量的入户跟踪，如果发现存在质量问题一定要严肃处理，以此来降低农民的损失。

（四）完善相关法律法规

在种子管理中法律法规起到重要的约束与指导作用，也是提升种子管理有效性的重要保障，所以在新形势下政府部门应该结合行业发展实况以及市场经济发展实况，不断优化完善相关法律法规，以此来强化相关政策规定的可操作性，能够以发展的眼光看待问题，做到顺势而变，使得种子管理工作有法可依，根据法律法规展开工作才能降低不良事件的发生概率，避免出现各种矛盾问题[2]。在此过程中还应进一步强化政府的作用，加大对种子管理工作的关注力度，做好良种引进工作，积极推广示范基地，同时大力发展种子质量检测的科学性，以此来助力种子管理水平的

---

[1] 高鹏，李果，李乐.新形势下高校学生资助管理工作中的问题和对策研究[J].智库时代，2020(14)：88-89.
[2] 王慧.基层种子管理工作中存在的问题及对策[J].种子科技，2020，38(6)：24-26.

提高。

(五) 保障特色农业用种安全

要想解决特色作物种子监管难度大的问题，还需要加大对特色作物种子的管理力度，保障用种的安全性，通过完善特色作物种子质量标准，让管理工作的展开有据可查。另外，对于生产、经营的特色作物种子需要采取备案，加强信息登记与管理，加强蔬菜、杂粮等种子的管理；对于一些人工种植的中药材也需要加大监管力度；对于种植面积比较大的作物加强监管，逐渐建立起完善的管理体系。通过制度保障、法律发展进一步提升特色农业用种安全。

(六) 做好基层管理人员技术培训工作

当前种子管理工作中存在管理人员专业能力不足的现象，新形势下为了提升种子管理工作质量，还需要从管理人员角度入手，通过加大基层种子管理人员的培训力度，进一步提升其专业技能。街道办事处可以邀请行业内经验丰富的专家为管理人员展开培训与现场指导，将相关知识、行业先进理念、工作经验传授给他们，使管理人员能够通过系统性学习，提高理论知识水平[1]。另外，街道办事处还可以购买一些专业的书籍、资料为管理人员提供帮助，在遇到问题时能够通过查阅资料及时解惑。另外在展开培训过程中，还要注意相关法律法规的渗透，因为种子管理工作涉及法律知识，管理人员如果缺乏法律意识，也会导致工作失误。所以加强法律法规培训也能进一步提升管理工作的科学性。除此之外，为了激发基层管理人员的工作积极性，还应落实激励机制，对于工作态度不端正、频频出错的人员予以惩罚，对于表现突出的人员予以奖励，以此提高种子管理工作质量。

现今在异常活跃的种子经营中，一些新问题逐渐显现出来。种子作为特殊的商品，种子质量对农业发展的影响重大，其种类、质量都会改变农业结构，影响经济发展。所以在新形势下，种子商品化的特征使得行业竞争变得更加激烈。要想在鱼龙混杂的市场中购买到高质量的种子，就需要有完善的种子管理工作作为保障，正视当前种子管理存在的问题、积极分析问题产生的原因，并且能够提出针对性的解决策略，才能规范种子市场的经营，为农业生产创造良好的环境。在高质量种子的支持下，进一步推动我国农作物产量的提升、推动经济的快速发展。

---

[1] 刘艳.新形势下种子管理工作中存在的问题与对策[J].种子科技，2020，38（1）：31-32.

第九章 设施蔬菜及其栽培基本技术

第一节 蔬菜概述

一、蔬菜的定义及食用价值

蔬菜是人们日常生活中的重要副食品。狭义上讲，凡是具有柔嫩多汁的产品器官作为副食品的一、二年生及多年生的草本植物，统称为蔬菜。广义上讲，凡是可供佐餐的植物，统称为蔬菜。

蔬菜品种繁多、资源丰富。据统计，现今我国生产的蔬菜有32科210种以上，普遍生产的蔬菜有60多种。而每一种蔬菜又因驯化、育种、生产等因素以及气候条件不同等，具有不同的变种、亚种以及数量众多的不同生产种。大部分蔬菜属于草本植物，还有一部分属于木本植物、真菌植物、藻类植物和香料植物。目前，绝大多数蔬菜属于半生产种和野生种，可供开发利用的资源比较丰富，开发潜力巨大。随着蔬菜育种技术的不断发展以及蔬菜生产技术的不断进步，蔬菜品种的数量将不断增加。

蔬菜的食用器官多种多样，包括根、茎、叶、花，以及果实、种子和菌丝体等，如萝卜、胡萝卜等的肉质直根，莴笋、菜薹等的嫩茎，马铃薯、山药、莲藕等的块茎，芋头、荸荠等的球茎，生姜、竹笋等的根状茎，菠菜、白菜等的嫩叶，大白菜、结球甘蓝等的叶球，大葱、洋葱等的鳞茎，芹菜等的叶柄，金针菜等的花，花椰菜等的花球，南瓜、冬瓜、豇豆等的瓠瓜、浆果、荚果等。可以说，蔬菜的可食用部分涵盖了植物的所有器官。

有些植物既可作为蔬菜，又可作为粮食作物，如豌豆、蚕豆、菜豆、豇豆、马铃薯等；也可作为饲料，如南瓜、胡萝卜、芜菁等；还可作为水果，如黄瓜、西红柿等。

二、蔬菜生产的地位

蔬菜生产在日常生活中具有重要的地位，尤其在农业和农村经济发展中起着十分重要的作用。蔬菜生产产量高、经济效益显著，在大生产和大流通的经济一体化、全球化格局下，蔬菜生产已成为一些经济欠发达国家和地区的支柱产业。目前，蔬菜生产已成为除主要粮食作物外，种植业中的第二大产业，是帮助广大菜农发家致富的主要支柱产业,是我国一些地区乃至世界其他国家和地区最充满活力的经济增长点之一。

三、蔬菜生产的特点

蔬菜生产是根据所生产蔬菜的生长发育规律及其对生产环境的要求,通过采取各种相应的生产管理措施,来创造适合蔬菜生长的优良环境,获得优质、高产蔬菜的过程。在蔬菜生产过程中既遵循植物生长的一般规律,又具有鲜明的种属和品种特性,技术性、差异性都很强。与其他植物生产相比,蔬菜生产过程有着明显的不同点:一是季节性很强,除保护地外,大部分蔬菜季节性要求严格;二是技术要求高,人们常说"一亩菜十亩田",说明蔬菜栽培技术很严,水、肥、气、热、种相互配套;三是限制因素多,气候因素、病虫害防治因素、保护措施等;四是设施化趋势明显,保护地栽培面积逐年扩大,淡季供应优势显现;五是商品化程度高,与绿色生产技术配套,紧紧相连,商品性较高。

四、蔬菜生产的方式

蔬菜生产的方式多种多样。依生产场地不同,分为设施生产和露地生产;按生产基质不同,分为土壤生产和无土生产;按生产种类不同,分为普通蔬菜生产和特色蔬菜生产;按生产规模不同,分为零星生产和规模生产;按生产目的不同,分为自给自足的庭院蔬菜生产、半农半菜的季节性蔬菜生产、以种菜为主要职业的专业蔬菜生产、以外销为主的出口蔬菜生产及特色蔬菜生产等;依生产手段不同,分为促成生产、早熟生产、延迟生产、露地直播生产等。

第二节 国内设施蔬菜发展现状

设施蔬菜通常是指利用一系列技术设施改变当地的气候和环境条件,并且在可控环境条件下栽培的蔬菜。这种栽培模式能够打破温度、光照和降雨等各种外部环境因素对蔬菜生长发育的影响,对促进现代农业发展具有十分重要的意义。

美国、荷兰等国家从19世纪末开始发展设施农业,截至目前,荷兰、美国和日本等发达国家设施蔬菜栽培技术处于领先水平,其设施蔬菜产业配套设施及栽培技术体系完善、产品产量及品质均较高、经济效益明显。与设施栽培发展先进的国家相比,我国设施蔬菜栽培从1990年开始,起步较迟,但30年间设施蔬菜发展迅速、规模逐渐扩大,目前我国设施蔬菜种植面积和产量均居世界第一,2020年设施蔬菜

种植面积达 $4.0 \times 10^6 hm^2$，占蔬菜播种面积的 17%。我国设施蔬菜栽培种类主要有辣椒、番茄、黄瓜、茄子等，其中番茄设施栽培面积达 $7.78 \times 10^5 hm^2$，是我国种植面积最大的设施蔬菜。

设施蔬菜最初主要分布在山东、河北和河南等地，随着其栽培技术水平提升、成本降低、产量和品质逐渐提高、经济效益明显，近年来设施蔬菜在东北地区和西北地区也快速发展。北方设施蔬菜以高效节能的日光温室为主，南方以简易的塑料大棚为主[①]。目前，国内日光温室面积超过 $1 \times 10^6 hm^2$，占设施园艺的 25%，是北方设施蔬菜生产中的主要设施类型。

在蔬菜种植行业中，设施蔬菜种植在面积、产量和产值方面均占据很大比重，其作为技术要求较高的蔬菜栽培方式，成为促进农民就业、提高农户收入、稳定脱贫攻坚、助推乡村振兴的重要产业。然而，设施蔬菜栽培存在单一作物连续种植、化肥农药过量投入、设施环境封闭，且以传统土壤栽培为主，造成产量逐年降低、产品农药残留超标、土壤连作障碍日益突出，如土壤酸化、盐渍化等土传病害频繁发生，导致资源浪费和环境污染。另外，随着连作年限增加，植物根际土壤酸化、根系沉淀物增加，使蔬菜根部病虫害日益严重，尤其有利于根结线虫病害发生，影响作物生长发育。

第三节 甘肃省设施蔬菜发展现状

甘肃省地处我国西北部，光热资源丰富，适宜日光温室蔬菜生产，是我国设施蔬菜主产区之一。截至 2016 年，甘肃省设施蔬菜种植面积达 $1.05 \times 10^5 hm^2$，占全省蔬菜面积的 19.25%，设施蔬菜是甘肃省目前发展速度较快，且经济效益较好的产业之一，是农民的"钱袋子"[②]。

甘肃省东西跨度较大，形成南北多样性气候，不同区域人们饮食习惯不同，因此蔬菜栽培种类也不尽相同，近年来形成了河西灌区、泾河流域、沿黄灌区、渭河流域和徽成盆地五大蔬菜优势产区。河西灌区、沿黄灌区主要为高原夏菜和日光温室在冬春季节反季种植，并发展了一定数量的塑料大棚；泾、渭河流域主要是露地应季种植以及塑料大棚种植，并建设了一定规模的日光温室；徽成盆地主要是露地

---

① 祁锋. 榆林市设施蔬菜产业发展现状及对策研究 [D]. 咸阳：西北农林科技大学，2018.
② 王晓巍，张玉鑫，马彦霞，等. 甘肃省设施蔬菜产业绿色发展现状及对策 [J]. 中国蔬菜，2018(9)：9-13.

和塑料大棚冬季种植蔬菜[①]。随着"一带一路"联动发展倡议的推行,甘肃省被农业农村部列入"西北内陆出口蔬菜重点生产区域"和"西北温带干旱及青藏高寒区设施蔬菜重点区域",河西走廊由于其特殊的地理位置和丰富的光热资源,成为甘肃设施蔬菜发展的重要基地之一。甘肃省沙漠、沙地及戈壁滩等非耕地面积达 $0.19×10^9 hm^2$,占全省土地面积的42%,主要集中于河西走廊地区。为了充分利用沙漠戈壁资源,2017年甘肃省提出要大力发展戈壁农业,戈壁农业是符合甘肃省省情的特色农业。促进河西戈壁农业发展,发展设施蔬菜符合河西地区农业发展现状。由《甘肃省人民政府办公厅关于河西戈壁农业发展的意见》可知,甘肃省计划于2022年,在河西沙漠戈壁区域新建30万亩高标准设施农业,以坚持科技支撑、生态优先为原则,建设标准化栽培基质厂,依托最新生物工程技术,大力发展现代循环农业,采用尾菜等农牧业废弃物及畜禽粪便发酵基质,实现有机生态型无土栽培。

戈壁农业是一种在戈壁滩、沙石地、沙化地等不适合作物生长的闲置土壤上运用现代设施农业集成生产技术,发展以无土栽培为主的新型农业发展形式,戈壁农业用基质替代土壤,解决了戈壁滩、沙石地等地缺少土壤、无法耕种的问题。戈壁农业是集日光温室、基质栽培配方、水肥一体化、病虫害绿色防控和智能化控制为一体的设施栽培技术,用膜下滴灌代替大水漫灌,用水量仅为大水漫灌的一半,具有生态环保、节水省肥、提质增效等特点,符合现代农业发展趋势[②]。河西走廊位于丝绸之路重要关口,随着"中欧班列"常态化和西部国际通道的推进,公路运输通道为西北地区农产品外销提供了便捷,从而物流成本降低,使河西荒漠地区有望成为中亚、西亚等地区的"菜篮子"基地。酒泉市位于河西走廊最西端,戈壁滩、盐碱地等非耕地土地占全市总面积的68.3%,极力发展戈壁农业,带动了本区域经济发展,在设施栽培方面试验推广了基质槽式、基质袋、基质穴和沙培等栽培模式[③]。康恩祥等[④]在张掖市高台县合黎镇戈壁滩进行基质槽式栽培番茄研究,其研究结果显示番茄生长势良好,并筛选出了适宜戈壁日光温室推广的番茄品种"吉诺比利"和"福特斯"。马彦霞等[⑤]在高台县合黎镇八坝村甘肃新绿达戈壁农业示范园进行西葫芦

---

① 赵丽玲,赵贵宾.甘肃省设施蔬菜生产现状及发展措施[J].甘肃农业科技,2014(2):52-55.
② 汪晓文,李明,胡云龙.高质量发展背景下戈壁农业发展的推进路径:来自以色列沙漠农业实践的启示[J].开发研究,2020(3):48-52.
③ 胡秉安,赵银彦.酒泉市戈壁日光温室产业发展探讨[J].甘肃农业,2020(11):73-75+80.
④ 康恩祥,王晓巍,张玉鑫,等.戈壁日光温室基质栽培番茄新品种筛选初报[J].甘肃农业科技,2020(12):48-52.
⑤ 马彦霞,王晓巍,张玉鑫,等.戈壁日光温室基质栽培西葫芦新品种的引进筛选[J].甘肃农业科技,2020(8):18-21.

槽式栽培试验，发现西葫芦适宜在戈壁日光温室种植，并筛选出西葫芦品种"杜兰特"在戈壁日光温室推广。目前，戈壁日光温室采用基质有玉米秸秆、牛粪、菇渣、炉渣、沙、鸡粪等[1]。前人虽然对戈壁农业作了相关研究，但仍处于初级阶段。有机生态型无土栽培技术是在无机基质无土栽培基础上发展起来的，属于我国首创的一种无土栽培方式，常见的有机基质有腐熟玉米秸、麦秸、菇渣、锯末或畜禽粪便等。但这些由农业废弃物制成的有机肥因为肥效和附加值过低，从而造成使用面积和使用量受阻严重。同时，过量施用化肥和农药，甚至连茬栽培，使栽培基质理化、性质恶化，不适于作物正常生长，严重影响产量和品质，导致大量资源浪费和严重的生态环境污染。

第四节　无土栽培技术

无土栽培技术起始于19世纪60年代，经过100多年的发展，特别是近几十年来发展迅速。虽然我国无土栽培技术起步较迟，但在短短30多年取得了巨大进步，并在生产上已经开始推广应用。与传统土壤栽培方式相比，无土栽培方式不仅能够有效避免土壤栽培连作引起的病虫害及土壤酸化、盐碱化问题，而且具有节水省肥、生态高效、可控性高等特点，越来越受科研工作者的重视，成为无公害果蔬种植生产的重要途径[2]。无土栽培包括多种形式：营养液栽培、基质栽培、气雾栽培等，国内应用最多的是营养液栽培和基质栽培，其优势不同，适宜的作物也各不相同，基质栽培占无土栽培面积的95%以上[3]。

一、营养液栽培

营养液栽培，又名水培，最早运用于无土栽培中，是一种新型的植物栽培方式，其核心是直接将植物的根系与营养液接触，由营养液替代土壤或基质向植物提供能够正常生长的营养生长因子。营养液栽培较早起源于日本和欧美等国家，目前使用性较广，而我国正处于发展阶段[4]。营养液栽培主要包括深液流技术和营养液膜技

---

[1] 贾靓，陈修斌，李翊华，等.河西走廊戈壁温室番茄无土栽培基质筛选[J].蔬菜，2020(6)：53-56.
[2] 连兆煌.农作物无土栽培技术：无土栽培的科学依据[J].广东农业科学，1986(1)：48-50.
[3] 蒋卫杰，邓杰，余宏军.设施园艺发展概况、存在问题与产业发展建议[J].中国农业科学，2015，48(17)：3515-3523.
[4] 彭明磊.木本与草本水培花卉养护技术比较研究[D].长沙：中南林业科技大学，2016.

术，其关键技术是营养液配方[1]，合理浓度配比的营养液可以提高养分利用效率、增加产量、提高品质、改善口感[2]。营养液栽培主要应用于叶菜类和花卉栽培，尤其以营养液栽培花卉为主。营养液栽培相比基质或土壤栽培，具有节水省肥的优势[3]，用水量仅为土培的1/50左右，且不需要施用大量肥料，可以减少肥料浪费、降低蔬菜或花卉中的病虫害。通过对茶树营养液培养和基质椰糠、草炭土、蛭石、珍珠岩以2∶2∶1∶1体积比培养进行比较发现，营养液培养短期内可以促进茶树生长，但基质培养更有利于茶树长期生长[4]。生菜在营养液培养和基质栽培中产量和品质均高于土培，基质栽培中品质最高，水培硝酸盐含量较高[5]。因此，营养液培养虽然节水省肥效果明显，但不适宜生育期较长的作物栽培，品质也低于基质栽培。

二、基质栽培

基质是无土栽培的基础，起支撑和固定作用，为植物生长提供营养，协调植物生长的水、肥、气、热条件，基质构成和配比对作物生长具有重要影响[6]。根据栽培基质性质不同分类，基质分为无机栽培基质和有机栽培基质。无机栽培基质没有生物活性，包括基本不含营养的矿石或沙石类物质。常见的无机栽培基质有岩棉、蛭石、沙、珍珠岩等。有机栽培基质有生物活性，富含营养成分。设施育苗和栽培中常见的基质有草炭、椰糠、树皮、秸秆、牛羊粪、菇渣和药渣等。无机栽培基质空隙度较大，在设施栽培中主要用于支撑、固定作物以及调节基质孔隙度，满足植物生长发育对束缚水的需要；有机基质质地细腻，透气性差，保水、肥性强，两者配合使用更有利于植物生长[7]。

目前，国内应用最广泛的有机栽培基质是草炭，但其属于不可再生资源，国内外均在找寻其替代物质。椰糠属于椰子产品加工的废弃物，属于可再生资源，价格低于

---

[1] 李政璞，佟静，王素娜，等.植物工厂条件下不同营养液配方对韭菜生长的影响[J].江苏农业科学，2020，48(17)：153-157.
[2] 崔佳维，张红梅，丁小涛，等.不同营养液配方对浅液流栽培青菜生长及品质的影响[J].上海农业学报，2020，36(4)：53-59.
[3] 魏嘉谊.水培花卉无土栽培技术的研究与讨论[D].咸阳：西北农林科技大学，2016.
[4] 黄嘉欣，向萍，朱秋芳，等.不同无土栽培方式对茶树生长的影响[J].福建茶叶，2020，42(2)：9-10.
[5] 胡玥，崔雯，金敏凤，等.不同栽培方式对生菜生长和营养品质的影响[J].上海师范大学学报(自然科学版)，2019，48(5)：566-573.
[6] 周静，史向远，王保平，等.几种有机物料与市售草炭基质理化性状比较分析[J].北方园艺，2016(5)：186-190.
[7] 陈四明，李清明，于贤昌.槽式有机基质栽培方式对西瓜生理特性、产量及品质的影响[J].山东农业科学，2009(11)：38-41.

草炭、姜新等[1]。通过对草莓试验研究表明，椰糠可以以适当比例代替草炭用于草莓栽培，降低草炭使用量和栽培成本；严云等[2]对温室草莓研究发现，泥炭：椰糠：珍珠岩：松树皮 =2：2：2：1，基质保水性能较好，能促进草莓生长和提前开花坐果，这说明椰糠在基质栽培中具有广阔应用前景。随着菌类产业的发展，菇渣废弃物逐渐增多，张颖等[3]研究认为全菇渣基质 EC 值高达 65.77mS·cm^{-1}，容易引起盐害，不利于植物生长发育，菇渣与蛭石和草炭以 1：1：1 比例配比，与仅有蛭石和草炭相比不仅可以提高黄瓜产量和品质，而且可以合理利用菇渣。如泥炭：菌渣：珍珠岩 =5：3：2，适宜高架草莓栽培[4]；复混基质：粗砂、蛭石、菇渣、树叶和锯末以 2.5：2.5：1：2：2 和 2.5：2.5：1：1：3 的比例配置均有利于提高番茄根区温度，增加其产量和品质[5]。除菇渣外中药渣由于含有很多生物活性成分，也成为基质栽培的热点，须文[6]等研究认为炉渣：菇渣：混合药渣（6：3：1）配施鸡粪、猪粪、过磷酸钙等能够提高基质营养、促进种子发芽，是适宜生菜、芥菜、番茄和菜心的栽培基质。牛粪与油菜秸秆腐熟的有机基质与草炭搭配在番茄、黄瓜等蔬菜上育苗效果良好，说明腐熟基质可以部分替代草炭作为育苗基质[7]。曹凯等[8]通过研究沙地番茄栽培基质发现，玉米秸秆：猪粪：沙子 =3：2：5，番茄产量、品质和光合特性均最高，说明黄沙可以作为设施蔬菜栽培基质使用。我国属于沙漠化较严重的国家，以黄沙作为设施作物栽培基质，可以合理利用西北地区沙漠化非耕地，增大设施农业面积，降低沙漠化危害。

以色列国土面积为 $2.1×10^6 hm^2$，是一个位于西亚黎凡特地区的国家，其中大部分地区为沙漠和山地，非耕地面积占 86%。淡水资源有限，属于极度缺水的国家之一。以色列沙漠地区，耕地面积少，几十年前开始黄沙栽培技术研究，十多年来技术发展日渐成熟，并取得了较好的成果，在阿拉瓦谷地冬季可以生产瓜果和蔬菜，

---

[1] 姜新，欧智涛，李一伟，等. 不同栽培基质对"甜查理"草莓生长及果实品质的影响[J]. 中国农学通报，2019，35(33)：71-75.
[2] 严云，房巍慧，周哲丹. 不同基质对温室蓝莓生长发育的影响[J]. 浙江农业科学，2019，60(9)：1544-1546+1548.
[3] 张颖，牟森，张金梅，等. 不同配比菇渣基质对黄瓜产量和品质的影响[J]. 北方园艺，2019(11)：1-5.
[4] 郑伟丽，张艳春，凤舞剑，等. 草莓高架栽培模式下不同基质配比筛选[J]. 现代化农业，2020(11)：30-32.
[5] 廉勇，包秀霞，刘湘萍，等. 根区温度对成株期辣椒生理特性的影响[J]. 北方农业学报，2019，47(6)：113-118.
[6] 须文，岑聪，徐彦军. 不同基质配方对蔬菜种子萌发及幼苗生长的影响[J]. 江苏农业科学，2020，48(9)：127-131.
[7] 赵艳艳，李少鹏，刘晓强，等. 自制有机生态型无土栽培基质育苗效果[J]. 青海大学学报，2020，38(1)：15-21.
[8] 曹凯，佘新，赵艳艳，等. 沙地番茄无土栽培基质的筛选[J]. 西北农林科技大学学报（自然科学版），2013，41(6)：147-152.

在每年冬春季就有优质瓜蔬上市，不仅能够满足本国消费者冬季对新鲜果蔬的需求，还能出口欧洲，建成了内盖夫沙漠绿洲农业，使以色列在沙漠地区创造了沙漠里的农业奇迹。其他沙漠化较严重的国家，如沙特阿拉伯和埃及也在沙漠设施农业方面获得的成果颇丰[1]，沙特的拉基赫农场和埃及撒哈拉沙漠中的阿维奈特农场，采用先进的科学种植技术，综合农作物品种选育、水肥一体化利用以及农产品深加工，让科研成果与先进的农业新技术相结合，为农场生产带来了巨大的经济效益。

以色列利用其丰富的沙漠资源，发展现代沙漠农业，采用无土栽培技术增产、增收效果显著，我国沙漠资源丰富但对其研究较少。黄沙作为栽培基质透气性好，配合适宜的施肥灌溉方式有利于番茄生长发育、符合番茄喜好肥水的特性，且番茄设施种植面积大，故黄沙栽培在番茄上的研究较多。贾靓等在河西戈壁番茄温室栽培中认为，沙、玉米秸秆、食用菌下脚料、商品基质和鸡粪以4∶5∶5∶6∶3比例配置适宜河西戈壁温室番茄栽培。时振宇[2]认为，番茄秸秆、椰糠、有机肥、沙子以12∶5∶1∶1可以用作番茄和黄瓜育苗基质。何虎强[3]在新疆石河子地区进行大棚沙槽栽培番茄，配合水肥一体化技术，结果表明，番茄能够在黄沙中正常生长。谭占明等[4]在新疆南疆地区试验番茄黄沙栽培技术发现，黄沙栽培可以促进番茄提前上市，并且黄沙栽培节约土地、投入成本少，使得经济效益大幅提高。也有研究认为，黄沙∶炉渣=2∶1在番茄温室栽培种应用效果较好[5]。此外，王雅芳等[6]利用黄沙基质进行温室辣椒栽培研究发现，温室黄沙基质栽培辣椒产量较土培增产效果明显，可达到$9 \times 10^4 kg \cdot hm^{-2}$，且其成本低廉，还可连续多年使用；陈亮等[7]在武威市古浪县黄花滩五道沟进行黄沙栽培厚皮甜瓜，发现厚皮甜瓜在黄沙栽培中生长良好。

黄沙作为栽培基质，优势明显。河西地区黄沙资源丰富，黄沙设施栽培成本低廉；没有生物活性物质，不含病菌，可以有效防止土传病害及盐渍化现象的发生；孔隙度较大，透气性好，有利于根系生长[8]。但黄沙基质孔隙度大，养分较少，蓄水、

---

[1] 张林平. 沙特、埃及沙漠农业及生态建设的经验 [J]. 农村科技，2003(1)：30-31.
[2] 时振宇，陈健，贾凯，等. 不同配比基质对黄瓜、番茄幼苗生长及品质的影响 [J]. 天津农业科学，2020，26(1)：76-81+90.
[3] 何虎强. 大棚番茄黄沙栽培技术 [J]. 石河子科技，2014(5)：15-16.
[4] 谭占明，郑艳，束胜，等. 南疆设施番茄黄沙无土栽培种植模式 [J]. 北方园艺，2020(22)：166-169.
[5] 刘心心. 西红柿黄沙栽培技术要点 [J]. 农业工程技术，2020，40(20)：67.
[6] 王雅芳，王登伟，黄春燕，等. 黄沙基质设施大棚辣椒高产栽培技术 [J]. 新疆农垦科技，2015，38(1)：13-15.
[7] 陈亮，张肖凌，李彦荣，等. 戈壁日光温室厚皮甜瓜黄沙栽培适应性研究 [J]. 北方园艺，2020(18)：49-57.
[8] 王登伟，马如海，黄春燕，等. 黄沙基质番茄高产栽培关键技术 [J]. 新疆农垦科技，2019，42(6)：18-21.

蓄肥性较差，需要与水肥一体化设施配合使用，才能及时、精准、高效地调控水肥，发挥黄沙栽培的优势。水肥一体化技术是黄沙基质栽培的关键技术。黄沙基质与其他基质相比，基础营养元素含量低，在透水性、蓄水性、肥水需求规律、肥水滴施时间、灌水频次和灌水总额等方面都有较大差别，需要建立一套独立、完整的水肥供给技术体系。严宗山等[1]在黄沙栽培茄子过程中配套水肥一体化智能控制技术取得了较好的效果。杨世梅等[2]通过研究黄沙番茄栽培有机肥和无机肥配施发现，仅施有机肥番茄品质好，但产量较低；仅施化肥品质又较差；有机肥和无机肥配施，既能提高产量又能提高品质。黄沙基质配套水肥一体化技术在番木瓜试验中取得成功[3]。杨俊华等[4]研究不同水肥条件对沙地黄瓜生长的影响，并筛选出了最优水肥模式。刘聪聪[5]等通过在袋式黄沙栽培中使用水肥一体化系统模式对番茄进行栽培管理，番茄产量可达温室最高产，说明黄沙栽培与水肥一体化设备配套使用，可以有效保证温室番茄的产量和品质。

设施农业中水肥一体化设备的智能化应用将来会成为精准农业的必然发展趋势，是促进现代农业发展的重要举措，马进芳[6]在基质番茄栽培中引进了水肥一体化灌溉施肥设备，通过水肥耦合效应研究发现合理水肥条件有利于提高番茄的产量和品质。在以往种植过程中，传统的灌溉施肥只能在土壤表面流动，大部分水分因为蒸发而无法真正渗透到植物的根部，以满足植物生长需求。所以，水和肥料灌溉技术的出现，促进了农业果蔬的种植，节省了40%左右的肥料。日光温室蔬菜种植后，温室内的温度和湿度有了明显的提高。采用水肥结合灌溉技术，在一定程度上有助于降低昆虫对农作物的伤害，还可以有效地减少农药的使用，减轻农民的经济压力。同时，还要改善温室内的土壤结构，缓解地面密封的现状，确保能够控制温室内的温、湿度，从而有利于作物的健康生长。与传统的大田漫灌和施肥方式相比，改用水肥一体化滴灌系统，不仅提高了水肥利用效率，而且改善了水肥使用效果，解决了水肥利用率很低、浪费严重、蔬菜大棚土壤严重污染等问题。

---

[1] 严宗山，金兰娣，张想平，等. 日光温室茄子黄沙水肥一体化栽培技术[J]. 中国瓜菜，2020，33(2)：99-100.
[2] 杨世梅，张想平，唐桃霞，等. 设施黄沙栽培条件下肥料施用量对番茄生长的影响[J]. 中国瓜菜，2020，33(1)：24-28.
[3] 郝梦超，王登伟，黄春燕，等. 水肥一体化黄沙基质温室番木瓜栽培技术[J]. 新疆农垦科技，2017，40(3)：18-21.
[4] 杨俊华，燕飞，孙丽丽，等. 不同水肥组合对温室沙地栽培黄瓜产量和品质的影响[J]. 西北农林科技大学学报(自然科学版)，2014，42(12)：111-118.
[5] 刘聪聪，黄春燕，王登伟. 黄沙基质水肥一体化对番茄产量与品质的影响[J]. 新疆农业科学，2020，57(12)：2250-2259.
[6] 马进芳. 青海乐都番茄品种引进与基质栽培水肥一体化技术研究[D]. 咸阳：西北农林科技大学，2018.

第十章 茄果类蔬菜设施栽培

第一节 番茄栽培

一、番茄简介

番茄（Solanum lycopersicum），又名西红柿，茄科番茄属，一年或多年生草本植物，植株高达 0.6~2.0m，一般 4~6 穗果，单果重达 200~300g，果实呈扁球状或者近似球状，肉质多汁。

番茄是世界范围内广泛种植的一种重要蔬菜作物，由于其所含营养价值丰富、口味佳，深受消费者青睐。其原产于南美洲，在中国南方和北方栽培广泛，属于喜温型果菜，富含人体所需的有机酸和可溶性糖[1]，果实营养丰富，可鲜食、炒食，亦可整果罐藏或加工成番茄酱汁。有关研究表明[2]，番茄中含有超强抗氧化活性的多酚类和番茄红素等特殊物质，这类物质可以促进人体生长发育、增强人体抵抗力、延缓人体衰老。另外，番茄中的番茄红素对前列腺癌、膀胱癌、子宫颈癌等有一定的预防作用。

国内外对番茄的需求量较大，联合粮农组织（FAO）2019 年统计结果显示：世界番茄种植面积达 $5.03\times10^6 hm^2$，年产量 $1.81\times10^{12}kg$，产量 $3.59\times10^4 kg\cdot hm^{-2}$；亚洲年种植面积 $2.60\times10^6 hm^2$，年产量 $1.12\times10^{12}kg$，产量 $4.31\times10^4 kg\cdot hm^{-2}$；中国种植面积 $1.08\times10^5 hm^2$，年产量 $0.63\times10^{12}kg$，产量 $5.78\times10^4 kg\cdot hm^{-2}$；中国种植面积和产量均居世界前列，居亚洲首位。番茄是我国种植面积位列第四位的蔬菜作物，北方番茄种植以保护地栽培为主，南方以露天栽培为主，由于温室栽培番茄商品性较好，南方温室栽培面积呈增长趋势。温室栽培与露天栽培相比具有土地利用率高、生产周期短、受季节波动小等特点，成为我国农户蔬菜重要种植方式。

二、设施番茄基质栽培现状

番茄是温室蔬菜栽培面积第一的作物。随着温室栽培技术的兴起，温室番茄栽

---

[1] 王岩文，雒娜，王广印. 油菜素内酯及配施外源钙对日光温室越冬茬番茄生长、坐果及产量的影响 [J]. 中国农学通报，2021，37(4)：43-48.
[2] 贺会强. 日光温室春茬番茄施肥指标的研究 [D]. 咸阳：西北农林科技大学，2012.

培成为科研工作者所研究的热点,对反季节番茄供应具有重要意义,根据番茄种植方式不同可以分为土壤栽培和基质栽培。由于土壤栽培连作障碍严重、高水肥、成本较高的缺点,很多科研工作者开始研究基质栽培番茄,通过对土壤栽培与基质栽培比较发现基质栽培相比于土壤栽培可以显著提高番茄光合速率,从而提高产量和品质[1]。陈双臣等[2]通过在土壤中添加腐熟的玉米秸秆、麦类秸秆、菇类废渣和锯末等农产废弃物等作为基质,并添加有机肥和土壤,与土壤配施有机肥相比较,添加有机基质的栽培土中微生物数量和酶活性增加,利于番茄根系生长。冯海萍等[3]研究表明基质栽培与土壤栽培相比,前者长势更好,有利于番茄提前上市。

目前农作物秸秆、菇渣以及中药渣等农业废弃物造成环境污染的现象较严重,故研究其在番茄基质栽培中应用的研究较多[4],菌渣、稻壳、牛羊粪等基质也可用于番茄温室栽培[5]。研究表明,如纯羊粪、草炭、椰糠、蛭石、腐植酸体积比为1∶1∶4∶3∶1可用于番茄栽培[6];中药渣作为农业废弃物也可用作番茄育苗栽培基质,降低有机肥使用量[7]。再如韩道杰等[8]研究表明以发酵玉米秸秆、羊粪、大田土壤以2∶1∶1的比例配制最有利于番茄生长;菌渣、牛粪和稻壳以4∶3∶3和3∶3∶4的比例配比栽培番茄效果较好,产量和Vc含量较草炭和蛭石增加2.0%和6.3%[9]。此外,也有人[10]将中药渣与牛粪配比研究其对番茄生长的影响,发现中药渣与牛粪4∶1配比可以提高番茄品质。采用秸秆、菇渣等农业废弃物作栽培基质不仅能合理利用废弃物,而且可以降低肥料用量,减少生产成本。虽然有机基质栽培番茄在产量、品质和节肥方面均有优势,但是有机基质存在透气性差的问题。通过将不同基

---

[1] 刘中良,高昕,张艳艳,等.基质栽培与土壤栽培番茄品质产量的比较研究[J].江苏农业科学,2020,48(1):124-127.

[2] 陈双臣,刘爱荣,贺超兴,等.有机土栽培和土壤栽培番茄根际基质微生物和酶活性的比较[J].土壤通报,2010,41(4):815-818.

[3] 冯海萍,曲继松,郭文忠,等.不同栽培方式下樱桃番茄基质栽培试验及效益分析[J].北方园艺,2010(7):38-39.

[4] 张蒲,谢彦如,唐丹,等.椰糠、有机肥与沙子不同配比基质对番茄穴盘苗生长的影响[J].新疆农业科学,2019,56(9):1645-1651.

[5] 刘中良,高俊杰,张艳艳,等.不同有机基质配方对设施番茄产量及品质的影响[J].上海交通大学学报(农业科学版),2019,37(3):34-38.

[6] 赵婧,仪泽会,毛丽萍.番茄有机栽培基质配方筛选试验[J].山西农业科学,2020,48(7):1098-1101.

[7] 刘新红,宋修超,罗佳,等.以中药渣有机肥为主要材料的番茄育苗基质筛选[J].江苏农业科学,2020,48(22):149-153.

[8] 韩道杰,李坤,许贞杭,等.基质配方对番茄生长、光合特性及产量品质的影响[J].北方园艺,2008(6):10-12.

[9] 姚利,张海兰,杨正涛,等.平菇菌渣制备番茄栽培基质配方优化[J].黑龙江农业科学,2021(9):36-39.

[10] 刘杰,吴国瑞,张金伟,等.保健型中药渣基质对日光温室袋培番茄产量及品质的影响[J].核农学报,2021,35(7):1687-1695.

质分层添加可以增加基质透气性，以利于提高根系活力，从而增加单产[1]。与有机栽培基质相比，黄沙透气性优势明显，前人将黄沙与其他基质进行配比发现沙与玉米秸秆、食用菌下脚料、商品等基质和鸡粪以不同比例配制，增产效果均优于仅用有机基质栽培。

除基质种类对番茄生长影响之外，张佼等[2]研究认为，基质深度对番茄产量、品质均有影响，随着基质深度增加产量提高、品质改善。李宝石等[3]研究土垄、标准垄、矮标准垄和土壤沟嵌对番茄根际温度的影响发现，垄高10cm的土垄内嵌式基质栽培有利于番茄根际温度增加，从而提高其产量和生物量。目前，针对不同黄沙栽培模式对番茄生长影响的研究较少，河西地区光热资源和黄沙资源丰富，发展戈壁设施农业具有得天独厚的优势，尤其适宜于番茄栽培，因此大力发展河西地区番茄基质栽培对改地区经济增长具有重要意义。

三、不同黄沙栽培模式对温室番茄根际温度的影响

河西走廊是甘肃省设施蔬菜的主产区，由于受品种布局、种植经验、产业集中度等因素的影响，设施蔬菜重茬现象较为普遍，土壤连作障碍严重，病虫防治难度加大，使产品质量无法保证，从而制约了产业发展[4]。基质栽培是解决土传性病害的有效手段[5]，目前栽培基质多采用草炭和岩棉，易造成资源浪费、环境污染[6]。虽然有机生态基质有效利用了废弃资源，但也需要定期更换或消毒，因此成本偏高[7]。黄沙携带病原少、透气性好、成本低廉，作为栽培基质可以预防土传病害，其结合水肥一体化技术在番茄、辣椒等高产栽培中取得较好效果[8]。河西走廊黄沙资源丰富，充分利用河西地区黄沙资源，对发展戈壁农业具有重要意义。

---

[1] 张金伟，刘杰，刘津冀，等. 不同基质分层处理对日光温室袋培番茄生长和产量的影响[J]. 沈阳农业大学学报，2020，51(6)：762-767.
[2] 张佼，屈锋，杨甲甲，等. 基质深度及基质袋摆放方式对春季袋培番茄产量、品质和养分吸收的影响[J]. 中国农业大学学报，2020，25(8)：43-53.
[3] 李宝石，刘文科，李宗耕，等. 起垄高度对日光温室土垄内嵌式基质栽培甜椒根区温热及产量的影响[J]. 中国农业气象，2020，41(1)：16-23.
[4] 帅正彬，李杰. 蔬菜连作障碍与综防措施研究进展[J]. 中国园艺文摘，2014(10)：60-63.
[5] 胡学军. 不同药剂对昌平草莓基质栽培土传病害防治效果和草莓产量的影响[J]. 安徽农业科学，2018，46(34)：135-137.
[6] 刘中良，高昕，张艳艳，等. 基质栽培与土壤栽培番茄品质产量的比较研究[J]. 江苏农业科学，2020，48(1)：124-127.
[7] 张耀锋，段德龙. 设施蔬菜生态基质无土栽培技术[J]. 河南农业，2018，480(28)：41.
[8] 王登伟，马如海，黄春燕，等. 黄沙基质番茄高产栽培关键技术[J]. 新疆农垦科技，2019，42(6)，18-21.

地温是农田作物管理和气象气候变化研究的重要物理参量之一[1]，地温有别于棚温，提高地温是设施蔬菜高产优质栽培的关键措施，提高1℃地温相当于增加2℃气温[2]。Walker也认为植物生长发育受根际温度影响较大，地温变化1℃就能引起植物生长明显变化。地温低于12℃影响植物根系活性，增加地温能够促进植物养分吸收，提高产量。冯玉龙等[3]研究结果显示适宜的根际温度能够提高植株光合速率，促进叶片生长、生物量积累和矿质元素的吸收。任志雨认为增加根际温度可以提高番茄光合特性和产量。前人有关地温的研究大多集中于土壤和蛭石等基质栽培，针对黄沙栽培根际温度的研究较少，因此研究黄沙栽培模式下根际温度变化对黄沙栽培模式推广意义重大。本试验主要以不同黄沙栽培模式为研究对象，探究不同栽培模式下番茄根际温度变化，以为黄沙栽培模式创新和种植技术改进提供理论依据。

（一）材料和方法

1. 试验条件及材料

本试验于2018年3月至2018年11月在甘肃省农业工程技术研究院试验基地日光温室内进行，该地区位于东经101°59′~103°23′，北纬37°23′~38°12′，具有干旱少雨、日照充足、昼夜温差大的特点，平均年降水量100毫米，年平均温度7.7℃，无霜期150天左右。

供试番茄品种：爱吉155。

2. 试验设计

试验设置3种不同类型的黄沙栽培模式：黄沙空调栽培（T1）、黄沙地下槽式栽培（T2）和黄沙地上槽式栽培（T3）。以平地土壤栽培（CK）为对照，每种模式60m^2，包含5个种植槽，槽面铺设地膜，每个种植槽种植2行番茄，株距40cm。槽内黄沙为风积沙，pH在8.0以下，在蔬菜根深10cm、20cm、30cm处分别埋入2027型温度智能SD卡测试记录仪探头，另外在日光温室内设置3个测点，悬挂温度记录仪探头，用来测量温室内空气温度，悬挂高度为2m，设置每隔1小时自动记录温度。

黄沙空调栽培：走道宽60cm，走道之间挖宽60cm、深40cm的"U"型槽，内覆塑料膜隔绝土壤，槽底平放直径12cm的PVC圆管作为调温通气道，圆管侧面每隔20cm开孔，孔径5cm，孔外裹阻沙网，防止细沙进入调温通气道，PVC圆管北

---

[1] 郭倩，沈润平，荣裕良，等．基于EOS/MODIS数据的裸地多层地温遥感反演研究[J]．安徽农业科学，2008，36(20)：8849-8851．

[2] 郝海琴．唐山地区冬季提高温室地温的关键措施[J]．现代农村科技，2013(19)：14-15．

[3] 冯玉龙，孙国斌．根系温度对植物的影响（Ⅰ）：根温对植物生长及光合作用的影响[J]．东北林业大学学报，1995，23(3)：63-69．

端弯管向上伸出地面接轴式风扇，南端弯头向下接排水道，槽内装满风积沙。调温通气道可传导温度、气体交换和导出余水，排水道收集和排出余水，防止沤根。轴式风扇按设定温度自动启闭运行，将热风鼓入调温通气道。

黄沙地下槽式栽培：走道宽60cm，走道之间挖宽60cm、深40cm的"U"型槽，内覆塑料膜隔绝土壤，槽内装满风积沙。

黄沙地上槽式栽培：走道宽60cm，走道之间用砖块码出畦面宽60cm、高40cm的槽，底部铺设塑料膜，槽内装满风积沙。

平地土壤栽培：走道宽60cm，走道之间种植带宽60cm，常规土壤种植。

试验选用2018年6月13日—6月19日对不同根际深度温度数据进行分析，采用Excel 2007软件对数据进行处理和作图。

(二) 结果与分析

1. 气温日变化

由图10-5可知，温室内气温变化规律为降低后升高再降低趋势，6：00气温最低，15：00气温达到全天温度峰值，23：00—早6：00气温较低、变化平缓，白天6：00—22：00气温变化较大。

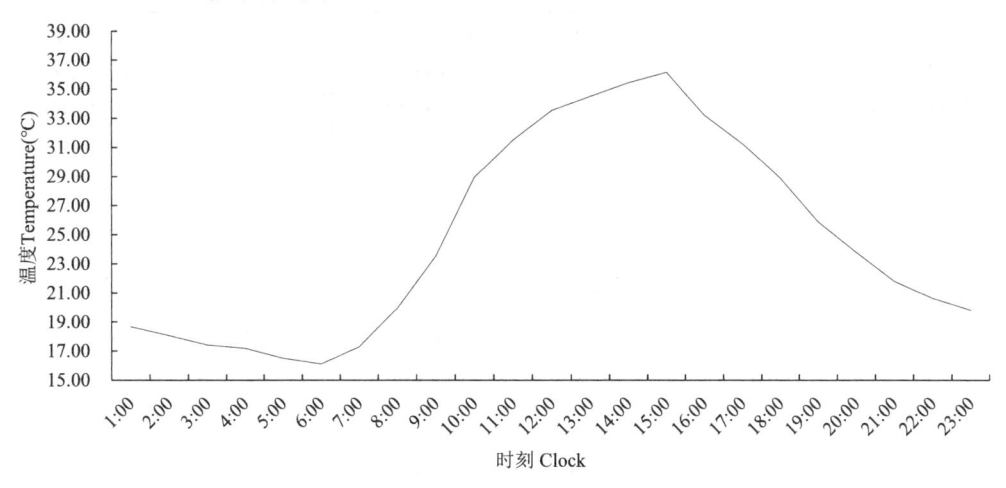

图10-5 温室内气温日变化

2. 不同栽培模式根际10cm地温变化

根际温度测量结果表明（图10-6），除T1处理外，其余各处理全天各时段根际10cm深地温均高于对照组。三种黄沙栽培模式根际10cm地温变化趋势基本一致，8：00地温最低，随后地温迅速升高，16：00—7：00地温达到当天最高；对照组全天地温变化较平缓，9：00地温最低，18：00地温最高，说明10cm深黄沙栽培模式达到当天最高地温和最低地温时间早于土壤。同一天不同时间段均表现为T3处理最高，T2处理次之，CK较低，T1处理最低（除13：00-19：00 T1处理地温略高于CK外），不同栽培模式最高地温依次为30.80℃、27.70℃、24.10℃、24.69℃，最低地温依次为24.44℃、22.07℃、21.16℃、19.13℃，日较差依次为6.36℃、5.63℃、2.94℃和5.56℃，不同黄沙栽培模式地温较对照组高-2.03~6.70℃（表10-1）。

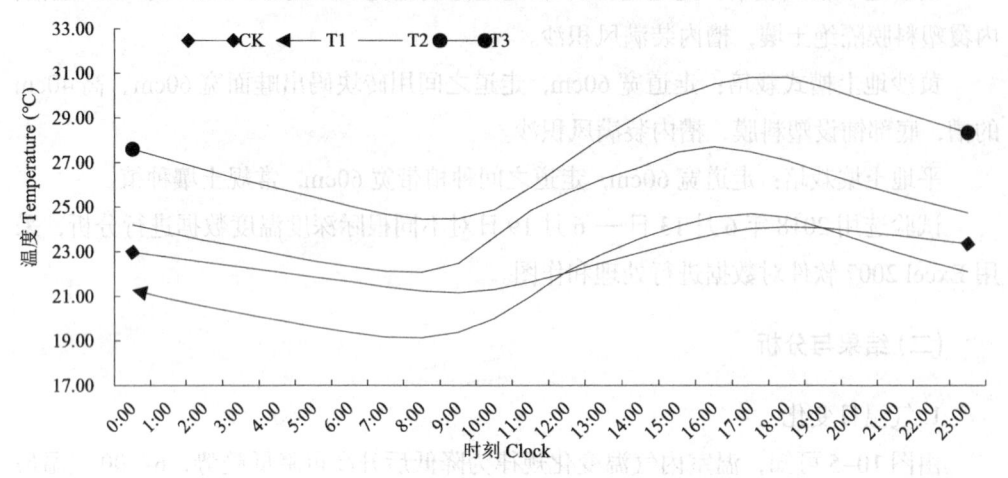

图10-6 不同栽培模式下根际10cm深地温比较

表10-1 不同栽培模式不同根际深度地温变化

处理 Treatment	深度 Depth(cm)	最高地温 The highest soil temperature（℃）	最低地温 The highest soil temperature（℃）	日较差 Daily variation amplitude（℃）	平均温度 Average temperature（℃）
CK	10	24.10	21.16	2.94	22.68
	20	23.76	21.43	2.33	22.61
	30	23.73	21.90	1.83	22.84
T1	10	24.69	19.13	5.56	21.76
	20	27.39	23.13	4.26	25.22
	30	25.4	23.33	2.07	24.39
T2	10	27.70	22.07	5.63	24.75
	20	25.51	22.81	2.70	24.20
	30	26.24	22.96	3.29	24.63
T3	10	30.8	24.44	6.36	27.56
	20	29.29	24.93	4.36	27.14
	30	28.01	25.50	2.51	26.77

3. 不同栽培模式根际20cm温度变化

如图10-7所示，一天不同时间段根际20cm深地温表现为T3处理最高、T1处理次之、T2处理较低、CK最低。T1处理地温于9:00降至最低值，随后温度迅速上升，18:00达到最高值；其余三种栽培模式地温变化趋势基本一致，在9:00温度最低，随后逐渐上升，于19:00达到最高值。T3处理、T1处理、T2处理和CK最低温分别为24.93℃、23.13℃、22.81℃、21.43℃，最高温分别为29.29℃、27.39℃、25.51℃、23.76℃，日较差分别为4.36℃、4.26℃、2.70℃、2.33℃，不同黄沙栽培模式地温较对照组高1.39~5.53℃（表10-1）。

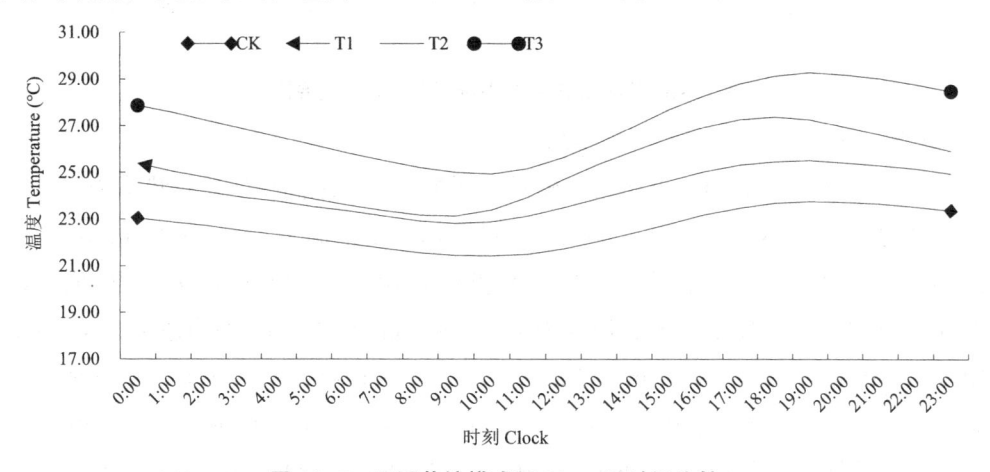

图10-7 不同栽培模式下20cm深地温比较

4. 不同栽培模式根际30cm温度变化

由图10-8可见，同一天不同时间段根际30cm深地温为T3处理温度最高，CK最低，0:00—11:00 T1处理地温高于T2处理，11:00—24:00 T1处理地温低于T2处理。T3处理地温变化较大，于9:00地温降至最低，随后温度迅速升高，18:00升至最高温；其他三种栽培模式地温变化趋势基本一致，10:00—11:00地温最低，随后温度逐渐升高，21:00—22:00地温达到峰值。T3处理、T2处理、T1处理和CK当天最低温分别为25.50℃、22.96℃、23.33℃、21.90℃，最高温分别为28.01℃、26.24℃、25.40℃、23.73℃，日较差分别为2.51℃、3.29℃、2.07℃、1.83℃，不同黄沙栽培模式地温较对照组高1.06~4.29℃（表10-1）。

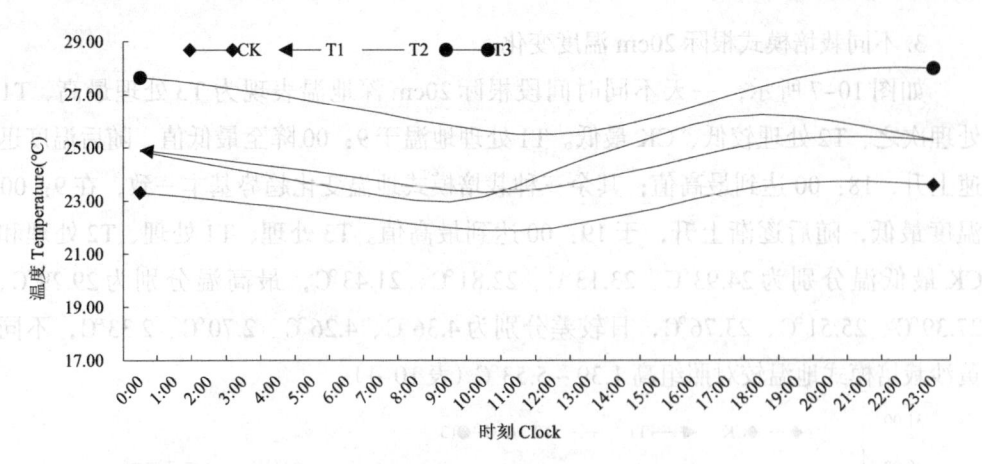

图 10-8　不同栽培模式下根际 30cm 深地温比较

5. 同一栽培模式下根际不同深度地温变化

由图 10-9 可以看出，不同栽培模式不同根际深度地温日变化趋势均为先降低后升高再降低。CK，21：00—11：00 不同根际深度地温为 30cm＞20cm＞10cm，12：00—21：00 不同根际深度地温基本表现为 10cm＞20cm＞30cm；最低地温为 30cm＞20cm＞10cm，最高地温为 10cm＞20cm＞30cm，平均地温为 30cm＞10cm＞20cm，日较差为 10cm＞20cm＞30cm（表 10-1）。T1 处理，10cm 地温明显低于 20cm 和 30cm，3：00—10：00 30cm 地温高于 20cm，其他时间均为 20cm 大于 30cm；最低地温为 30cm＞20cm＞10cm，最高地温为 20cm＞30cm＞10cm，平均地温为 20cm＞30cm＞10cm，日较差为 10cm＞20cm＞30cm（表 10-1）。T2 处理，22：00—11：00 不同根际深度地温为 30cm＞20cm＞10cm，11：00—22：00 不同根际深度地温表现为 10cm＞20cm＞30cm；最低地温为 30cm＞20cm＞10cm，最高地温为 10cm＞20cm＞30cm，平均地温为 10cm＞20cm＞30cm，日较差为 10cm＞20cm＞30cm（表 10-1）。T3 处理，22：00—10：00 不同根际深度地温为 30cm＞20cm＞10cm，10：00-22：00 不同根际深度地温基本表现为 10cm＞30cm＞20cm；最低地温为 30cm＞20cm＞10cm，最高地温为 10cm＞30cm＞20cm，平均地温为 10cm＞30cm＞20cm，日较差为 10cm＞30cm＞20cm（表 10-1）。不同深度日平均温度为：T3 处理为 27℃左右，T1 和 T2 处理为 25℃左右，CK 为 22℃左右。

第十章 茄果类蔬菜设施栽培

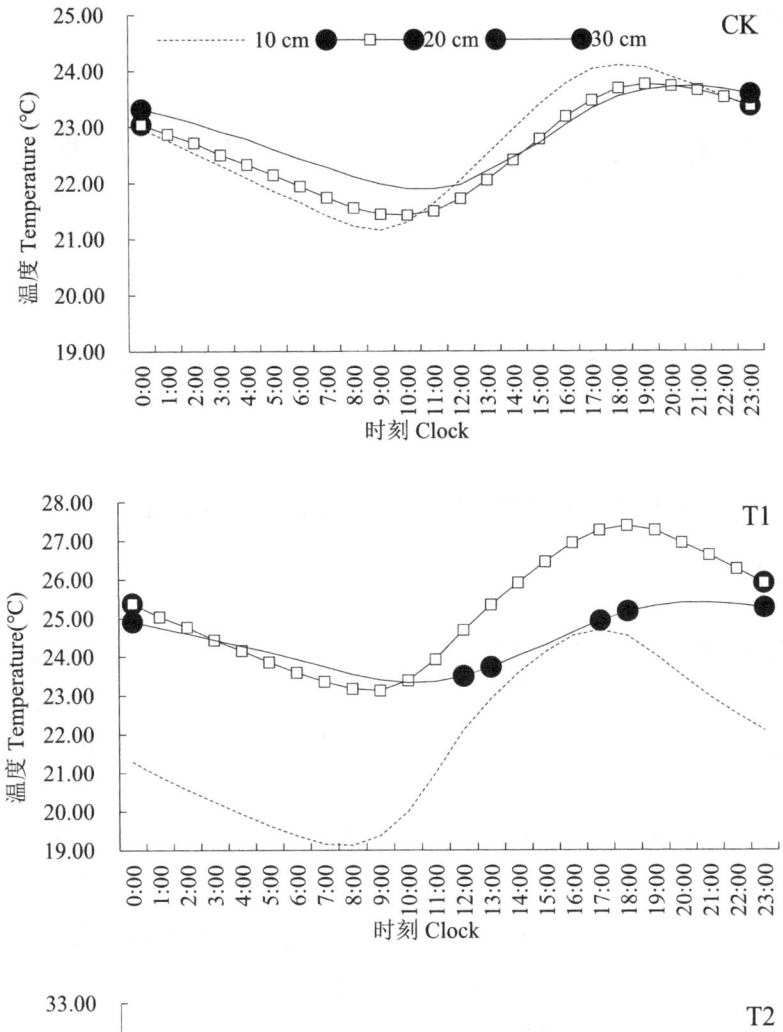

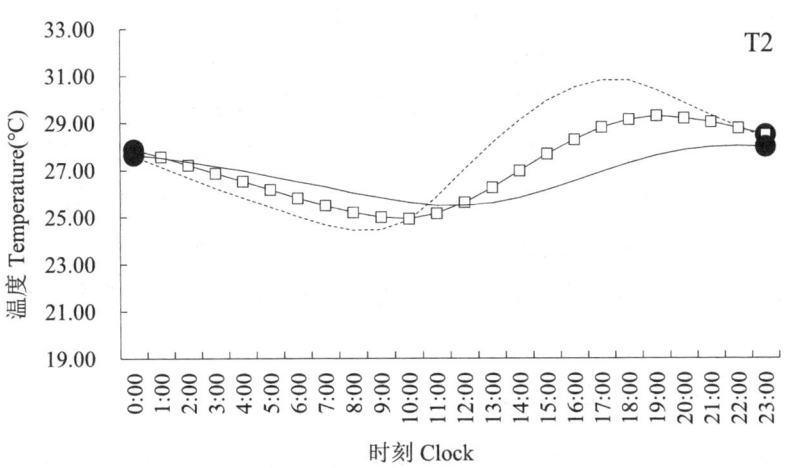

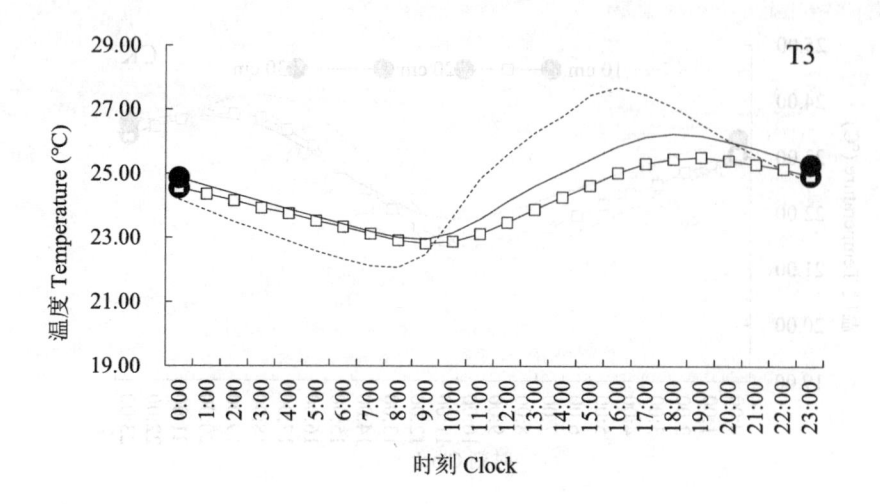

图10-9 不同栽培模式不同根际深度地温日变化比较

(三) 结论与讨论

地温是保证作物正常生长的重要因素之一[1]，对作物地上部分生长、果实膨大、新生根活性、冠层光合作用和土壤养分吸收等均有影响[2]。地温对作物生长的影响高于气温，地温随气温变化，但滞后于气温[3]，本节研究结果表明，不同模式不同根际深度地温变化趋势与气温变化规律基本一致，达到最低温和最高温的时间滞后于气温，且随着深度增加达到极值的时间推迟，与张俊鹏等研究结果一致。10cm深地温为黄沙地上槽式栽培最高，接着依次为黄沙地下槽式栽培、土壤栽培和黄沙空调栽培，日较差分别为6.36℃、5.63℃、2.94℃和5.56℃，不同黄沙栽培模式地温较对照组高-2.03~6.70℃，三种黄沙栽培模式达到当天最高地温和最低地温时间早于土壤，说明黄沙浅层地温对气温变化的灵敏性高于土壤；20cm深地温为黄沙地上槽式栽培地温最高，黄沙空调栽培次之，黄沙地下槽式栽培较低，土壤栽培最低，日较差分别为4.36℃、4.26℃、2.70℃、2.33℃，不同黄沙栽培模式地温较对照组高1.39~5.53℃；30cm深地温为黄沙地上槽式栽培温度最高，对照组最低，日较差为3.29~1.83℃，不同黄沙栽培模式地温较对照组高1.06~4.29℃，由此可知除10cm深黄沙空调栽培外，其他黄沙栽培模式不同根际深度地温均高于对照组，由于黄沙

---

[1] 何雨. 辽沈I型日光温室地温预测模型及数值模拟 [J]. 安徽农业科学，2010，38 (16): 8687-8689.

[2] 常永义，张有富，朱建兰，等. 半干旱区节水处理对日光温室地温及延迟栽培葡萄品质的影响 [J]. 中外葡萄与葡萄酒，2011(1): 21-25.

[3] 伍新宇，钟海霞，潘明启，等. 高寒区戈壁日光温室最冷月地温与气温变化规律及相关性研究 [J]. 新疆农业科学，2016，53(7): 1329-1336.

表面较土壤疏松、反射率小、地温增幅大、往下传递的热量多,热量到达的深度深。三种黄沙栽培模式日较差均高于对照组,邱译萱认为日均温度为25℃时,6℃昼夜温差更能促进番茄株高和茎粗增加,其营养物质含量最高,单果重量和单株产量也高于12℃和0℃温差时。本节显示黄沙处理10cm根际地温差为6℃左右,20cm和30cm根际温差也高于土壤栽培,推测黄沙栽培模式更有利于番茄生长。黄沙地上槽式栽培根际10~30cm深温度均高于其他模式,与地上栽培槽直接裸露于空气中受热升温更快有关,但过高根际温度不利于植物生长,因此黄沙地上槽式栽培对植株生长的影响有待进一步研究。

温室番茄主要根系层分布在0~30cm范围内,本节通过对番茄0~30cm深根际地温研究发现地温日变化规律为先降低后升高再降低,其中3:00—10:00地温较低,此时间段土壤栽培、黄沙地下槽式栽培、黄沙地上槽式栽培和黄沙空调栽培模式地温均为30cm > 20cm > 10cm,12:00—21:00属于一天中地温较高阶段,此时间段内除空调栽培模式20cm深地温最高外,其余模式均为10cm深地温最高。不同栽培模式日较差均为10cm > 20cm > 30cm,说明地温随深度增加变动幅度减小,深层土壤由于其相对稳定的环境,而具有一定的保温性。番茄适宜生长温度为20~25℃,低于15℃不能开花或授粉不良,高于30℃光合作用减弱,本节研究表明黄沙地上槽式栽培日均温为27℃左右,黄沙空调栽培和黄沙地下槽式栽培日均温为25℃左右,土壤栽培日均温为22℃左右。

综上所述,三种黄沙栽培模式均有利于提高不同根际深度地温,黄沙栽培模式日较差高于土壤。不同黄沙栽培模式以黄沙地上槽式栽培日均地温最高,其日均温高于25℃,其余两种黄沙栽培模式日均温为25℃左右,较适宜作物生长。在实际生产中可以用黄沙作为基质进行作物栽培,以此来解决土传性病害问题。

第二节 辣椒栽培

辣椒,又称为海椒、番椒、秦椒、辣茄等,茄科辣椒属,一年生或多年生草本植物,原产于中南美洲热带地区。明代传入中国,至今已有三四百年的种植历史,各地广泛种植,为我国最普通的蔬菜之一。辣椒果实色泽鲜艳,味道好,营养价值高,维生素C的含量尤为丰富,干辣椒则富含维生素A。其以嫩果或成熟果供食,既是人们喜食的一种蔬菜,也是一种应用广泛的调味品,可经腌制和干制,加工成干辣椒、辣椒粉、辣椒油、辣椒酱等。

一、生物学特性

(一) 植物学特征

辣椒根系不发达,根量少,入土浅,根群一般分布在15~30厘米土层中,根系再生能力弱,不易发生,不定根,不耐旱、不耐涝。茎直立,基部木质化,腋芽萌发力弱,株丛较小。茎端出现花芽后,以双杈或三杈分枝。辣椒的分枝一般可分为无限分枝和有限分枝两种类型,绝大多数种植品种属于无限分枝类型,各种簇生椒均属于有限分枝类型。单叶、互生,卵圆形、长卵圆形或披针形,完全花,单生或簇生,属于常异交植物,天然杂交率约为10%。果实为浆果,汁液少,食用部分主要是果皮。种子短肾形,扁平稍皱,呈色淡黄,千粒重4.5~8克,种子寿命3~7年。

(二) 生长发育周期

1. 发芽期

自种子播种萌发到子叶展平、真叶显露,在正常的育苗条件下需7~10天。经催芽的种子一般5~8天子叶出土。

2. 幼苗期

自真叶出现至第一朵花蕾显露,一般为80~100天,温床或温室育苗只需70~90天。当植株2片真叶展开、苗端分化出现8~11片叶时,开始花芽分化,一般是在播种后35~45天。

3. 初花期

自第一朵花蕾显露到第一颗果实(门椒)坐果,需15~20天,这一时期辣椒的营养生长与生殖生长同时进行,植株处于定植缓苗后期的发秧阶段,同时是植株早期花蕾开花坐果、前期产量形成的重要时期,种植上应创造适宜的环境条件,促使秧、果均衡发展。

4. 结果期

自门椒坐果至采收完毕。随着各层次分枝不断产生,植株连续开花结果,门椒、对椒、四母斗椒、八面风椒、满天星椒陆续收获,直至拉秧。

(三) 对环境条件的要求

1. 温度

辣椒属喜温作物,不耐严寒。种子发芽的适宜温度为25~30℃,高于35℃或低于15℃均不利于发芽；幼苗期温度可稍低，日温23~25℃，夜温15~22℃；开花结果期以日温25~28℃，夜温15~20℃为宜，温度低于15℃或高于35℃均会导致授粉、受精不良。

2. 光照

辣椒属中光性植物，对光照的适应性较强。光饱和点30000勒克斯，补偿点1500勒克斯，较耐弱光。发芽时种子要求黑暗条件，在有光条件下往往发芽不良；开花结果期需充足的光照，光照不足会引起落花落果。

3. 水分

辣椒不耐旱也不耐涝，因根系不发达，需经常供水才能生长良好。开花结果期土壤常干旱易引起落花落果，影响果实膨大；多雨季节应做好排水。空气相对湿度为60%~80%时有利于茎叶生长及开花坐果；空气湿度过高，不利于授粉、受精，并易发多种病害。

4. 土壤及营养

辣椒对土壤适应能力强，但以土层深厚、结构良好、有机质丰富、排灌良好的壤土为最好。辣椒对矿质营养要求较高，氮、磷、钾的施肥比例宜为1∶0.5∶1。氮肥不足或过多会影响营养生长及营养分配，甚至导致落花；充足的磷、钾肥则有利于花芽提早分化，促进开花及果实膨大，并使植株健壮，从而增强植株抗病性。

二、品种介绍

按生产目的不同，辣椒可分为菜椒和干椒；按辣味的浓淡进行分类，可分为辣椒和甜椒；按果实形状可分为长椒类、灯笼椒类、樱桃椒类、圆锥椒类、簇生椒类等。

(一) 长椒类

植株中等，果实多下垂，长角形，先端尖微弯曲似羊角形或线形。辣味强、肉薄的主要供干制、腌制；辣味适中的主要供鲜食。长椒类产量较高，生产最为普遍。主要品种有青海乐都长辣椒、陇椒、甘椒、航天辣椒系列等。

(二) 圆锥椒类

株型矮小，叶片中等、卵圆，果实较大、呈圆锥形或短圆柱形，果梗朝天或下垂，果肉较厚，辣味中等，适于鲜食。

(三)簇生椒类

枝条密生，叶片狭长，果实簇生，果梗朝天，果色深红，果肉薄，辣味强，主要供干制调味，主要品种有青海循化线椒、陕西线椒等。

三、生产季节与茬口安排

日光温室辣椒栽培有两种类型。早春茬，一般在10月下旬至12月上旬育苗，在2月上、下旬播种，在3月中旬定植，4月底5月初开始收获；冬春茬，在8月下旬至9月中旬育苗，可在元旦、春节前上市。用种量为每亩50~100克。

设施生产主要有春提前、秋延后及越冬生产三种。春提前生产主要利用塑料大棚、中棚、小棚或日光温室进行春提前早熟生产，初冬或中冬根据当地定植期确定播种期，进行设施育苗。春、夏季上市，由于正值春季蔬菜供应淡季，有较高经济效益。秋延后生产主要利用塑料大棚或日光温室进行生产，7—8月播种，冬季上市。越冬生产则利用保温性能良好的日光温室抵御冬季低温进行生产，元旦和春节前上市，经济效益高。

四、生产技术

(一)品种选择

应选用株型紧凑、适于密植、耐低温、耐弱光、连续坐果能力强、丰产的早熟或中早熟品种，果色与风味应适合当地消费者习惯。如航椒、陇椒、甘椒、乐都长辣椒和循化辣椒。

(二)培育壮苗

多利用塑料大棚进行设施冷床育苗，有时还利用电热或酿热温床提高地温，或利用穴盘、育苗盘进行无土育苗。近年，利用嫁接育苗防治辣椒病害的技术也在推广。

1.播前准备

选择三年未种过茄果类蔬菜的土壤做床土，整细、整平，用50%多菌灵可湿性粉剂进行土壤消毒，也可每平方米用5~7克金雷多米尔与苗床土壤均匀混合，其对苗期立枯病和倒伏病有很好的防治效果；底层撒上乐斯本等杀虫剂以防治地下害虫。播种前应将种子摊晒1~2天，特别是陈年种子必须晒种；播种前应进行温汤浸种，即先放入55~60℃的热水中烫种15分钟，再用35℃左右的温水继续浸泡2~3小时；

—274—

然后在28~30℃的温度条件下催芽，每天用温水淘洗1~2次，4~5天后种子大部分露白时即可播种。

2. 播种

应先根据品种特性、当地气候条件和设施条件确定定植期，再依据辣椒的适宜苗龄确定播种期，一般辣椒的适宜苗龄为90~100天，青藏高原地区大多在当年12月至翌年1月播种。播种量每亩为50~150克，苗床播种每平方米为25~30克。播前浇足底水，待底水渗下后用撒播法播种，播后先覆盖1厘米厚的湿润细土，再覆盖一层地膜以保温、保湿，待土壤出苗后应及时揭去。当幼苗子叶平展以后要及时间苗，间苗后覆土护根；幼苗长至2~3片真叶时进行分苗，分苗密度为8厘米×8厘米，每穴2株。

3. 苗期

管理苗期应注意保温，白天温度为25~30℃，夜温保持在15℃以上，地温18~20℃。若地温低于16℃，生根缓慢；低于13℃，则停止生长，甚至死苗。定植前10天逐渐降低温度、适度控水，进行定植前的秧苗锻炼；出苗后应在保证温度条件的前提下，白天尽量揭开棚膜以加强透光；分苗后的2~3天应适当遮阴，以免幼苗失水萎蔫；缓苗后应加强透光，白天尽量揭开棚膜，特别是阴天，只要温度适宜就要揭膜。苗床应保证充足的水分，但又不能过湿，若浇足底水则在分苗前不用再浇水，若床面湿度过大，可在床面撒草木灰。分苗后，若新叶开始生长可根据情况于晴天上午浇水，一次性浇足浇透，并根据秧苗生长情况，适当追施尿素、复合肥等化肥，浓度不宜超过0.3%。苗期主要病害有猝倒病、立枯病和灰霉病，可通过加强管理，如高温期间注意通风、降温，减少浇水次数，防止低温、冷风等导致病害发生，若发现个别病株应立即拔除，幼苗出齐后用25%多菌灵可湿性粉剂400倍液、75%百菌清可湿性粉剂600倍液轮换进行喷药防治，每隔7~10天喷一次，连喷2~3次。

4. 嫁接育苗

辣椒嫁接育苗主要作用是防治疫病，此外对青枯病、枯萎病等土传病害也有防病增产效果。目前，辣椒嫁接所用砧木有LS279、PFR-K64、土佐绿B等抗病辣椒，也可用茄子嫁接用砧木，如托鲁巴姆、赤茄等。嫁接方式多采用劈接方式，将砧木先从根部留2~3片真叶处横切断，再从横切面中间纵切1厘米深的切口；接穗则先从顶部留2~3片真叶，向下斜切成楔形，然后插入砧木切口，对齐后用嫁接夹固定。此外还可采用靠接或插接。

(三) 整地定植

辣椒春提早生产，定植期越早越有利于早熟，从而获得高效益。一般大棚内10厘米地温稳定在12℃以上时即可定植，定植前一个月重施底肥，并深翻入土，每亩施入腐熟的有机肥5000千克、过磷酸钙50千克及硫酸钾30千克，或复合肥70千克做基肥。为方便农事操作、排灌，多做成畦面宽1~1.2米、畦高20~25厘米、沟宽40厘米的高畦并覆盖地膜，一般在定植前20天完成。

定植前一天苗床浇透水。定植密度为每畦定植2行，穴距30~33厘米，每穴2株。晴天时破膜开穴栽苗，定植深度应以苗坨与畦面相平为宜，栽后封严定植孔，并浇足定植水。

起垄覆膜。采用膜下滴灌栽培方式，垄高20厘米，将毛管铺于垄面，正常供水后覆膜，垄宽60~70厘米，株高30厘米，行距40厘米，滴灌孔旁定植，每穴栽大小一致秧苗1~2株。

(四) 田间管理

1. 温度调节

定植后5~6天不通风，保持较高温度，促进缓苗。缓苗后，适当通风，保持棚温为日温25~30℃，夜温18~20℃，地温20℃左右；开花坐果期适温为日温20~25℃，夜间15~17℃，同时，应有较大的通风量和较长的通风时间，以提高坐果率。夏季高温期间应将棚膜四周揭开，保留棚顶薄膜起到遮阴、降温和防雨作用。

2. 浇水

定植缓苗后根据土壤墒情浇水，开花前控水蹲苗。门椒坐住后，停止蹲苗并开始大量浇水，保持土壤湿润，每隔7天浇一次水；结果盛期每隔4~5天浇一次。早春气温低，宜在晴天上午浇水，浇水量不宜过大。浇水后以及阴天应适当通风排湿，棚内空气相对湿度保持在70%为宜。

3. 追肥

辣椒为多次采收，生育期长，结果期应多次追肥。缓苗后至门椒坐果前，一般不轻易追肥，尤其忌偏施氮肥，若缺肥可每亩追施复合肥10千克。一般门椒坐果后追第一次肥，每亩追施复合肥20千克，此后结合浇水追肥，一般每采收两次追肥一次。盛果期还可于叶面追施，每周喷一次0.2%~0.3%的磷酸二氢钾或光碳肥。

4. 植株调整

门椒坐住果后，及时将分杈以下的叶及侧枝全部摘除。生长后期枝叶过密，应及时去掉下部的病、老、黄叶及采收后的果枝。大棚辣椒生长旺盛，为防倒伏应在每行植株两侧拉铁丝或设立支架，并于封行前结合中耕除草在根际培土，厚5~6厘米。高温期，植株结果部位上移、植株衰弱、花果易脱落，可采取剪枝更新措施，保证秋季多结果，将第三层果以上的枝条留2个节后剪去，以重发新枝开花结果。

5.病虫害防治

辣椒常见病害有疫病、灰霉病、炭疽病、病毒病、叶斑病等，虫害主要有蚜虫、白粉虱、红蜘蛛、烟青虫等。防治应以预防为主，综合防治，如选用抗病品种、避免与茄科蔬菜连作、培育壮苗、加强排灌水、防止棚内湿度过高、及时清园等田间管理措施。疫病、灰霉病、炭疽病等真菌性病害可用扑海因、50%多菌灵可湿性粉剂、75%百菌清、50%代森锰锌可湿性粉剂等杀菌剂防治；病毒病的防治应结合防蚜进行，发病初期可用病毒A、植病灵乳剂、NS-83增抗剂等药剂防治；利用微生物制剂如农用链霉素可防治青枯病、叶斑病。可用黄色黏虫板防蚜虫、白粉虱，黏虫板规格为25cm×40cm，每亩用30~40片，或铺银灰膜、悬挂银灰膜条驱避蚜虫，或利用瓢虫、草蛉、蚜茧蜂等蚜虫的天敌防治；用糖醋液、黑光灯诱杀小地老虎；利用赤眼蜂防治棉铃虫、烟青虫；用克螨特、三唑锡、噻螨酮乳油等防治红蜘蛛。

疫病：门椒开花期是防治疫病的关键时期，因此，在这时可在植株茎基部和地表喷洒药剂，用25%甲霜灵可湿性粉剂500倍液，50%代森锰锌可湿性粉剂500倍液（15千克水兑药30克）。进入生长后期，应以田间喷雾为主，可用72.2%普力克600~800倍液每隔10天喷洒防治一次，连续3次。

蚜虫、白粉虱：发生初期用15%保丰2000倍液（15千克水兑药7.5克），功夫乳油5000倍液（15千克水兑药3毫升），每隔7天防治一次，连续3次。

潜叶蝇：用75%克螨特乳油2000~2500倍液（15千克水兑药4~7.5毫升），10%蚍虫啉可湿性粉剂5000倍液（15千克水兑药3克），每7天防治一次，连续2~3次。

(五) 采收

大棚提早生产辣椒主要是为了提早上市，应及时采收。青椒一般于开花后25~30天，即果肉变硬、果皮发亮时采收；门椒、对椒宜早采；长势弱的植株应早采，长势旺的可适当晚采；雨天不宜采摘，以减少发病率。

第三节 茄子栽培

茄子别名落苏、酪酥、昆仑瓜，是茄科茄属以浆果为产品的一年生草本植物。

茄子起源于亚洲东南热带地区，古印度为最早驯化地。茄子在公元4~5世纪传入中国，其在中国生产历史悠久、类型品种繁多，通常认为中国是茄子的第二起源地。茄子在全世界均有分布，以亚洲最多，欧洲次之。我国南、北方生产普遍，是夏季主要的蔬菜之一。茄子营养丰富，含有丰富的蛋白质、脂肪、碳水化合物、维生素以及钙、磷、铁等多种营养成分，其含有的龙葵碱等生物碱、维生素P具有抗癌作用和保护心脑血管功能。

一、生物学特性

(一) 植物学特征

茄子根系发达，吸收能力强，但是其根系再生能力差，不定根发生能力较弱，在育苗移栽时应尽量带土定植，以免伤根。茄子茎直立，木质化程度高。茎的颜色，与果实、叶片的颜色有相关性。分枝习性为"双杈假轴分枝"，即主茎生长到一定节位后，顶芽变为花芽，花芽下的两个侧芽生成一对同样大小的分枝呈丫状延伸生长，为第一次分枝。分枝着生2~3片真叶后，顶端又形成花芽和一对分枝，循环往复无限生长。每一次分枝结一次果实，按果实出现的先后顺序，习惯上称之为门茄、对茄、四门斗、八面风、满天星。单叶互生，叶形有圆形、长椭圆形和倒卵圆形，叶色一般呈深绿色或紫绿色。两性花，一般单生。茄子第一朵花的着生节位高低与品种的熟性有关，一般早熟品种第一朵花出现在茎的第5~6节位，晚熟品种出现在第10~15节位。果实为浆果，形状、颜色因品种而异。成熟的种子一般为鲜黄色，形状扁平而圆，表面光滑，粒小而坚硬，千粒重4克左右，种子寿命4~5年。

(二) 生长发育周期

分为发芽期、幼苗期、开花坐果期和结果期4个时期。

1. 发芽期

从种子萌发至第一片真叶出现，一般需10~12天。

2. 幼苗期

从第一片真叶出现至门茄现蕾，需50~60天。一般情况下，茄子幼苗长到3~4片真叶、幼茎粗达到0.2毫米左右时，就开始花芽分化，分苗应在花芽分化前进行。长到5~6片叶时，就可现蕾。

3. 开花坐果期

从门茄现蕾至门茄"瞪眼"，需10~15天。茄子果实基部近萼片处生长较快，此处的果实表面开始因萼片遮光而呈白色，等长出萼片见光2~3天后着色。白色部分越宽,表示果实生长越快,这一部分称为"茄眼睛"。在开始出现白色部分时即为"瞪眼"开始,当白色部分很少时,表明果实已达到成熟期。

4. 结果期

从门茄"瞪眼"到拉秧为结果期。门茄到对茄,植株由旺盛的营养生长转向生殖生长。对茄到四门斗,植株逐渐进入生长发育旺盛期,这一时期是产量和产值的主要形成期。八面风时期,果数虽多,但较小,产量开始下降。满天星时期植株开始衰老。

(三) 对环境条件的要求

1. 温度

茄子喜温暖不耐寒冷。种子萌发适温为25~30℃。植株生长发育适温为日温28~32℃,夜温18~25℃;花芽分化适宜温度为日温20~25℃,夜温15~20℃。若温度低于20℃,植株生长缓慢,授粉、受精及果实发育受阻;15℃以下出现落花落果;10℃以下植株新陈代谢紊乱,甚至停止生长;35℃以上高温会使植株呼吸加快,养分消耗多,果实生长缓慢,甚至产生僵果,此外,高夜温影响更为显著。

2. 光照

茄子对光照条件要求较高,光饱和点为40000勒克斯,补偿点为2000勒克斯。光照强或光照时数长,则植株生长旺盛,开花提前,花的质量高,果实品质好,产量高;光照弱或光照时数短,则植株长势弱,中柱花和短柱花增多,果实着色不良,产量下降。

3. 水分

茄子需水量大但不耐涝,适宜的土壤湿度为田间最大持水量的70%~80%,当空气相对湿度超过80%时易引发病害。门茄坐住果以前需水量较小,盛果期需水量大,采收后期需水量少。

4. 土壤及营养

茄子对土壤适应性较广,适宜土壤pH为6.8~7.3,但在疏松肥沃、保水保肥力强、排水良好的沙壤土上生长最好。茄子需肥量大,尤以氮肥最多,其次是钾肥和磷肥。

二、类型与品种

按熟性早晚分为早熟种、中熟种、晚熟种;按颜色分为紫茄、红茄、白茄和绿茄;按果形分为圆茄、长茄和卵茄。

(一) 圆茄

植株高大，叶大而厚，生长旺盛，果实为圆球形、扁球形或椭球形，果色有紫黑色、紫红色、绿色、绿白色等。圆茄肉质较紧密，单果重0.5~2千克。属北方生态型，大多为中、晚熟品种，多作露地生产，主要品种有九叶茄、大红袍等。

(二) 长茄

植株高度及长势中等，叶较小而狭长。果实为长棒状，有的品种长30厘米以上，直径2.5~6厘米。果皮较薄，肉质松软，种子较少。长茄属南方生态型，多为早熟、中熟品种，是我国茄子的主要品种。优良品种较多，如航茄8号。

(三) 卵茄

植株低矮，茎叶细小，分枝多，果实为卵圆形或灯泡形，果色有紫色、白色和绿色，单果重100~300克。果皮较厚，种子较多，品质较差。多为早熟品种，抗逆性强，南北方均有生产，如北京灯泡茄、天津牛心茄、荷包茄等。

三、生产季节与茬口安排

茄子对光周期要求不严，只要温度适宜，四季均可生产。由于茄子耐热性较强，夏季供应时间较长，因此成为许多地方填补夏秋淡季的重要蔬菜。

四、生产技术

(一) 大棚春提早生产

1. 品种选择

宜选择耐低温、弱光、抗病性强、植株长势中等、开张度小、适合密植的早熟或中早熟品种。优良品种有杭茄1号、湘茄系列、蓉杂茄系列、渝早茄系列、粤丰紫红茄、苏崎茄等。

2. 培育壮苗

（1）播种时期。9月上旬至10月上旬，苗龄60~70天，定植时间为11月下旬至12月中旬。大棚早春生产需在保护地中育苗，苗龄90~100天，以此可推算播种时期。播种过早，茄苗易老化，影响产量；播种过晚，上市时间将延迟。

（2）播种方法。精选种子并适当晒种。先用55℃热水浸泡15分钟，待水温降至室温后再浸泡10小时左右。也可用50%多菌灵可湿性粉剂1000倍液浸种20分钟，或0.2%高锰酸钾溶液浸种10分钟，或用福尔马林100倍液浸种10分钟。将种子用湿纱布包好，放于28~30℃的条件下催芽。若对种子进行变温处理，即每天保持25~30℃高温16小时，15~16℃低温8小时，则出芽整齐、粗壮。2/3的种子露白时即可播种。播种前搭建好大棚，平整播种苗床，浇足底水，水渗透后薄撒一层干细土。之后把种子均匀撒播于床面，每平方米苗床用种5~8克。播后覆盖1厘米细土或砻糠灰，稍加镇压，再覆盖地膜，以提高地温，加快出苗。

(3) 苗期管理。出苗前棚内保持日温25~30℃，夜温5~18℃。出苗后及时撤掉地膜，适当降低棚内温度，以防止幼苗徒长，保持日温20~25℃，夜温14~16℃，超过28℃要及时放风。2~3片真叶期分苗至营养钵。分苗后保温保湿4~5天以利缓苗。后期控制浇水。定植前7~10天逐渐加大通风量，降温排湿，进行低温锻炼，夜温可降至12℃左右。壮苗的标准是茎粗，节间短，有9~10片真叶，叶片大，颜色浓绿，大部分现蕾。

3. 整地施肥

选择保水保肥、排灌良好的土壤。茄子连作时黄萎病等病害严重，应实行5年轮作。茄子耐肥，要重施基肥，结合翻地，每亩施腐熟有机肥5000千克、磷肥50千克、钾肥20千克，耙平后做包沟1.2米宽的小高畦。

4. 定植

茄子喜温，定植时要求棚内温度稳定在10℃以上，10厘米地温不低于12℃。贵德、尖扎、循化等地采用大棚+小拱棚+地膜覆盖生产时，11—12月定植；大棚+地膜覆盖，2月定植；小棚+地膜覆盖，3月上旬定植。选择寒尾暖头的天气定植，按照品种特性和生产方式确定密度，一般采取宽窄行定植，每畦栽2行，大行70厘米，小行50厘米，株距35厘米左右。栽植宜采用暗水定植法，地膜覆盖要求地膜拉紧铺平，定植孔和膜边要用泥土封严。

5. 田间管理

(1) 温光调节。定植后一周内，要以闭棚保温为主，以促进缓苗；缓苗后，白天温度保持在25~30℃，夜间温度保持在15~20℃，以促发新根，晴天棚内温度超过30℃时，要及时通风，降温排湿；开花结果期，白天棚温不宜超过30℃，夜间棚温保持在18℃左右，以后随外界温度的升高，需加大通风量和延长通风时间。根据当地温度适时撤掉小棚。当气温稳定在15℃以上时应将围裙幕卷起，昼夜通风。青藏高原地区早春季节刮风天气较多，光照相对不足，应在晴天或中午温度较高时，部分或全部揭开小棚，以增加光照，同时应保持棚膜干净，及时更换透光不好的棚膜。

(2) 肥水管理。茄子定植后气温较低，缓苗后可浇一次小水。门茄开花前适当控水蹲苗，提高地温，以促进根系生长。门茄"瞪眼"后，逐渐加大浇水量。浇水应选择晴天上午进行,最好采用膜下暗灌,浇水后适当通风,以降低棚内空气湿度。茄子盛果期蒸腾旺盛,需水量大,一般隔7~8天浇一次水,来保持土壤充分湿润。

茄子喜肥耐肥。缓苗后施一次提苗肥,每亩施尿素1687.5千克或腐熟粪肥225000千克兑水施入。开花前一般不施肥。门茄"瞪眼"后结束蹲苗,结合浇水每亩追施尿素2250~3375千克。对茄采收后,每亩追施磷酸二铵3375千克、硫酸钾2250千克或三元复合肥5625千克。以后根据植株生长情况适当追肥,一般可隔水补施氮肥。化肥与腐熟有机肥交替使用效果更佳。生长期内叶面交替喷洒0.2%尿素和0.3%的磷酸二氢钾,可提高产量。

(3)植株调整。大棚内植株密度大、枝叶茂盛,整枝摘叶有利于通风透光、减少病害、提高坐果率、改善品质。门茄开花后,花蕾下面留1片叶,下面的叶片全部打掉;对茄坐果后,除去门茄以下侧枝;四门斗4~5厘米大小时,除去对茄以下老叶、黄叶、病叶及过密的叶和纤细枝。早春低温和弱照易引起茄子落花和果实畸形,利用40~50毫克/升的防落素(PCPA)喷花或涂抹花萼和花瓣可有效防治。

(4)病虫害防治。茄子的主要病害有立枯病、绵疫病、灰霉病、黄萎病、褐纹病等。主要虫害有红蜘蛛、茶黄螨等。可用福美双、百菌清、乙膦铝、杀毒矾防治立枯病、绵疫病;用速克灵、百菌清等防治灰霉病;用70%甲基托布津可湿性粉剂、50%多菌灵可湿性粉剂等防治黄萎病、褐纹病;用克螨特、三唑锡等防治红蜘蛛、茶黄螨。

6. 采收

在适宜温度条件下,果实生长15天左右达到商品成熟上市要求。果实的采收标准可根据宿留萼片与果实相连部位的白色环状带"茄眼睛"宽窄来判断。若环状带宽,表示果实生长快,花青素来不及形成,果实嫩;环状带不明显,表示果实生长转慢,要及时采收。采收时间最好是早晨,其次是下午或傍晚,中午果实含水量低、品质差。采收时最好用剪刀采收,防止折断枝条或拉掉果柄。

(二)露地生产

1. 培育壮苗

12月下旬育苗,翌年3月下旬定植,6月上中旬采用保护地育苗,大棚薄膜只盖顶部,留四周以利通风,顶部覆遮阳网降温,可防暴雨、防暴晒。可将种子直接播种在塑料钵中,也可先撒播在苗床上,再分苗入塑料钵。苗龄35天左右。定植前要进行高温炼苗。

2. 适时定植

5月中旬定植。定植前施足底肥。1.7~1.8米包沟做厢。株距、行距因品种而异。青海省贵德县种植韩国进口品种多稀植，行距 80 厘米左右，株距 70~80 厘米，一般每亩定植 1000 株，品字形交错定植，定植后浇足定根水。

3. 田间管理

及时浇缓苗水，深中耕 1~2 次后控水蹲苗。门茄膨大时开始追肥浇水，每亩施尿素 155 千克、硫酸钾 10 千克。以后每 7~10 天浇一次水，追肥 3~4 次。

追肥应多施氮肥，增施磷、钾肥，同时配合有机肥。在 7 月、8 月高温多雨季节要注意排水降湿，以防涝害。门茄坐果后打去基部侧枝，门茄采收后摘除下部老叶，生长后期摘心，及时搭架或拉绳子防止倒伏。

4. 采收

一般于 8 月底至 9 月开始采收，11 月下旬拉秧。每亩产量 5000~6000 千克。

(三) 秋延后生产

1. 薄膜覆盖生产

选择抗热、丰产的优良品种，黄河流域一般于 5~7 月上旬利用遮阳网覆盖育苗，6~8 月上旬当幼苗具 5~6 片真叶时定植。缓苗后及时中耕除草，适当追施提苗肥。结果期，结合浇水重施复合肥、尿素或腐熟粪肥。9 月下旬至 10 月上旬，要及时覆盖塑料薄膜，随着气温不断下降，要逐步扣严棚膜。扣棚后，前期要通风排湿，以利开花结果；后期可加小拱棚或浮动覆盖保温防寒，以延长采收期。一般 8 月上旬至 9 月上旬始收，可采收至 11—12 月。

2. 老株再生生产

立秋前后，气候炎热，茄子已进入衰老期，茄子的产量和商品性降低。可利用残桩进行秋延后生产。其方法：晴天下午将植株第一分枝留 8 厘米短截，用百菌清等药液处理伤口。清洁田园，及时中耕松土，追施速效肥料，大约 10 天即可发出新枝，每株留 4~5 个长成再生果的果枝。新枝在 12~15 厘米长时出现花蕾，再过 15~20 天即可采收。长江流域前期需加盖遮阳网，后期要覆盖塑料薄膜。

五、日光温室茄子黄沙水肥一体化栽培技术

在设施茄子栽培过程中，种植户浇水施肥多采用大水沟灌和冲施施肥的方式[1]。该方式不仅造成水分和肥料的浪费，而且容易使温室内湿度增大，进而引起病害的发生。同时往往受设施栽培、复种指数高、作物种类单一、人均耕地少、交通设施、水源和水利设施以及家庭承包经营体制等因素的影响，加之菜农受高利益的驱使，

---

[1] 周英伟. 温室蔬菜生产中存在问题及解决措施 [J]. 现代园艺，2017(24)，225.

以及在种植习惯上不愿意轮换种植不同种蔬菜，致使连作障碍问题日益严重[1]，导致病虫害发生，且病虫抗药性增强，从而严重影响产量和品质。目前，无土栽培技术在设施园艺中已被广泛应用，其克服了连作障碍、病虫害少、易于操作、环保且能产出高品质蔬菜[2]。改用无土栽培，是解决土传性病害的有效手段，我国无土栽培以基质栽培为主，传统的栽培基质以草炭、蛭石为主要原料，但其价格昂贵，很难在日光温室中大面积推广，且草炭为不可再生资源，过量开采会破坏生态环境[3]。中国农科院蔬菜花卉研究所和甘肃酒泉地区研发的有机生态基质栽培技术，大大降低了生产成本，但基质需要经常更换，无法长期使用。因此，急需一种新的栽培技术解决上述问题。目前，利用来源广泛、价格低廉的农业废弃物及各地可利用资源作为基质原料的研究受到了国内外的重视[4]。

（一）选择适宜品种

选择耐低温、耐弱光、抗病性强、适宜日光温室栽培的早熟品种。

（二）定植前准备

1. 开沟填沙

在温室内挖宽60cm，深40cm的"U"型槽，内覆盖塑料棚膜隔绝土壤，装入黄沙，走道宽60cm。

2. 整地施基肥作垄

严格按照《绿色食品肥料使用准则》的相关规定，重施有机肥，弥补黄沙没有营养的缺点，减少化肥的施用量。基施有机肥2000~2500kg/667m^2，三元复合肥15kg/667m^2，过磷酸钙10kg/667m^2，硫酸钾5kg/667m^2，充分混匀。平整垄面，铺设好滴灌带，选用滴孔间距40cm的滴灌带，铺设好后覆上地膜。滴灌带通过主管连接水肥机。

3. 棚内消毒

定植前7~15天，密闭温室，先用异菌脲烟剂进行熏蒸，每0.25~0.3kg/667m^2，放置5~6个燃放点进行熏棚，然后进行高温（60℃以上）闷棚5~7天，烟剂最好悬

---

[1] 樊平声，陈罡，徐德利，等.蔬菜连作障碍及土壤修复技术研究进展[J].安徽农业科学，2015，43(31)：70+90.
[2] 郑光华，罗斌.绿色食品蔬菜21世纪设施农业的主导产品[J].中国蔬菜，1999(1)：1-3.
[3] 郭世荣.固体栽培基质研究、开发现状及发展趋势[J].农业工程学报，2005，21(S)：1-4.
[4] 赵帆，颉建明，冯致，等.酒泉市非耕地日光温室茄子栽培基质的筛选[J].甘肃农业大学学报2014，49(5)，93-100.

挂起来。

(三) 定植

定植前五天左右，沙槽浅水浇灌一次，定植时采用双行错位定植（"品"字型）法，定植在滴孔 2~3cm 处，采取点对点定植，可以节水省肥。亩保苗 2600~3000 株，根据不同茬口适度调整株距、行距，一般行距为 60cm，株距以 40cm 为宜，定植后浇水一次。

(四) 定植后管理

1. 温度管理

定植后一般白天气温 25~30℃ 为宜，夜间上半夜气温 18~20℃，下半夜气温 13~16℃，最好采用温室温度智能管控设备进行调控温度。

2. 光照管理

冬季、春季日光温室内部光照不足，应及时清洗棚膜。在保证室内一定温度的情况下，早揭晚盖保温被，以提高透光率，也可设置人工补光设施，以提高植物光合作用，从而达到增产、提质的效果。

3. 水肥管理

茄子出现门茄后开始追肥，根据黄沙栽培的特点，采用相配套的水肥一体化智能控制系统。追肥量如下。

幼苗期（40~50 天）：从第 1 片真叶显露到第 1 个花蕾现蕾为幼苗期。每次施肥 1.5kg/667m^2，共施肥 3kg/667m^2。

开花坐果期（20~30 天）：从第 1 朵花显蕾到第 1 个果坐果为开花坐果期。每次施肥 2kg/667m^2，共施肥 6kg/667m^2。

结果期（55~120 天）：这一时期开花和坐果同时进行，是茄子产量形成的主要阶段，及时整枝，加强肥水管理。每次施肥 2.5kg/667m^2，共施肥 12.5kg/667m^2。

浇水原则是：浇透定植水，冬季每 2~3 天滴水一次，夏季每天滴水一次；幼苗期每次每亩 0.3m^3，开花期坐果期 0.5m^3，结果期 0.75m^3，以保持黄沙湿度在 70%~80%，不积水，每次施肥需在浇水结束后进行，不同专用肥应分开施用。

4. 植株调整

茄子进入开花期后进行吊蔓防倒伏，到盛果期尽早打去基部侧枝，及时摘除老、黄、病叶，后期如植株密度过大、生长过于高大，可采用双干整枝调整植株生长。

5. 保花保果

在茄子开花季节进行辅助授粉，最好采用雄蜂授粉，蜜蜂授粉不仅能够促进植物吸收营养物质和果实生长，而且可以节约劳动力。人工蘸花应采用非激素类药物。

6.病虫害防治

茄子在整个生育期间，病害有猝倒病、立枯病、黄萎病、褐纹病等，虫害有白粉虱、蚜虫、红蜘蛛等，防治这些病虫害要在做好农业防治、物理防治和生物防治的基础上科学选择农药，做好药物防治。以预防为主、用药为辅。

猝倒病和立枯病：首先是提高地温，保持苗床土疏松，其次出苗时注意通风换气。及时拔除病苗，以防蔓延。

茄子黄萎病：种子消毒，实行与非茄科蔬菜轮作，提高地温促进根系发育，以野生茄子为砧木嫁培。

茄子褐纹病：发病前或初期，可喷洒70%代森锰锌500倍液，隔7~10天再喷一次，同时兼治茄子绵疫病等病害。

温室白粉虱：黄板诱杀成虫，天敌防治（如释放蚜小蜂、草蛉等）。每片叶上有白粉虱50~60头时，用4.5%高效氯氰菊酯3000倍液喷雾防治。

温室蚜虫：防虫网覆盖通风口，黄板诱杀，清除田间杂草，也可用1%的苦参碱2号1200倍液或10%的吡虫啉可湿性粉剂2000倍液等喷雾防治。

温室红蜘蛛：可选用联苯菊酯、阿维菌素、噻螨酮等药进行喷雾防治，重点喷中下部叶片背面。

第四节　黄瓜栽培

设施黄瓜巧扣膜，选择消雾流滴能力比较强的棚膜，防止滴水造成死棵和病虫害。上棚的时候可以换成宽点的压膜带或者卡槽垫膜，这样棚膜拉得紧且平，可以避免棚膜被刮伤刮破，并提高透光度。

一、黄瓜高产的关键——吊蔓

吊蔓前5~7d进行控水控肥，以降低植株的含水量、提高茎蔓的韧性、减轻吊蔓对植株造成的伤害。定植后15d左右植株长到6~8片真叶时开始吊蔓，用夹子和绳子都可以。吊蔓要选择在晴天下午进行，此时茎秆的含水量少，不易折断。吊蔓前打掉植株上的卷须、瓜纽和侧枝，减少养分的消耗。打完后喷1遍杀菌剂，促进伤口的愈合，防止病害的发生。吊蔓打结要在茎秆的中下部打一个活扣，不要在中部或者上部打结，否则容易勒伤茎秆。打完结再绕茎秆2周，防止活扣松动。吊蔓结束后要及时进行浇水追肥，并进行中耕松土，以促进根系下扎，让茎秆更健壮。

二、黄瓜秧苗精细管理

在种植黄瓜时容易出现秧苗期植株长势健壮良好，但是开花和坐瓜少，产量低，且黄瓜长到一定的阶段时叶片开始长斑，出现各种病虫害，导致黄瓜秧苗早衰。出现此类问题应做好以下几方面工作：

（1）种植黄瓜时只知道简单的施肥、浇水、搭架，没有进行精细管理，容易导致黄瓜出现各种各样的问题。

（2）黄瓜在生长过程中会长出一些黄瓜须促进植株往上攀爬，但黄瓜须太多则消耗营养多，易导致结果量少，及时将多余的黄瓜须掐掉，可提高开花坐果率。

（3）在黄瓜开始开花和结果时，茎的半米以下不留瓜，因为在半米以下留瓜会把根茎输送的养分截留，从而影响上面瓜蔓的生长。

（4）在黄瓜生长中会出现只长秧苗不结果的旺长现象，我们要及时进行掐尖打顶，让更多的营养供给花和果生长，以促进萌发更多分枝，因为瓜蔓上分枝越多则开花结果就越多。

（5）及时去除下部老叶、病叶，并且清理到园外，这样做不仅可以预防病虫害的发生，还可以保障通风和光照，改善黄瓜的口感。

三、设施黄瓜施肥管理

（1）黄瓜对氮、磷、钾的需求比例是2∶1∶3，所以建议选用的肥料以高氮、高钾为主，前期用一些平衡肥或氮含量偏高的肥料，中后期坐果量加大时就增加钾肥的施用量。

（2）在黄瓜花期和坐果期喷施磷酸二氢钾能够保花保果，促进果实膨大和着色，提高黄瓜品质和产量。

（3）适时适量浇水追肥。平常可用大量水溶肥结合浇水进行冲施或者滴灌，为黄瓜补充营养。叶面肥可选用钙镁硼铁锌30mL+磷酸二氢钾30g+芸苔素5mL，兑水15kg喷施，促使黄瓜长得直、口感好、产量高。

四、设施黄瓜病虫害防治

（一）常见病虫害的药剂防治

1. 黄瓜蚜虫

高氯吡虫啉10mL+洗衣粉20g+磷酸二氢钾30g，兑水30kg均匀喷雾，此配方对各类蚜虫防治效果好，对隐蔽性蚜虫也有很好防效，且不会产生抗药性，安全高效。

2. 黄点病、霜霉病、炭疽病及靶斑病

这几种病害的发病原因多为植株栽培过密或通风不良，可选用准拿 30g+ 烯酰吗啉 15g+ 苯醚甲环唑 3g，兑水 15kg 喷雾，5d 喷雾 1 次。

3. 根系疾病

最重要的是把根系养好，少施化肥、多施有机肥。在黄瓜苗期和生长期浇水时用枯草芽孢杆菌 1kg+ 哈茨木霉菌 1kg+ 矿源黄腐酸钾 500g，兑水 2kg 灌根或者冲施，30d 用 1 次，可以很好地促进黄瓜生根，且预防根系疾病发生。

(二) 其他防病措施

(1) 吡唑醚菌酯有超强的广谱性，加上苯醚甲环唑对炭疽病有很好的疗效；加上丙森锌对黄瓜霜霉病有特效。

(2) 病害防治通风很重要，早晚温差比较大，太阳出来来后及时通风，风口一定开关及时，早晨开风口时遵循先开小再开大原则，晚上先关小再关严，不然易造成叶枯病、靶斑病、细菌性角斑病、炭疽病等的发生。

(3) 铺地膜要全覆盖，不然后续不仅长草还容易发生病虫害；带瓜期水和肥要跟上，7d 浇、施 1 次，并在水中加大量微量元素水溶肥，可延长采收期，提高产量。

(三) 设施黄瓜打药时间段的把握

杀菌药一般上午打最好；打杀虫药首先要考虑虫害的活跃时间，比如防治避光性比较强的蓟马傍晚打药效果好。其次要考虑天气，尽量避开阴天打药。夏季打药一般选择上午或者下午光照不太强的时段。如果打的是乳油制剂或者吡唑醚菌酯这种渗透性比较强的农药，打药的时候可不用加有机硅。

五、设施黄瓜温度管理

(一) 缓苗期温度管理

黄瓜定植后需提高棚内温度，以促进快速缓苗。白天温度控制在 28~32℃，不要超过 35℃；夜温控制在 18~20℃。

(二) 蹲苗期温度管理

缓苗后进入蹲苗期，为控旺需加大昼夜温差，白天控制在 25~30℃，夜温控制在 15~16℃，早晨揭开棉被前温度控制在 10℃左右，不得低于 8℃。在保证温度的情况下棉被应尽量早拉晚放，以增加光照时间。

（三）黄瓜开花期

白天温度控制在 25~28℃，超过 28℃可以分次放风，夜温控制在 13~15℃，以防止植株徒长，提高抗病能力。同样棉被也应尽量早拉晚放，以增加光照时间。

（四）结瓜期。

黄瓜进入结瓜期进行适当的变温管理，上午温度控制在 28~32℃，下午控制在 20~25℃；前半夜为促进养分的运输，温度应控制在 15~20℃，后半夜通过抑制呼吸，减少养分消耗，温度应控制在 10~13℃。

六、设施黄瓜浇水管理

缓苗定植后不要浇明水，只浇暗水，定植后 3~4d 可开小沟灌水缓苗。苗期浇过缓苗水后不再浇水，进行适当蹲苗，促进生根、控制茎叶生长，特殊情况下可酌情浇水。结花期水分需求量逐渐增加，出瓜期 5~7d 浇 1 次水，盛瓜期需水量大，每 3d 浇 1 次水，采收后以不缺水为原则。另外每次浇完水要注意通风降湿。"3 水 2 肥 1 控水"，黄瓜要想产量高需 7~10d 就要浇 1 水，每浇 3 次水便追 2 次肥（用平衡肥或者高钾肥），剩下 1 水可以加 500g 矿源来缓解对根系的刺激。因为长期用氮磷钾对根系影响特别大，所以盛果期一定要把根系养好，这个时候浇水对根系有一个缓解作用，可养根、生根。另外能够把土壤中过多的被固定的氮、磷、钾还原出来，让作物二次吸收利用，达到激活土壤的作用。如果出现花打顶的情况，浇控水的时候可以再加上一些钙肥。

第十一章 食用菌及其发展意义

第一节 食用菌概述

食用菌是指子实体硕大、可供食用的蕈菌（大型真菌），统称为蘑菇。中国已知的食用菌有350多种，其中多属担子菌亚门。

一、类群划分

根据高等大型真菌的生物学和生态学特点，以及我国菌物科学家长期以来研究开发，许多名贵珍稀菇菌已被人们驯化栽培，形成产业化商品上市的规模，使名贵珍稀菌的类群划分也发生了新的变化。这里以现有观点，综合刘贵培等（2009）的划分，大体分为以下三类。

(一) 濒危类

濒危类主要指那些因其独特的生物学特性及生境遭到严重破坏，导致种群数量急剧下降，甚至接近绝迹，且残存的种群仍受到严重威胁的菇种，诸如块菌、松茸、干巴菌、冬虫夏草等。据云南贸易真菌多样性调查，濒危类群菇菌只占整个菌物类群的1.1%，说明其品种极少，且处境极为濒危。此类品种已引起社会各界重视，如松茸已被列为国家二级保护植物。

(二) 珍稀类

珍稀类群有重大的科学价值，为我国重要的自然生物可利用资源。诸如腹牛肝菌属（Gastroboletus）、红菇属（Russula）、鹅膏属（Amanita）、轴腹菌属（Hydanangium）、鸡𥻗菌属（Termi tomyces spp）。这些珍稀种群有30多种属于单型种，是中国特有特殊种属。区域性分布表明其为演化过程中的孑遗或残遗种，对生态环境植被恢复具有重要的生物学和生态学意义。人工栽培虽有成功的报道，但只闻其名，市场鲜见其货，价格仍处高位。如羊肚菌、牛肝菌、红菇、绣球菌、白参菌、鸡𥻗菌等虽有报道栽培成功的消息，但市场上产品奇缺，现有价格为：羊肚菌干品1500~3000元/千克，红菇干品400元/千克，鸡𥻗菌鲜品150元/千克，因此仍然是稳坐"珍"位。

(三) 稀少类

稀少类主要指依赖天然野生的林木外生菌根菌和与昆虫类共生的类群。诸如块菌、松茸、牛肝菌、鸡土5L菌、红菇、虎奶菇、紫丁香蘑、鸡油菌、松乳菇、奥德蘑（水鸡枞）、绣球菌、青头菌、珊瑚菌、黄柄鸡油菌（喇叭菌）、梭柄乳头菇（老人头）等。这些珍稀品种产品数量极少。对于具有菌根性和昆虫性的野生食用菌的人工培育及如何实现可持续利用，一直是世界难题和创新研究的焦点。

二、生态环境

食用菌以其白色或浅色的菌丝体在含有丰富有机质的场所生长。条件适宜时形成子实体，成为人类喜食的佳品。菌丝体和子实体是一般食用菌生长发育的两个主要阶段。各种食用菌是根据子实体的形态如菇形、菇盖、菌褶或子实层体、孢子和菇柄的特征，再结合生态、生理等的差别来分类识别的（见层菌纲、木耳目、银耳目、伞菌目）。凭经验区分野生食用菌和毒菇时，也是以子实体的外形和颜色等因素为依据的。有些食用菌生长在枯树干或木段上，如香菇、木耳、银耳、平菇、猴头、金针菇和滑菇；有些生长在草本植物的茎秆和畜、禽的粪上，如蘑菇、草菇等；还有的与植物根共同生长被称为菌根真菌（见菌根），如松口蘑、牛肝菌等。以上特性也决定着各种野生食用菌在自然生态条件中的分布。食用菌在菌丝生长阶段并不严格要求潮湿条件，但在出菇或出耳时，环境中的相对湿度则需在85%以上，而且需要适合的温度、通风和光照。如蘑菇、香菇、金针菇、滑菇、松口蘑等适合在温度较低的春、秋季或在低温地带（15℃左右）出菇；草菇、木耳、凤尾菇等则适合在夏季或热带、亚热带地区的高温条件下结实。

三、食用菌的生理基础

(一) 营养物质

真菌是一类没有叶绿素的异养型真核生物，真菌在生长发育过程中有两个现象：合成代谢和分解代谢。

食用菌吸收营养物质的特点：

(1) 大量元素都是通过化合物的形式加以吸收利用的。

(2) 食用菌的碳素营养都是通过生物降解作用，把植物的残体加以降解后利用的。葡萄糖是广泛利用的碳源。氮素营养的利用与碳素营养相似。动植物残体被微生物分解后，其中间产生的代谢产物可被食用菌利用。硝酸盐是广泛利用的氮源。

(3) 绝大多数真菌是好气性的。

(4) 真菌的微营养(如维生素、生长素、激素等)非常重要,主要和微量元素与酶的活化有关,且对代谢途径和生物合成至关重要。

(5) 真菌的某些次生代谢产物,如柠檬酸和氨基酸,在真菌细胞内具有螯合作用[1],对于 pH 的稳定性起缓冲作用,从而可使某些微量元素发挥有效性。

在食用菌生长中经常使用石灰或石膏,既有钙代谢作用,也能调整酸碱度。

(二) 生长发育特点及其环境条件

1. 食用菌的生活史

食用菌的生活史可以粗分为两大方面:营养生长和生殖生长。孢子—萌发—单核菌丝—双核菌丝—三次生菌丝—子实体—孢子(分析中间过程)。

2. 环境条件对食用菌生长发育的影响

影响食用菌生长发育的因素有营养物质、酸碱度、温度、水分、氧和二氧化碳、光照以及生物等诸多因素。

(1) 营养物质

营养物质的利用是通过菌丝分泌木质素酶,一般地说,真菌在菌丝迅速生长期间,其基质的 C/N 比高,往往有利于脂肪的合成,在孢子萌发的前期 C/N 比高,后期低,总的来说:在子实体分化发育阶段,C/N 过高则不能形成菌蕾;C/N 过低则使众多的原基夭折。菌丝生长阶段的 C/N 约为 20∶1;子实体分化阶段,C/N 约为 18∶1。

(2) 酸碱度

大多数真菌是喜酸性基质的,一般能适应的 pH 范围为 3~8,如香菇为 4.0~5.4,木耳为 5.0~5.4,双孢蘑菇为 6.8~7.0,金针菇为 5.4~6.0,猴头菇为 4.0,草菇为 7.5。加入适量磷酸氢二钾等缓冲物质,使培养基的 pH 得到稳定,在产酸过多时,可添加适量的碳酸钙等。

(3) 温度

喜低温或低温结实的真菌有金针菇和滑菇,喜高温的有草菇。

温度与食用菌生长发育关系有以下几点:

①食用菌的菌丝体较耐低温。

②菌落在琼脂平板上的最快生长速度时的温度,不一定就是生理上最佳温度。

---

[1] 螯合作用(Chelation)指化学反应中金属离子以配位键与同一分子中的两个或更多的配位原子(非金属)连结而形成含有金属离子的杂环结构(螯环)的一种作用。类似蟹钳的螯合作用,故名。

③就香菇而言，昼夜温差幅度增大，可以刺激成熟的菌丝体形成原基。

（4）水分和湿度

香菇和金针菇的代料栽培中，培养料的含水量为干料的 1.8~2.6 倍，菌丝生长最佳。但在子实体分化发育期，则以水分为干料重量的 2.6~3.4 倍为最适宜。

食用菌生长的培养料含水量约为湿料总重量的 60%。相对湿度一般控制在 80%~90%。

（5）氧和二氧化碳

食用菌都是好气性的，对蘑菇及草菇，当 CO_2 浓度超过 0.1% 时，就对子实体产生毒害作用。当 CO_2 浓度控制在 1000ppm 以下时，平菇子实体尚可正常形成，但当其浓度超过 1300ppm 时，子实体将出现畸形。

（6）光照

光照对于食用菌子实体分化和发育关系重大，与菌丝生长几乎没有关系。只有双孢蘑菇和大肥菇可以在完全黑暗的条件下正常生长。

第二节　食用菌发展现状

普通的真菌实体较大，故可作为食材的一种，供人们食用，其常见种类包括银耳、黑木耳、香菇、猴头菇等。因富含维生素 E、维生素 C、多种营养蛋白、矿物质、粗纤维以及微量元素而具有极高的营养价值，且具有安神养眠、降血压、降血糖、降胆固醇等方面的功效，所以成为人们非常喜爱的一种食材。

一、推进食用菌产业发展的必要性

随着人们生活水平的提升，其饮食结构的日益丰富，食用菌在饭桌上的"地位"日益提升，其需求量也呈现递增趋势。在"乡村振兴战略""全面脱贫攻坚战""美丽乡村建设"等惠民政策以及"供给改"的推动下，食用菌产业得到迅猛发展。

调查数据显示，近年来，我国的食用菌年产量已经突破 3500 万吨（其中以河南为首的十几个省份食用菌年产量均超过 100 万吨），其创造的经济收益接近 3000 亿元，超过棉花、茶叶等经济作物，成为部分地区的支柱性经济产业，对于增加农民收益、推动精准扶贫工作的落实具有十分重要的意义。

二、食用菌种植现状

(一) 种植品种以及栽培模式多样性发展

近年来,随着食用菌种植规模的不断扩大(数据显示,年产值1000万元以上的县超500个,带动人口就业超过2000万人),食用菌的新品种不断涌现。品种总数已经接近90种,其中超过一半实现了商品规模化生产,超过1/3已经在全国各地区进行广泛的推广与种植,逐步形成了成熟食用菌种类稳步增长、珍贵菇类迅速增多、药用菌类遍地开花的发展局面,为优化食用菌的基本结构奠定了坚实的基础。在栽培模式方面,先后经历了以段木为主要载体的栽培模式,以袋装营养物质为载体进行栽培的模式、工厂化与集约化的栽培模式、智能化与绿色化的栽培模式等几个阶段,为食用菌产业的稳定发展奠定了坚实的基础。

(二) 机械化水平日益提升

在现阶段,部分食用菌的生产已经进入机械化与自动化阶段,极大地节省了人工成本,主要体现在:在辅料配备方面,国内已经有近百家企业可以实现"菌袋自动生产、打包一体化作业",并在木耳、香菇、银耳、双孢菇、金针菇等食用菌栽培上得到了广泛的应用;在食用菌生长过程中,自动灌溉、营养液的自动补充、自动采摘等精细化作业技术已经开始在部分生产工厂应用;在食用菌包装方面,自动烘干、自动密封、自动抽真空技术已经得到了广泛的应用。

(三) 品牌效应逐渐形成

随着《中华人民共和国食品安全法》《中国农业绿色发展报告2019》等政策的出台,以及农产品溯源体系的试运行,我国农产品的质量得到了显著提升,绿色、有机、无公害的高端食用菌生产模式日益形成,其中古田银耳、泌阳花菇、庆元香菇等品牌已经在国内取得了相当不错的口碑,东宁与房县的木耳更是取得了欧盟的认证,享誉海外。食用菌品牌效应的形成对于推动该产业健康、稳定、可持续发展具有十分重要的意义。

(四) 种质资源日益丰富

种质作为食用菌的芯片,含有食用菌生长的全部基因,是该产业健康发展的关键,近年来,随着食用菌规模的不断扩大,其种质资源日益丰富,主要体现在两方面:一是伴随着野生菌纯化技术的日益成熟,我国食用菌种质资源的收集与培育工作得到了一定的发展。二是现阶段，我国部分科研院所以及企业已经在中朝边境、祁连山、四川雅江等地区建立了"珍稀野生菌资源库"，为食用菌多样性的发展以及高品质食用菌的培育奠定了坚实的基础。

三、食用菌产业发展过程中的主要问题

随着生物医药技术、生物基因技术的快速发展，食用菌产业取得了较大成就，但是作为技术密集型产业，仍受到诸多因素（技术、环境、种质资源等）影响，因而我国的食用菌产业发展速度逐步放缓。

（一）菌种因素

在现阶段，我国食用菌的菌种存在品种混乱、高端菌种匮乏等问题，调查研究发现，我国食用菌规模化生产所使用的菌种基本以日韩的木霉菌、欧洲的草腐菌为主，比如，作为已经在我国广泛种植的中国菇，基本是由日本香菇繁衍出来的。菌种的匮乏已严重制约食用菌产业的可持续发展。

（二）质量参差不齐

我国的食用菌产业呈现多样性发展，再加上各地区栽培的品种差异性较大，导致现阶段尚未形成一套相对完善的、可以在各地区推广和应用的生产体系，虽然农产品溯源体系已经在北京、上海等地进行了试点。但是，由于各地所使用平台存在一定差异性，导致较难进行全国范围内的广泛推广，食用菌的质量安全仍然是我们现阶段需要解决的问题。

（三）工艺技术相对滞后

与美国、日本、欧盟等食用菌深加工工艺相比较，我国的工艺技术相对滞后，影响食用菌功效的开发以及产业的稳定发展。研究数据表明，我国适宜加工的食用菌种类超过500种，但是深加工率不足10%，与发达国家的80%相比较，具有显著的差距。我国的食用菌加工工艺总体处于相对较低的水平，以烘干、腌制品为主；在食用菌功能性副食品加工开发方面还相对欠缺。

（四）整体机械化水平不高

虽然规模化大型食用菌种植工厂已经通过高端进口的设备，基本实现了机械化操作。但是，我国对于轻便型食用菌栽培机械设备的研发力度较小，而作为支撑起整个食用菌产业的普通种植户，在食用菌种植过程中仍以传统的人工种植为主，导

致我国食用菌产业的整体现代化进程仍然相对滞后。

四、我国食用菌产业面临的挑战

(一) 食用菌种业发展缓慢

俗话说:"三分种(种子),七分种(种植)。"选择优良的菌种等于扣好生产栽培的第一颗扣子,菌种业自立自强是我国食用菌生产中的必经之路。目前,育种环节产值在整个食用菌产业链产值中占比偏低,仅占5%,是整个产业链的薄弱环节。食用菌菌种生产采用无性繁殖的方式,一方面由菌种无节制扩繁转管使得原本优良的菌种逐渐消失,另一方面由菌种变异快且有着易退化却不易被发现的特点,往往会造成巨大经济损失。导致我国食用菌种业滞后的根源主要有以下四个:一是缺乏相关政策和资金支持,技术研发和种业创新受到限制;二是尚未形成完整的菌种生产和选育体系,且存在品种权受到侵害却难以维权、菌种产销较为混乱等菌种管理问题;三是相关遗传学基础研究滞后,制约了育种成效;四是育种主体错位,育种者积极性不高导致商业育种举步维艰。以上这些问题都将导致我国工厂化生产长期依赖进口菌种且成本极高,自主品种权薄弱成为制约食用菌产业发展的"卡脖子"环节。

(二) 食用菌精深加工技术薄弱

食用菌具有很高的开发价值和广阔的市场前景,国内外消费群体对精深加工产品的需求呈增长趋势,推动了食用菌市场规模的扩大,精深加工产品将成为我国未来食用菌产业的新亮点、新态势。发达国家在各大扩展领域进行了精深加工,如美国利用食用菌的高蛋白成分研发全切菌丝体培养肉、日本利用食用菌活性成分开发酵素功能饮品、芬兰利用菌丝体的韧性制作食用菌环保皮革等,食用菌加工率已达75%,而我国绝大多数食用菌以鲜品和干品进入市场,加工率仅达6%,仍停留在罐头、腌制、烘干等粗加工的初级阶段,但单纯的食用菌粗加工产品已经不能满足当下消费者日益多样化的需求。当下我国食用菌精深加工情况不容乐观:精深化加工企业数量较少、生产规模较小,产业链没有被很好地开发拓展,产业集群效应低;产品深加工体系不完善,食用菌精深加工技术薄弱,导致产品附加值和经济效益低;供销模式和营销策略较为单一,未有效借助电商平台推广和营销食用菌产品,难以实现真正的产业升级;不重视品牌建设,缺乏市场辨别度,顾客黏性较低。我国食用菌的精深加工产业结构和全产业链还有待优化和拓展延伸。

(三) 食用菌质量安全不够重视

处在当前"大食物观"和"大健康"的背景环境下，人们不再局限于温饱充饥，而对食品安全和营养健康有了更高层次的需求：吃得好、吃得安全、吃得健康。但由于环境污染、微生物污染、重金属超标、农药残留、添加剂滥用等，当下市场食用菌质量安全问题频频出现。研究表明：食用菌受到微生物污染后发生霉变，消费者食用后可能会引发慢性中毒甚至致癌，如在采集全国699份食用菌样品中，通过实验检测出有28.3%的样品受芽孢杆菌污染；发现一些干制食用菌可能存在克罗诺杆菌属从而危害人体健康。一些野生食用菌可能会因为本身具有富集重金属的能力而导致铅、镉、砷和汞等含量严重超标。虽然在食用菌栽培过程中施加农药可以防控食用菌的病虫害，减少经济损失，但农药残留和积累会引发急性神经毒性、免疫系统疾病、生殖和内分泌系统疾病、慢性肾脏疾病、癌症等严重疾病。此外，不法商贩为了过度追求产品外观，甚至将严禁在食品工业中使用的荧光增白剂添加到食用菌表面。由于缺乏相关的质量标准、监管力度不够等问题，我国食用菌质量安全仍存在着不容忽视的隐患、面临着巨大的挑战。

(四) 食用菌菌物药业尚处于初级阶段

我国菌物药资源丰富，具有得天独厚的优势，但目前食用菌的开发以食用价值为主，菌物药资源的保健药用价值还没有被充分挖掘、开发和利用。菌物药业在当下的国际市场发展迅猛，一些发达国家将其视为"朝阳产业"而加以重视和扶持，并取得了较大的经济效益，如日本研发的价格高达1680元/mg的"天地欣"，因具有高纯度的"香菇多糖"可直接向静脉注射用于治疗癌症。但我国菌物药研究和产业的发展程度远不及发达国家，尚处于初级阶段。一是国内科研院所对食用菌的研究多停留在表面上，而对深层次的食用菌生物活性和微观机制的探究相对匮乏，导致在药用价值方面并没有新的突破；二是菌物药企业自主研发能力较弱，没有打造出国际、国内市场公认的特色品牌；三是虽然我国已知的食用菌有1000多种，但目前仅有少数食药用菌被明确纳入国家药典，仅数十种大型食用菌用于临床，大量的食药用菌尚未得到有效开发，食药用菌在临床研究上的广泛应用仍有很大的提升空间。

(五) 从业人员相关问题较多

人才是食用菌发展的动力源泉。食用菌生产日益现代化，更需要具备较高科技文化水平、专业生产技能、经营管理能力的专业人才和技术团队。食用菌产业目前仍属于劳动密集型产业，相关从业人员分布以及人才配比不平衡制约着我国人才培养。由于工作待遇低、生产环境艰苦，很多相关专业的高校毕业生往往不愿从事食用菌产业，因而，人才流失较为严重。截至2020年年底，我国食用菌辐射带动从业人员超2000万人，从事栽培和加工的人员占整个食用菌产业从业人员的九成以上，但是专业技术人员仅占1%左右，尤其是应用型人才存在明显缺口、从业人员整体素质偏低、人才结构不合理。因此，当下从业人员的整体素质和人才队伍仍不能满足我国食用菌产业发展的需求。

五、未来发展方向

（一）积极推动食用菌科技育种，促进食用菌产业创新发展

中国是食用菌生产大国，因自主品种缺乏却限制了我国向食用菌强国迈进，当下我国亟待培育出具有自主知识产权的新菌种。这既需要加强与技术先进国家的交流，借鉴西方国家的培育经验，也需要我们走好科技兴菌的道路。政府应加大种业专项资金的投入并完善相关政策，为基础研究和技术研发的进行提供基本保障。育种单位应改良传统育种方法，研发新型现代育种技术，一方面选育出耐贮藏、不褐变、开伞晚的食用菌品种，以便于生产、加工和运输；另一方面选育出富含蛋白质、维生素、多糖和矿质元素等的食用菌品种，以满足消费者对多元化营养的需求。龙头企业应努力提高自主创新和研发的能力，并发挥创新主体作用和带动效应，与科研院所做好对接，推进实际育种工作的开展。相关部门必须高度重视食用菌新品种保护，只有切实保护育种者的知识产权，才能积极调动育种者的创造性，从而推动育种市场繁荣发展。育种是一项长期的工作，只有各方共同合作实现共赢，才能促进食用菌产业创新发展。

（二）多元延长食用菌加工产业链，促进食用菌产业协调发展

要最大限度地降低疫情带来的影响，实现平稳过渡，全产业链化生产，就要探索多元化的营销策略，拓宽线上营销方式，采取食用菌产业线上和线下双管齐下的策略，延长食用菌加工产业链。其一，电商的快速发展带动了不同产业的协同发展，运用微信公众号平台、抖音、快手、小红书等大家喜闻乐见的方式科普食用菌的综合价值，积累大量的用户资源后利用明星流量和网红效应进行网络直播带货，以促进食用菌在全国各地销售。其二，加强与淘菜菜、多多买菜和美团优选等电商买菜平台的合作，扩大新鲜食用菌直销需求市场，有效、合理地调整供需平衡。其三，重视食用菌产品的精深加工，丰富加工产品种类，深度融合食用菌与当地特色小吃，

增加食用菌产品附加值，开发功能食品、食品添加剂、方便食品等高精深加工产品，推动自主品牌建设。通过以上措施推动精深加工产业结构调整与优化，扩大国内和国外市场，促进食用菌产业转型升级和全产业链联动发展，积极应对疫情带来的不利冲击，实现食用菌产业协调发展。

（三）强力监督食用菌质量安全，促进食用菌产业绿色发展

保障食用菌质量安全是实现食用菌产业持续发展的根基。大健康产业已经成为世界热点话题，然而我国食用菌距离实现产品绿色化、规范化以及标准化等目标还有很长的路要走。首先，加强对采摘者、贸易商、销售人员和消费者进行科普教育和进行农产品质量安全法律法规宣传引导，营造社会共同监督的良好氛围；其次，加大食用菌产品安全监管力度，积极开展日常检查、专项检查和标志检查等检查和监测工作，并进行风险评估，对有安全隐患的场所进行单独整改，从生产端消除隐患；再次，严格查处农药、添加剂等的违规使用，确保药剂的使用在安全范围内，禁止不合格产品流入市场；又次，以"企业＋基地＋农户"模式建立食用菌标准化园区，推广标准化生产技术，提高食用菌产品的质量安全水平；最后，建立食用菌产品可追溯体系和质量信誉保障制度，从而提高涵盖整个生产、流通至销售环节的透明度，实现食用菌产品从生产端到售后全过程的真正意义上的安全，促进食用菌产业绿色发展。

（四）深入加强菌物药科研合作，促进食用菌产业开放发展

随着国内市场对菌物制药产品的需求越来越大，菌物药业必将成为我国中药领域中最具发展潜力的行业之一，深入加强菌物药科研合作是促进食用菌行业蓬勃发展的助推器。食用菌含有丰富的蛋白类、多糖类、三萜类以及矿物质和维生素、黄酮和有机酸等营养物质，具有降血压、降胆固醇、降血糖、抗菌、抗病毒、抗肿瘤以及提高机体免疫力等诸多保健功能。研究表明：接近98%菌物药显示出抗肿瘤和免疫调节的活性[1]，从食用菌中提取具有抗氧化活性的纯化合物可用于治疗慢性炎症。因此，将这些具有生物活性的有效成分用在临床上研发制药中将具有非凡的意义。尤其是一些珍稀的食用菌具有更大的开发潜力，从中提取药用保健成分是未来食用菌产业发展的新的制高点。因此，应加大菌物药业的扶持力度，为菌物药业的发展注入活力；扩大食药用菌的临床试验规模，深入食药用菌的抗癌特性和分子机制方面的研究；扩大食药用菌消费市场，形成以需求为导向的大健康主导产业；创建国

---

[1] 包海鹰，图力古尔，李玉. 中国菌物药学及其发展前景[J]. 菌物研究，2021，19（1）：12-18.

家层面的协调机构和国家级菌物药协作创新平台[1]，以加强菌物药最新研究进展的交流与合作，从而促进食用菌产业开放发展。

(五)全面培养食用菌专业人才，促进食用菌产业共享发展

今后的食用菌产业技术人员除应具备食用菌的相关专业知识外，还必须熟练掌握现代化栽培技术及设备操作方法，只有具备较强的服务指导能力、品种选育能力、新知识储备能力和生产实践能力的全面型人才，才能适应日益扩大的产业规模和产品质量安全的要求。因此，要通过多方位、多层次的方式吸引更多人才流入并扎根于食用菌产业中。建立多渠道产出机制，打造一支整体素养高的食用菌产业队伍，为产业提供源源不断的人才资源支持。开展专业技术人员对农民的培训，全面提高食用菌从业农民的素质。高等院校应重视学生对食用菌产业认识的更新，及时更新相关教学内容，以提高学生的实践操作和创新能力[2]。在新农学建设背景下，推动食用菌培养课程群的建设，为培养出更多食用菌专业特色人才保驾护航；高校院所应增强与企业联合培养专业人才的意识，在对接交流与合作中实现联动[3]，如派发技术骨干到高校院所进修以提升专业素养、分配学生到企业进行实习以增强生产实践技能，从而促进食用菌产业共享发展。

第三节　发展食用菌产业的意义

截至目前，食用菌生产已经过了近40年的快速发展，生产技术不断进步，生产规模不断扩大，食用菌产品也逐步被人们接受，成为一种受欢迎的产品。但是在目前的发展阶段，食用菌还只是被当作一类高档蔬菜，栽培食用菌被农民当作一个致富项目。对于食用菌产业的重大意义和广阔前景，大多数人并不了解、认识高度不够，且对产业规划、技术研究方向、加工销售等方面缺乏系统的了解。现从营养学、生物学、经济学、社会学、生态学高度来论述发展食用菌产业的意义。

---

[1] 胡桂芳，左光之，朱莉昵.关于加快我国菌物药资源开发利用的初步思考[J].中国发展观察，2020(Z6)：89-94.
[2] 况丹.培养食用菌产业应用型人才新路径[J].新课程教学（电子版），2022，144(12)：174-175.
[3] 蒲崇敬.基于食用菌产业的应用型人才培养路径研究[J].中国食用菌，2019，38(7)：125-127+132.

一、发展食用菌产业的营养学意义

(一) 食用菌产品蛋白质含量高，脂肪含量低，营养价值优于植物食品和动物性食品

传统农业可划分为种植业和养殖业。种植业所生产的粮食、果蔬等是人体必需的营养来源。但是，种植业产品中的蛋白质含量很低，不能满足人类的营养需求。于是人们便发展了畜牧业，从动物性食品中获得大量的蛋白质。但动物性食品中脂肪含量很高，不利于人体健康。食用菌是介于植物产品和动物性产品之间的食品，其蛋白质含量比植物食品高很多，干品蛋白质含量与肉类相差不大，但脂肪含量却很低，能够很好地满足人类的营养需要，被称为"健美食品"。

(二) 食用菌中的维生素含量高于大多数果蔬产品

维生素是人体必需的一类营养物质。水果和蔬菜中含量较高，人们大多通过食用果蔬来获取身体必需的各种维生素。食用菌鲜菇中维生素 C、维生素 B、维生素 D 含量都很高。例如，公认维生素含量很高的大白菜，每 100g 白菜中维生素 C 含量约为 31mg，而 100g 鲜草菇中维生素 C 含量可达 206mg。摄取大量的维生素被认为是人类长寿的秘诀之一，因此多食用食用菌产品，有利于提高人体机体的抵抗力、保持健康长寿。

(三) 食用菌药用和食疗价值较高，是一类少有的安全食品

在我国历史上，人们很早就将许多食用菌视为治病的药物。灵芝被传说成能够起死回生的"仙草"。银耳被历代中药大家认为是"润肺、补气、美容"的良药。现代医学研究认为，食用菌中含有的大量菇类活性多糖是治疗和预防癌症的良药，是人体干扰素的诱导素，能够起到增强人体抵抗力的作用。在民众更加重视"食疗"作用的今天，食用菌产品作为一类新型的保健食品，将会逐渐被人们所信赖。食用菌的生长周期短，从菇蕾开始到采收一般在 10d 左右，一般不需要使用农药，因此是一种安全无公害绿色食品。

二、发展食用菌产业的生物学意义

生物界有三大类生物，在生物分类学上称为动物界、植物界和菌物界。通过养殖动物，获得肉、蛋、奶、毛皮等生活必需品。通过种植植物来获得粮食、水果、蔬菜、木材等生活必需品。现在，同样可以通过栽培高等真菌（食用菌）来获得一种高级食品。食用菌利用的是植物体中动物（包括细菌等微生物）不能利用的部分——

木质素和纤维素。食用菌可以将其转化成为人类（和其他动物）能够吸收利用的有机物。因此，从生物学角度讲，食用菌产业与种植业、养殖业处于同等重要的地位。

三、发展食用菌产业的经济学意义

食用菌的生产周期几乎比任何种植、养殖的周期都短。草菇从栽培至采菇仅需10d左右，生产周期短，从而提高了土地的利用率、提高了经济效益。在国外的一些高效栽培菇房，在同一个菇房内，每年可以种植食用菌8次，每年可生产鲜双孢菇117kg/m^2。按我国市场双孢菇8元/kg的均价，产值可达936元/m^2。这样，土地年产值可为900万元/hm^{2}左右。通过提高设备投入和引进先进技术，食用菌的生产效率和经济效益可以远远超越种植业和养殖业。

四、发展食用菌产业的社会学意义

（一）解决粮食安全问题

由于建设用地不断增加，耕地面积不断减少，加之干旱、洪涝、风暴、冻害等自然灾害时常发生，粮食总产量的增加变得越来越困难。国际上许多专家提出，发展食用菌产业将是解决未来人类粮食来源这一问题的重要途径。有专家测算，目前，全世界每年由农业生产的作物秸秆近40亿吨，如果将其中的1/4用来生产食用菌，每年可以生产出10亿吨鲜菇。有科学家测试，一个体重70kg的成年人，每天食用不到1kg的鲜菇，就可以满足身体对营养的需要。因此，每年每人需要消耗350kg的鲜菇，10亿吨的鲜菇就可以养活24亿人口。

（二）解决农村劳动力过剩问题

食用菌一般是半工厂化生产，其产业转化率高，管理上要求比较精细，是一种劳动密集型产业。目前，农村存在大量剩余劳动力，由于城市生活成本较高，这些剩余的农村劳动力很难在城市长期生存。发展食用菌产业，可以就地安置农村剩余劳动力，对农村的社会稳定和经济发展有着重要的意义。

五、发展食用菌产业的生态学意义

（一）杜绝秸秆焚烧，保护环境

目前，食用菌生产所需的原料主要是农作物秸秆及农产品加工的下脚料。以前农民总是在作物收获后，将秸秆就地焚烧，造成了很大的环境污染和安全问题，这也成为困扰地方政府的难题。而发展食用菌产业,将秸秆进行合理的利用,不但可以提高其生物利用率,而且对杜绝秸秆焚烧、保护环境起到了很好的作用。

(二)减少养殖业污染,保护环境

食用菌生产需清洁、无污染环境,其生产要求清洁的无菌条件,生产过程几乎不产生污染物。相比而言,畜牧业产生的污染就严重得多。养殖过程中动物会排放大量的二氧化碳和污浊的气体,还会产生大量的粪便,污染周围环境。有专家估算,在人类向大气排放的温室气体中,有40%源于养殖业。大力发展食用菌产业,可以从食用菌中获取人体必需的蛋白质,减少养殖业对温室气体的排放,减少环境污染,提高生物利用率,同时具有很高的生态环保价值[1]。

综上所述,要全面认识发展食用菌产业的意义。不能仅将食用菌生产看成生产一种高档蔬菜或一种致富手段,不要仅盯着鲜菇生产,不要一味追求高档产品,以满足少数人的需求。要抓紧研究推广大宗作物秸秆栽培技术,开发食用菌原料作物种植,为大规模生产打牢基础;要加大对食用菌产品的加工研究,开发多种食用菌食品,加强食用菌烹调研究,让食用菌突破蔬菜的地位限制,扩大消费量,从而增加需求,从根本上扩大食用菌产业规模,使食用菌产业早日发展成为名副其实的"菌业",为人类社会的发展造福。

---

[1] 沈爱喜,熊宏亮,廖禹. 乐安县食用菌产业发展问题与对策 [J]. 江西农业学报,2006,18(3): 210-211.

第十二章　食用菌的栽培与管理

第一节　大球盖菇栽培

大球盖菇，俗称赤松茸，又称为皱环球盖菇，是球盖菇科、球盖菇属的真菌[1]。20世纪60年代，德国、波兰等欧洲国家就已经开始驯化栽培大球盖菇，后来它也成为联合国粮食及农业组织向发展中国家推荐的一种栽培食用菌。

研究表明，大球盖菇是一种营养价值较高的优质食用菌，它富含蛋白质、粗纤维、氨基酸等多种营养成分[2]，并且含有多糖、黄酮、甾醇等天然生物活性物质，表现出清除自由基、抗氧化、抑菌、降血糖等功能，具有巨大的推广价值。

目前，我国食用菌产业常见的栽培方法主要有畦栽、床栽、箱栽和袋栽等方式，按照栽培场所又可分为室内栽培和室外栽培。

一、液体一级菌种的制备

相较于传统的试管菌种，液体菌种的制备操作更简便，并且生长速度更快，生长周期更短。可选用葡萄糖酵母粉液体培养基培养大球盖菇。

先将液体培养基100mL倒入250mL的锥形瓶中，包上塑料膜并用棉线或耐高温橡皮筋扎紧，放入高压蒸汽灭菌锅，设置温度为121℃灭菌处理30min。

待培养基灭菌冷却至25℃左右，在超净工作台将2块大小为0.5cm×0.5cm的菌块接种于液体培养基中，置于28℃的恒温摇床，转速150r/min，培养7~12d获得液体一级菌种。

(一) 培养料的选择与处理

大球盖菇具有较强分解纤维素的能力，秸秆、稻壳、棉籽壳、木屑、玉米芯和花生壳等材料都可以作为其培养料。据闫林林等[3]的研究，在4种不同的配方中，以

---

[1] 黄年来.大球盖菇的分类地位和特征特性[J].食用菌，1995(6)：11.
[2] 郝海波，赵静，杨慧，等.不同大球盖菇菌株主要农艺性状和营养成分综合评价[J].食用菌学报，2022，29(3)：41.
[3] 闫林林，吴亮亮，郑光耀，等.五种原料配制培养料栽培大球盖菇比较试验[J].食用菌，2021，43(5)：35.

桉木屑∶稻壳∶玉米芯 =1∶1∶1 的配方栽培大球盖菇效果优良，鲜菇产量、营养成分和活性物质质量分数都较高。王怡等[1]则探讨了用花生壳作为培养料的可能性，结果发现由 90% 花生壳、8% 谷壳、1% 蔗糖和 1% 石膏组成的配方能缩短菌丝生长期、降低感染率并提高产量。

结合此前的研究，本实验选择新鲜干燥且无其他杂菌感染的棉籽壳、花生壳和木屑作为大球盖菇的培养料，给培养料喷洒 1% 石灰水，在清水中浸泡 24h 后即可湿透软化。

（二）菌包的接种与培养

将培养料捞出沥干，水分保持在 60% 左右，再分装至规格为 14cm×28cm 的聚丙烯塑料袋中，每袋装 130g 干料。将菌包加盖扎紧，放入高压蒸汽灭菌锅，设置温度为 128℃灭菌处理 1h。冷却至室温后，在超净工作台中用移液器吸取 5mL 大球盖菇液体菌种，将其均匀地播撒在菌包培养料表面完成接种。

发菌一般是指食用菌菌丝体生长的过程，其关键在于控制好温度等条件。据报道，大球盖菇菌丝生长期对温度要求较高，适宜温度为 20~27℃；原基分化最适温度为 10~16℃；子实体生长的最适温度为 12~25℃。

在发菌时，将菌包置于 26℃的恒温培养箱中培养。当培养料中长满菌丝体后，可看到培养料变成近白色，即菌包制备成功，可直接用于室内栽培，也可作为菌种用于室外栽培。

二、大球盖菇室内栽培

大球盖菇室内栽培场地一般选择在水电设备完善、通风条件和见光度良好的培养室。将长满菌丝的菌包袋口敞开，加入高度 3~4cm 腐殖土。为保持湿度，可在土层表面再加一层湿润的稻草纤维。利用喷水器每隔 4h 喷水一次以保持培养室空气相对湿度在 85%~90%。不能直接向培养料里浇水，否则会影响菌丝生长并造成杂菌污染。每天上、下午各打开一次培养室的门、窗通风 30~40min。开袋 10~20d 后即可看到子实体原基。保持空气相对湿度在 85%~95%，一般 3~7d 大球盖菇子实体即可成熟。

大球盖菇生长期间容易受到菌蚊、菌蝇和螨虫的危害，虫害严重时可采取喷

---

[1] 王怡，邱芳，祝晓波，等. 花生壳生产大球盖菇菌种研究 [J]. 安徽农业科学，2011，39(20)：12049.

洒灭虫药的方式进行防治[①]。基于绿色安全的综合防治理念，可以采取在房间中悬挂黄、蓝黏虫板的方式防虫害，效果显著。

三、大球盖菇室外栽培

大球盖菇室外栽培选择富含腐殖质且透气性良好的土壤。考虑大球盖菇子实体生长的适宜温度和湿度，一般安排在温度为12~25℃且雨水条件良好的季节进行室外栽培，如在南方地区以11月至次年3月为宜。开始栽培时，首先为田地浇灌一次水，使土壤湿润，2d后用石灰粉进行消毒杀菌。作畦高于地面15~20cm，隔天将处理好的栽培料均匀地铺在地里。撕开长满菌丝的菌包，将菌种掰成块状并将菌块点播到栽培料中，菌块之间的间隔距为3~4cm。随后用湿润的腐殖土进行覆土，以土层表面高出栽培料1~3cm为宜。为了保持较高的湿度，可在土层表面铺上一层湿润的稻草或树叶等透气保湿的材料，并且加盖黑色地膜或者搭上拱棚以利于发菌，保持温度在20℃以上。15~20d菌丝长满土壤表面时，揭开地膜施一次较大量的水，刺激原基分化。原基形成后，每天浇水2次以加大湿度，雨天则不需要浇水。控制温度在20℃左右，当子实体生长成熟后便可采收。

大球盖菇出菇后，当菌盖呈钟形且未开伞时即可进行采收，采收过晚将影响其食用价值。采收时，为了避免对后续的第2潮菇、第3潮菇造成影响，要用手握住菌柄下部轻轻扭动一圈使菌柄底部连着的菌丝断开，再缓慢垂直拔出获得子实体。一般经过10~20d后，即可长出下一潮菇。

四、栽培结果

遵循以上方法，本团队在室内和室外栽培大球盖菇均取得了较好的效果，获得的大球盖菇子实体品质优良。在不同的栽培方式下，采收的大球盖菇子实体存在一定的差异，室外栽培的大球盖菇子实体品质好、产量高、资源利用率高，其栽培效果比室内栽培更好。实验中室外栽培的大球盖菇总产量为2521.2g，比室内栽培提高了约17.5%；室外栽培的大球盖菇的生物转化率为93.4%，比室内栽培高13.9%。究其原因，可能与室内栽培的菌袋规格较小、装料较少有关，后续可进一步尝试选用较大的菌袋或室内箱栽培，提高产量。

将大球盖菇子实体干燥后粉碎，取100g大球盖菇子实体干粉测定其主要营养成分，结果表明，100g大球盖菇子实体干粉含有蛋白质25.2g、总糖42.3g、多糖3.2g、水分9.4g，因此，大球盖菇营养成分丰富，具有较高的食用价值。

[①] 易善秋. 大棚袋栽食用菌管理的质量安全风险监管体制研究 [J]. 中国食用菌，2020，39(2)：29.

大球盖菇室内和室外栽培所获得的子实体品质优良，富含蛋白质、总糖、多糖等营养成分，总产量和生物转化率均较高，具有广阔的开发应用前景。

第二节　金耳栽培

金耳隶属于担子菌门，银耳目，耳包革科，耳包革属。金耳是一种寄生真菌，需寄生于毛韧革菌，依靠其提供营养才能生长[1]。金耳含有丰富的蛋白质、多糖、膳食纤维、类胡萝卜素、B族维生素和钾、铜、磷、硒、铁等矿质元素，是一种珍贵的食(药)用真菌[2]。野生金耳产地分布广泛，主要集中在云南、西藏、四川、甘肃等地区，但产量有限[3]。20世纪80—90年代，我国实现了金耳的人工段木和代料栽培。

近年来，随着人民生活水平逐步提高，金耳的市场需求量不断扩大，市场价格居高不下。我国金耳代料栽培技术开始发展，并已取得初步成功，且开始在国内多个省份大力推广，栽培模式逐渐呈多样化发展。同时，在行业、网络自媒体的大力推广宣传下，金耳栽培受到越来越多从业者的青睐，成为食用菌栽培品种中的潜力新星。这让很多初入行者认为金耳栽培技术简单，回报率较高，使得大部分人在对金耳没有充分了解的情况下就想一蹴而就。

然而，由于金耳自身特殊的生理特性和制种特性，其菌种常有老化或因只生长毛韧革菌而无效化等较典型的情况发生；且金耳栽培对温度、水分、通风的要求较为苛刻，代料栽培金耳在子实体生长发育过程中容易感染木霉、青霉等杂菌，导致耳基腐烂[4]。同时，金耳栽培中子实体的转色机制尚未研究透彻，正常出菇但转色不充分的现象时有发生。这严重影响了金耳的产量及商品性，也阻碍了代料栽培的大规模推广。因此，通过总结金耳栽培中常见问题，深入分析问题原因并提出解决对策，以期能为广大金耳栽培从业者提供参考。

---

[1] 杨林雷，李荣春，曹瑶，等．金耳的学名及分类地位考证[J]．食药用菌，2020，28(4)：252-255+276．
[2] 游金坤，伍娟霞，邓雅元，等．金耳椴木栽培与代料栽培营养成分与风味特征分析比较[J]．中国食用菌，2020，39(11)：89-94+100．
[3] 桂明英，马绍斌，郭相，等．西南大型真菌(Ⅰ)[M]．上海：上海科学技术文献出版社，2016．
[4] 田霄，汪威，田云霞，等．代料栽培金耳出耳期易感染真菌病害多样性初探[J]．食用菌，2020，42(2)：68-71．

一、菌种生产

(一) 金耳与毛韧革菌的关系

针对金耳生物学特性的研究认为,金耳是一种寄生于毛韧革菌的寄生真菌,即由金耳菌丝和毛韧革菌菌丝组成的复合体,金耳菌丝的生长要依靠毛韧革菌分解基质为其提供营养。

(二) 金耳有效菌种的分离方法

研究表明,利用组织分离法得到金耳和毛韧革菌的混合菌种,是实现金耳大规模生产的理想途径。然而,一些菇农和生产机构由于对金耳子实体复合体结构的特殊性认识不足,急于沿用木耳类的耳木分离培养法大量分离、扩繁菌种,导致获得的菌种通常为只生长毛韧革菌的无效菌种。若继续采用这些无效菌种进行大规模栽培,将会出现金耳子实体无法生长或只生长毛韧革菌的情况。

(三) 金耳菌种的接种方法

1985年,刘平[①]以木屑为主料,培养获得金耳三级菌种,并将其接种到段木孔穴,最终成功获得了子实体,出菇率为85%~95%。但为了保证更高的出菇率和更好的均一性,实现规模化甚至工厂化的栽培要求,目前金耳代料栽培一般已不采用此法进行接种。

去分化,即分化细胞失去特有的结构和功能,变为具有未分化细胞特性的过程。大多数菌种接种后都遵循"组织去分化形成菌丝,然后菌丝再分化形成子实体"的发育过程。但有研究表明,在适宜的培养基中,金耳子实体组织块的生长不遵循该过程,在小块金耳子实体中的毛韧革菌和金耳菌的菌丝细胞都可以直接进行细胞分裂和生长,并再生为新的完整的大型金耳子实体。因此,基于该原理设计的培养法均可提高金耳菌种和出菇棒制作的成功率。目前,云南地区金耳代料栽培主要采用接种金耳组织块或同时接种菌料和金耳组织块两种方法。

(四) 金耳菌种的培养

在实际栽培过程中,金耳对温度、水分、通风的要求较为苛刻,若生长条件控制不当,生产的菌种常有被毛韧革菌包裹、带黄水、自溶等情况发生,甚至是变为

---
① 刘平. 金耳人工段木栽培研究初报 [J]. 中国食用菌,1985,4(2):6-8.

只长毛韧革菌的无效菌种。而这些不合格的菌种接种到栽培袋后，也会出现类似情况，并不适用于设施化、工厂化出菇。

刘舒畅等[1]关于金耳菌种培养方面的研究结果和刘正南[2]的趋于一致，认为金耳菌种的适宜培养温度为18～22℃，适宜的pH范围为5.5～6.5。但后者还指出，金耳菌种在PDA蛋白胨斜面培养基上生长情况较差，具体表现为子实体组织块不饱满、颜色呈淡黄色、组织块周围的菌丝易分泌黄褐色色素，即为氮源含量过高导致的毛韧革菌生长过快，而形成了无效菌种。

有效原种的制作宜采用接种金耳组织块或金耳组织块带少量菌丝的方法，而单独采用菌丝体接种培养瓶（袋）获得的菌种多为劣质的。

吴锡鹏等[3]研究发现，金耳试管母种在PDA和PDA蛋白胨培养基上均可生长，在22～26℃的适宜温度条件下，5～7d即可长满试管。通过将接种母种得到的原种置于22～25℃环境中培养，扩繁的菌种通常会出现2种情况：一种是培养35～45d，金耳子实体形成，这样的菌种可继续用于扩繁栽培种；另一种是在初期只生长浓密的毛韧革菌菌丝，后期直接形成毛韧革菌子实体，这类菌种不能用于扩繁下一代菌种。

黄云坚[4]认为在金耳菌种培养阶段，为适当控制毛韧革菌菌丝的生长并促进金耳子实体的形成，初期温度宜控制在16～20℃，子实体形成后宜将温度适当提高至18～24℃，更利于金耳子实体的生长发育。

（五）菌种老化

菌种老化是菌丝体随着菌龄的增加而出现的生理衰退现象，会导致菌丝活力减退、出菇延迟、产量降低[5]。菌丝的菌龄过大通常会导致菌种老化甚至自溶，有研究表明在双孢蘑菇（Agaricus bisporus）和红托竹荪（Dictyophora rubrovalvata）的菌种生产过程中，若菌种的菌龄太长会出现菌种萌发能力下降、菌丝细胞胀大、细胞壁变形甚至完全溶解、塌陷形成老化菌皮、抗杂能力减弱等菌种老化现象[6]。

---

[1] 刘书畅,李荣春,马布平,等.金耳菌种生产技术研究[J].中国食用菌,2019,38(9):94-99.
[2] 刘正南.金耳的生理特性及有效优良菌种的制备原理（续）[J].中国食用菌,1995,14(6):9-11.
[3] 吴锡鹏,程新强.金耳高产栽培技术研究[J].中国食用菌,1993,12(2):14-15.
[4] 黄云坚.金耳代料菌棒式栽培中的几个技术问题[J].丽水师专学报,1993(5):51-53.
[5] 边银丙.食用菌菌种质量问题与菌种管理对策的商榷Ⅰ.菌种质量问题与菌种管理现状的分析[J].中国食用菌,1999,18(4):12-14.
[6] 李利梅.托竹荪菌种菌丝老化变红过程中特征指标变化[D].贵阳:贵州师范大学,2018.

菌种老化现象在金耳菌种培养中尤为突出。有研究认为金耳母种传代次数不宜过多，母种经 5~8 次传代后，菌丝生长活力明显变差，且易受霉菌污染，因此保存金耳菌种时以采用第一代母种为宜[①]。

金耳的菌种制作好后，需尽快使用，随着菌龄的增大，容易感染杂菌，表面带杂菌的子实体具有潜伏性，不易被观察到；菌龄过大的菌种用于生产菌棒，容易发生菌棒感染杂菌的情况；使用菌龄过大的菌种生产菌棒，容易出现成批菌棒感染杂菌的情况，从而造成巨大的经济损失。

可被用于金耳代料栽培的优质菌种应具如下属性：菌丝不吐黄水，金耳耳基生长分化较快，长大后的子实体充实、饱满，洁白或呈乳白色，大小在 5.5cm×4.5cm 以上，菌龄一般不超过 45d[②]。

综上，如何控制毛韧革菌的菌丝生长过快，避免因菌丝过于旺盛而出现毛韧革菌包裹、吐黄水、自溶等现象，防止变为劣质菌种，是金耳菌种生产工艺中的关键点，也直接影响金耳菌种的产量和品质。针对上述情况，金耳菌种生产应注意以下几点。

（1）一般建议采用组织分离法进行金耳菌种分离。

（2）代料栽培中，制作金耳原种、栽培种时，培养料适宜 pH 为 5.5~6.5。以金耳子实体组织块单独接种，或与外源毛韧革菌一起接种栽培袋均可，但接种金耳组织块时以直接置组织块于基质表面为宜。

（3）金耳原种、栽培种培养最好配有控温设施，宜置于 16~20℃的温度下避光培养，温度不宜过高，否则不利于控制毛韧革菌菌丝生长或促使金耳耳基的继续生长分化，在此基础上还要不断选优、培养优良菌种，以保证子实体饱满、洁白、不吐黄水、菌龄合适，从而使有效菌种良种化。

（4）为适当控制毛韧革菌生长速度，培养料含氮量不宜过高。

二、金耳出菇管理

近年来，金耳代料栽培已取得了初步成功，并开始在国内多个省份扩大推广。

金耳栽培模式逐渐呈多样化发展趋势，总体可分为室内栽培（包括标准厂房、培养间或菇房）和室外栽培（大棚栽培）。然而在实际栽培中，金耳代料栽培过程中仍存在 3 个方面的主要问题，即转色不理想、污染率高、生物学效率低。

[①] 郑淑芳，刘正南. 金耳的生物学性状研究 [J]. 食用菌，1987（2）：270-273.
[②] 刘正南. 金耳的生理特性及有效优良菌种的制备原理（续）[J]. 中国食用菌，1995，14（6）：9-11.

(一) 转色不理想

光照显著影响金耳子实体的色泽，是金耳高品质栽培的关键环节之一。黑暗条件下，接种后的金耳组织块虽然能正常愈合和生长发育，但颜色保持白色，基本不转色；而只有给予一定强度和时长的散射光或灯光（如白光、蓝光）照射，金耳子实体才能正常转色，且色泽和分化普遍较好[1]。在通风较差的室内或封闭的菌袋内，空气湿度相对较稳定，湿度差小，金耳的呼吸作用、代谢及生物转化均受到一定程度的抑制，容易出现生理性病害。另外，袋内的金耳子实体转色和展开程度均较差。所以金耳子实体展开及转色程度与在空气中暴露的程度呈正相关。因此，在室内或室外进行金耳代料栽培时，为使金耳转色良好，除保持适宜的温度（18～25℃）、空气相对湿度（70%～90%）及光照强度（200～1200lx）之外，还要经常对培养室进行通风换气，才可维持金耳正常的生长发育，加快子实体转色和展开[2]。

总之，金耳子实体的转色与温、光、水、气等多个环境因素有关，为促进金耳子实体正常生长分化，以及确保金耳幼耳陆续转为黄色或橙黄色，应综合协调好以上各环境因子。

(二) 污染率高

由于出菇阶段金耳常需要较高的空气相对湿度（70%～90%），加上金耳子实体本身对来自外界空气和水中广泛存在的木霉、青霉等病原菌的抗性差[3]，使金耳菌棒在出菇期极容易感染病原菌而发生病害。

金耳易感染木霉，因此对金耳出菇期的管理应注意以下几个方面。

（1）控制病原菌。需把控源头：培养室、出菇房等场地使用前务必打扫干净，并用高锰酸钾联合甲醛熏蒸或用烟雾消毒剂进行空间消毒杀菌，以降低环境中杂菌基数。

（2）优化出菇管理。木霉、青霉等杂菌在闷热且空气湿度大的环境下会迅速地繁殖生长，且在此环境条件下，金耳子实体通常不能正常地生长分化和转色。因此，在金耳出菇阶段，除保持适宜的空气相对湿度（70%～90%）外，要做到每天定时通风换气。同时一定要严禁高温天气焖棚，必要时可以加大通风量，及时散热降温，避免出现霉菌大量感染金耳耳基的情况发生，促使金耳幼耳正常生长发育。

---

[1] 刘欣，刘虹，赵照林，等. 金耳栽培条件的初步研究 [J]. 中国食用菌，2019，38（5）：15-17.
[2] 黄年来，林志彬，陈国良，等. 中国食药用菌学 [M]. 上海：上海科学技术文献出版社，2010.
[3] 同上.

（3）有效菌种良种化。选择耳基商品性状好、菌龄适中的高品质金耳菌种及适宜的培养料配方，以生产出长势好、出菇率高、一致性好的金耳出菇棒，提高其自身抗病性。

（三）生物学效率低

研究表明，金耳为金耳菌与毛韧革菌2个菌种混合生长的产物，金耳的寄生主毛韧革菌拥有丰富的木质纤维素酶系，对培养料具有良好的降解作用。金耳菌需要毛韧革菌来帮助其分解培养料，完成其自身整个生长史[①]。研究表明，金耳生长发育周期内对淀粉、蛋白质等辅料的利用率高于木屑、棉籽壳、玉米芯等主料；与前期的金耳原种、栽培种制作不同的是，制作金耳出菇棒时适当提高富含淀粉、蛋白质类物质（如麸皮、豆粕、玉米粉等）的配比，可达到提高金耳产量或生物学效率的目的。但还需要综合考虑栽培基质的黏度、pH及通气性等理化性状，配比太高反而不利于金耳的生长代谢，进而影响金耳的产量[②]。因此，对金耳出菇棒的培养基配方进行筛选时，可从以上几个方面考虑，进行培养基配方优化，以提高金耳的产量。

综上，金耳具有"娇气""脆弱"的特性，在人工栽培时，时常让从业者感到力不从心，对金耳栽培技术难点感到困惑，不知如何应对。整个栽培方面没有相对全面、统一的标准，最终管理失败，造成经济损失。在整个金耳栽培过程中，菌种是栽培生产过程的源头，其品质直接影响金耳最终的产量和品质，是产生经济效益的关键因素之一。前期应选择菌龄适宜、性状优良的金耳菌种及适宜的代料配方，培养出高品质的金耳出菇棒。出菇阶段要结合金耳的生活习性、栽培场地和自然气候特点等方面，对出菇管理的技术参数不断优化、操作流程不断改良，以避免杂菌滋生，促使金耳子实体正常转色和展开。

关于金耳病害防治研究方面，目前尚缺乏相关的系统研究，亟待深入探索。现阶段，金耳的病害防治策略以预防为主，防治结合。可做的防治办法是在栽培前对出菇场地消毒杀菌，将害虫和病原菌的基数控制在安全系数以下。出菇阶段，对出菇房中已污染的菌棒要及时挑出并做废弃处理，以隔离控制为主。出菇房的培养参数要尽量控制在适宜金耳生长发育的范围内，通过提高金耳的"自身健康"来增强其抗杂能力。

综上，通过从金耳的种性、菌种分离、接种方法、菌种生产、出菇阶段的环境

---

① 杨学英，赵芳娟，邓百万，等.金耳胞外酶代谢研究[J].食品研究与开发，2021，42（10）：165-170.
② 高昱昕，粟硕，舒斌，等.金耳袋料栽培基质配方优化[J].西北农业学报，2021，30（7）：1046-1052.

条件管理、病害防控等多个方面进行综述,揭示了目前金耳栽培中存在的问题,对健康发展金耳栽培产业提出了建设性的意见。

第三节 平菇栽培

一、平菇的品种

平菇在生物分类学中隶属于真菌门担子菌纲伞菌目白蘑科侧耳属,中文商品名:平菇,地方名:北风菌、蚝菌等。其是栽培广泛的食用菌。

平菇含丰富的营养物质,每百克干品含蛋白质 20~23g,而且氨基酸成分齐全,矿物质含量十分丰富,氨基酸种类齐全。平菇性味甘、温,具有追风散寒、舒筋活络的功效,可用于治疗腰腿疼痛、手足麻木、筋络不通等病症。平菇中的蛋白、多糖体对癌细胞有很强的抑制作用,能增强机体免疫功能。常食平菇不仅能起到改善人体新陈代谢和调节自主神经的作用,而且对减少人体血清胆固醇、降低血压和防治肝炎、胃溃疡、十二指肠溃疡、高血压等均有明显的效果。另外,对预防癌症、调节妇女更年期综合征、改善人体新陈代谢、增强体质也有一定的好处。

平菇尽管种类繁多,但除菌丝和子实体生长发育所需温度不同外,其他生长条件和栽培工艺是基本相同的。因此本节叙述的栽培技术适用于商业化栽培的所有品种。

从总体上说,目前我国的食用菌品种中,平菇的品种繁多,也最为混乱,同名异物、同物异名繁多,很难区别,给科研和生产带来诸多不便。

由于平菇不同种和品种间的差异,对生产者来说注重的只是商业性状,因此,平菇的品种划分有时与种有关,有时又似乎与种无关无关。

不同地区人们对平菇色泽的喜好不同,因此,栽培者选择品种时常把子实体色泽放在第一位。按子实体的色泽分类,平菇可分为深色种(黑色种)、浅色种、乳白色种和白色种等四大品种类型。

(1)深色种(黑色种)。这类色泽的品种大多是低温种和广温种,属于糙皮侧耳和美味侧耳。其色泽的深浅程度随温度的变化而变化。一般温度越低色泽越深,温度越高色泽越浅。另外,光照不足色泽也变浅。深色种大多品质好,表现为肉厚、鲜嫩、滑润、味浓、组织紧密、口感好。

(2)浅色种(浅灰色)。这类色泽的品种大多是中低温种,最适宜的出菇温度略高于深色种,多属于美味侧耳种。色泽随温度的升高而变浅,随光线的增强而加深。

(3)乳白色种。这类色泽的品种多为中广温品种,属于佛罗里达侧耳种。

(4) 白色平菇。子实体中等至大型,寒冷季节子实体色泽变深。菌盖直径 5—21cm,扁半球形,后平展,有后檐,白至灰白色或青灰色,有条纹。菌肉白色且厚。菌褶白色,延生在菌柄上交织,菌柄长 1—3cm,粗 1—2cm,短或无,侧生,白色,内实,基部常有绒毛。孢子无色,光滑,近圆柱形,10×2.5—$3.5\mu m$。冬春季于阔叶树腐木上覆瓦状丛生。

二、平菇的生物学特性

(一) 平菇形态特征

由于平菇栽培的种类繁多,作为生产者来说要能从外观简单区别常见的种类,以避免产销不对路。所以,本文也主要从外观上简要介绍平菇几个常见的栽培种类和形态特征。

1. 菌丝体

人工栽培的各个种菌丝体均白色,在琼脂培养基上洁白、浓密、气生菌丝多寡不等。

糙皮侧耳和美味侧耳:气生菌丝浓密,培养后期在气生菌丝上常出现黄色分泌物,从而出现"黄梢"现象。不形成菌皮。

佛罗里达侧耳:气生菌丝少于前两者,显得较平坦有序而浓密,无"黄梢"现象,长满数日后易出现老的菌皮,菌皮较紧而硬。

白黄侧耳等广温种:气生菌丝少于前 3 种,生长平展,无"黄梢"现象。长满斜面后极易形成菌皮,菌皮柔软,富有弹性,很难分割。

2. 子实体

侧耳属各个种子实体的共同形态特征是菌褶衍生、菌柄侧生。从分类学上鉴别不同种的主要依据是寄主、菌盖色泽、发生季节、籽实层内的结构和孢子等。

糙皮侧耳和美味侧耳:菌盖直径 5～21cm,呈灰白色、浅灰色、瓦灰色、青灰色、灰色至深灰色,菌盖边缘较圆整。菌柄较短,长 1～3cm,粗 1～2cm,基部常有绒毛。菌盖和菌柄都较柔软。孢子印白色,有的品种略带藕荷色。子实体常枞生甚至叠生。

佛罗里达侧耳:菌盖直径 5～23cm,呈白色、乳白色至棕褐色,且色泽随光线的不同而变化。高温和光照较弱时呈白色或乳白色,低温和光照较强时呈棕褐色。枞生或散生。菌柄稍长而细,常基部较细,中上部变粗,内部较实,且富纤维质的表面,孢子印白色。

白黄侧耳及其他广温类品种:子实体 3～25cm,多 10cm 以上,呈苍白、浅灰、青灰、灰白色，温度越高，色泽越浅。枞生或散生，从不叠生。有的品种菌柄纤维质程度较高。低温下形成的子实体色深、组织致密，耐运输。

凤尾菇：子实体大型，8~25cm，多10cm以上，菌盖棕褐色，上面常有放射状细纹，成熟时边缘呈波状弯曲，菌肉白色、柔软而细嫩，菌盖厚，常可达1.8cm甚至更厚。枞生或散生，或单生。菌柄短粗且柔软，一般长1.5~4.0cm，粗1~1.8cm。

(二) 平菇生长发育所需环境条件

1. 营养

平菇可利用的营养成分很多，木质类的植物残体和纤维质的植物残体都能利用。人工栽培时，依次以废棉、棉籽壳、玉米芯、棉秆、大豆秸产量较高，其他农林废物也可利用，如木屑、稻草、麦秸等。

2. 温度

不同菌种的菌丝生长温度范围和适宜温度不完全相同，多数种和品种在5~35℃都能生长，20~30℃是它们生长共同的适宜温度范围，低温和中低温类品种的最适生长温度为24~26℃，中高温类和广温类品种的最适生长温度为28℃左右，凤尾菇的最适生长温度为25~27℃。

子实体形成和生长正如前文所述，从平菇子实体形成所需的温度上看，品种可划分为几大温型，这几大温型的品种，除高温型的特殊种外，多数菌种在10~20℃内都可出菇。在适宜的温度范围内，温度越高，子实体生长越快、菌盖越薄、色泽越浅。

3. 湿度

菌丝体生长的基质含水量以60%~65%为最适，当基质含水量不足时，发菌缓慢，发菌完成后出菇推迟。生料栽培，基质含水量过高时，透气性差，菌丝生长缓慢，同时，易滋生厌氧细菌或真菌。出菇期以70%~75%为最适，大气相对湿度在85%~95%时子实体生长迅速、茁壮，低于80%时菌盖易干边或开裂，超过95%时则易出现烂菇。在生料栽培中，常采取偏干发菌、出菇期补水的方法，以保证发菌期不受真菌的侵染，并保证出菇期有足够的水分以供出菇。

4. 空气

平菇是好气性真菌，菌丝体在塑料薄膜覆盖下可正常生长，在用塑料薄膜封口的菌种瓶中也能正常生长。而在一定二氧化碳浓度下菌丝较自然界空气中正常二氧化碳含量下生长得更好。就是说，一定浓度的二氧化碳可刺激平菇菌丝体的生长，但是，子实体形成、分化和发育需要充足的氧气，二氧化碳对其生长发育是有害的。在氧气不足、二氧化碳浓度过高时，不易形成子实体，或子实体原基不分化，或出现二度分化，或大脚小盖的畸形菇等。

5. 光

平菇菌丝体生长不需要光，光反而抑制菌丝的生长。因此，发菌期间应给予黑暗或弱光环境。但是，子实体的发生或生长需要光，特别是子实体原基的形成。此外，光照强度还影响子实体的色泽和柄的长度。相比之下，在较强的光照条件下，子实体色泽较深，柄短，肉厚，品质好；光照不足时，子实体色泽较浅，柄长，肉薄，品质较差。因此，栽培中要注意给予适当的光照。

6. 酸碱度（pH）

平菇菌丝在 pH 为 3.5~9.0 时能生长，适宜 pH 为 5.4~7.5。在栽培中，自然培养料和自然水混合后，基质的酸碱度多在 6.0~7.5，适宜平菇菌丝生长。但是，实际栽培中，常加入生石灰提高酸碱度到 7.5~8.5，以抑制真菌和滋生，确保发菌。

7. 其他

平菇子实体生长发育中对空气中一氧化碳、硫化物、乙炔等不良气体敏感。当空气中这些物质的浓度较高时，子实体生长停滞、畸形甚至枯萎。此外，还对敌敌畏过敏，在菇房使用敌敌畏杀虫后，子实体会向上翻卷形成"鸡爪菇"。

三、平菇的栽培技术

栽培者的愿望是能获得丰产。要达到这个目的必须掌握平菇的生物学特性，在栽培过程中不仅要满足其各个发育时期对各种生活条件的不同要求，而且要创造一个最有利于平菇与其他微生物竞争的生活环境。

（一）栽培季节的选择

平菇虽然有各种温型的品种，适宜于一年四季栽培。但是，平菇总体属低温型，只不过是人为地选育了少数高温型来满足夏季生产需要，绝大部分品种还是中、低温型的。根据平菇生长发育对温度的要求，春、秋两季是平菇生产的旺季。高寒地区 9 月是中温型平菇生产季节；低热地区 10 月进入中温型平菇生产季节。根据不同的品种特性安排适宜的生产季节，辅之以防暑保温措施和适当的栽培方式，可获得栽培成功。

（二）培养料的配制

1. 短木桩

平菇是木腐菌，最早是用阔叶倒木栽培，逐步发展到选择材质柔软的树种锯成短木进行栽培。为了充分利用资源和节约木材，可尽量利用其他行业使用价值不大的树种，如弯木、树苋、枝丫等材料。

短木栽培的优点是：一年接种多年采收，用种量少、操作简单、成功率高、产量稳定；缺点是受资源条件限制，只适于林区或林区附近栽培。

2. 熟料

将阔叶树林屑、棉籽壳或粉碎了的杂木枝丫、农作物秸秆、废纸等4份加上麸皮、米糠等1份，石膏粉1%，糖1%和适量的水（65%左右）配成合成培养料装入玻璃瓶或塑料袋后进行蒸汽灭菌（高压1小时或常压8~10小时），而后接种培养。

熟料栽培的优点是用种量少、产量高、易管理、受外界环境影响小，可在高温季节栽培。大规模工厂生产采用的栽培方式，缺点是：耗费一定能源，同时，要有一定的工作场所限制和灭菌、接种设备限制，投资大，生产成本高；栽培者还必须掌握一定的制种技术。

3. 生料

生料栽培又分粉料和粗料两种方式。

粉料配方：用熟料栽培的方式再加0.1%多菌灵或高锰酸钾，也可加1%生石灰粉作杀菌剂拌料后接种培养。

粗料配方：先将农作物秸秆用2%生石灰水浸泡2天，然后用清水冲洗至pH为8左右时沥干多余水分切成短节接种培养。

生料栽培的优点是操作简单、不需特别设备、投资少、见效快、便于推广；缺点是用种量大、购买菌种费用高、易受不良环境和气候影响，尤其是高温季节和多年栽培的场地，易导致栽培失败。

4. 半熟料

培养料接种之前，用巴斯德灭菌法消毒，即先将培养料浸湿堆积一天之后放在密闭的室内，培养料下桥空以便透气，然后向室内输入蒸汽，待培养料冷却后接种培养。

半熟料栽培的优点：可采用简陋的办法搞巴斯德灭菌，投资少，便于推广，产量稳定，成功率高；缺点是：比熟料栽培耗种量大，菌丝生长阶段易受高温威胁、管理难度大。

以上介绍的几种培养料各有利弊。栽培者应根据各自的资源条件和生产条件，选择适宜的培养料及其配制方式。

（三）栽培方式

1. 短木栽培

选择适合平菇生长的材质柔软的树种，如桐、枫香、白杨、梧桐、枫杨等，于头年落叶后第二年发芽前砍伐。这个时期树木营养贮存最丰富。砍树和运送菇木时要保护好树皮，树头上用生石灰刷满，以免污染杂菌。

菇木运回栽培场后锯成16.5~20cm长的短木，将菌种用冷开水调成糊状后均匀地铺接在断面上再重叠上第二根短木再铺菌种，再重叠上第三根短木……叠至不稳了为止，再接第二叠。每接好一叠后两面或四面钉上木板条固定，以免松动或倒塌。锯菇木时要给每段进行编号打记号，以便接种。接好种后要采取一些保护措施，严禁摇松接种叠以便保证正常定植。叠子上面要盖上树枝或茅草遮阴以便保温、保湿。

立秋前后10天就要埋桩。房前屋后，树林、竹林、葡萄架下等淋得着雨、遮得到阴的地方都可埋桩。将长好了菌丝的短木一个一个地竖埋到土中，地面只留下3.3cm左右高的菇。地面留高了会不保湿。桩与桩之间要有适当的间隔，以免出菇拥挤。隔1.5m宽要留人行道，以便管理和采菇。

出菇管理。9—10月，气温下降，出现秋雨，就要开始出菇。若雨量不足应配合人工浇水。采菇后要停止喷水7~10天，改善通气条件有利于出下一批菇。

短木栽培一次接种可收3年，秋冬采菇，春夏息桩。春夏任其自然息桩，秋冬又可获得高产。若春夏浇水催菇，反而会导致产量少、烂桩快，秋冬还会严重减产，得不偿失。

短木栽培成功率高，每百千克短木可收鲜菇60kg以上，高的可收150kg以上。

2. 枝束栽培

将伐木场或栽培时遗弃的小枝条、城市园林或行道树修剪的小枝条截成33.3cm长的短枝条，用铁丝捆扎成直径16.5cm的枝条束。

在排水良好的地方挖成深16.5cm、宽84cm、长度不限的沟。将枝条束竖立排放于沟中，撒上菌种，上面盖三层湿报纸，再盖草席，以保持湿度。2~3个月后，确认菌丝已经蔓延，则在枝条束之间填满泥土盖上草席。当气温降至20℃以下时，就要架高草席进行水分管理出菇。

3. 室内床架式栽培法

此法适宜于正规化的专业生产，可充分利用立体空间便于人工控温、周年栽培。使用此法虽一次性投资大，但周转快、成本回收也快。

(1) 菇房的建造

选择地势干燥、环境清洁、背风向阳、空气流畅的地段。菇房应坐北朝南。每间20m² 左右、高3.5m，墙壁和屋面要厚，可减少气温突变的影响，尤其是可防止高温袭击。内墙及屋面要粉刷石灰，有利于杀菌。地面要光洁，坚实，以便清扫保持卫生。门窗布局要合理，便于通风和床架设置。墙脚安下窗，房顶安拔风筒。有条件的要配备加温，降温设施。现有房屋改选为菇房，主要是开下窗和安拔风筒。

(2) 简易菇房设计

一种是地面挖下 1.5~2m 深,搞半地下式,有利于冬季保温和夏季防暑。要求在无地下水处建造。下墙壁和地面整实,四周挖排水沟。从下挖的地面墙壁伸出 45°坡的排气管道,防止通气不良。上墙用土坯,墙高 2.5m 左右。两头留门,墙外用石灰抹皮,用草帘盖顶。另一种是用木桩扎架,用芦苇、高粱秆围墙,内外用泥抹面,草盖顶;此种菇房只适应春秋季用。

(3) 床架的设置

床架要和菇房方位垂直排列。四周不要靠墙,南北靠窗两边要留 66.6cm 宽走道,东西靠墙要留 0.5m 宽走道,床架间走道宽 66.6cm。每层架间距 66.6cm,底层离地面 33.3cm。上层离屋面 1.3~1.65m,床面宽 1.5m。床架必须坚固、平整。

(4) 床架的材料

可以是钢筋水泥结构;可以是木制;可以是铁架,也可以几种材料搭配制作。最简易的是用砖垒垛、木棒搭横条、芦帘铺层。

(5) 菇房消毒

菇房在使用前后必须进行严格消毒。消毒前 1 天,先将菇房内打扫干净,再用清水把室内喷湿,以提高消毒效果。菇房消毒通常在栽培前 3 天进行。消毒方法可根据具体条件选用如下的任意一种。

①硫黄熏蒸:先将菇房密封,然后按每立方米空间 5g 硫黄的用量点燃熏蒸。

②每立方米空间用 10mL 甲醛溶液 1g 高锰酸钾熏蒸。

③用 30% 有效氯含量的漂白粉 1kg 喷雾。

④用 5% 石炭酸液喷雾。

消毒后开窗通风两天即可用于栽培。老菇房的消毒更要彻底。否则,会因杂菌污染和虫害严重发生而导致生产失败。

床式栽培的培养料可用生料也可用半熟料,可用粉料也可用粗料。一种接种法层播:在床架上铺上塑料薄膜,铺 5~6.5m 的料,撒一层菌种,再铺一层纸后覆盖薄膜。接种量:麦粒种为料的 5%~10%,木屑种加倍。第一层用种量占总用种量的 1/3,第二层占 2/3。盖膜前先用木板将料面压平、压实,粉料轻压、粗料重压。铺料的厚度要掌握天热薄铺,天冷厚铺;粉料薄铺,粗料厚铺。这里所指的厚与薄是相对而言的,最薄不得少于 10cm,最厚不得超 20cm。另一种接种法是穴播:铺好料后按 10cm×10cm 的株行距打穴,每穴种一块枣大的菌种后撒一薄层菌种封面,压平盖膜。

4. 袋栽

选用面宽 22~25cm 的筒状塑料薄膜。剪截成 50cm 长的塑料筒,也可用一般聚乙烯薄膜热黏合为上述要求的塑料筒。袋栽分熟料和生料两种方式。

熟料栽培又分两头接种法和两面接种法。两头接种法适宜堆叠式栽培，两面接种法适宜挂袋式栽培。

两头接种法的装袋程序是先将一个直径3.5cm、长3.5~4cm的硬塑料套进袋口，然后把塑料袋口头反转过来，使其紧贴套环后塞上棉塞，再将袋旋转一周使其不留空洞即可装料，装好后压紧到一定高度，中间打上接种孔，用同样的方法上另一头套环和棉塞。最后上甑进而灭菌。常压灭菌10小时，冷却后在接种室无菌操作接种培养。

两面接种是把一头袋口扎紧烧熔袋口密封、装料，扎紧另一头袋口密封、灭菌。接种时在接种室用灭过菌的打孔器在袋子的两面各打2个接种孔，接上种后先用医药胶布粘在接种孔上，然后培养。

生料（或半熟料）栽培，将没霉变的稻草扎成长6.7cm、粗3.3cm的通气塞扎在袋口一端，装入一层菌种接着装料，边装边压，装至袋中央又放一层菌种再装料，最后撒上一层菌种并扎上气塞，即可入室培养。另一种接种方法是混播，即将菌种和基料混合后装袋。生料袋栽用种量一定要达到料的15%，菌种少了易失败。

接种后的栽培袋先放在适宜的温度下发菌；一般15~25天菌丝可长满菌袋，这时可搬进室内栽培。两头接种的菌袋去掉棉塞和套圈，将袋口割掉或向外翻卷，像码砖垛那样堆叠起来喷水管理，可两头出菇（若傍墙堆叠则一头出菇）。两面接种的菌袋，在菌丝长满接种孔周围时，将胶布撕开一角增加通气量，菌丝长满袋后，用"S"形铁丝钩将菌袋悬挂起来，撕去全部胶布喷水管理，生料菌袋管理与熟料两头接种袋同。

5. 砖式栽培

这种方式操作简便、工效高、成本低、产量高、经济效益好。由于便于搬动，特别适宜于山洞、人防地道。夏天搞洞外发菌，洞内出菇栽培。

先制成长33.3~50cm、宽26.6~33.3cm、高1~2cm的活动木模。制砖时先铺长薄膜，然后将生料或半熟料按层播法或混播法制成菌砖，去掉木模，发菌培养。管理方法与床式、箱式等同将在后面"管理方法"中介绍。

6. 箱式、篮式、盆式等

平菇栽培可充分利用木箱、纸箱、塑料箱、竹篮、箩筐、各种盆子等容器。其栽培方法基本与菌砖栽培法相同。只是菌砖用活动木模才可脱模，而其他方式则直接在容器里栽培。

7. 扎捆栽培

将用2%石灰水浸泡过的玉米棒，冲洗干净后用铁丝绑扎成捆（头尾不能颠倒）。

用铁钻把每一个玉米轴头上扎一个孔，放上蚕豆大小的一粒菌种。一半陷入孔内，一半露在孔外。盖一层纸后用消过毒的薄膜将整捆包好等待发菌。

8. 阳畦栽培法

平菇阳畦栽培法是近些年发展起来的一种适合农村大面积生产的生料栽培法。适宜于房前屋后、林间空地、葡萄架下、冬闲田土、城市园林、空房屋的充分利用，不需要专门设备，成本低、产量高、简便易行、技术易于掌握，是一种普及性极高的培植方式。

阳畦的建造一般有以下3种方法，可根据条件进行选择。

挖畦：阳畦坐北朝南，挖深30cm、宽1m、长不限。挖起的泥土放在畦北筑起33.3cm高的矮墙，畦南挖一浅沟排水。此法适宜于冬闲田土、林间空地。

筑畦：用泥坯、砖垒成宽1m、高20cm、长不限的畦。内壁抹泥皮。此法适宜于不便下挖的空屋、水泥场院、阳台等场地。

搭畦：用竹片或钢筋搭成弓背形南北走向的棚，畦宽2.5m，中间开30cm的沟作为过道，长度不限。此畦可与蔬菜进行轮作。

接种前若畦内太干燥可于接种前一天灌水。待水渗下，次日接种；若畦内地下水位高则应先在畦内铺上薄膜再接种。进料接种法与室内床架栽培法的进料接种同。接种后若气温低或无遮阴条件，要用草帘保温或遮阴。

9. 地道山洞培植法

此法可充分利用人防地道、溶洞、废矿井作菇房，能避开严寒和酷暑的不利栽培季节。其场地消毒与室内栽培同。播种方式可根据地形搞床架、菌砖、菌袋、地面平铺都可以，不同点是：没有自然光照；温差小不利于刺激催蕾；还有的存在通风条件差的问题。因此，在栽培上应采取如下措施：

（1）在洞内安装电灯代替日光，每4m远安装60W灯泡一颗。出菇阶段，每天开灯2~5小时。

（2）在通气不良的洞内安装风扇和进风扇。每小时换气5~10分钟。

（3）用菌砖菌袋栽培。场外发菌、洞内出菇。床架或平铺栽培则在洞内设置加温设备，间隙加温。注意：如用火炉加温，则一定要用管道将烟排出洞外。

10. 坑道栽培

选择排水良好的场地，挖成南北向的坑道。底宽2m，挖深1.2m，将挖起的泥土堆高筑紧，使坑道总高1.8~2m。沟底两边各挖一浅沟排水。上面用竹片或钢筋搭成弓背形棚架，盖上薄膜。两边种上绿色攀缘植物铺上棚架。坑道两壁用于堆叠菌砖或菌袋。中间作为管理过道。

坑道内的温度、湿度、光照、空气等条件都极为适宜平菇生长，且受季节气温影响又比地面小得多,冬暖夏凉,造价也低,极为经济合算,是平菇栽培较好的一种方式。据报道,用坑道栽培平菇,生物效率可超过150%,这是一种值得提倡的栽培方式。

除以上介绍的10种方式外,还有柱式栽培法、菌墙式栽培法、瓶罐栽培法等。只要懂得了平菇的生长发育特性、对环境条件的要求及栽培原理,自己在实际栽培中还可以根据实际条件,创造出新的栽培方式来。

(四)栽培管理

平菇的栽培、管理工作是夺取高产优质的重要环节。从培养料播种之后,一直到出现菇蕾、长成小菇到最后成熟采收,都要根据各个生育阶段对温度、湿度、空气和光线的不同要求,并结合气候变化进行科学管理。

1. 菌丝生长阶段

在平菇栽培中,发菌阶段的管理是非常重要的,这是栽培成败的关键。

一般接种后2~3天,菌丝开始恢复。菌丝生长的最适温度是23~27℃。所以,温度管理应尽可能达到或接近这个范围。生料栽培或开放式栽培,培养料中还有其他微生物活动产生呼吸热,料温将比室温高出2~3℃甚至更多。所以要密切注意料温变化,采取相应的散热措施,降低培养室的温度。这个阶段的空气相对湿度要求控制在80%以下,菇房和菌床都不能喷水,湿度大了污染率高。

菌丝生长阶段,光照对菌丝生长不利,尤其不能让直射阳光照上菌床。培养室的窗户要挂上黑色窗帘。除检查用光外培养室不要随意开灯。

空气对平菇菌丝生长也很重要,虽然菌丝生长阶段能耐较高浓度的二氧化碳,但二氧化碳浓度过高也会抑制菌丝生长,严重缺氧时菌丝会老化窒息而死。培养室若通气不良,菌丝的呼吸热散不掉,会致使料温上升,烧坏菌丝。

接种以后7~10天菌丝逐渐长满菌床表面,在这之前是杂菌污染的危险期。这阶段原则上不能揭膜,只有在料温超过30℃,不揭膜就会烧坏菌丝时,才能揭膜通风降温。

菌丝长满菌床表面后,每天应揭膜透气10~20分钟。因为随着菌丝量的增多,呼吸热和二氧化碳的量也多,所以,需要揭膜透气。

2. 子实体生育阶段

当菌丝长满全部培养料时,正常温度下需一个月左右(凤尾菇20天左右),平菇由营养生长阶段转入繁殖发育阶段。

平菇子实体生育阶段需要低温,尤其是原基分化更需要低温刺激和较大的温差。所以,在生育阶段将温度控制在7~20℃,最适温度13~17℃。原基分化阶段尽可能扩大温差。

子实体发育阶段的水分管理尤为重要。菌丝生满培养料后要浇一次出菇水,以补充发菌阶段散失的水分,满足出菇对水分的需要。另外,出菇水还起到降低料温、刺激出菇的作用。同时,可通过向墙壁、过道、空中喷雾增加空气湿度,把空气相对湿度提高到85%左右。

通过催蕾,菌板上开始出现许多小颗粒,即进入桑葚期,此阶段应停止向菌板喷水并揭去或架高薄膜,否则,会影响菇蕾的形成和造成菇蕾不分化烂掉。这阶段应经常向空间喷雾提高空气湿度。在这阶段如菌板过于干燥,菇蕾容易枯萎,补水过多,菇蕾又容易浸水烂掉;温差刺激不够,而不能大面积形成原基;揭膜过早,使表面菌丝过早干燥,降低生活力;通风不好,表面菌丝不能全面倒伏,或菌丝纽结,有污染和虫害不能形成菇潮。所以这阶段的管理难度较大,又极其重要。

3天左右菇蕾分化长成珊瑚状,称为珊瑚期,5~7天菇体分化成熟,在这阶段应加强以下管理措施。

①通风:室内废气过重会导致畸形菇或烂菇,应每日通风3~4次以补充新鲜空气。

②保湿:空气相对湿度应维持在90%。因此,每日应根据气候情况在室内喷4~5次雾状水,但不能让菌盖上积水造成卷曲。若菌板过于干燥可用小勺往菌板上淋水,但不要直接喷水到菇体上。冬季可在火炉上置开水壶,以增加室内蒸汽从而保温保湿。

③光照:从催蕾阶段开始就要拉开培养室的黑窗帘,让漫射光进入菇房,若缺乏光照,则菌丝生长期停留在营养生长阶段,迟迟不分化原基。但光照太明亮又对子实体发育有不良影响,故不能有直射阳光。

④及时采收:平菇适时采收既可保证质量也可保证产量。在菌盖展开,菇体色白,即将散放孢子以前采收为宜。采收过迟,菌盖边缘向上翻卷,现老化,菌柄纤维度增高,品质下降;菌体变轻,影响产量;大量散放孢子又污染空气。此外,采收过晚,还会引起菌丝老化、空耗营养,对下潮菇的转潮和产量都有严重影响。

3. 间歇期的管理

第一潮菇采收之后10~15天,就会出现第二潮菇,共可收四到五潮,其中,主要产量集中在前三潮。在两潮菇之间是菌丝休整积累养分的时间,此时要做到:

①清理菌板表面老菇根和死菇,防止腐烂。②轻压菌板并使老菌皮破裂,以利新菇再生。③将门窗打开通风4~5小时,换入新鲜空气。④用清水将薄膜正反两面彻底擦洗干净,然后贴菌板覆盖,清理室内杂物,保持卫生。⑤一周后按头潮菇管理法浇水出菇、增大温差刺激催蕾,后续程序皆按头潮菇管理方法进行管理。以后

各潮菇均照此管理。

(五) 采收与加工

平菇的适时采收既可保证质量，也可保住产量。当菌盖展开，菇体色浅，盖缘变薄，即将散放孢子，在此之前采收为宜。对平菇的采收，应视实际情况而定。一次性形成菇潮的菌板，就应在子实体成熟时一次性全部采收。此时的大菇体与小菇体的成熟度是一样的，如认为小菇体还能长而不采摘，反而会使小菇体枯萎。参差不齐形成菇蕾的菌板，则应按去大留小的办法进行采收，每一潮菇可分2~3次采净。采收时要整丛收，轻拿轻放，防止损伤菇体，不要把基质带起。一潮菇采完后，应清理床面，将死菇、残根清除干净。

平菇除鲜销外，在交通不便的乡村和旺产季节，也可以进行加工，以调节淡旺季的供求。下面介绍两种常用加工方法。

1. 盐渍。

盐水加工腌制的平菇能存放一年左右，其风味不变，是目前我国平菇出口的主要加工方式，方法如下。

(1) 浸泡：将鲜菇放进6%的淡盐水中浸泡3~4个小时；

(2) 杀青：将淡盐水浸泡的平菇捞起用清水冲洗，然后放入盛有沸水的铝锅 (或不锈钢锅) 中，边煮边用木勺搅动，煮10分钟捞出，此时菇为黄色。(杀青水可作平菇酱油原汁。)

(3) 冷却：将杀青后的平菇倒入清水中充分冷却，捞起沥水20~30分钟。

(4) 腌制：在缸中先放盐再将开水冲进缸中溶解冷却，使盐水浓度为15%~16%。用纱布滤去杂质后，把菇放入后腌制3天，之后再换成23%~25%的饱和盐水，腌5~7天 (不能让菇露出水面)。

(5) 倒缸：每隔12小时倒缸换盐水一次，每次换水其盐水浓度必须保持在23%~25%。

(6) 封存：5~7天后菇出缸，并放在竹筛上沥水8~10分钟即可装桶。装后灌满浓度20%的盐水，封盖即可运销。

2. 短期贮藏的腌制：食堂、餐馆或家庭可用盐水浸渍短期保存。先配制好16%~18%的盐水溶液，切除菇脚杂质，用清水洗净后即浸入盐水之中。10分钟后菇体脱水发软，韧性加强，这时菇体由于脱水，重量减轻约20%。食用时捞起，用清水漂洗即可烹调食用，其风味、色泽基本不变。

第四节 香菇栽培

一、香菇概述

香菇又名香蕈、香信、香荪、椎茸，属担子菌纲伞菌目侧耳科香菇属。香菇的人工栽培在我国已有800多年的历史，长期以来栽培香菇都用"砍花法"，这是一种自然接种的段木栽培法。一直到20世纪60年代中期才开始培育纯菌种，即改用人工接种的木栽培法。70年代中期出现了代料压块栽培法，后又发展为塑料袋栽培法，产量显著增加。我国目前已是世界上生产香菇的第一大国。

香菇是著名的食药兼用菌，其香味浓郁、营养丰富，含有18种氨基酸，7种为人体所必需。所含麦角甾醇，可转变为维生素D，有增强人体抗疾病和预防感冒的功效；香菇多糖具有抗肿瘤作用；腺嘌呤和胆碱可预防肝硬化和血管硬化；酪氨酸羟化酶有降低血压的功效；双链核糖核酸可诱导干扰素产生，有抗病毒作用。民间将香菇用于解毒，益胃气和治风破血。香菇是我国传统的出口特产产品之一，其一级品为花菇。

二、香菇生物学特性

(一) 香菇形态特征

香菇菌丝白色，绒毛状，具横隔和分枝，多锁状联合，成熟后扭结成网状，老化后形成褐色菌膜。子实体中等大至稍大。菌盖直径5～12cm，扁半球形，边缘内卷，成熟后渐平展，深褐色至深肉桂色，有深色鳞片。菌肉厚，白色。菌褶白色，密，弯生，不等长。菌柄中生至偏生，白色，内实，常弯曲，长3～8cm，粗0.5～1.5cm；中部着生菌环，窄，易破碎消失；环以下有纤维状白色鳞片。孢子椭圆形，无色，光滑。

(二) 香菇生活条件

1. 营养

香菇是木生菌，以纤维素、半纤维素、木质素、果胶质、淀粉等作为生长发育的碳源，但要经过相应的酶分解为单糖后才能吸收利用。香菇以多种有机氮和无机氮作为氮源，小分子的氨基酸、尿素、铵等可以直接吸收，大分子的蛋白质、蛋白胨就需降解后吸收。香菇菌丝生长还需要多种矿质元素，以磷、钾、镁最为重要。香菇也需要生长素，包括多种维生素、核酸和激素，这些多数能自我满足，只有维生素 B 需补充。

2. 温度

香菇菌丝生长的最适温度为 23～25℃，低于 10℃ 或高于 30℃ 则有碍其生长。子实体形成的适宜温度为 10～20℃，并要求有大于 10℃ 的昼夜温差。目前，生产中使用的香菇品种有高温型、中温型、低温型 3 种温度类型，其出菇适温高温型为 15～25℃，中温型为 7～20℃，低温型为 5～15℃。

3. 水分

香菇所需的水分包括两方面：一是培养基内的含水量；二是空气含有湿度。其适宜量因代料栽培与段木栽培方式的不同而有所区别。

(1) 代料栽培

长菌丝阶段培养料含水量为 55%～60%，空气相对湿度为 60%～70%；出菇阶段培养料含水量为 40%～68%，空气相对湿度为 85%～90%。

(2) 段木栽培

长菌丝阶段培养料含水量为 45%～50%，空气相对湿度为 60%～70%；出菇阶段培养料含水量为 50%～60%，空气相对湿度为 80%～90%。

4. 空气

香菇是好气性菌类。在香菇生长环境中，如果通气不良、二氧化碳积累过多、氧气不足，菌丝生长和子实体发育都会受到明显的抑制，这就会加速菌丝的老化，子实体易产生畸形，也有利于杂菌的滋生。因此新鲜的空气是保证香菇正常生长发育的必要条件。

5. 光照

香菇菌丝的生长不需要光线，在完全黑暗的条件下菌丝生长良好，强光能抑制菌丝生长。而子实体生长阶段需要散射光，光线太弱，出菇少，朵小，柄细长，质量次，但直射光又对香菇子实体有害。

6. 酸碱度

香菇菌丝生长发育要求微酸性的环境，培养料的 pH 在 3～7 都能生长，以 5 最适宜，超过 7.5 则会生长极慢或停止生长。子实体发生、发育的最适 pH 为 3.5～4.5。在生产中常将栽培料的 pH 调到 6.5 左右。高温灭菌会使栽培料的 pH 下降 0.3～0.5，而菌丝生长中所产生的有机酸，也会使栽培料的酸碱度下降。

三、香菇栽培方法

香菇的栽培方法有段木栽培和代料栽培两种。段木栽培产的菇商品质量高，投入产出之比也高，可达 1：(7～10)，但需要大量木材，仅适于在林区发展。代料栽培投入产出比仅为1：2，但代料栽培生产周期短，生物学效率也高，且可以利用各种农业废弃物，能够在城乡广泛发展。代料栽培一次性投入量大，成本较高。本章重点介绍代料栽培技术。

(一) 播种期的安排和菌种的选择

目前，我国北方地区香菇生产多采用温室作为出菇场所，受气候条件的影响较大大，季节性很强。各地区香菇播种期应根据当地的气候条件而定。如北京市香菇生产多采用夏播种，秋、冬、春季出菇，由于秋季出菇始期在9月中旬，所以，具体播种时间应在7月初，应在6月初制作生产种。应选用中温型或中温型偏低温菌株。但由于夏播香菇发菌期正好处在气温高、湿度大的季节，杂菌污染难以控制，所以，近年来冬播香菇有所发展。一般是在11月底、12月初制作生产种，12月底到翌年1月初播种，3月中旬进棚出菇。多采用中温型或中温偏高温型的菌株。

(二) 栽培料的配制

栽培料是香菇生长发育的基质、生活的物质基础，所以，栽培料的好坏直接影响香菇生产的成败以及产量和质量的高低。由于各地的有机物质资源不同，香菇生产所采用的栽培料也不尽相同。

1. 几种栽培料的配制及其配料

以100kg计，视生产规模大小增减。

(1) 木屑78%、麸皮（细米糠）20%、石膏1%、糖1%，另加尿素0.3%。料的含水量55%~60%。

(2) 木屑78%、麸皮16%、玉米面2%、糖1.2%、石膏2%~2.5%、尿素0.3%、过磷酸钙0.5%。料的含水量55%~60%。

(3) 木屑78%、麸皮18%、石膏2%、过磷酸钙0.5%、硫酸镁0.2%、尿素0.3%、红糖1%。料的含水量55%~60%。

上述3种栽培料的配制：先将石膏和麸皮干混拌匀，再和木屑干混拌均匀，把糖和尿素先溶化于水中，均匀地泼洒在料上，用锹边翻边洒，并用竹扫帚在料面上反复扫匀。

(4) 棉籽皮50%、木屑32%、麸皮15%、石膏1%、过磷酸钙0.5%、尿素0.5%、糖1%。料的含水量60%左右。

(5) 豆秸46%、木屑32%、麸皮20%、石膏1%、食糖1%。料的含水量60%。

(6) 木屑36%、棉籽皮26%、玉米芯20%、麸皮15%、石膏1%、过磷酸钙0.5%、尿素0.5%、糖1%。料的含水量60%。

上述3种栽培料的配制：按量称取各种成分，先将棉籽皮、豆秸、玉米芯等吸水多的料按料水比为1：(1.4~1.5)的量加水、拌匀，使料吃透水；把石膏、过磷酸钙与麸皮、木屑干混拌均匀，再与已加水拌匀的棉籽皮、豆秸或玉米芯混拌均匀；把糖、尿素溶于水后拌入料内，同时，调好料的水分，用锨和竹扫帚把料翻拌均匀。不能有干的料粒。

2. 配料时应注意的问题

木屑指的是阔叶树的木屑，也就是硬杂木木屑。陈旧的木屑比新鲜的木屑更好。配料前应将木屑过筛，筛去粗木屑，防止其扎破塑料袋，粗细要适度，过细的木屑影响袋内通气。在木屑栽培料中，应加入10%~30%的棉籽皮，有增产作用；但棉籽皮、玉米芯在栽培料中占的比例过大，脱袋出菇时易断菌柱。栽培料中的麸皮、尿素不宜加得太多，否则，易造成菌丝徒长，导致难以转色出菇。麸皮、米糠要新鲜，不能结块，不能生虫发霉。豆秸要粉成粗糠状，玉米芯粉成豆粒大小的颗粒状。

香菇栽培料的含水量应比平菇栽培料的含水量略低些，生产上一般控制在55%~60%。含水量略低些有利于控制杂菌污染，但出过第一潮菇时，要给菌柱及时补水，否则，将影响下一潮出菇。由于原料的干湿程度不同、软硬粗细不同，配料时的料水比例也不相同，一般料水比为1：(0.9~1.3)，相差的幅度很大。所以，生产上每一批料第一次用来配料时，料拌好后要测定一下含水量，确定一个适宜的料水比例。

（1）手测法：将拌好的栽培料，抓一把用力握，指缝不见水，伸开手掌料成团即可。

（2）烘干法：将拌好的料准确称取500g，薄薄地摊放在搪瓷盘中，放在温度105℃的条件下烘干，烘至干料的重量不再减少为止，称出干料的重量。料的含水量（%）=（湿料重量－干料重量）÷湿料重量×100%。配料时，随水加入干料重量的0.1%的多菌灵（指有效成分），其有利于防止杂菌污染。

（三）香菇袋栽技术

袋栽香菇是香菇代料栽培最有代表性的栽培方法，各地具体操作虽有不同，但道理是一样的。

1. 冬播香菇袋栽方法

北方的冬季气温低，子实体生长慢，产量低，但菇肉厚，品质好。这个季节管理的重点是保温、增温，白天增加光照，夜间加盖草帘，有条件的可生火加温，中午通风，尽量保持温室内的气温在7℃以上。可通过向空间、墙面喷水调节湿度，少往菌柱上直接喷水。如果温度低不能出菇，就把温室的相对湿度控制在70%~75%，易于养菌、保菌越冬。

春季的气候干燥、多风。这时的菌柱经过秋冬的出菇,由于菌柱失水多,水分不足,菌丝生长也没有秋季旺盛,管理的重点是给菌柱补水,浸泡时间2~4小时,经常向墙面和空间喷水,空气相对湿度保持在85%~90%。早春要注意保温、增温,通风要适当,可在喷水后进行通风,同时要控制通风时间,不要造成温度、湿度下降。

2. 香菇袋栽方法

香菇在夏季播种,正值高温、高湿季节,接种和培菌难度大,易出现杂菌污染或高温烧菌。香菇在冬季播种,宜采用中温型和中偏高温型香菇菌株,10月下旬开始制作母种,11月初制作原种,11月底和12月初制作栽培种,翌年1月开始播种。采用17cm×35cm的塑料筒作为栽培袋,拌料、装袋、灭菌、接种的操作方法基本同夏播。选用便于增温、保温的房间或温室作为菌袋培养场所,培菌场所要空间消毒后才能进菌袋,菌袋"#"字型一行一行接种穴侧向排垛起来,每行可垛6~7层,4行为1m³,长度不限,方与方之间留有走道。开始要把室温控制在25~26℃,每3天在中午气温高时通一次风。菌袋培养到13~15天,接种穴的菌丝体生长直径在8cm以上时,进行第一次翻袋、扎微孔。翻袋前要喷洒2%的来苏水或者用氧原子消毒器进行空间消毒,要把每方的中间两行温度高的菌袋调换到两边,把两边的菌袋调换到中间,这样使每个菌袋温度差异不大,菌丝生长整齐。在翻袋时,把杂菌污染的菌袋去除,同时,对无杂菌污染的菌袋,在有菌丝体的部位距离菌丝生长前沿2cm处扎微孔,微孔深1cm,每个接种穴的菌丝体上扎3~4个。第一次翻袋扎孔后,菌丝生长量加大,这时要把室温控制在24℃左右。

这时每2天中午高温时通一次风。再过12~13天进行第二次翻袋,并在每一片菌丝体上距离菌丝生长前沿2cm处扎一圈微孔,5~6个,孔深2cm左右,这时要把室温控制在23℃左右。整个培养过程都要注意遮光。规格为17cm×35cm的菌袋,如果4月接种,一般45天左右长满袋,再继续培养,待菌袋内菌柱表面膨胀,2/3的面积上出现瘤状体时,即可进出菇棚,脱袋转色出菇。一般在3月中下旬菌袋可进温室出菇。应先在温室内作畦,畦宽1~1.2m,深15~20cm,温室要用硫黄或甲醛进行空间消毒,地面撒石灰粉,在畦面上铺一层炉灰渣或者沙子,把长好的菌袋在温室内脱去塑料袋,将菌柱间距2cm立排在畦内,菌柱间隙填土(园田土60%+炉灰渣40%,晒干,再用5%的甲醛水调至手握成团,落地即散,堆起来盖膜闷2天再用,也可用地表10cm下的肥沃的壤土)。每个菌柱顶端露出土层2cm,并用软的长毛刷子将露出土层的菌柱部分所沾的土刷掉,畦上用竹片拱起,罩上塑料膜,保温保湿,转色。冬播香菇的转色期是在3月下旬,气温偏低,空气相对湿度小,多风,管理的重点是保温、保湿、轻通风。出菇管理同前。第一潮菇采收后,温室大通风1小时,停止喷水4~5天后,向畦内喷一次大水,以补充菌柱的含水量。4月以后的管理要注意遮光、降温和防虫。这种栽培方法的优点是菌柱在土里可随时补充水分和部分养分，省去了浸袋补水过程。同时，还要注意，由于菌柱只是顶端出菇，因此，出菇面积较小，如果出菇密度大时，常因菇体的相互拥挤而变形，造成质量下降，所以菇蕾太密时要及时疏蕾，以保证菇的质量。另外，菇体距离地面很近，很易沾上沙土，也会影响菇的商品质量，喷水时要轻喷、细喷，不能使菌体溅上土。

第五节 黑木耳栽培

黑木耳也被称为木耳或者云耳，属于一种好氧性腐生型真菌，本身不能通过光合作用合成有机物，因此其生长发育对于培养料中的营养成分有着极强的依赖性。黑木耳有着丰富的营养价值，含铁量极高，素有"含铁食物之冠军"的美誉，而且其含有人体所需的多种氨基酸及矿物质，在保护肝脏、降低血脂、抗肿瘤等方面有着良好的作用。在现如今生活水平提高的情况下，消费者对于黑木耳的品质提出了更高的要求，因此做好对高品质黑木耳栽培技术的研究，促进黑木耳品质的提高，成为农业技术人员需要关注的重点。

一、品种选择

黑木耳品种大致可分为四种，分别是无筋单片黑木耳、少筋单片黑木耳、半筋单片黑木耳和多筋大片黑木耳。对比分析，多数多筋黑木耳品种的形状相对较差，不过口感好；无筋单片黑木耳品种的形状良好，但是口感较差；少筋单片和半筋单片黑木耳品种的形状及口感都比较好。因此，在高品质黑木耳栽培中，应该优先考虑少筋单片和半筋单片，同时将栽培区域的温度考虑在内，确定好早熟或者晚熟品种。一般来讲，早熟品种上市早、价格高，晚熟品种的生长期长、产量高。

二、栽培季节

黑木耳本身属于中温型菌种，在6~36℃的温度区间内都能够保持正常生长，最佳生长温度为18~32℃，当温度低于5℃时，菌丝的生长会受到一定程度的限制。因此，在黑木耳栽培中，应该依照区域常年的平均温度，选择好恰当的栽培季节和具体的栽培时间。

三、栽培料配置

目前，我国在黑木耳栽培中，采用的通常是代料栽培的形式，栽培料的质量会在很大程度上影响黑木耳的产量，其pH则影响着菌丝的生长速率和代谢能力。栽培料配置环节，木屑的添加量关系着黑木耳的颜色及口感，如果木屑添加量低于60%，则黑木耳的颜色会发黄，口感也会变差。在实践中，常用的栽培料配方有以下几种：

（1）木屑82%、麦麸12%、玉米粉2%、豆粕2%，加上1%的石膏和1%的石灰。

（2）木屑79%、麦麸7%、稻壳粉10%、豆粕2%，加上1%的石膏和1%的石灰。

（3）木屑78%、稻糠18%、玉米粉1%、豆粕1%，加上1%的石膏和1%的石灰。

另外，栽培料的含水量同样会影响黑木耳的品质，其最佳含水量在50%~65%，如果含水量低于50%，则菌丝无法正常生长；如果含水量超过65%，则可能引发流耳病害，导致黑木耳品质下降。

四、灭菌冷却

灭菌的作用是清除杂菌，保障黑木耳的正常生长。在升温灭菌环节，应该确保在5h之内将温度升高到98℃以上，保温时间为14~16h，当温度自然下降到60℃左右时，可以出灶。为了方便对温度随时进行调整，可以在灶中间位置设置感应式温度计。菌棒堆放场所需要具备良好的通风条件，应提前做好场地清理工作，先使用生石灰消毒，然后在甲酚皂消毒液内加入哒螨灵对地面进行喷洒，铺设塑料薄膜后再次进行喷洒。在出灶环节，应该在塑料薄膜上，再次铺设一层宽度为3m的塑料膜，将菌棒堆放在塑料膜上，每堆的数量为2000个，堆满后使用8m宽度的厚膜覆盖，将侧面拉紧后压上重物。全部出灶后，点燃二氯异氰尿酸钠烟雾剂对场地进行消毒，3d后完成自然冷却，即可以进行接种。

五、接种养菌

可以选择接种箱接种的方式，每一堆菌棒装1箱，使用小包烟雾剂进行消毒，消毒时间为30min，如果发现有漏气的情况，应该适当增加消毒时间。每一个接种箱的接种需要在30min内完成。接种完成后就近堆放。养菌环节对于黑木耳的栽培至关重要，要求技术人员切实做好棚内温度控制，因为其会直接影响菌丝的成活率。在接种后，菌棒可以采用一字型摆放的方式，堆放高度约为7层，最上层接种口一侧需要进行遮光处理。

六、出耳管理

出耳场地需要选择环境清洁、通风良好、排水方便的区域,例如,可以选择林地、果园进行立体栽培,在合理利用光能的同时,也能够实现氧气与二氧化碳的合理循环,植被产出的氧气很好地满足了黑木耳的好氧特性,黑木耳生长中排放的二氧化碳也可以对植被的光合作用进行强化。在高品质黑木耳栽培中,可以采用三种不同的出耳方式,这里分别对其进行分析。

(一) 露天栽培

露天栽培就是选择恰当的露天场地,将菌棒摆放在地上进行栽培,其操作简单、成本低廉、适用性较强。

1. 温度管理

在木耳催芽期,应该确保白天的温度在 22~24℃,如果温度超过 25℃,耳芽的形成会受到抑制,因此在天气炎热的情况下,应该在场地内使用遮阴网做好遮盖,避免环境温度过高。夜间温度应该控制在 12~15℃,这样的昼夜温差可以加速耳芽的形成,如果夜间温度较低,可以通过覆盖草帘的方式进行保温。

耳芽形成后,菌棒的开口位置会发黑,耳片开始生长。在这个阶段,应该将温度控制在 15~25℃,若温度超过 25℃,出耳速度会有所增长,但是耳片的颜色发黄,厚度也相对较薄;若温度低于 15℃,黑木耳的生长周期会变长。

2. 湿度管理

菌袋划口后,必须等到划口位置的菌丝完全恢复,或者出现局部黑线后,才能进行第一次喷水,且应采用雾状喷水的方式,在木耳催芽期以及耳片生长期,应该将环境相对湿度控制在 80%~85%,保持地面和草帘湿润。晴朗天气每天应该喷水 5~8 次,每次喷水的时间约为 10min,每一次间隔时间不能过长。如果喷水过多,可能引发杂菌污染的问题,导致木耳颜色发黄;如果喷水过少,耳片的生长会受到抑制,口感较差。在木耳子实体生长的旺盛期,应该将湿度控制在 75%~80%,湿度过低会形成所谓的"大根菜";湿度过高则可能形成"单片菜"。喷水可以在早上或者傍晚进行,中午不能喷水,以确保耳片可以保持干湿交替的状态。另外,应该结合温度情况决定是否喷水,若温度超过 25℃ 或者低于 15℃,则不能进行喷水。

3. 光照管理

黑木耳的生长和发育对于光照条件存在一定需求,如果光照不足,可能出现生长畸形的情况,充足的光照能够保障子实体颜色较深,耳片肥厚。木耳栽培中,可以通过调节遮阴网的方式进行光照管理,催芽期,晴朗天气下可以在上午 9 点将遮阴网覆盖，在 14 点将遮阴网揭开；耳片生长期，应该在上午 10 点将遮阴网覆盖，15 点将遮阴网揭开。

（二）小拱棚栽培

露天栽培模式下，黑木耳的产量和品质容易受到天气状况的影响，欠缺稳定性。要想切实提高黑木耳的产量及品质，可以选择小拱棚栽培的方式，这种方式的采收较早，能够将木耳卖出更高的价格。

1. 温度管理

小拱棚栽培在温度管理方面有着较大的优势，良好的保温效果使得其能够较露天栽培更早入棚，可以在 3 月下旬到 4 月上旬入棚，6 月下旬到 7 月上旬采收，又或者 7 月下旬到 8 月上旬入棚，10 月下旬到 11 月下旬采收。

2. 湿度管理

不同于露天栽培，小拱棚栽培在初期喷水应该朝着地面或者棚壁，等到耳芽基本形成之后，才能直接在菌袋表面喷水。子实体生长阶段，必须保障环境湿度与露天栽培一致，不过因为小拱棚的保湿效果更好，因此可以适当减少喷水的次数。具体湿度可以通过观察棚膜水珠的方式确定，若棚膜上没有水珠存在，则表明湿度过低；若水珠滴落，则表明湿度过高。

3. 光照管理

需要将遮阴网设置在塑料膜外部，避免遮阴网在覆盖和揭开时损伤黑木耳，降低其品质。覆盖和揭开的时间应该保持与露天栽培一致。

4. 通风管理

小拱棚栽培应该重视通风管理，可以在每天早上、中午和晚上进行通风，每次通风时间为 10min，当气温较高且棚内湿度较大时，应该适当增加通风的时间和次数，规避黑木耳烂耳的问题。

（三）棚内挂袋栽培

棚室内挂袋栽培的方式能够实现单位面积产能的提高，产品的品质与小拱棚栽培一致。挂袋时间应该在菌袋划口入棚后的 10~12d，要求打孔位置出现了点状耳芽。可以在大棚中间，以 1.3m 为间隔，纵向设置木棒或钢管支撑，将尼龙绳绑在上面，底部打结，以 3 根绳为一组。从底部开始放袋，使用三角扣进行分割以及吊绳固定，每一串悬挂的数量为 7~8 袋，保持 20~25cm 的相邻间距以及 5cm 左右的上下间距，最底部菌袋与地面的距离不能小于 40cm。挂袋密度不能过大，否则会对光照和通风造成影响，导致木耳品质的下降。棚内挂袋栽培技术在温度、湿度、光照以及通风管理方面，都与小拱棚栽培技术一致，这里不再赘述。

七、采收晾晒

从保障黑木耳品质的角度考虑，应该确定好相应的采收标准，选择最佳的采收时间。如果采收过早，木耳的耳片小、重量轻，并不能达到市场优质品的销售标准；如果采收过晚，则木耳的品质会下降，颜色变浅。通常情况下，当耳片的长度为 3~5cm，边缘位置出现了内卷的情况，颜色从黑色变成深褐色，耳根开始收缩变细时，就可以进行采收。在采收前的 1~2d 不能再进行喷水，采收时也应该注意不要将小耳芽碰掉，以免影响下一阶段的产量。

采收完成后，需要及时将黑木耳放在晾晒床上进行晾晒，在晾晒床上设置尼龙绳编制的晾晒网，保持良好通风，晾晒网通常控制在 15~20 目。木耳晾晒的厚度不能超过 4cm，通常在晾晒 1d 后，木耳耳片的边缘开始收缩，必须及时对其进行翻面。

八、病虫害防治

(一) 绿霉病

在黑木耳种植中，如果菌袋、菌种或者子实体受到了绿霉菌的感染，会长出白色的纤细菌丝，数天内就能形成分生孢子，孢子成熟后，感染部位会变成绿色。在对绿霉病进行防治时，需要保持环境的清洁以及通风，在木耳出耳后，以 3d 为间隔，喷施 1% 的石灰水，可以起到杀菌、防霉的作用。如果绿霉菌出现在培养料表面，没有深入内部，可以使用石灰水（pH 为 10）进行擦洗，以此来抑制绿霉菌的生长。

(二) 烂耳病

烂耳病会导致木耳耳片成熟后变软，严重时可能出现耳片腐烂的现象。

应该对烂耳病产生的原因进行明确，做好通风换气和光照调节，同时在耳片成熟或者接近成熟时段做好采收工作，也可以使用金霉素溶液（25mg/kg）喷施的方式来进行预防。

(三) 蓟马防治

蓟马在幼虫阶段就开始危害木耳，会侵入耳片内，吮吸汁液导致耳片严重萎缩，甚至会引发流耳病害。

可以使用 50% 可湿性敌百虫 1000~1500 倍液，40% 乐果乳剂 500~1000 倍液进行喷施，能够有效杀死害虫[①]。

总而言之，木耳营养价值丰富、味道鲜美、肉质细嫩，是大众餐桌上的一道美味，且其有着良好的药用价值。黑木耳在满足人们对美食需求的同时，也可以有效预防各类疾病，受到了消费者的喜爱。为了能够更好地满足消费者对于高品质黑木耳的需求，有关部门应该加大对高品质黑木耳栽培技术的研究和推广力度，明确技术要点，提升黑木耳的产量和品质，确保木耳栽培能够获得较大的经济和社会效益。

第六节　羊肚菌栽培

羊肚菌属于子囊菌门，盘菌纲，盘菌目属羊肚菌科，是一种珍稀的野生食用菌资源，因其外形像羊肚子而得名"羊肚菌"。羊肚菌具有很高的营养价值和药用保健功能，被誉为世界上最珍贵的天然食品之一。

近年来，随着人们对健康饮食需求的增加以及生态环境破坏等问题日益突出，发展林下经济已成为山区人民致富、保护生态环境的重要途径之一。因此，研究探索适合当地气候条件的林下羊肚菌高效栽培模式及配套技术显得尤为迫切和必要。

一、栽培羊肚菌的林地选择

选择海拔 400~850m，坡度≤30°，土壤为棕色森林土或暗棕壤，腐殖质含量高（6%以上），排水良好，光照充足，有灌溉条件的中上等肥沃、湿润，酸性沙页岩山地，禁止在低洼积水地和盐碱涝洼地上建园[②]。同时，注意与主栽作物保持一定距离，以免影响其生长。

另外，需严格检测新开垦种植土地，确保没有任何污染源后才能用于羊肚菌栽培。要想获得高产、稳产，选择适宜的栽培场地至关重要。只有选择合适的栽培场地，才能保证羊肚菌正常生长并取得较好的经济效益。因此，在实际生产过程中，应因地制宜、合理规划、科学管理，以实现高效益、可持续发展的目标[③]。

---

① 张志龙，洪金良，金群力.黑木耳简易设施高产栽培技术要点[J].食药用菌，2021(2)：161-162.
② 王凯，张昊，程随根，等.延安菌草羊肚菌人工栽培关键技术[J].农业技术与装备，2023(1)：147-148+151.
③ 王爱民.甘肃高寒山区设施羊肚菌人工栽培技术[J].甘肃农业科技，2022，53(4)：92-95.

二、菌种制作

(一) 优选种源

选择无病虫害、无机械损伤的新鲜子实体，用75%乙醇浸泡消毒20min后晾干备用。同时，所选菌株应与当地主栽品种或其他优良品种间有亲和性，以确保出菇率正常和产量稳定。另外，在进行原种扩繁时也需要考虑菌种纯度问题。对于从外地引进的新菌株应进行隔离试种，经检验确认无杂菌感染后方可混配使用。为了保证菌种质量，避免混杂，每批次生产前应对所用菌种进行严格检测。常用的检测方法有平板培养法、孢子捕捉法等。种源是制约羊肚菌产业发展的重要因素之一，必须高度重视并认真筛选[1]，只有种源纯正、品质优良的菌种才能保障羊肚菌高产、稳产。

(二) 一级菌种制作

确保所有工具都经过消毒处理后放入无菌箱，然后将马铃薯和广口罐头瓶放进高压锅里，完全蒸熟消杀后放入无菌接种箱。需要注意的是，应确保工作人员不过多停留，以防止细菌传播。冷却后，将马铃薯掰成两半，用手指捏出内部物质，并放进广口罐头瓶中。

制作好马铃薯泥并将其均匀摊开，使其覆盖在2~2.5cm的广口罐头瓶底，以便一次性取出。将选定的羊肚蘑菌种放入消毒的小木棍中，将其头部朝下，腿部朝上，悬挂在广口罐头瓶的瓶口处，使其与马铃薯泥保持1cm的距离。9.5d后羊肚蘑菌种制作完成。

(三) 二级菌种制作

将马铃薯泥与腐殖土混合，将混合物倒入广口罐头瓶中，并使用高压锅将混合物煮沸。先将混合物倒入菌种的培养基中，再将混合物倒入一级菌种的培养基中，并使用木棍将混合物固定，使混合物保持紧密。将样品置于阴暗的环境中，41~42d后即可获得二级菌株[2]。

(四) 三级菌种制作

先将75%木屑、20%麸皮、2%杨树烧制的木灰以及3%杨树腐殖土（含水量保

---

[1] 赵金，严俊杰，苗人云，等.羊肚菌化学成分及加工利用研究进展[J].食药用菌，2022，30(1)：14-19.
[2] 柴秋泉.北方羊肚菌人工栽培技术[J].特种经济动植物，2021，24(10)：75-76+82.

持在60%）混合均匀，然后将混合物倒入高压锅内消毒。将混合物填满整个容器，并在容器的中央用木棍将混合物固定在3/4的位置，直径约为2cm。接着将二级菌种从上到下分割为8块，然后在中央横向分割一刀，共分割为16块，将一块放入三级菌种的容器中，并用木棍将容器密封。将经过消毒的三级菌种放入室内，通过调节温度，将温度维持在20～25℃，并利用微弱的散射光刺激羊肚菌生长[1]。

三、栽培方法

羊肚菌喜欢湿润、阴凉、寒冷的环境，通常在10月表现出最佳生长状态。在野外，如果杨树林没有受到污染，可以不用消毒，只需要使用铁耙或镐将土壤深挖5～8cm[2]。将三级菌种掰成小块，均匀地撒在刨过的松软地面上，然后用铁耙将腐殖土压实，再覆盖一层阔叶树叶，树叶的厚度控制在80～100cm，并在其上方压一层薄草帘，保持湿润，并在草帘上方洒水，确保温度和湿度适宜。次年早春，如果降水充沛、湿度温度适宜，羊肚菌的菌丝体将得以茁壮生长，形成菌带。当羊肚菌进入杨树林时，可沿着没有覆盖草帘的空地行走，踩断菌丝体，使菌丝体的断面处产生菌核，菌核表面会出现闪闪发光的小水滴，几周内，温度应保持在5～18℃，会促使羊肚菌的子实体形成，从小水滴的中心开始，形成子实体的原基凸起，然后逐渐增高，最终发育壮大。当菌株变得越来越大时，就能清晰地看到其外形。通过观察羊肚菌的菌柄和菌冒来判断成熟程度，可以在其成熟时每天采摘。

羊肚菌菌丝通常生长在薄膜下，并且能够维持基本的温度和湿度。由于温差很小，通常不会长出。每年10月，为了确保羊肚菌安全过冬，需要揭开草帘，清洁种植区域，并覆盖一层阔叶树叶。如果湿度不足，还需要适量浇水。为了防止人类或动物的侵扰，应在周围设置警戒线或使用树枝阻隔。

第2年小满前，应采取相应的措施破坏羊肚菌的菌丝结构，创造一个适宜的生长环境。随着菌丝的发展，羊肚菌的子实体变得越来越强壮，将大幅提升其产量和收益[3]。

四、林下羊肚菌栽培技术研究

（一）试验概况

本次试验地位于甘肃小陇山，海拔2200m左右，年均气温1℃左右，最高气温

---

[1] 蒙菲菲，凌巧，刘姻婷，等.羊肚菌人工栽培研究进展[J].南方农业，2021，15（10）：41-44.
[2] 王克瀚，尤文忠，郝家臣，等.羊肚菌杂交选育及其杨树林下栽培技术研究[J].辽宁林业科技，2018（1）：44-45+51+76.
[3] 刘玉兵，刘卫.杨树林下羊肚菌人工栽培技术[J].现代园艺，2017（24）：43.

不超过30℃，最低气温-10℃左右；年均降水量约为400mm，主要集中在夏季，占全年降水量的70%以上，无霜期约为120d。通过与对照组比较，不同处理对羊肚菌菌丝生长情况有一定影响。其中，覆土深度为2cm时，出菇时间早且产量高，达到了227kg/m²，显著高于其他处理。因此，可选择覆土深度为2cm时进行后续试验。

不同配方对羊肚菌子实体农艺性状也有所影响[1]。通过对比发现，以玉米芯为主要原料的培养料更适合羊肚菌生长。同时，添加适量石膏或碳酸钙能够提高羊肚菌产量及品质。

(二)试验材料

供试的10个配方分别为A、B、C、D、E、F、G、H、I和J。其中，A为对照组(不接种)；B~G均在PDA培养基中加入不同浓度的拮抗菌进行处理；H为含有6%鸡粪+4%玉米芯+3%石灰土的PDA培养基；I为含有7%鸡粪+4%玉米芯+3%石灰土的PDA培养基；J为含有8%鸡粪+4%玉米芯+3%石灰土的PDA培养基。每种处理重复3次，共计9个处理组合。

所有培养料都采用当年新采伐的松塔木屑为主要原料，并添加适量石膏将pH调节为6左右。同时，所有处理组合的水分控制在60%~70%。以上各种原辅材料均购自当地市场，经检测各项指标符合国家相关标准要求。

(三)试验设计

本次试验采用单因素随机区组设计，设4个处理，分别为A1(CK)、A2(覆土+接种块)、B1(不覆土+接种块)、B2(不接种块)，每个处理重复3次。小区面积70m²，长宽比1:6，行距80cm、株距30cm。播种前深翻整地，按照试验方案要求先将各材料均匀混合后撒播于地表，然后用工具轻压使其与地面充分接触并稍加镇压。

在整个生长期内不再施肥和喷施农药，以保证羊肚菌正常生长。不同处理间菌丝萌发时间差异不大；但是随着培养天数增加，各处理之间原基形成数量存在明显差别。其中，B2处理原基数量最多且长得最快，而B1处理则最少且发育迟缓。因此，综合考虑各种因素，B2处理较为适合该地区林下羊肚菌种植[2]。

---

[1] 刘伟，张亚，蔡英丽. 我国羊肚菌产业发展的现状及趋势[J]. 食药用菌，2017，25(2)：77-83.
[2] 刘红民. 杨树林下羊肚菌人工栽培技术[J]. 防护林科技，2014(11)：110-111.

五、林下羊肚菌栽培中存在问题及对策

(一) 林下羊肚菌栽培中存在的问题

1. 土壤湿度大、通气性差

在林地建床时,地面不平整或其他原因导致床面高低起伏较大,使床土不均匀、土壤紧实度不一致。同时,由于土壤中含有大量腐殖质等有机物质和各种微生物,会产生较强的还原作用,引起土壤湿度过大、通气性变差,严重影响羊肚菌生长及其产量与品质。

2. 高温干旱、光照不足

羊肚菌属于低温高湿型真菌类群,菌丝生长最适温度为 20～35℃,子实体形成期间要求空气相对湿度 80% 以上。然而,在实际生产过程中,常出现高温干旱天气,由于 7—9 月持续晴热少雨,造成土壤水分蒸发过快,地表龟裂,甚至干枯,不仅直接影响羊肚菌出菇时间和数量,还会引发病虫害。因此,要做好遮阳降温措施,比如搭盖遮阳网、种植绿肥植物等。

3. 连作障碍、病害多发

羊肚菌忌重茬,如果同一地块连续多年栽种同科不同属或者不同科的食用菌,极易发生连作障碍,导致病害频发。应选择合适的品种搭配种植,避免连续多年使用相同的基质配方和覆土材料。

(二) 原因分析

1. 气候因素

林下羊肚菌生长所需温度为 20～35℃,而林区昼夜温差较大,导致羊肚菌出菇期间易受到低温冻害影响。同时,高温高湿天气也会抑制羊肚菌正常生长和子实体形成。

2. 土壤环境因素

林下土壤通气性差、保水性能较弱,不利于羊肚菌菌丝生长和原基分化,易出现"烧菌"现象。此外,林下土壤中有机质含量低、pH 偏高等因素均可能影响羊肚菌产量和品质。

3. 病虫草害因素

在羊肚菌种植过程中常遭受病虫害的侵袭,比如地老虎、金针虫、软腐病、黑斑病等害虫,直接或间接影响羊肚菌的产量与质量。

(三)解决措施

1. 加强宣传和培训

通过举办培训班、发放资料等方式向广大农户普及科学种植知识，提高其对林下羊肚菌栽培技术的认识水平[①]。

2. 优化场地环境条件

合理规划林地面积，避免在低洼潮湿地区进行栽培，同时做好排水设施建设工作，防止积水过多而导致病害发生。

3. 选用适宜品种

选择生长健壮、抗病性强、产量高且耐高温的优良品种，比如六妹羊肚菌、七妹羊肚菌等。

4. 加强田间管理

及时清除杂草杂灌，保持土壤疏松透气，控制水分含量，适时追肥并防治病虫害。

5. 采用先进技术手段

利用现代化科技手段开展羊肚菌生产监测与调控，实现精准化管理，提高效益。

六、前景展望

一是优化栽培基质配方。目前，大多数栽培户仍然采用传统的栽培方法，即以玉米芯、木屑为主要原料配制营养袋作为栽培料。这种配方虽然成本低廉且易于操作，但却难以满足羊肚菌生长所需的各种养分要求。应探索更加科学合理的栽培基质配方，以便为其提供更为适宜的生长条件。二是改进播种技术。由于林下土壤较为湿润，空气湿度较大，导致羊肚菌出苗低或无法正常出土。针对这一情况，可以尝试先将催芽后的种子直接点播到畦面上，然后覆盖一层松针或者稻草进行保湿，最后再喷一次透水，这样既能保证出苗率又不会影响幼苗生长。三是加强病虫害防治。林下羊肚菌栽培过程中常会受到虫害的侵袭，如金针虫等地下害虫以及蚜虫等刺吸式口器害虫。为此，必须采取相应措施加以防范。例如，利用灯光诱杀、黄板粘捕等物理手段降低虫口密度[②]。

通过对林下羊肚菌的生物学特性、土壤理化性质及不同配方基质的筛选试验，确定了以玉米芯为主料、石灰石粉为辅料的配方较为适宜。同时，在此基础上开展了羊肚菌室内袋栽和室外大田仿生栽培对比试验。结果表明，采用该配方进行羊肚

---

① 关明. 林下羊肚菌人工栽培技术 [J]. 农村百事通，2013(16)：41-42.
② 关明. 林下羊肚菌人工栽培技术 [J]. 中国林副特产，2012(4)：42-43.

菌栽培能够获得较高的产量和经济效益。但是目前尚未有关于羊肚菌病虫害防治方面的系统研究报道，还需进一步加强开展相关工作，以提高羊肚菌产业的整体竞争力。

参考文献

[1] 段丹,林川,张宇,等.羊肚菌连作障碍成因及防控技术研究进展[J].蔬菜,2023(11):30-35.

[2] 冯云利,华蓉,郭相,等.皱木耳病原真菌分离及鉴定[J].北方园艺,2023(22):116-124.

[3] 李富春,陈晓文,张蓉,等.光伏钢架塑料大棚袋料栽培黑木耳品种筛选[J].寒旱农业科学,2023,2(11):1026-1030.

[4] 朱栋国,赵婵娟.生物育种技术与农村就业机会的关联研究[J].分子植物育种,2023(11):1-10.

[5] 孟立慧.生物育种技术在农村经济发展中的作用:在不同国家的案例分析[J].分子植物育种,2024,22(4):1380-1385.

[6] 张晓丽,徐朝阳.生物育种对全球社会经济影响的评估[J].分子植物育种,2023,21(23):7784-7789.

[7] 刘岩岩,刘俊杰,王红,等.黑木耳栽培种质对高温胁迫的响应[J].北方园艺,2023(21):116-125.

[8] 黎艳梅.黑木耳露地高产栽培技术探究[J].种子科技,2023,41(21):90-92.

[9] 张于,邵植,李胜男,等.甜菜生物育种的研究进展及未来展望[J].中国农学通报,2023,39(31):7-12.

[10] 董照锋,李俊,赵宇,等.黑木耳生产中重金属转移规律[J].中国食用菌,2023,42(5):70-75.

[11] 郝娟,顾苏和,李晓静.现代农业生产中育种技术的意义及应用研究[J].种子科技,2023,41(19):36-38.

[12] 沙伟超.生物技术在水稻育种中的应用研究[J].种子科技,2023,41(19):39-41.

[13] 任姣姣,吴鹏昊.生物育种技术在传统种业转型中的创新应用路径[J].分子植物育种,2023,21(19):6483-6487.

[14] 祁海登,李娜.无公害香菇生长环境及栽培技术要点[J].世界热带农业信

息，2023(9)：7-8.

[15] 呼景明，刘海军，冯世栋，等.延安夏季平菇高效栽培技术要点[J].黑龙江粮食，2023(9)：26-28.

[16] 郑永德，卢翠香，邱春锦，等.香菇网格架墙式托盘栽培模式初探[J].食用菌，2023，45(5)：43-46.

[17] 许德滨，许万昌，罗雪盈，等.平菇节本增效轻简化高效栽培技术[J].食用菌，2023，45(5)：50-52.

[18] 周金看，赵玉阳，夏会楠，等.平菇培养料发酵过程中理化性质及物质变化研究[J].食药用菌，2023，31(5)：338-343.

[19] 刘元栋，王奇，王敬文，等.液体菌种在平菇工厂化栽培中的应用[J].食药用菌，2023，31(5)：344-348.

[20] 焦枥禾，王凤利，马银鹏，等.黑木耳分子生物学研究进展[J].北方园艺，2023(17)：124-129.

[21] 陈章娥.香菇立体层架栽培技术[J].乡村科技，2023，14(17)：60-62.

[22] 刘淑娴.有机农业种植中病虫害发生原因及防治策略[J].种子科技，2023，41(16)：111-114.

[23] 李军.农业植保技术推广方法与病虫害防治措施[J].种子科技，2023，41(15)：108-110.

[24] 房晓燕，张相松，王献杰，等.桃木屑栽培香菇试验[J].中国食用菌，2023，42(4)：89-94.

[25] 宋珂.基于农业信息技术的玉米病虫害监测与防治[J].农业工程技术，2023，43(23)：69-70.

[26] 王光朋.设施农业发展与蔬菜病虫害防治策略[J].河北农机，2023(15)：109-111.

[27] 郭建晗.农业病虫害与植物保护技术的综合治理分析[J].河北农机，2023(15)：142-144.

[28] 杨顺红.香菇栽培料添加党参渣配方试验[J].世界热带农业信息，2023(7)：32.

[29] 张玉霞，张玉焕，夏元军.农业信息化在蔬菜病虫害防治技术上的有效应用[J].农业开发与装备，2023(7)：223-225.

[30] 陈雪，龙芳，姚南.10个香菇品种栽培试验[J].食用菌，2023，45(4)：25-27.

[31] 陈贺勋.农业信息化技术在架豆角栽培及病虫害防治中的应用[J].农业工程技术，2023，43(20)：75-76.

[32] 钟珍秀.农业生产中病虫害绿色防控的必要性及存在的问题[J].种子科技，2023，41(12)：103-105.

[33] 朱开成.生物防治在农业病虫害防治中的应用现状及研究展望[J].种子科技，2023，41(12)：106-108.

[34] 房利，韩婷婷.有机农业种植中病虫害发生原因及防治措施[J].农业灾害研究，2023，13(6)：31-33.

[35] 潘玉忠，梁敏.农业病虫害防治现状及应用研究[J].农机使用与维修，2023(6)：122-124.

[36] 王春彦.农业信息化在蔬菜病虫害防治技术上的应用[J].河北农机，2023(10)：94-96.

[37] 赵保国.有机农业种植中病虫害发生原因及防治对策[J].河北农机，2023(10)：115-117.

[38] 胡红.生物防治技术在农业病虫害防治中的应用[J].河北农机，2023(10)：82-84.

[39] 郭培远.浅谈有机农业病虫害防治措施[J].农业灾害研究，2023，13(5)：25-27.

[40] 王心盼.有机农业种植中病虫害防治方法研究[J].农业灾害研究，2023，13(5)：28-30.

[41] 刘红飞.农业信息化及其在蔬菜病虫害防治过程中的应用[J].农业工程技术，2023，43(14)：46-47.

[42] 王晓宇.农业信息技术在大豆病虫害防治中的应用[J].农业工程技术，2023，43(14)：78-79+98.

[43] 冉崇梅.农业植保技术推广方法与病虫害防治研究[J].河北农机，2023(9)：61-63.

[44] 张俊华.农业病虫害绿色防控技术的前沿科学问题[J].种子科技，2023，41(8)：124-126.

[45] 王金凤.现代农业蔬菜栽培技术与病虫害防治要点分析[J].河南农业，2023(11)：22-24.

[46] 宋秋蓉.蔬菜病虫害防治中应用农业信息化技术的策略[J].种子科技，2023，41(7)：136-138.

[47] 李苏炫.水稻冠层病虫害智能监测系统的研究与实现[D].杭州：浙江理工大学，2023.

[48] 段跃刚.绿色农业种植技术推广及病虫害防治的策略[J].河北农机，2023

(6)：76–78.

[49] 陈统娜. 绿色农业种植技术推广及病虫害防治措施[J]. 河北农机，2023 (5)：40–42.

[50] 洪秀芳. 农业植保技术和病虫害防治方法初探[J]. 新农业，2023 (4)：16–17.

[51] 王百美. 设施农业发展与蔬菜病虫害防治策略分析[J]. 农业工程技术，2023，43 (6)：68–69.

[52] 于佳月. 怀山药常见病虫害及其防治[J]. 种子科技，2019，37 (4)：134+137.

[53] 李新华. 山药病虫害综合防治技术[J]. 南方农业，2017，11 (3)：18–19.

[54] 郭志勇，刘世军，赵爽，等. 山药病虫害的识别及防治[J]. 农村科学实验，2013 (4)：15.

[55] 李春苗，谢付振，李廷辉，等. 几种山药病虫害危害症状识别及防治[J]. 河南农业，2010 (9)：19.

[56] 卿晓堂，何新荣，黄权，等. 中医护理记录应用现状调查及改革创新[J]. 护士进修杂志，2010，25 (6)：499–501.

[57] 李俊明，李婕. 大田栽培羊肚菌液体菌种技术应用初探[J]. 食用菌，2023，45 (6)：43–45.